高等学校"十三五"规划教材

分析化学

栾 锋　王 丽　庄旭明　邬旭然　主编

·北京·

内 容 简 介

《分析化学》首先概述了化学分析法，然后介绍分析化学中的误差和数据处理，以帮助读者建立起分析化学的基本概念；接着分章介绍了酸碱滴定法、配位滴定法、氧化还原滴定法、沉淀滴定法、重量分析法，编写时力求简明，注重分析化学理论在生产实践中的具体应用；最后一章为分光光度法，以使读者对光学分析有一个基本了解。本书章后附有大量习题，并有配套的学习指导书，可供读者自学和检验学习效果。

《分析化学》可供化学、化工、生物、医药、食品、环境、材料和轻工类各专业本科生使用，亦可供相关人员参考。

图书在版编目（CIP）数据

分析化学/栾锋等主编．—北京：化学工业出版社，2020.12（2025.1重印）
高等学校"十三五"规划教材
ISBN 978-7-122-38023-4

Ⅰ.①分… Ⅱ.①栾… Ⅲ.①分析化学-高等学校-教材 Ⅳ.①O65

中国版本图书馆 CIP 数据核字（2020）第 242012 号

责任编辑：宋林青 李 琰　　　　　　　　文字编辑：刘志茹
责任校对：边 涛　　　　　　　　　　　　装帧设计：关 飞

出版发行：化学工业出版社（北京市东城区青年湖南街13号　邮政编码100011）
印　　刷：北京云浩印刷有限责任公司
装　　订：三河市振勇印装有限公司

787mm×1092mm　1/16　印张18¼　彩插1　字数457千字　2025年1月北京第1版第5次印刷

购书咨询：010-64518888　　　　　　　　售后服务：010-64518899
网　　址：http://www.cip.com.cn

凡购买本书，如有缺损质量问题，本社销售中心负责调换。

定　价：45.00元　　　　　　　　　　　　　　　　　　　　　版权所有　违者必究

前言

分析化学是研究物质组成、含量、结构和形态等化学信息的科学，或者说，分析化学是发展和应用各种方法、仪器和策略，以获得有关物质在空间和时间方面组成的信息科学。随着时代的不断进步和科学技术的快速发展，分析化学学科可谓日新月异。但是，基础分析化学的理论仍非常牢固，在高等学校，分析化学是化学、化工、生物、医药、食品、环境和材料类专业本科生的必修基础课。

烟台大学开设分析化学理论课和实验课已有三十余年，由中青年教师组成的分析化学教研室在培养学生严谨认真的科学态度、树立准确量的概念方面起到了重要作用。经过多年的努力，逐步形成了求真务实，理论联系实践的教学特色。目前，烟台大学有近二十个专业开设分析化学课程，同时仪器分析单独开课。近些年，两代课程负责人带领大家开展课程建设，成效较为显著，为更好落实立德树人的根本任务，教材建设提上议事日程。

本书主要内容是定量化学分析。在编写过程中，随着思想的变化、整理和沉淀，如何能把经典理论说明白、讲清楚，帮助初学分析化学的学生相对容易地掌握基础内容，奠定坚实的分析化学理论基础，建立解决分析化学问题的思维方法，便成了此书的目的，然而，这并非易事。为此，我们力图沿着一个毫无分析化学基础的学生的认知思路，来逐步展开各个章节；本书中增加了分析化学或现代化学发展过程中发生的轶事，以增强学生的学习兴趣；把每章内容的理解和练习分解到多种题型之中，以方便学生归纳和总结；并配以学习指导来巩固和提升学生的学习能力，做到对基础知识认知的加深，对分析方法应用的提高。希望本书能为培养造就德才兼备的高素质人贡献力量。

本书编写过程中，课程组人员对本书的框架、内容的筛选等进行多次讨论。邬旭然老师对本书构建做出指导性建议并参编第9章；王丽老师负责编写第3章和第6章；庄旭明老师负责编写第7章和第8章；栾锋老师负责编写第1章、第2章、第4章和第5章，并最后统稿。贺萍、李竹云和田春媛老师做了大量的校订工作，并提出有益的建议。

为方便教学，本书有配套课件，使用本书作教材的教师可以向出版社索取：songlq75@126.com。

限于水平，编写过程中难免有纰漏之处，欢迎各位专家和同学批评指正。

编者
2020年4月

目录

第1章 绪论 …… 1

1.1 分析化学的定义、研究内容和作用 …… 1
1.2 分析化学的分类及特点 …… 1
    1.2.1 化学分析法和仪器分析法 …… 1
    1.2.2 定性分析、定量分析和结构分析 …… 2
    1.2.3 无机分析和有机分析 …… 2
    1.2.4 常量分析、微量分析和痕量分析 …… 2
    1.2.5 例行分析和仲裁分析 …… 3
1.3 分析化学发展简史与发展趋势 …… 3
分析化学轶事　分析化学与诺贝尔化学奖 …… 3
思考题 …… 5
习题 …… 5

第2章 化学分析法概述 …… 6

2.1 定量分析法概述 …… 6
    2.1.1 定量分析过程 …… 6
    2.1.2 定量分析结果的表示方法 …… 9
2.2 滴定分析法 …… 11
    2.2.1 滴定分析法的过程和分类 …… 11
    2.2.2 滴定分析法对化学反应的要求 …… 12
    2.2.3 基准物质和标准溶液 …… 13
    2.2.4 滴定分析的方式及计算 …… 16
思考题 …… 19
习题 …… 19

第3章 分析化学中的误差和数据处理 …… 22

3.1 分析化学中的误差 …… 22
    3.1.1 误差和偏差 …… 22
    3.1.2 准确度和精密度 …… 26

3.1.3 系统误差和随机误差 ·· 27
   3.1.4 误差的传递 ·· 28
 3.2 有效数字及其运算规则 ··· 31
   3.2.1 有效数字 ··· 31
   3.2.2 有效数字的修约规则 ·· 33
   3.2.3 有效数字的运算规则 ·· 33
 3.3 分析数据的统计处理 ··· 34
   3.3.1 随机误差的正态分布 ·· 34
   3.3.2 总体平均值的估计 ··· 41
   3.3.3 分析结果的报告 ·· 42
 3.4 可疑值取舍 ·· 43
   3.4.1 $4\bar{d}$ 法 ··· 43
   3.4.2 Q 检验法 ··· 44
   3.4.3 格鲁布斯（Grubbs）检验法 ·· 45
 3.5 显著性检验 ·· 46
   3.5.1 两组数据方差的比较——F 检验法 ······························ 46
   3.5.2 平均值与标准值的比较——t 检验法 ··························· 47
   3.5.3 两组平均值的比较 ··· 48
 3.6 回归分析法 ·· 48
   3.6.1 一元线性回归方程及回归直线 ······································· 49
   3.6.2 相关系数 ··· 51
   3.6.3 回归方程误差和置信区间 ·· 52
 3.7 提高分析结果准确度的方法 ··· 53
 分析化学轶事 t 检验 ·· 55
 思考题 ·· 56
 习题 ··· 56

第4章 酸碱滴定法

 4.1 酸碱平衡 ·· 60
   4.1.1 酸碱质子理论 ··· 60
   4.1.2 酸碱反应和水的质子自递反应 ······································· 61
   4.1.3 共轭酸碱对的 K_a 与 K_b 的关系 ································ 62
   4.1.4 酸和碱的强度 ··· 63
 4.2 弱酸（碱）溶液中各型体的分布 ·· 63
   4.2.1 分析浓度、平衡浓度和酸（碱）度 ································ 63
   4.2.2 酸碱溶液中各型体的分布 ·· 64
 4.3 酸碱溶液 pH 的计算 ··· 68
   4.3.1 物料平衡、电荷平衡和质子平衡 ··································· 68

  4.3.2 各种酸碱溶液 pH 的计算 ………………………………………………… 69
 4.4 酸碱缓冲溶液 …………………………………………………………………… 79
  4.4.1 缓冲溶液的组成 …………………………………………………………… 79
  4.4.2 缓冲溶液 pH 值的计算 …………………………………………………… 79
  4.4.3 缓冲指数及缓冲容量 ……………………………………………………… 81
 4.5 酸碱指示剂 ……………………………………………………………………… 84
  4.5.1 酸碱指示剂的作用原理 …………………………………………………… 84
  4.5.2 酸碱指示剂的变色范围 …………………………………………………… 85
  4.5.3 影响酸碱指示剂变色范围的因素 ………………………………………… 86
  4.5.4 混合指示剂 ………………………………………………………………… 88
 4.6 酸碱滴定基本原理 ……………………………………………………………… 89
  4.6.1 强碱滴定强酸或强酸滴定强碱 …………………………………………… 89
  4.6.2 强碱滴定一元弱酸 ………………………………………………………… 92
  4.6.3 强酸滴定一元弱碱 ………………………………………………………… 95
  4.6.4 水溶液中极弱酸碱的滴定 ………………………………………………… 95
  4.6.5 多元酸（或碱）和混合酸的滴定 ………………………………………… 97
  4.6.6 多元碱的滴定 ……………………………………………………………… 99
 4.7 终点误差 ………………………………………………………………………… 101
  4.7.1 强碱（酸）滴定强酸（碱）终点误差的计算 …………………………… 101
  4.7.2 强碱（酸）滴定一元弱酸（碱）终点误差的计算 ……………………… 103
  4.7.3 其他滴定体系的误差计算公式 …………………………………………… 106
 4.8 酸碱滴定法的应用 ……………………………………………………………… 109
  4.8.1 酸碱标准溶液的配制和标定 ……………………………………………… 109
  4.8.2 酸碱滴定法的应用实例 …………………………………………………… 111
分析化学轶事 酸碱指示剂的发现 …………………………………………………… 115
思考题 ………………………………………………………………………………………… 116
习题 …………………………………………………………………………………………… 117

第 5 章 配位滴定法 121

 5.1 配位滴定法概述 ………………………………………………………………… 121
 5.2 配合物的稳定常数及分布分数 ………………………………………………… 124
  5.2.1 配合物的稳定常数 ………………………………………………………… 124
  5.2.2 配合物的分布分数 ………………………………………………………… 126
  5.2.3 配合物的平均配位数 ……………………………………………………… 127
 5.3 副反应系数和条件稳定常数 …………………………………………………… 128
  5.3.1 副反应系数 ………………………………………………………………… 129
  5.3.2 条件稳定常数 ……………………………………………………………… 135
 5.4 配位滴定的基本原理 …………………………………………………………… 137
  5.4.1 滴定曲线 …………………………………………………………………… 138
  5.4.2 影响配位滴定 pM 突跃的主要因素 ……………………………………… 140

5.4.3　金属离子指示剂 ………………………………………………………… 142
　　5.4.4　终点误差 ………………………………………………………………… 146
　　5.4.5　配位滴定的可行性判定 ………………………………………………… 148
　　5.4.6　溶液酸度（pH）的控制 ………………………………………………… 149
5.5　混合金属离子的选择性滴定 …………………………………………………… 151
　　5.5.1　选择性滴定可能性判别式 ……………………………………………… 151
　　5.5.2　实现选择性滴定的方法 ………………………………………………… 152
5.6　配位滴定方式及其应用 ………………………………………………………… 158
　　5.6.1　EDTA 标准溶液的配制与标定 ………………………………………… 158
　　5.6.2　配位滴定方式及应用 …………………………………………………… 159
分析化学轶事　pH 计的产生 ……………………………………………………… 162
思考题 ………………………………………………………………………………… 162
习题 …………………………………………………………………………………… 163

第 6 章　氧化还原滴定法　　168

6.1　氧化还原平衡 …………………………………………………………………… 168
　　6.1.1　氧化还原电对 …………………………………………………………… 168
　　6.1.2　标准电极电位 …………………………………………………………… 169
　　6.1.3　条件电极电位 …………………………………………………………… 170
　　6.1.4　氧化还原反应进行的程度 ……………………………………………… 174
6.2　氧化还原反应的速率 …………………………………………………………… 176
　　6.2.1　反应物浓度对反应速率的影响 ………………………………………… 176
　　6.2.2　温度对反应速率的影响 ………………………………………………… 176
　　6.2.3　催化剂对反应速率的影响 ……………………………………………… 177
　　6.2.4　诱导反应 ………………………………………………………………… 177
6.3　氧化还原滴定原理 ……………………………………………………………… 178
　　6.3.1　滴定曲线 ………………………………………………………………… 178
　　6.3.2　滴定突跃及影响滴定突跃的因素 ……………………………………… 180
　　6.3.3　氧化还原滴定终点误差 ………………………………………………… 181
　　6.3.4　氧化还原滴定的指示剂 ………………………………………………… 183
6.4　氧化还原滴定的预氧化或预还原处理 ………………………………………… 185
6.5　氧化还原滴定法的应用 ………………………………………………………… 186
　　6.5.1　高锰酸钾法 ……………………………………………………………… 186
　　6.5.2　重铬酸钾法 ……………………………………………………………… 189
　　6.5.3　碘量法 …………………………………………………………………… 190
　　6.5.4　其他氧化还原滴定法 …………………………………………………… 194
分析化学轶事　能斯特方程 ……………………………………………………… 196

思考题 ·· 197
习题 ··· 197

第7章 沉淀滴定法 201

7.1 沉淀滴定法概述 ·· 201
7.1.1 概述 ··· 201
7.1.2 沉淀滴定法原理 ·· 201
7.2 常用的沉淀滴定法 ·· 205
7.2.1 莫尔（Mohr）法 ··· 205
7.2.2 佛尔哈德（Volhard）法 ·· 206
7.2.3 法扬司法 ·· 207
7.3 沉淀滴定法的应用 ·· 208
分析化学轶事　查理十世的困惑 ··· 210
思考题 ·· 210
习题 ··· 211

第8章 重量分析法 213

8.1 重量分析法概述 ·· 213
8.1.1 重量分析法的分类和特点 ·· 213
8.1.2 重量分析法对沉淀形式和称量形式的要求 ··· 214
8.2 沉淀的溶解度及其影响因素 ·· 214
8.2.1 溶解度和溶度积 ·· 214
8.2.2 影响沉淀溶解度的因素 ··· 215
8.3 沉淀的类型及形成过程 ··· 217
8.3.1 沉淀的类型 ··· 217
8.3.2 沉淀的形成过程 ·· 217
8.4 沉淀的沾污 ··· 218
8.4.1 共沉淀现象 ··· 219
8.4.2 继沉淀现象 ··· 220
8.4.3 减少沉淀沾污的方法 ·· 221
8.5 沉淀条件的选择 ·· 221
8.5.1 晶形沉淀的沉淀条件 ·· 221
8.5.2 无定形沉淀的沉淀条件 ··· 222
8.5.3 均相沉淀法 ··· 223
8.6 有机沉淀剂的应用 ·· 223
8.6.1 有机沉淀剂的特点 ·· 224

  8.6.2 有机沉淀剂的分类 ·· 224
 思考题 ··· 226
 习题 ··· 226

第9章 分光光度法   228

 9.1 概述 ·· 228
 9.2 光的性质和物质对光的选择性吸收 ·· 229
 9.3 光吸收定律 ·· 230
  9.3.1 朗伯-比耳定律 ·· 230
  9.3.2 朗伯-比耳定律的偏离 ·· 233
  9.3.3 光吸收定律的适用范围 ·· 235
 9.4 显色反应和影响配合物吸光度因素 ·· 236
  9.4.1 显色反应 ·· 236
  9.4.2 显色剂 ·· 236
  9.4.3 影响光度分析的因素 ·· 239
 9.5 分光光度计 ·· 243
  9.5.1 仪器组成及作用 ·· 243
  9.5.2 吸光度测量误差 ·· 244
  9.5.3 测量条件的选择 ·· 245
  9.5.4 溶液浓度的测定 ·· 246
 9.6 其他分光光度法 ·· 246
  9.6.1 目视比色法 ·· 246
  9.6.2 示差分光光度法 ·· 247
  9.6.3 双波长分光光度法 ·· 247
 9.7 分光光度法的应用 ·· 249
  9.7.1 光度滴定 ·· 249
  9.7.2 弱酸和弱碱解离常数的测定 ·· 251
  9.7.3 配合物组成的测定 ·· 251
  9.7.4 多组分同时测定 ·· 252
 分析化学轶事 朗伯-比耳定律 ··· 253
 思考题 ··· 253
 习题 ··· 254

附 录   257

 附录1 分析化学术语中英文对照表 ··· 257
 附录2 SI 基本单位 ··· 258
 附录3 SI 词头 ··· 258
 附录4 希腊字母简表 ·· 259

附录 5　原子量表 ………………………………………………………………… 259
附录 6　常见化合物的摩尔质量 ………………………………………………… 260
附录 7　弱酸及共轭碱在水中的解离常数（25℃，$I=0$）………………… 263
附录 8　氨羧类配合物的稳定常数（18～25℃，$I=0.1\text{mol·L}^{-1}$）……… 265
附录 9　配合物的稳定常数（18～25℃）……………………………………… 266
附录 10　EDTA 的 $\lg\alpha_{Y(H)}$ …………………………………………………… 270
附录 11　一些配体的酸效应系数 ………………………………………………… 271
附录 12　金属离子的 $\lg\alpha_{M(OH)}$ 值 …………………………………………… 271
附录 13　金属指示剂的 $\lg\alpha_{In(H)}$ 及有关常数 ………………………………… 271
附录 14　标准电极电位（18～25℃）…………………………………………… 272
附录 15　某些氧化还原电对的条件电极电位 …………………………………… 276
附录 16　微溶化合物的溶度积（18～25℃，$I=0$）………………………… 277

参考文献　　　　　　　　　　　　　　　　　　　　　　　　　　　279

第1章 绪 论

1.1 分析化学的定义、研究内容和作用

分析化学（analytical chemistry）是化学学科的一个重要分支，与无机化学、有机化学、物理化学并称为四大化学。分析化学的定义是不断发展变化的，它是研究并确定物质的化学组成、含量、结构的一门基础的自然科学。物质的形态、能态及其时空变化规律和研制各类分析仪器、装置及相关软件也应当列于分析化学的研究范畴之内。因而，分析化学伴随着化学学科的发展而发展，同时也在不断吸取当代科学技术的最新成就，诸如化学、物理、数学、电子学、生物学等成就中不断发展。

分析化学在国民经济发展、国防力量壮大、生态环境保护、人类健康保障、自然资源开发等方面都起着非常重要的作用。分析化学广泛应用于地质普查、矿产勘探、冶金、化学工业、能源、农业、医药、临床化验、环境保护、商品检验、考古分析、法医刑侦鉴定等诸多领域。同时，分析化学对化学、生物、环境、药学等学科也起着重要的促进作用，如蛋白质组学、代谢组学、人类基因图谱等都高度依赖于分析技术的发展和分析化学的最新研究成果。这些学科的发展都与分析化学的发展有密不可分的关系，因此分析化学被称为科学技术的眼睛，是科学研究的基础。分析化学是衡量一个国家科学技术水平高低的重要指标之一。

1.2 分析化学的分类及特点

分析化学的研究对象从单质到复杂的混合物，从无机物到有机物，从低分子量物质到高分子量物质；样品可以是气态、液态或固态；试样的质量可由1g以上至几毫克以下。因此，根据方法原理、分析对象、分析任务、操作方式和具体要求的不同，分析方法可分为许多种类。

1.2.1 化学分析法和仪器分析法

根据分析时所依据的原理不同，可将分析方法分为化学分析法和仪器分析法两大类。化学分析法（chemical analysis）是基础、经典的分析方法，它是以物质的化学反应为基础的分析方法，主要有滴定分析（容量分析）法和重量分析法。化学分析法的分析对象为常量组

分的定性、定量分析。其优点是误差小，分析结果准确度高；缺点是微量、痕量成分分析误差大或根本无法进行。

仪器分析法（instrumental analysis）是以物质的物理或物理化学性质为基础的分析方法，主要有光谱法、色谱法、电化学法、质谱法、核磁共振波谱法、X射线衍射法、电子显微镜分析法等。它的优点是快速、灵敏，操作简便，适于微量、痕量成分分析及提供结构、形态、能态、动力学等全面的信息；缺点是误差大、需要专门的仪器，价格昂贵。

1.2.2 定性分析、定量分析和结构分析

根据分析任务不同，可将分析化学分为定性分析、定量分析和结构分析。定性分析（qualitative analysis）鉴定物质是由哪些元素、原子团、官能团或化合物组成。定量分析（quantitative analysis）测定物质中有关组分的含量或纯度。结构分析（structure analysis）研究物质的分子结构和晶体结构等。

1.2.3 无机分析和有机分析

根据分析对象的化学属性不同，可将分析化学分为无机分析和有机分析两类。无机分析（inorganic analysis）的分析对象为无机物。由于组成无机物的元素种类较多，因此通常要求鉴定试样是由哪些元素、离子、原子团或化合物组成，并测定各成分的含量。有机分析（organic analysis）的分析对象为有机物。有机物组成元素主要是C、H、O、N、S等，但结构复杂，分析的重点是官能团分析和结构分析。

1.2.4 常量分析、微量分析和痕量分析

根据分析时所需试样量的不同，分析化学分为常量分析（macro analysis）、半微量分析（semimicro analysis）、微量分析（micro analysis）和超微量分析（ultramicro analysis）。根据被测组分含量不同，分析化学可分为常量组分分析（macro component analysis）、微量组分分析（micro component analysis）和痕量组分分析（trace component analysis），具体的分类如表1-1和表1-2所示。

表1-1 按试样用量分类

方法名称	所需试样质量/mg	所需试液体积/mL
常量分析	100～1000	10～100
半微量分析	10～100	1～10
微量分析	0.1～10	0.01～1
超微量分析	<0.1	<0.01

表1-2 按被测组分含量分类

方法名称	相对含量/%
常量组分分析	>1
微量组分分析	0.01～1
痕量组分分析	<0.01

1.2.5 例行分析和仲裁分析

依据分析目的不同，分析化学可分为例行分析（routine analysis）和仲裁分析（arbitration analysis）。化验室日常进行的分析称为例行分析，又叫常规分析。在不同单位对分析结果有争议时，要求权威部门用指定的方法进行准确的分析，以判断原来分析结果的可靠性时称为仲裁分析。

分析化学是一门多学科性的综合学科，它涉及化学、生物、电学、光学、计算机等学科。分析化学有很强的实用性，同时又有严密、系统的理论，是理论与实际密切结合的学科。分析化学强调动手能力，培养实验操作技能，提高分析解决实际问题的能力。分析化学中突出"量"的概念，如不可随意取舍测定的数据，数据的准确度、偏差大小与采用的分析方法有关，对分析结果不能一概而论，例如常量组分分析结果的相对误差可达到千分之几，而痕量组分分析误差的结果则为百分之几。

1.3 分析化学发展简史与发展趋势

分析化学有着悠久的历史，对化学的发展起到非常重要的作用。分析化学在元素的发现、原子质量的测定、定比定律、倍比定律等许多化学基本定律及理论的确立，矿产资源的勘察利用等方面，都作出过巨大的贡献。

由于现代科学技术的发展，尤其是相关学科之间相互渗透、相互促进，分析化学的发展经历过三次巨大的变革。第一次起始于20世纪初，物理化学中的溶液化学平衡理论、动力学理论、缓冲作用原理等的发展为分析化学奠定了理论基础，建立了溶液中的酸碱、氧化、配位和沉淀四大平衡，使得分析化学由一门技术转变为一门科学。第二次变革发生在20世纪40年代，物理学和电子学的发展，促进了各种仪器分析方法的发展，使得分析化学从以化学反应为主转变为利用物质的物理化学性质进行检测的仪器分析为主的局面。自从20世纪70年代末起，随着计算机科学的发展，为了满足生命科学、环境科学、新材料科学发展的需要，分析化学广泛吸收并应用了当代科学技术的最新成就，促使了分析化学的第三次变革。当今分析化学面临精准获取物质组成、分布、结构与性质的时空变化规律的任务，分析化学在单原子、活体、生物大分子结构和功能分析方面都面临挑战，随着科学技术的发展，分析化学必将发挥越来越重要的作用。

✲ 分析化学轶事

分析化学与诺贝尔化学奖

分析化学是不断发展的并对人类的科学研究和探索发挥着重大作用。自1895年诺贝尔奖设立以来，分析化学与诺贝尔奖便结下不解之缘。与分析化学相关的诺贝尔化学奖列举如下：

1904年：W. 姆齐（William Ramsay，1852—1916，英国人）发现了空气中的惰性气体元素，并确定了它们在周期系中的位置。

1914年：T. W. 理查兹（Therdore William Richards，1868—1928，美国人）精确测定大量元素的原子量。

1922年：F. W. 阿斯顿（Francis William Aston，1877—1945，英国人）研究质谱法，

发现整数规则，于 1919 年首次制成聚焦性能较高的质谱仪，用来对多种元素的同位素质量及丰度比进行测量，肯定了同位素的普遍存在，并第一次实现同位素的部分分离。

1923 年：弗里茨·普雷格尔（Fritz Pregl，1869—1930，奥地利人）创立了有机化合物的微量分析法。

1936 年：P. 德拜（Peter Debye，1884—1966，荷兰人）通过对偶极矩以及气体中的 X 射线和电子的 X 衍射的研究来了解分子结构。

1948 年：A. W. K. 梯塞留斯（Arme Wilhelm Kaurin Tiselius，1902—1971，瑞典人）研究电泳、吸附分析和血清蛋白，发现了血清蛋白的组分。

1952 年：A. J. P. 马丁（Archer John Porter Martin，1910—2002，英国人）和 L. M. 辛格（Richard Laurence Millington Synge，1914—1994，英国人）发明分配色谱法。

1958 年：F. 桑格（Frederick Sanger，1918—2013，英国人）对蛋白质结构组成的研究，特别是测定胰岛素分子结构。曾经在 1958 年及 1980 年两度获得诺贝尔化学奖，是第四位两度获得诺贝尔奖，以及唯一获得两次诺贝尔化学奖的人。

1959 年：J. 海洛夫斯基（Jaroslav Heyrovsky，1890—1967，捷克人）发明了极谱分析法。

1960 年：W. F. 利比（Willard Frank Libby，1908—1980，美国人）发展了使用碳 14 同位素进行年代测定的方法，被广泛使用于考古学、地质学、地球物理学以及其他学科。

1962 年：J. C. 肯德鲁（John Cowdery Kendrew，1917—1997，英国人）和 M. F. 佩鲁兹（Max Ferdinand Perutz，1914—2002，英国人）测定了血红蛋白的结构。

1964 年：D. C. 霍奇金（Dorothy Crowfoot Hodekin，1910—1994，英国人）测定抗恶性贫血症的生物化合物维生素 B_{12} 的结构。

1980 年：P. 伯特（Paul Berg，1926—，美国人）和 F. 桑格（Frederick Sanger，1918—2013，英国人）建立了脱氧核糖核酸结构的化学和生物分析法。

1982 年：A. 克卢格（Aaron Klug，1926—2018，英国人）测定了生物物质的结构。

1985 年：H. A. 豪普特曼（Herbert A. Hauptman，1917—2011，美国人）和 J. 卡尔勒（JeroMe Karle，1918—2013，美国人）发展了测定分子和晶体结构的方法。

1991 年：R. R. 恩斯特（Richard R. Ernst，1933—，瑞士人）在发展傅里叶变换核磁共振波谱方面有重要贡献。

1999 年：A. H. 齐威尔（Ahmed Hassan Zewail，1946—，埃及人）和 A. J. 黑格（Alan J. Heeger，1936—，美国）用飞秒光谱学对化学反应过渡态进行研究。

2002 年：J. B. 芬恩（John Bennett Fenn，1917—2010，美国人）和田中耕一（Koichi Tanaka，1959—，日本人）发展了对生物大分子进行鉴定和结构分析的方法，建立了软解析电离法，对生物大分子进行质谱分析；库尔特·维特里希（Kurt Wüthrich，1938—，瑞士人）发展了对生物大分子进行鉴定和结构分析的方法，建立了利用核磁共振谱学来解析溶液中生物大分子三维结构的方法。

2014 年：E. 白兹格（Eric Betzig，1960—，美国人）、S. W. 赫尔（Stefan W. Hell，1962—，德国人）和 W. E. 莫尔纳尔（William Esco Moerner，1953—，美国人）在超分辨率荧光显微技术领域取得成就。

2017 年：J. 迪波什（Jacques Dubochet，1942—，瑞士人）、J. 弗兰克（Joachim Frank，1940—，美国人）和 R. 亨德森（Richard Henderson，1945—，英国人）开发冷冻电子显微镜，用于溶液中生物分子的高分辨率结构测定。

思考题

1. 分析化学的分类方法有哪些，分别是什么？
2. 分析化学的作用有哪些？
3. 分析化学的发展趋势是什么？

习 题

1. 有关分析化学定义的论述中，最符合的是（   ）。
   A. 化学中的信息科学，以提高测定的准确度为主要目的的学科
   B. 研究获得物质化学组成，降低检测下限为主要目的的学科
   C. 研究获得物质化学组成、化合物结构信息、分析方法及相关理论的科学
   D. 化学中的信息科学，以获取最大信息量为主要目的的学科
2. 化学分析法依据的物质性质是（   ）。
   A. 物理性质　　　B. 物理化学性质　　　C. 电化学性质　　　D. 化学性质
3. 下列哪项不属于按分析任务分类的分析方法（   ）。
   A. 定性分析　　　B. 定量分析　　　C. 仪器分析　　　D. 结构分析
4. 容量分析属于（   ）。
   A. 重量分析　　　B. 化学分析　　　C. 仪器分析　　　D. 结构分析
5. 分析化学可分为无机分析、有机分析、生化分析、药物分析，这是（   ）的。
   A. 按分析对象分类　　　　　　　　B. 按分析方法分类
   C. 按分析任务分类　　　　　　　　D. 按数量级分类
6. 原子吸收光谱分析法、原子发射光谱分析法都属于（   ）。
   A. 电化学分析法　　B. 波谱分析法　　C. 光分析法　　D. 结构分析法
7. 在分析化学的发展史中经历了（   ）重要变革。
   A. 一次　　　B. 二次　　　C. 三次　　　D. 四次
8. 按被测组分含量来分，分析方法中常量组分分析指含量（   ）。
   A. <0.1%　　　B. >0.1%　　　C. <1%　　　D. >1%
9. 试液体积在 1~10mL 的分析称为（   ）。
   A. 常量分析　　　B. 半微量分析　　　C. 微量分析　　　D. 痕量分析
10. 痕量成分分析的待测组分含量范围是（   ）。
    A. 1%~10%　　　B. 0.1%~1%　　　C. <0.01%　　　D. <0.001%

第 2 章

化学分析法概述

根据分析时所依据的原理不同，可将分析方法分为化学分析法和仪器分析法，本书主要讨论化学分析法。

2.1 定量分析法概述

2.1.1 定量分析过程

定量分析过程，通常包括取样、试样的分解、测定、计算分析结果、对测定结果做出评价几个步骤。

2.1.1.1 取样

在分析工作中，常需测定大量物料中某些组分的平均含量。但在实际分析时，只能称取几克、十分之几克或更少的试样进行分析。取这样少的试样所得的分析结果，要求能反映整批物料的真实情况，也就是分析试样的组成必须能代表全部物料的平均组成，即试样应具有高度的代表性。如果提供了无代表性的试样，分析结果再准确也是毫无意义的。

通常遇到的分析对象是多种多样的，有固体、液体和气体，有均匀和不均匀的。具体的取样方法，应根据分析对象的性质、形态（气体、液体和固体）、均匀程度以及分析测定的具体要求选用不同的方法。具体如下：

（1）固体试样的采取和制备

固体试样种类繁多，经常遇到的有矿石、合金和盐类等。它们的取样大致可分为三步：收集粗样（原始试样）；将每份粗样混合或粉碎、缩分，减少至适合分析所需的数量；制成符合分析用的样品。

原始试样在采集时部位必须广，取的次数必须多，每次所取的量要少。如果被测物质块粒大小不一，则各种不同粒度的块粒都要采取一些。采取粗样的量取决于颗粒的大小和颗粒的均匀性等。原始粗样一般是不均匀的，但必须能代表整体的平均组成。

粗样经破碎、过筛、混合和缩分后，制成分析试样。常用的缩分法为四分法（见图2-1），即将试样粉碎之后混合均匀，堆成锥形，然后略为压平，通过中心分为四等份，把任意相对的两份弃去，其余相对的两份收集在一起混匀，这样试样便缩减了一半，称为缩分一次。每经过一次处理，试样就缩减了一半，然后再混合和缩分，直到留下所需要量为止。一般送化

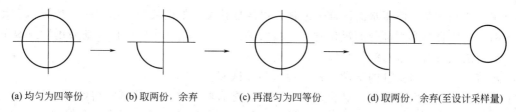

(a) 均匀为四等份　　(b) 取两份，余弃　　(c) 再混匀为四等份　　(d) 取两份，余弃(至设计采样量)

图 2-1　四分法示意图

验室的试样为 100~300g。试样应储存在具有磨口玻璃塞的广口瓶中，贴好标签，注明试样的名称、来源和采样日期等。

在试样粉碎过程中，应注意避免混入杂质，过筛时不能弃去未通过筛孔的颗粒试样，而应再磨细后使其通过筛孔，即过筛时全部试样都要通过筛孔，以保证所得试样能代表整个物料的平均组成。常规筛孔网目与筛孔大小对照见表 2-1。

表 2-1　筛孔网目与筛孔大小

筛孔/网目	20	40	60	80	100	120	200
筛孔大小/mm	0.83	0.42	0.25	0.177	0.149	0.125	0.074

试样送到化验室后，还需要进一步研磨、过筛、混合均匀，有时需要进一步缩分。分析过程最后试样虽然只有 1g，但试样的分析结果，应能代表全部物料的平均组成。

(2) 液体试样的采取

装在大容器里的物料，只要在储槽的不同深度取样后混合均匀即可作为分析试样。对于分装在小容器里的液体物料，应从每个容器里取样，然后混匀作为分析试样。如采取水样时，应根据具体情况，采用不同的方法。当采取水管中或有泵水井中的水样时，取样前需将水龙头或泵打开，先放水 10~15min，然后再用干净瓶子收集水样至满瓶即可。采取池、江、河中的水样时，可将干净的空瓶盖上塞子，系一根绳，再在瓶底系一铁砣或石头，沉入离水面一定深处，然后拉绳拔塞，让水流满瓶后取出，如此方法在不同深度取几份水样混合后，作为分析试样。

(3) 气体试样的采取

对于气体试样的采取，亦需按具体情况，采用相应的方法。例如大气样品的采取，通常选择距地面 50~180cm 的高度采样，使与人的呼吸空气相同。对于烟道气、废气中某些有毒污染物的分析，可将气体样品采入空瓶或大型注射器中。大气污染物的测定是使空气通过适当吸收剂，由吸收剂吸收浓缩之后再进行分析。

在采取液体或气体试样时，必须先洗涤容器及通路，再用要采取的液体或气体冲洗数次或使之干燥，然后取样以免混入杂质。

2.1.1.2　试样的分解

试样分解的目的是将待测物质转化为适合于测定的形式。在一般分析工作中，通常先要将试样分解，制成溶液。试样的分解工作是分析工作的重要步骤之一。在分解试样时必须注意以下几点：试样分解必须完全；试样分解过程中待测组分不应损失；不应引入被测组分和干扰物质；分解试样最好与分离干扰元素相结合。由于试样的性质不同，分解的方法也有所不同。常用的方法有溶解法、熔融法和烧结法。

(1) 无机试样的分解

① 溶解法　采用适当的溶剂将试样溶解成溶液，这种方法比较简单、快速。常用的溶

剂有水、酸和碱等。溶于水的试样一般称为可溶性盐类，如硝酸盐、乙酸盐、铵盐、绝大部分的碱金属化合物和大部分的氯化物、硫酸盐等。对于不溶于水的试样，则采用酸或碱作溶剂的酸溶法或碱溶法进行溶解，以制备分析试液。

水溶法是针对可溶性的试样，直接用水制成试液。

酸溶法是利用酸的酸性、氧化还原性和形成配合物的作用，使试样溶解。钢铁、合金、部分氧化物、硫化物、碳酸盐矿物和磷酸盐矿物等常采用此法溶解。常用的酸溶剂有盐酸、硝酸、硫酸、磷酸、高氯酸、氢氟酸以及混合酸。

碱溶法的溶剂主要为 NaOH 和 KOH。碱溶法常用来溶解两性金属铝、锌及其合金，还有它们的氧化物、氢氧化物等。在测定铝合金中的硅时，用碱溶解使 Si 以 SiO_3^{2-} 形式转到溶液中。如果用酸溶解则 Si 可能以 SiH_4 的形式挥发损失，影响测定结果。

② 熔融法　熔融法又可分为酸熔法和碱熔法。

a. 酸熔法　碱性试样宜采用酸性熔剂。常用的酸性熔剂有 $K_2S_2O_7$（熔点 419℃）和 $KHSO_4$（熔点 219℃），后者经灼烧后亦生成 $K_2S_2O_7$，所以两者的作用是一样的。这类熔剂在 300℃ 以上可与碱性或中性氧化物作用，生成可溶性的硫酸盐。如分解金红石的反应：

$$TiO_2 + 2K_2S_2O_7 = Ti(SO_4)_2 + 2K_2SO_4$$

这种方法常用于分解 Al_2O_3、Cr_2O_3、Fe_3O_4、ZrO_2、钛铁矿、铬矿、中性耐火材料（如铝砂、高铝砖）及磁性耐火材料（如镁砂、镁砖）等。

b. 碱熔法　酸性试样宜采用碱熔法，如酸性矿渣、酸性炉渣和酸不溶试样均可采用碱熔法，使它们转化为易溶于酸的氧化物或碳酸盐。

常用的碱性熔剂有 Na_2CO_3（熔点 853℃）、K_2CO_3（熔点 891℃）、NaOH（熔点 318℃）、Na_2O_2（熔点 460℃）和它们的混合熔剂等。这些熔剂除具碱性外，在高温下均可起氧化作用（本身的氧化性或空气氧化），可以把一些元素氧化成高价态，例如 Cr^{3+} 氧化成 Cr(Ⅵ)，Mn^{2+} 可以氧化 Mn(Ⅶ)，从而增强了试样的分解作用。有时为了增强氧化作用还加入 KNO_3 或 $KClO_3$，使氧化作用更为完全。具体地，Na_2CO_3 或 K_2CO_3 常用来分解硅酸盐和硫酸盐等。Na_2O_2 常用来分解含 Se、Sb、Cr、Mo、V 和 Sn 的矿石及其合金，由于 Na_2O_2 是强氧化剂，能把其中大部分元素氧化成高价态。NaOH(KOH) 常用来分解硅酸盐、磷酸盐矿物，钼矿和耐火材料等。

③ 烧结法　此法是将试样与熔剂混合，小心加热至熔块（半熔物收缩成整块），而不是全熔，故又称为半熔融法。常用的半熔混合熔剂为：$MgO + Na_2CO_3$（2∶3）；$MgO + Na_2CO_3$（1∶1）；$ZnO + Na_2CO_3$（1∶1）。此法广泛用来分解铁矿及煤中的硫。其中 MgO、ZnO 由于熔点高，可以预防 Na_2CO_3 在灼烧时熔合，保持松散状态，使矿石氧化得更快、更完全，反应产生的气体容易逸出。此法不易损坏坩埚，因此可以在瓷坩埚中进行熔融，不需要贵重器皿。

(2) 有机试样的分解

有机试样的分解一般采用干式灰化法和湿式消化法。干式灰化法是将试样置于马弗炉中加热（400~1200℃），以大气中的氧作为氧化剂使之分解，然后加入少量浓盐酸或浓硝酸浸取燃烧后的无机残余物。湿式消化法是用硝酸和硫酸的混合物与试样一起置于烧瓶内，在一定温度下进行煮解，其中硝酸能破坏大部分有机物。在煮解的过程中，硝酸逐渐挥发，最后剩余硫酸。继续加热使产生浓厚的白烟，并在烧瓶内回流，直到溶液变得透明为止。

2.1.1.3　测定

应根据测定的具体要求、试样的组成、被测组分的性质和含量、对分析结果准确度的要求及实验室的条件,结合各种分析方法的准确度、灵敏度、选择性、适用范围等特点选择合适的分析方法完成具体的定量分析任务。具体内容如下:

(1) 测定的具体要求

当遇到分析任务时,首先要明确分析目的和要求,确定测定组分、准确度以及完成的时间要求。如原子量的测定、标样分析和成品分析,准确度是主要的。高纯物质的有机微量组分的分析,灵敏度是主要的。而生产过程中的控制分析,速度便成了主要的问题。所以应根据分析的目的要求选择适宜的分析方法。例如测定标准钢样中硫的含量时,一般采用准确度较高的重量分析法。而炼钢炉前控制硫含量的分析,采用 1~2min 即可完成的燃烧容量法。

(2) 被测组分的性质

一般来说,分析方法都基于被测组分的某种性质。如 Mn^{2+} 在 pH>6.0 时,可与 EDTA 定量配位,可用配位滴定法测定其含量;MnO_4^- 具有氧化性,可用氧化还原法测定,MnO_4^- 呈现紫红色,也可用比色法测定。对被测组分性质的了解有助于我们选择合适的分析方法。

(3) 被测组分的含量

测定常量组分时,多采用滴定分析法和重量分析法。滴定分析法简单迅速,在重量分析法和滴定分析法均可采用的情况下,一般选用滴定分析法。测定微量组分多采用灵敏度比较高的仪器分析法。例如,测定碘矿粉中磷的含量时,采用重量分析法或滴定分析法;测定钢铁中磷的含量时则采用比色法。

(4) 共存组分的影响

试样中常含有多种组分,若某些共存组分对欲测组分的定量测定有影响,在测定前必须设法消除其干扰。在解决这一问题时,应尽量采取高选择性的方法,或设法提高所采用方法的选择性,达到不需使用掩蔽或分离即可消除干扰的目的。无法达到此目的时,只能通过掩蔽或分离的方法消除共存组分的影响。常用的掩蔽方法有配位掩蔽法、氧化还原掩蔽法和动力学掩蔽法等,常用的分离方法有沉淀分离、液-液萃取、离子交换和色谱分离等。

(5) 实验室条件

选择测定方法时,首先要考实验室是否具备试剂、仪器、人员水平等所需条件。

2.1.1.4 计算分析结果

根据试样的质量、测定所得数据及分析过程中有关反应的化学计量关系,计算出被测组分的含量。

2.1.1.5 分析结果的评价

根据多次(一般为3~5次)的测定数据,用统计处理方法对数据和测定结果进行评价。

总之,分析方法很多,各种方法有其特点和不足之处,完美无缺适宜于任何试样、任何组分的方法是不存在的。因此,必须根据试样的组成及其组分的性质和含量、测定的要求、存在的干扰组分和本单位实际情况,选用合适的测定方法。另外,虽然定量分析过程大致分为以上几个步骤,但并不是每个试样的分析都要有这些过程,在分析过程中需要根据实际情况具体考虑。

2.1.2 定量分析结果的表示方法

2.1.2.1 被测组分化学形式的表示方法

表示被测组分化学形式的方法通常有以下几种。

(1) 以被测组分的实际存在形式表示

当被测组分在试样中实际存在形式明确时,应以其实际存在形式表示。如在食盐水电解液的分析中,常以被测组分的实际存在形式 K^+、Na^+、Ca^{2+}、Mg^{2+}、Cl^-、SO_4^{2-} 等的含量表示分析结果。

(2) 以元素或氧化物的形式表示

当被测组分在试样中的实际存在形式不清楚时,分析结果应以元素或氧化物的形式表示。例如在合金和有机分析中,常以元素形式如 Fe、Cu、Pb、Mo、W 和 C、H、O、N、S、P 等的含量表示分析结果。在矿石和土壤分析中,常以各种元素的氧化物的形式如 K_2O、Na_2O、CaO、MgO、Fe_2O_3、Al_2O_3、SO_2、P_2O_5、SiO_2 等的含量表示分析结果。

(3) 以化合物的形式表示

在对化工产品的规格进行分析和对某些简单的无机盐和化学试剂进行测定时,常以其化合物的形式如 KNO_3、$NaNO_3$、$(NH_4)_2SO_4$、KCl、乙醇、尿素、苯等的含量表示分析结果。

以上所列举的仅是常用的化学表示形式,实际工作中根据需要和习惯常有例外。如对铁矿石分析常以元素 Fe 的形式表示分析结果。又如对化肥、土壤中氮、磷、钾的测定,过去是以 N、P_2O_5、K_2O 等的含量表示分析结果,近年来又以元素形式表示分析结果。

2.1.2.2 被测组分含量的表示方法

由于被测分析试样的物理状态(气态、液态、固态)和被测组分的含量(常量、微量、痕量)不同,其计算方式和单位也各有差异,所以被测组分含量的表示方法有所差别。

(1) 固体试样

固体试样中被测组分的含量,通常用质量分数(mass fraction)表示。若试样中被测物质 B 的质量、试样的质量分别以 m_B、m_s 表示,它们的比称为物质 B 的质量分数,符号为 w_B,即:

$$w_B = \frac{m_B}{m_s} \tag{2-1}$$

在使用中应注意 m_B、m_s 的单位要一致。

分析工作中通常使用的百分比符号"%"是质量分数的一种习惯表示方法,可理解为"10^{-2}"。例如某铜合金中铜的质量分数 $w_{Cu}=0.6438$,习惯上表示为 $w_{Cu}=64.38\%$。

(2) 液体试样

和固体试样不同,液体试样可以用质量和体积两种方式计量,所以其被测组分的含量有以下几种表示方式。

① 质量分数 表示被测试样中被测物质 B 的质量与试液质量的比。用这种方式表示液体试样中被测组分含量的优点是数值不受温度的影响。若被测组分含量很低时,用此种方式表示时数值很小且不便于使用,可用科学记数法表示。

② 体积分数 表示被测组分 B 的体积与试液体积的比,计算公式为:

$$\varphi_B = \frac{V_B}{V_s} \times 100\% \tag{2-2}$$

式中,V_B 为被测组分的体积;V_s 为试液的体积。例如,体积分数为 50% 的乙醇溶液,表示 100mL 此乙醇溶液中含乙醇 50mL。

③ 质量浓度 表示单位体积试液中所含被测组分 B 的质量,计算公式为:

$$\rho_B = \frac{m_B}{V_s} \tag{2-3}$$

式中，m_B 为被测组分的质量；V_s 为试液的体积；ρ_B 为被测组分的质量浓度。

（3）气体试样

气体试样中被测组分的含量通常用体积分数表示。对于微量或痕量组分，表示方式与液体试样的体积分数相同。

2.2 滴定分析法

2.2.1 滴定分析法的过程和分类

2.2.1.1 滴定分析的过程和术语

滴定分析（titrimetric analysis）的过程实质是由已知求未知的过程。进行滴定分析时，通常将被测溶液置于锥形瓶中，加合适的指示剂，然后将已知准确浓度的试剂溶液（标准溶液）逐滴滴加到被测溶液中（或者将被测溶液滴加到标准溶液中），直到所加的试剂与被测物质按化学计量关系定量反应完全为止，然后根据试剂溶液的浓度、用量和试样的质量，计算被测物质的含量。滴定分析法常用于常量组分的测定，有时也可用于微量组分的测定。滴定分析法操作简便、快速，可测定很多元素且有足够的准确度，在生产实践和科学研究中具有广泛的应用。滴定过程如图 2-2 所示。

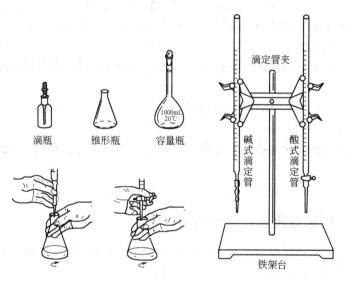

图 2-2 滴定过程示意

在滴定过程中有以下几个术语：

① 滴定（titration） 把滴定剂滴加到待测组分溶液中的过程。

② 滴定剂（titrant） 一般为已知准确浓度的试剂溶液，或称为标准溶液。

③ 指示剂（indicator） 滴定分析中通过其颜色的变化来指示化学计量点到达的试剂。一般有两种不同颜色的存在型体。

④ 化学计量点（stoichiometric point，用 sp 表示） 标准溶液（滴定剂）恰好与待测定

的物质定量反应完全时的那一点。化学计量点是一个理论终点。

⑤ 滴定终点（end point，用 ep 表示） 在滴定过程中，指示剂正好发生颜色变化而结束滴定的那一点（变色点）。

⑥ 终点误差或滴定误差（titration error，用 E_r 表示） 化学计量点与滴定终点不相重合而带来的误差。

2.2.1.2 滴定分析法的分类

根据滴定时所依据的化学反应的类型，可将滴定分析法分为以下四种。

（1）酸碱滴定法（又称中和法）

以酸碱反应（质子传递反应）为基础的滴定分析法称为酸碱滴定法，又称中和法。一般酸碱以及能和酸碱直接或间接发生质子转移的物质可用本方法滴定。例如：

$$H^+ + OH^- \rightleftharpoons H_2O$$

$$HA + OH^- \rightleftharpoons A^- + H_2O$$

$$H_2O + A^- \rightleftharpoons HA + OH^-$$

酸碱滴定法所用的滴定剂是强酸（如 HCl、$HClO_4$、H_2SO_4 等）或强碱（如 $NaOH$、KOH 等）。用碱标准溶液可测定各种给出质子的物质，如强酸、弱酸和两性物质等；用酸标准溶液能测定各种接受质子的物质，如强碱、弱碱和两性物质等。

（2）配位滴定法（也称络合滴定法）

以配位反应为基础的滴定分析法称为配位滴定法，如用 EDTA 标准溶液滴定 Mg^{2+}，其反应为：

$$Mg^{2+} + H_2Y^{2-} \rightleftharpoons MgY^{2-} + 2H^+$$

配位滴定法用于测定多种金属和非金属元素，有着广泛的用途。

（3）氧化还原滴定法

以氧化还原反应为基础的滴定分析法称为氧化还原滴定法。如用 $K_2Cr_2O_7$ 标准溶液滴定 Fe^{2+}，其反应为：

$$Cr_2O_7^{2-} + 6Fe^{2+} + 14H^+ \rightleftharpoons 2Cr^{3+} + 6Fe^{3+} + 7H_2O$$

（4）沉淀滴定法

以沉淀反应为基础的滴定分析法称为沉淀滴定法。如用 $AgNO_3$ 标准溶液滴定 Cl^-，其反应为：

$$Ag^+ + Cl^- \rightleftharpoons AgCl \downarrow$$

2.2.2 滴定分析法对化学反应的要求

滴定分析法是以化学反应为基础的，但并不是所有的化学反应都能满足滴定的要求。适合滴定分析的化学反应，应该具备以下几个条件：

① 反应必须具有确定的化学计量关系，即反应必须按一定的反应方程式进行，无副反应，这是定量分析的基础。例如对于如下反应：

$$aA + bB \rightleftharpoons cC + dD$$

若待测物 A 和滴定剂 B 均为液体，则 $c_A V_A = \dfrac{a}{b} c_B V_B$；若待测物 A 为固体，滴定剂 B 为液体，则 $\dfrac{m_A}{M_A} = \dfrac{a}{b} c_B V_B$。

② 反应必须定量进行，在化学计量点时反应的完全程度应达到 99.9% 以上，这是保证

准确度的前提。例如对于如下反应：
$$A(待)+B(滴) \Longrightarrow C(生1)+D(生2)$$
$$滴定常数\ K_t=\frac{[C][D]}{[A][B]}$$

设滴定开始时，$[A]=[B]=c(\text{mol}\cdot\text{L}^{-1})$，$[C]=0$。平衡时，反应达99.9%，则：
$$[A]=[B]=(1-99.9\%)c=0.001c,\ [C]=[D]=99.9\%c\approx c$$
$$K_t=\frac{[C][D]}{[A][B]}=\frac{c^2}{(0.001c)^2}=10^6$$

即 $K_t\geq 10^6$ 时，反应达到99.9%以上，反应定量进行完全。

③ 反应速率要快，最好能瞬间完成，对慢反应可采取适当的措施（加热、搅拌、振荡或使用催化剂等手段），这是快速分析的要求。

④ 有比较可靠的方法来确定终点，方法有指示剂法、电位滴定法、光度滴定法等。例如在氢氧化钠滴定乙酸中用酚酞作为指示剂。

2.2.3 基准物质和标准溶液

2.2.3.1 基准物质

用于直接配制标准溶液或标定标准溶液的物质称为基准物质（primary standard）。用于滴定分析的基准物质，需满足滴定反应对物质的要求，此外基准物质必须符合以下要求：

① 组成应与化学式完全一致。若含结晶水，其含量也应与化学式相符。
② 纯度应足够高（质量分数>99.9%），杂质含量不影响分析的准确度。
③ 在通常情况下稳定，见光不分解，不氧化，不易吸湿。
④ 有较大的摩尔质量，以减少称量时的相对误差。

在酸碱滴定中常用的基准物质有邻苯二甲酸氢钾（$KHC_8H_4O_4$）、草酸（$H_2C_2O_4\cdot 2H_2O$）、Na_2CO_3 和硼砂（$Na_2B_4O_7\cdot 10H_2O$）；在配位滴定中常用的基准物质有 Cu、Zn、Pb 等纯金属及其氧化物或盐类，如 $CaCO_3$ 等；在沉淀滴定（银量法）中常用的是 NaCl 和 KCl；在氧化还原滴定中常用的基准物质是 $K_2Cr_2O_7$，As_2O_3，$Na_2C_2O_4$ 和 Cu、Fe 等纯金属。这些基准物质的纯度一般大于99.9%，有时可达99.99%以上。同一种物质有时既可以作为一种滴定反应的基准物质，也可以作为另一种滴定反应的基准物质，如 $H_2C_2O_4\cdot 2H_2O$ 既可标定 NaOH 又可标定 $KMnO_4$。一些常用基准物质的干燥条件和标定对象如表 2-2 所示。

表 2-2 常用基准物质的干燥条件和标定对象

基准物质		干燥后的组成	干燥条件或温度/℃	标定对象
名称	化学式			
十水合碳酸钠	$Na_2CO_3\cdot 10H_2O$	Na_2CO_3	270~300	酸
碳酸氢钠	$NaHCO_3$	Na_2CO_3	270~300	酸
硼砂	$Na_2B_4O_7\cdot 10H_2O$	$Na_2B_4O_7\cdot 10H_2O$	放在装有 NaCl 和蔗糖饱和溶液的密闭器皿中	酸
碳酸氢钾	$KHCO_3$	K_2CO_3	270~300	酸
邻苯二甲酸氢钾	$KHC_8H_4O_4$	$KHC_8H_4O_4$	110~120	酸

续表

基准物质		干燥后的组成	干燥条件或温度/℃	标定对象
名称	化学式			
二水合草酸	$H_2C_2O_4 \cdot 2H_2O$	$H_2C_2O_4 \cdot 2H_2O$	室温空气干燥	碱或 $KMnO_4$
碳酸钙	$CaCO_3$	$CaCO_3$	110	EDTA
锌	Zn	Zn	室温干燥器中保存	EDTA
氧化锌	ZnO	ZnO	900~1000	EDTA
重铬酸钾	$K_2Cr_2O_7$	$K_2Cr_2O_7$	100~110	还原剂
溴酸钾	$KBrO_3$	$KBrO_3$	130	还原剂
碘酸钾	KIO_3	KIO_3	120~140	还原剂
铜	Cu	Cu	室温干燥器中保存	还原剂
三氧化二砷	As_2O_3	As_2O_3	室温干燥器中保存	氧化剂
草酸钠	$Na_2C_2O_4$	$Na_2C_2O_4$	105~110	氧化剂
氯化钠	NaCl	NaCl	500~650	$AgNO_3$
氯化钾	KCl	KCl	500~600	$AgNO_3$
硝酸银	$AgNO_3$	$AgNO_3$	220~250	氯化物

值得注意的是，选择基准物质时，有些超纯试剂和光谱纯试剂的纯度很高，但这仅仅表明其中的金属杂质的含量很低，并不表明其主要成分的质量分数大于99.9%，有时因为含有组成不定的水分和气体杂质或由于试剂本身的组成不固定等原因，使主要成分的质量分数达不到99.9%，此时就不能作为基准物质使用了。试剂的纯度标注在试剂标签上，使用时应仔细确认。化学试剂的级别与用途列于表2-3中。

表2-3 化学试剂的级别与用途

一般试剂级别	中文名称	英文符号	标签颜色	主要用途
一级	优级纯(保证试剂)	GR	深绿色	精密分析实验
二级	分析纯(分析试剂)	AR	红色	一般分析实验
三级	化学纯	CP	蓝色	一般化学实验
生化试剂	生化试剂,生物染色剂	BR	咖啡色	生物化学实验

2.2.3.2 标准溶液

已知准确浓度的用于滴定分析的溶液称为标准溶液（standard solution）。在滴定分析中，无论采取何种滴定方式，都需要使用标准溶液，否则无法确定被测组分的含量。

（1）标准溶液的配制

标准溶液的配制方法有直接法和标定法（间接法）两种。

① 直接法 准确称取一定量的基准物质，溶解后定量地转移到容量瓶中，稀释至刻度，配成一定体积的溶液，根据基准物质的质量和溶液的体积计算出该标准溶液的准确浓度。

【例2-1】 准确称量基准物质 $K_2Cr_2O_7$ 1.2500g，用蒸馏水溶解后定量转移至250.0mL容量瓶中，求此 $K_2Cr_2O_7$ 溶液的浓度。

解
$$M_{K_2Cr_2O_7} = 294.18 \text{g} \cdot \text{mol}^{-1}$$
$$c_{K_2Cr_2O_7} = \frac{1.2500/294.18}{250.0 \times 10^{-3}} = 0.01700 \text{ (mol} \cdot \text{L}^{-1}\text{)}$$

② 标定法 很多试剂不符合基准物质的条件，例如 NaOH 易吸收空气中的二氧化碳；$KMnO_4$ 和 $Na_2S_2O_3$ 不纯，在空气中不稳定；市售 HCl 含量不确定，易挥发等。这些试剂的溶液就无法用直接法配制。可先以这类试剂配制近似于所需浓度的溶液，然后用基准物质或其他标准溶液确定其准确浓度，这种操作过程称为标定。此配制标准溶液的方法称为标定法或间接法。

【例 2-2】 用 Na_2CO_3 标定 HCl 溶液的浓度。准确移取一定体积 Na_2CO_3 溶液（含 Na_2CO_3 0.1324g），以甲基橙作指示剂，用待测 HCl 溶液滴定。到达终点时用去 HCl 溶液 23.45mL，求 HCl 溶液的浓度。

解 滴定反应为：$2HCl + Na_2CO_3 \rightleftharpoons 2NaCl + H_2CO_3$

$$n_{HCl} = 2n_{Na_2CO_3}$$

$$c_{HCl} V_{HCl} = 2 \frac{m_{Na_2CO_3}}{M_{Na_2CO_3}}$$

则：

$$c_{HCl} = 2 \frac{m_{Na_2CO_3}}{M_{Na_2CO_3} V_{HCl}} \times 10^3 = \frac{2 \times 0.1324 \times 10^3}{106.0 \times 23.45} = 0.1065 (mol \cdot L^{-1})$$

在常量滴定分析中，标准溶液的浓度可用直接法和标定法配制，但配制的浓度需要符合实际应用的要求，否则不能得到合适的结果或造成试剂浪费。选择标准溶液浓度大小的主要依据为：滴定终点的敏锐程度；测量标准溶液体积的相对误差；被分析试样的组成和性质；对分析结果准确度的要求。

(2) 标准溶液浓度的表示方法

① 标准溶液的浓度通常用物质的量浓度表示 物质 B 的物质的量浓度（amount concentration of substance B）也称为物质 B 的浓度（concentration of substance B），是指溶液中溶质 B 的物质的量除以溶液的体积，用符号 c_B 表示，表达式为：

$$c_B = \frac{n_B}{V} \tag{2-4}$$

式中，n_B 表示溶液中溶质 B 的物质的量，mol 或 mmol；V 表示溶液的体积，m^3 或 dm^3 等。在分析化学中，最常用的体积单位为 L 或 mL，物质的量浓度 c_B 的常用单位为 $mol \cdot L^{-1}$ 或 $mmol \cdot L^{-1}$。

② 滴定度 (titer)

a. 滴定度是指每毫升标准溶液（滴定剂）相当于被测组分的质量，即：

$$T_{A/B} = m_B / V_A \tag{2-5}$$

式中，$T_{A/B}$ 为标准溶液 A 对被测组分 B 的滴定度；m_B 为被测组分 B 的质量，g 或 mg；V_A 为标准溶液 A 的体积，mL。滴定度的单位为 $g \cdot mL^{-1}$。在生产实际中，常需要测定大批试样中某一组分含量，为了简化计算，常用滴定度表示标准溶液的浓度。在书写滴定度 T 的下标时，应将滴定剂的化学式写在斜线的前面，被测组分写在斜线后面。应注意，二者之间的斜线仅表示"相当于"，并不代表分数关系。例如，$T_{KMnO_4/Fe} = 0.007590 g/mL$ 表示 1mL $KMnO_4$ 标准溶液相当于 0.007590g 铁。若称取铁试样 $m = 0.2985g$，滴定时消耗 $V_{KMnO_4} = 20.02mL$，则被滴定溶液中所含 Fe 的质量分数 = $(0.007590 \times 20.02) \times 100 \div 0.2985 = 50.91\%$。利用滴定度，根据滴定所消耗的标准溶液体积可方便快速确定试样中铁的含量。

b. 浓度 c 与滴定度 T 的换算 若对于滴定反应：
$$aA+bB \rightleftharpoons cC+dD$$
A 为标准溶液，B 为待测物。
$$n_B = \frac{b}{a}n_A = \frac{b}{a}c_A V_A \times 10^{-3}$$
$$n_B = \frac{T_{A/B}V_A}{M_B}$$

由上两式得：
$$T_{A/B} = \frac{b}{a}c_A M_B \times 10^{-3} \tag{2-6}$$

$T_{A/B}$ 为 1mL 标准溶液（滴定剂）相当于被测组分的质量。用此公式可进行浓度 c 与滴定度 T 的换算。

【例 2-3】 计算 0.01726mol·L^{-1} $K_2Cr_2O_7$ 标准溶液对 Fe、Fe_2O_3、Fe_3O_4 的滴定度。

解 相关反应为：
$$Cr_2O_7^{2-} + 6Fe^{2+} + 14H^+ \rightleftharpoons 2Cr^{3+} + 6Fe^{3+} + 7H_2O$$

Fe^{2+} 与 $K_2Cr_2O_7$ 反应的化学计量数 $\frac{b}{a}=6$，因此，由式(2-6)可得：

$$T_{K_2Cr_2O_7/Fe} = \frac{\frac{b}{a}c_{K_2Cr_2O_7}M_{Fe}}{1000}$$
$$= \frac{6 \times 0.01726 \times 55.845}{1000} = 0.005783(\text{g·mL}^{-1})$$

同理：
$$T_{K_2Cr_2O_7/Fe_2O_3} = \frac{\frac{b}{a}c_{K_2Cr_2O_7}M_{Fe_2O_3}}{1000}$$
$$= \frac{3 \times 0.01726 \times 159.69}{1000} = 0.008269(\text{g·mL}^{-1})$$

$$T_{K_2Cr_2O_7/Fe_3O_4} = \frac{\frac{b}{a}c_{K_2Cr_2O_7}M_{Fe_3O_4}}{1000}$$
$$= \frac{2 \times 0.01726 \times 231.54}{1000} = 0.007993(\text{g·mL}^{-1})$$

2.2.4 滴定分析的方式及计算

（1）直接滴定法

直接滴定法（direct titration）是滴定分析中最常采用的滴定方式。凡标准溶液与待测组分反应符合滴定反应要求，都可用直接滴定法进行测定。直接滴定法是指把标准溶液直接滴加到待测组分溶液中的方法。该方法操作简便、快速，引入的误差小。

【例 2-4】 标定浓度约为 0.1mol·L^{-1} NaOH 溶液，若需消耗 NaOH 溶液 20~30mL，问应称取多少质量范围的 $KHC_8H_4O_4$ 基准物（$M_{KHC_8H_4O_4}=204.22\text{g·mol}^{-1}$）？

解 测定过程有关的反应为：
$$NaOH + KHC_8H_4O_4 \rightleftharpoons NaKC_8H_4O_4 + H_2O$$

$$n_{NaOH} = n_{KHC_8H_4O_4}$$

$$c_{NaOH}V_{NaOH} = \frac{m_{KHC_8H_4O_4}}{M_{KHC_8H_4O_4}}$$

$$m_{KHC_8H_4O_4} = c_{NaOH}V_{NaOH}M_{KHC_8H_4O_4} \times 10^{-3}$$

$$= 0.1 \times (20 \sim 30) \times 204.22 \times 10^{-3}$$

$$= 0.4 \sim 0.6(g)$$

(2) 返滴定法

当被测物质与滴定剂反应很慢，或者用滴定剂直接滴定固体试样时反应不能立即完成，这时可先准确加入一定量且过量的滴定剂，使滴定剂与试液中被测组分或固体试样进行反应，待反应完成后，再用另一种标准溶液滴定剩余的滴定剂，根据所消耗的两种标准溶液的物质的量和试样的质量，可计算出被测组分的含量，这种滴定方式称为返滴定法（back titration）或回滴法。例如，Al^{3+} 与 EDTA 的反应速率太慢，不能用 EDTA 直接滴定 Al^{3+}。为此，可先在试液中加入一定量过量的 EDTA 标准溶液并加热使反应加速至反应完全，再用 Zn^{2+} 或 Cu^{2+} 标准溶液滴定剩余的 EDTA。又如固体 $CaCO_3$ 的滴定，因 $CaCO_3$ 溶解较慢，为此，可先加入一定量过量的 HCl 标准溶液，待反应完全后，用 NaOH 标准溶液滴定剩余的 HCl。

【例 2-5】 分析不纯 $CaCO_3$（其中不含干扰物质）时，称取试样 0.2000g，加入浓度为 $0.2500mol \cdot L^{-1}$ 的 HCl 标准溶液 25.00mL。然后用浓度为 $0.1012mol \cdot L^{-1}$ 的 NaOH 溶液返滴过量的酸，消耗了 25.84mL NaOH 溶液。计算试样中 $CaCO_3$ 的质量分数。

解 主要反应为：$CaCO_3 + 2HCl = CO_2 + H_2O + CaCl_2$

$NaOH + HCl = NaCl + H_2O$

$$n_{CaCO_3} = \frac{1}{2}n_{HCl}$$

$$n_{NaOH} = n_{HCl}$$

与 $CaCO_3$ 作用的 HCl 的物质的量应为加入的 HCl 总物质的量减去与 NaOH 作用的 HCl 的物质的量，则有：

$$n_{CaCO_3} = \frac{1}{2}n_{HCl} = \frac{1}{2}(c_{HCl}V_{HCl} - c_{NaOH}V_{NaOH})$$

$$w_{CaCO_3} = \frac{m_{CaCO_3}}{m_s} = \frac{\frac{1}{2}(c_{HCl}V_{HCl} - c_{NaOH}V_{NaOH})M_{CaCO_3}}{m_s} \times 100\%$$

$$= \frac{(0.2500 \times 25.00 - 0.1012 \times 25.84) \times 10^{-3} \times 100.09}{2 \times 0.2000} \times 100\%$$

$$= 90.96\%$$

有时采用返滴定法是由于某些反应缺乏合适的指示剂。如在酸性溶液中用 $AgNO_3$ 作滴定剂滴定 Cl^-，缺乏合适的指示剂。此时可先在试液中加入一定量过量的 $AgNO_3$ 标准溶液，再以铁铵矾 $[NH_4Fe(SO_4)_2]$ 作指示剂，用 NH_4SCN 标准溶液滴定过量 Ag^+，出现 $[Fe(SCN)]^{2+}$ 的淡红色时即为终点。

(3) 置换滴定法

当被测组分所参与的反应不按反应式进行或伴有副反应导致不能用直接滴定法滴定时，可先用适当试剂与被测组分反应，置换出一定量能被滴定的物质，再用标准溶液进行滴定，这种方式称为置换滴定法（replacement titration）。例如，由于在酸性溶液中强氧化剂可将 $S_2O_3^{2-}$ 氧化为 $S_4O_6^{2-}$ 及 SO_4^{2-} 等混合物，反应没有确定的计量关系，所以不能用 $Na_2S_2O_3$ 标准溶液直接滴定 $K_2Cr_2O_7$ 及其他强氧化剂。但是，$Na_2S_2O_3$ 是一种很好的滴定 I_2 的滴定剂，如果在 $K_2Cr_2O_7$ 的酸性溶液中加入过量 KI，使 $K_2Cr_2O_7$ 还原并置换出一定量的 I_2，就可以用 $Na_2S_2O_3$ 标准溶液直接滴定析出的 I_2，从而求出 $K_2Cr_2O_7$ 的含量。这种滴定方法常用于以 $K_2Cr_2O_7$ 标定 $Na_2S_2O_3$ 标准溶液的浓度。

【例 2-6】 称取铜试样 0.3500g，用置换滴定法测定其中铜含量。于经处理的试液中加入 1.5g KI，析出的碘用 $0.1324\text{mol}\cdot\text{L}^{-1}$ $Na_2S_2O_3$ 标准溶液滴定，消耗 23.50mL $Na_2S_2O_3$ 标准溶液。计算试样中铜的质量分数。

解 测定过程有关的反应为：

$$2Cu^{2+} + 4I^- = CuI\downarrow + I_2$$

$$I_2 + 2S_2O_3^{2-} = 2I^- + S_4O_6^{2-}$$

由上述反应式可知计量关系为：

$$n_{Cu^{2+}} = 2n_{I_2} = n_{Na_2S_2O_3}$$

则：

$$w_{Cu} = \frac{c_{Na_2S_2O_3} V_{Na_2S_2O_3} M_{Cu}}{m_s \times 1000} \times 100\%$$

$$= \frac{0.1324 \times 23.50 \times 63.546}{0.3500 \times 1000} \times 100\%$$

$$= 56.49\%$$

（4）间接滴定法

不能与滴定剂直接反应的物质，有时可通过另外的化学反应间接地进行测定，这种滴定方法称为间接滴定法（indirect titration）。例如，Ca^{2+} 在溶液中不能直接用氧化还原法滴定。但若将 Ca^{2+} 先沉淀为 CaC_2O_4，过滤洗净后用 H_2SO_4 溶解，然后用 $KMnO_4$ 标准溶液滴定溶解出来的 $H_2C_2O_4$，从而可间接测定 Ca^{2+}。

【例 2-7】 生产实际中多采用氟硅酸钾沉淀分离-酸碱滴定法间接测定硅酸盐中 SiO_2 的含量。称取硅酸盐试样 0.1500g，经熔融转化为 K_2SiO_3，再在强酸性溶液中生成沉淀 K_2SiF_6，然后过滤、洗净，加沸水使 K_2SiF_6 水解，产生的 HF 用 $0.2258\text{mol}\cdot\text{L}^{-1}$ NaOH 标准溶液滴定，以酚酞作指示剂，耗去标准溶液 24.46mL。计算试样中 SiO_2 的质量分数。

解 滴定过程中有关的反应为：

$$K_2SiF_6 + 2H_2O = 2KF + SiO_2 + 4HF$$

$$NaOH + HF = NaF + H_2O$$

由上述反应式可知计量关系为：

$$n_{SiO_2} = \frac{1}{4} n_{NaOH}$$

则：

$$w_{SiO_2} = \frac{\frac{1}{4} \times 0.2258 \times 24.46 \times 10^{-3} \times 60.08}{0.1500} \times 100\%$$

$$= 55.30\%$$

在实际应用中需根据测定对象选择合适的方法，直接滴定法简单、快捷，引入的误差少。但在不能应用直接滴定法的时候，要选择返滴定法、置换滴定法和间接滴定法，这些方法的应用大大拓宽了滴定分析的应用范围。

思考题

1. 定量分析过程一般包括哪些步骤？试样为什么要具有代表性？
2. 已标定的 NaOH 溶液，放置较长时间后，浓度是否有变化？为什么？
3. 表示标准溶液浓度的方法有几种？各有何优缺点？
4. 基准物质应符合哪些要求？标定碱标准溶液时，邻苯二甲酸氢钾（$M_{KHC_8H_4O_4}=204.22 \text{g·mol}^{-1}$）和二水合草酸（$M_{H_2C_2O_4·2H_2O}=126.07 \text{g·mol}^{-1}$）都可以作为基准物质，你认为选择哪一种更好？为什么？
5. 简述配制标准溶液的两种方法。下列物质中哪些可用直接法配制标准溶液？哪些只能用间接法配制？NaOH，H_2SO_4，HCl，$KMnO_4$，$K_2Cr_2O_7$，$AgNO_3$，NaCl，$Na_2S_2O_3$。
6. 置换滴定和间接滴定两种方式有什么区别？
7. 基准物条件之一是要具有较大的摩尔质量，对这个条件如何理解？

习 题

一、选择题

1. 定量分析过程一般包括取样、分解、测定和计算分析结果几个环节。其中在进行分析前，对取样有一定要求，那么首先要保证所取的试样（   ）。
   A. 不能有杂质   B. 不能有水分   C. 能被水溶解   D. 具有代表性
2. 滴定分析中，对化学反应的主要要求是（   ）。
   A. 反应必须定量完成   B. 反应必须有颜色变化
   C. 滴定剂与被测物必须是 1∶1 的计量关系   D. 滴定剂必须是基准物
3. 在滴定分析中，一般用指示剂颜色的突变来判断化学计量点的到达，在指示剂变色时停止滴定，这一点称为（   ）。
   A. 化学计量点   B. 滴定误差   C. 滴定终点   D. 滴定分析
4. 0.2000mol·L^{-1} NaOH 溶液对 H_2SO_4 的滴定度为（   ）g/mL。
   A. 0.0004900   B. 0.004900   C. 0.0009800   D. 0.009800
5. 用 KHP（$M_r=204.22$）为基准标定 0.1mol·L^{-1} NaOH 溶液。每份基准物的称取量宜为（   ）。
   A. 0.1～0.2g   B. 0.2～0.4g   C. 0.4～0.8g   D. 0.8～1.6g
6. 以草酸作基准物质，用来标定 NaOH 溶液的浓度，但因保存不当，草酸失去部分结晶水，请问此草酸标定 NaOH 溶液浓度的结果是（   ）。
   A. 偏高   B. 偏低   C. 无影响   D. 不能确定
7. 下列关于滴定度的叙述，正确的是（   ）。
   A. 1g 标准溶液相当被测物的体积（mL）
   B. 1mL 标准溶液相当被测物的质量（g）

C. 1g 标准溶液相当被测物的质量（mg）
D. 1mL 标准溶液相当被测物的体积（mL）

二、填空题

1. 按定量原理，滴定分析法包括_____、_____、_____和_____四大类。

2. 称取纯金属锌 0.3250g，溶于 HCl 后，稀释定容到 250mL 容量瓶中，则 Zn^{2+} 溶液的摩尔浓度为_____。

3. 称取 0.3280g $H_2C_2O_4 \cdot 2H_2O$ 来标定 NaOH 溶液，消耗 NaOH 溶液 25.78mL，则 c_{NaOH} =_____。

4. $T_{NaOH/HCl}$ = 0.003000 g·mL^{-1} 表示每_____相当于 0.003000_____。

5. 标定硫代硫酸钠溶液一般可选择_____作基准物，标定高锰酸钾溶液一般可选择_____作基准物。

6. 标定 HCl 溶液的浓度时，可用 Na_2CO_3 或 $Na_2B_4O_7 \cdot 10H_2O$ 为基准物质。若 Na_2CO_3 吸水，则标定结果_____（偏高、偏低或无影响），若 $Na_2B_4O_7 \cdot 10H_2O$ 结晶水部分失去，则标定结果_____（偏高、偏低或无影响）。若两者不存在上述问题，则选用_____作为基准物质更好，原因是_____。

7. 标准溶液是指_____的溶液；配制标准溶液的方法有_____和_____。

三、判断题

1. 所谓化学计量点和滴定终点是一回事。（ ）
2. 所谓终点误差是由操作者终点判断失误或操作不熟练而引起的。（ ）
3. 凡是优级纯的物质都可用直接法配制标准溶液。（ ）

四、计算题

1. 已知浓 HCl 的密度为 1.19g·cm^{-3}，其中含 HCl 约 37%，求其浓度。如欲配制 1L 浓度为 0.1mol·L^{-1} 的 HCl 溶液，应取这种浓 HCl 溶液多少毫升？

2. 选用邻苯二甲酸氢钾（$KHC_8H_4O_4$）作基准物，标定 0.20mol·L^{-1} NaOH 溶液。欲把用去的 NaOH 溶液体积控制为 25mL 左右，应称基准物多少克（$M_{KHC_8H_4O_4}$ = 204.22 g·mol^{-1}）？

3. 滴定 21.40mL $Ba(OH)_2$ 溶液需要 0.1266mol·L^{-1} HCl 溶液 20.00mL，再以此 $Ba(OH)_2$ 溶液滴定 25.00mL 未知浓度 HAc 溶液，消耗 $Ba(OH)_2$ 溶液 22.55mL，求 HAc 溶液的浓度。

4. 30.00mL 某浓度的 $KMnO_4$ 溶液在酸性条件下恰能氧化一定量的 $KHC_2O_4 \cdot H_2O$（$M_{KHC_2O_4 \cdot H_2O}$ = 146.2 g·mol^{-1}），用同样量的 $KHC_2O_4 \cdot H_2O$ 又恰能中和 25.00mL 0.2000mol·L^{-1} KOH 溶液，求：（1）这种 $KMnO_4$ 溶液的物质的量浓度 c_{KMnO_4}；（2）$KMnO_4$ 溶液对铁（M_{Fe} = 55.85 g·mol^{-1}）的滴定度。

5. 称取 0.5000g 石灰石试样，准确加入 50.00mL 0.2084mol·L^{-1} 的 HCl 标准溶液，并缓慢加热，$CaCO_3$ 与 HCl 作用完全后，再以 0.2108mol·L^{-1} NaOH 标准溶液回滴剩余的 HCl 溶液，结果消耗 NaOH 溶液 8.52mL，求试样中 $CaCO_3$ 的含量。

6. 称取 2.200g $KHC_2O_4 \cdot H_2C_2O_4 \cdot H_2O$ 配制成 250.0mL 溶液（配大样），移取 25.00mL 此溶液用 NaOH 滴定，消耗 24.00mL NaOH 溶液。然后再移取 25.00mL 此溶液，在酸性介质中用 $KMnO_4$ 滴定，消耗 $KMnO_4$ 溶液 30.00mL。求：（1）NaOH 溶液浓

度 c_{NaOH}；（2）$KMnO_4$ 溶液浓度 c_{KMnO_4}；（3）$KMnO_4$ 溶液对 Fe_2O_3 的滴定度。已知 $M_{KHC_2O_4 \cdot H_2C_2O_4 \cdot H_2O} = 254.19 \text{g} \cdot \text{mol}^{-1}$；$M_{Fe_2O_3} = 159.69 \text{g} \cdot \text{mol}^{-1}$。

7. 某试剂厂的试剂 $FeCl_3 \cdot 6H_2O$，根据国家标准 GB 1621—2008 规定其一级品含量不少于 96.0%，二级品含量不少于 92.0%。为了检查其质量，称取 0.5000g 试样，溶于水，加浓 HCl 溶液 3mL 和 KI 2g，最后用 18.17mL $0.1000 \text{mol} \cdot \text{L}^{-1} Na_2S_2O_3$ 标准溶液滴定至终点。计算说明该试样符合哪级标准？

8. 称取 0.1802g 石灰石试样溶于 HCl 溶液后，将钙沉淀为 CaC_2O_4。将沉淀过滤、洗涤后溶于稀 H_2SO_4 溶液中，用 28.80mL $0.02016 \text{mol} \cdot \text{L}^{-1} KMnO_4$ 标准溶液滴定至终点，求试样中的钙含量。

9. 定量移取 100mL 水样，用氨性缓冲溶液调节至 pH=10，以 EBT 为指示剂，用 EDTA 标准溶液（$0.008826 \text{mol} \cdot \text{L}^{-1}$）滴定至终点，共消耗 12.58mL EDTA 标准溶液，计算水的总硬度（按 $CaCO_3$ 计算）。如果再取上述水样 100mL，用 NaOH 调节 pH=12.5，加入钙指示剂，用上述 EDTA 标准溶液滴定至终点，消耗 10.11mL EDTA 标准溶液，试分别求出水样中 Ca^{2+} 和 Mg^{2+} 的含量。

第 3 章 分析化学中的误差和数据处理

分析化学中定量分析的目的是准确测定组分在试样中的含量，然而，由于受分析方法、测量仪器、所用试剂和分析工作者的主观因素等方面的限制，测量结果不可能与真实值完全一致，总伴有一定的误差，这表明在分析测定过程中误差是客观存在的。为了得到尽可能准确而可靠的测定结果，必须正确认识误差的性质，分析误差产生的原因，以消除或减小误差；必须正确处理实验数据，合理计算所得结果，以便在一定条件下得到更接近于真值的数据；此外，根据对误差的分析，可正确组织实验过程，合理设计仪器或选用仪器和测量方法，以便在最经济条件下，得到理想的结果。

3.1 分析化学中的误差

3.1.1 误差和偏差

(1) 真实值与测量值

真实值即真值（true value，x_T），是指某一物理量本身具有的客观存在的真实数值。真实值是一个可以无限接近而不可达到的真实存在的理论值。由于任何测量都存在误差，因而实际测量不可能得到真值，一般说的真值是指理论真值、规定真值和相对真值。

理论真值也称绝对真值，如化合物的理论组成，NaCl 中 Cl 含量。

规定真值也称约定真值，有国际计量大会定义的单位（国际单位）及我国的法定计量单位。它是一个接近真值的值，与真值之差可忽略不计。实际测量中以在没有系统误差的情况下，足够多次的测量值之平均值作为约定真值。

相对真值是精密度高一个数量级的测定值，作为低一个数量级的测量值的真值。在分析工作中，由于没有绝对纯的化学试剂，因此也常用标准参考物质的证书上所给出的含量作为相对真值。这里指的标准参考物质是指必须经公认的权威机构鉴定，给予证书的物质，同时还必须具有良好的均匀性和稳定性，其含量测定的准确度至少要高于实际测量的 3 倍。我国把标准参考物质称为标准试样或标样。

测量值（measured value，x）是指通过一定的实验方法，由特定技术人员，通过一定的仪器测得的某物理量的值。在实际工作中，一般采用对试样进行多次平行测定求其平均值的方法得到测量值。若 n 次平均测定的数据为 x_1、x_2、$\cdots$、x_n，则 n 次测定数据的算术算术

平均值 $\bar{x}$ 为：

$$\bar{x}=\frac{x_1+x_2+\cdots+x_n}{n}=\frac{1}{n}\sum_{i=1}^{n}x_i \tag{3-1}$$

平均值体现了数据的集中趋势。有时也用中位数表示集中趋势，将一组中 n 个测定值按大小顺序排列，正中间项为中位数。当 n 为奇数时，正中间项只有一个，当 n 为偶数时，正中间项有两个，中位数是这两个数的平均值。中位数计算简单，它与两端最大值和最小值无关。当测定次数较少，数据取舍难以确定时，可用中位数表示这组数据的集中趋势。

测量结果不可能与真实值完全一致，总伴有一定的误差，因此测量值是含有误差的观测数据。图 3-1 为真实值、测量值、平均值及中位数的关系。

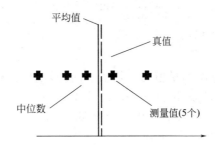

图 3-1 真实值、测量值、平均值及中位数的关系示意图

（2）误差

误差可以用绝对误差（absolute error，E_a）和相对误差（relative error，E_r）两种方法表示。

绝对误差（absolute error）是测量值（measured value，x）与真实值（true value，x_T）之间的差值，即：

$$E_a=x-x_T \tag{3-2}$$

绝对误差有正负，当测量值大于真实值时，绝对误差为正值，表示测量结果偏高，为正误差；反之，绝对误差为负值，表示测量结果偏低，为负误差。绝对误差有大小，其绝对值越小，测量值与真实值越接近，准确度就越高；反之，绝对误差绝对值越大，准确度越低。绝对误差有单位，其单位与测量值的单位相同。

相对误差是指绝对误差相对于真实值的百分数，表示为：

$$E_r=\frac{E_a}{x_T}\times100\%=\frac{x-x_T}{x_T}\times100\% \tag{3-3}$$

相对误差也有正负、大小之分。绝对误差相等，相对误差不一定相等。在绝对误差相等的条件下，被测定的量的数值越大，相对误差就越小；反之，相对误差越大。相对误差是一个无量纲的量。

在分析工作中，使用相对误差衡量分析结果的准确度更为确切，而且还可以依据相对误差的大小正确选择分析仪器。例如，用同样的分析天平称量两个样品：一个 0.0051g，一个 0.5102g，两个测量值的绝对误差都是 0.0001g，但相对误差却大不相同。前者 E_r=0.0001/0.0051×100%=2%；后者 E_r=0.0001/0.5102×100%=0.02%，可见前者相对误差比后者大得多。

又如某比色法，要求其相对误差小于 2%。若需称取 0.5g 样品时，称量的绝对误差小于 0.5×2%=0.01g 即可，也就是说用千分之一的天平称量就可，而无须使用万分之一的分析天平。

【例 3-1】 用沉淀法测得纯 NaCl 试剂中的 Cl 含量为 60.56%，计算绝对误差和相对误差。

解 纯 NaCl 中 Cl 的理论含量为真值，则：

$$X_T = \frac{35.45}{58.44} \times 100\% = 60.66\%$$

绝对误差为：

$$E_a = 60.56\% - 60.66\% = -0.10\%$$

相对误差为：

$$E_r = \frac{-0.10}{60.66} \times 100\% = -0.16\%$$

注意，结果中%的意义不同。

（3）偏差

偏差（deviation）是指单次测量值与平均值之间的差值。偏差分为绝对偏差（absolute deviation，d_i）和相对偏差（relative deviation，d_r）。

① 绝对偏差是指一组平行测定值中，单次测定值（x_i）与算术均值（arithmetical mean，$\bar{x}$）之间的差值。

$$d_i = x_i - \bar{x} \tag{3-4}$$

② 相对偏差是指绝对偏差相对于平均值的百分数。

$$d_r = \frac{d_i}{\bar{x}} \times 100\% \tag{3-5}$$

平行测定的同一组数据中各单次测定的偏差分别表示为：

$$d_1 = x_1 - \bar{x}, d_2 = x_2 - \bar{x}, \cdots, d_n = x_n - \bar{x}$$

绝对偏差和相对偏差都有正负之分，当单次测量值大于算术平均值时，偏差为正值；反之，偏差为负值。当然，还有一些偏差可能为零。按统计学的规律，如果将单次测量的偏差相加，其和应为零或接近零。绝对偏差有单位，而相对偏差无单位。

③ 平均偏差（average deviation，$\bar{d}$）是指各单次测量偏差的绝对值的平均值。

$$\bar{d} = \frac{1}{n}(|d_1| + |d_2| + \cdots + |d_n|) = \frac{1}{n}\sum_{i=1}^{n}|d_i| \tag{3-6}$$

平均偏差代表一组测定值中任一数据的偏差，为正值。它是一组数据间重现性的最佳表示。一般分析工作中由于平行测定次数不多，常用 $\bar{d}$ 表示分析结果的精密度（precision），精密度概念将在后续章节介绍。

④ 相对平均偏差（relative average deviation，$\bar{d}_r$）是指平均偏差相对于算术平均值的百分数。

$$\bar{d}_r = \frac{\bar{d}}{\bar{x}} \times 100\% \tag{3-7}$$

用平均偏差表示精密度的方法比较简单。但需指出的是，由于在一组平行测定结果中，小偏差占多数，大偏差占少数，如果按总的测定次数求平均偏差，所得的结果会偏小，无法反映大偏差对精密度的影响。

在对试样进行分析时，通常只能从大量试样中取出很少一部分进行测定。所分析（考察）对象的全体称为总体或母体，总体中随机取出的一部分称为样本或子样，样本中所含的试样（考察对象）的数目称为样本容量。例如，某批铜矿石按有关规定采样、粉碎、缩分后得到一定的分析试样即为分析的总体。从中取出一部分进行平行测定，得到 10 个数，这些测定值组成一个样本，样本容量为 10。显然，对少量试样分析所得的平均值与全体试样的平均值是有差别的。当测定次数无限增加时，所得的平均值逐渐接近于全体试样的平均值，即总体平均值 μ：

$$\mu = \lim_{n \to \infty} \frac{1}{n} \sum x_i \tag{3-8}$$

消除测定过程中的系统误差后，则全体试样的平均值就是真实值。

⑤ 标准偏差

当测定次数为无限多时，其精密度用总体标准偏差 σ 表示。

$$\sigma = \sqrt{\frac{\sum_{i=1}^{n}(x_i - \mu)^2}{n}} \tag{3-9}$$

式中，μ 为总体平均值，n 为测量次数。

当有限次测量且总体平均值不知道的情况下，精密度用样本的标准偏差（standard deviation，s）或相对标准偏差（relative standard deviation，RSD，s_r）表示，数据表达式为：

$$s = \sqrt{\frac{\sum_{i=1}^{n}(x_i - \overline{x})^2}{n-1}} \tag{3-10}$$

式中，$n-1$ 称为自由度（f），表示一组测量值中独立偏差的个数。对于一组数据中，n 个测定的样本，可以计算出 n 个偏差值，但仅有 $n-1$ 个偏离值是独立的，因而自由度 f 比测量次数 n 少 1。引入 $n-1$ 主要是为了校正以 $\overline{x}$ 代替 μ，则：

$$\lim_{n \to \infty} \frac{\sum_{i=1}^{n}(x_i - \overline{x})^2}{n-1} = \lim_{n \to \infty} \frac{\sum_{i=1}^{n}(x_i - \mu)^2}{n} \tag{3-11}$$

同样 $s \to \sigma$。用标准偏差表示精密度不仅可避免单次测定偏差相加时正负抵消的问题，而且可强化大偏差的影响，能更好地说明数据的分散程度。

样本的相对标准偏差亦称变异系数，是指标准偏差相对于平均值的百分数，表达式为：

$$s_r = \frac{s}{\overline{x}} \times 100\% \tag{3-12}$$

⑥ 偏差也可以用全距（range，R，亦称极差）表示，它是一组测量数据中最大值与最小值的差值

$$R = x_{\max} - x_{\min} \tag{3-13}$$

【例 3-2】 测定某试样的含铁量，六次平行测定的结果是 20.48%，20.55%，20.58%，20.60%，20.53% 和 20.50%。计算这个数据集的平均值、单次测定的偏差、平均偏差、相对平均偏差、标准偏差、相对标准偏差及极差。

解 （1）平均值：$\overline{x} = \frac{1}{n}\sum_{i=1}^{n}x_i$

$$= \frac{20.48\% + 20.55\% + 20.58\% + 20.60\% + 20.53\% + 20.50\%}{6}$$

$$= 20.54\%$$

(2) 单次测定偏差分别为：
$d_1 = 20.48\% - 20.54\% = -0.06\%$，$d_2 = 20.55\% - 20.54\% = 0.01\%$
$d_3 = 20.58\% - 20.54\% = 0.04\%$，$d_4 = 20.60\% - 20.54\% = 0.06\%$
$d_5 = 20.53\% - 20.54\% = -0.01\%$，$d_6 = 20.50\% - 20.54\% = -0.04\%$

(3) 平均偏差：

$$\bar{d} = \frac{1}{n}\sum_{i=1}^{n}|d_i|$$
$$= \frac{|-0.06\%|+|0.01\%|+|0.04\%|+|0.06\%|+|-0.01\%|+|-0.04\%|}{6}$$
$$= 0.04\%$$

(4) 相对平均偏差：

$$d_r = \frac{\bar{d}}{\bar{x}} \times 100\% = \frac{0.04\%}{20.54\%} \times 100\% = 0.2\%$$

(5) 标准偏差：

$$s = \sqrt{\frac{\sum_{i=1}^{6}(x_i - \bar{x})^2}{6-1}}$$
$$= \sqrt{\frac{(-0.06\%)^2+(0.01\%)^2+(0.04\%)^2+(0.06\%)^2+(-0.01\%)^2+(-0.04\%)^2}{6-1}}$$
$$= 0.05\%$$

(6) 相对标准偏差：

$$s_r = \frac{s}{\bar{x}} \times 100\% = \frac{0.05\%}{20.54\%} \times 100\% = 0.2\%$$

(7) 极差：

$$R = x_{max} - x_{min} = 20.60\% - 20.48\% = 0.12\%$$

3.1.2 准确度和精密度

如前所述，准确度（accuracy）表示测量值与真实值的接近程度，用误差来衡量。误差越小，准确度越高，分析方法越可靠；反之，误差越大，准确度越低，分析方法越不可靠。

分析结果的精密度（precision）是指在相同条件下，多次重复测定结果之间相符合的程度，常用偏差来衡量其高低。若干次分析结果越接近，精密度越高，显然，偏差越小，精密度越高。

衡量一个测量结果的可靠与否，既要看精密度又要看准确度，二者缺一不可。准确度与精密度的关系可通过下面的例子加以说明。甲、乙、丙、丁四人用同一方法测定某一铁矿石中的 Fe_2O_3 含量（真值为 37.40%）的结果如图 3-2 所示。

甲的准确度和精密度均很好，平均值（$\bar{x}$）与真值（x_T）最接近。

乙的精密度虽然很高，但结果偏低，平均值（$\bar{x}$）与真值（x_T）相差较大，准确度不高。

丙的精密度和准确度均很差，平均值（$\bar{x}$）与真值（x_T）相差更大。

丁的平均值虽然接近真值，但精密度很差，其结果接近真值是由于大的正负误差互相抵

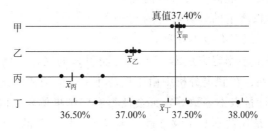

图 3-2 不同分析人员的分析结果

消所致,如果丁只取三次测定值进行平均,结果就会与真值相差很大,因此这个结果是凑巧得来的,实际是不可靠的。

可见,精密度是保证准确度的先决条件。精密度高的测定结果,其准确度不一定高,可能存在系统误差;精密度低的测定结果不可靠,考虑其准确度没有意义。

【例 3-3】 测定某一试样,甲同学的测定结果为:10.02,10.02,9.98,9.98;乙同学的测定结果为:10.01,10.01,10.02,9.96;分别求出平均值、平均偏差和标准偏差,并比较测定结果的精密度。

解 (1) 平均值:

$$\bar{x}_{甲}=\frac{10.02+10.02+9.98+9.98}{4}=10.00$$

$$\bar{x}_{乙}=\frac{10.01+10.01+10.02+9.96}{4}=10.00$$

(2) 平均偏差:

$$\bar{d}_{甲}=\frac{|0.02|+|0.02|+|-0.02|+|-0.02|}{4}=0.02$$

$$\bar{d}_{乙}=\frac{|0.01|+|0.01|+|0.02|+|-0.04|}{4}=0.02$$

(3) $s_{甲}=\sqrt{\frac{(0.02)^2+(0.02)^2+(-0.02)^2+(-0.02)^2}{4-1}}=0.02$

$s_{乙}=\sqrt{\frac{(0.01)^2+(0.01)^2+(0.02)^2+(-0.04)^2}{4-1}}=0.03$

(4) 从计算结果可以看出两位同学的平均值和平均偏差完全一样,此时通过平均偏差不能分辨出精密度的差异,而从原始数据看,乙同学数据较为分散,尤其 9.96 这个数据偏差比较大,此时标准偏差更能反映出乙同学的精密度不如甲同学的。

3.1.3 系统误差和随机误差

根据误差来源与性质,误差可以分为**系统误差**(systematic error) 和**随机误差** (random error) 两类。

(1) 系统误差

系统误差也称可测误差,是由于测定过程中某些确定原因所造成的误差。系统误差只影响测量的准确度,不影响精密度。系统误差具有以下特点:

① 对测定结果的影响比较恒定,具有恒定性;

② 同样条件下的重复测定会重复出现,具有重现性;

③ 大小正负变化有一定规律，具有单向性；

④ 在理论上说是可以测定的，具有可测性。

产生系统误差的主要原因有以下几种：

① 方法误差　这是由于测定方法本身不完善而引入的误差。例如，重量分析中由于沉淀溶解损失而产生的误差；在滴定分析中由于反应不完全，有副反应、干扰离子的影响，指示剂指示的终点与化学计量点不一致等，都会使得测定结果偏高或偏低。

② 仪器误差　主要是仪器本身不够准确或未经校准所引起的。例如，由于天平不等臂、砝码、滴定管、容量瓶、移液管等未经校正而产生的误差。

③ 试剂误差　由于试剂不纯或者所用的去离子水不合规格，引入微量的待测组分或对测定有干扰的杂质而造成的误差。

④ 操作误差　引起操作误差的操作有：对试样的预处理不当；配制标准溶液时，在转移过程中对玻璃棒和烧杯洗涤次数不够；对沉淀的洗涤次数过多或不够；灼烧沉淀时温度过高或过低。

⑤ 主观误差　由于操作人员主观原因造成的误差，例如，对终点颜色的辨别不同，有人偏深，有人偏浅；某些分析人员在平行滴定中判断终点或读取滴定读数时带有主观倾向性等。这类误差在操作中不能完全避免。

(2) 随机误差

随机误差亦称偶然误差，它是由某些难以控制的偶然原因所引起的。随机误差影响测量精密度，随机误差具有以下特点：

① 不恒定，大小正负难以预测，无法校正；

② 服从正态分布规律（见3.3.1）；

③ 大小相近的正误差和负误差出现的概率相等；

④ 小误差出现的概率较大，大误差出现的概率较小，特大误差出现的概率更小。

产生随机误差的原因有许多。例如，在测量过程中由于温度、湿度、气压以及灰尘等的偶然波动都可能引起数据的波动。由于随机误差的产生取决于测定过程中一系列随机因素，其大小和方向都不固定，有时大，有时小，有时正，有时负，因此随机误差无法测量。随机误差不仅是客观存在的，而且似乎没有规律。可以通过增加平行测定次数减小测量结果中的偶然误差，但不能用加校正值的方法减小。

除系统误差和随机误差外，在测定过程中，由于操作者粗心大意或不按操作规程办事而造成的测定过程中不应有的失误，如溶液的溅失、加错试剂、看错刻度、记录错误，以及仪器测量参数设置错误等，则称为过失误差（gross error）。过失误差会对计量或测定结果带来严重影响，必须注意避免。一旦在操作中有过失，那么所得的测量结果应弃去，以保证原始数据的可靠性。

3.1.4　误差的传递

定量分析的结果，通常不能只由一步测量直接得到，而是由多步测量，并通过计算得到。这中间每一步测量都可能有误差，而这些误差都会影响分析结果。因此我们必须了解每一步的测量误差对分析结果的影响，即误差传递（propagation of error）的问题。

误差传递的方式不仅取决于误差的性质（系统误差或随机误差），而且取决于分析结果与测量值之间的计算方式。

设测量值为 A、B、C，其绝对误差为 E_A、E_B、E_C，相对误差为 $\dfrac{E_A}{A}$、$\dfrac{E_B}{B}$、$\dfrac{E_C}{C}$，标准偏差为 s_A、s_B、s_C，计算结果为 R，其绝对误差为 E_R，相对误差为 $\dfrac{E_R}{R}$，标准偏差为 s_R。

(1) 系统误差的传递

① 加减法　若 R 是各测量值的代数和，即 $R = mA + nB - pC$

式中，m、n、p 为系数。则：$\mathrm{d}R = m\mathrm{d}A + n\mathrm{d}B - p\mathrm{d}C$

分析结果 R 的误差 E_R 为：　　$E_R = mE_A + nE_B - pE_C$ 　　　　　　　(3-14)

可见，在加减法运算中，分析结果的绝对误差是各测量值绝对误差与相应系数之积的代数和。

② 乘除法　若分析结果 R 是各测量值的积或商，即：$R = m\dfrac{AB}{C}$

上式取自然对数得：$\ln R = \ln m + \ln A + \ln B - \ln C$

偏微分得：
$$\dfrac{\mathrm{d}R}{R} = \dfrac{\mathrm{d}A}{A} + \dfrac{\mathrm{d}B}{B} - \dfrac{\mathrm{d}C}{C}$$

用误差表示则为：
$$\dfrac{E_R}{R} = \dfrac{E_A}{A} + \dfrac{E_B}{B} - \dfrac{E_C}{C} \tag{3-15}$$

可见，在乘除运算中，分析结果的相对误差是各测量值相对误差的代数和，与系数 m 无关。

③ 指数关系　若分析结果 R 与测量值的关系为：$R = mA^n$

取自然对数得：　　　　　　$\ln R = \ln m + n\ln A$

偏微分后得：
$$\dfrac{\mathrm{d}R}{R} = n\dfrac{\mathrm{d}A}{A}$$

误差传递关系式为：
$$\dfrac{E_R}{R} = n\dfrac{E_A}{A} \tag{3-16}$$

可见，分析结果的相对误差为测量值的相对误差的指数（n）倍。

④ 对数关系　若分析结果 R 与测量值的关系为：$R = m\lg A$

换算为自然对数并微分得：　　$\mathrm{d}R = 0.434m\dfrac{\mathrm{d}A}{A}$

其误差传递关系式为：
$$E_R = 0.434m\dfrac{E_A}{A} \tag{3-17}$$

可见，分析结果的绝对误差为测量值相对误差的 $0.434m$ 倍。

(2) 随机误差的传递

随机误差的传递用标准偏差表示，具体如下：

① 加减法　设分析结果 R 是各测量值的代数和：
$$R = mA + nB - pC$$

则：
$$s_R^2 = m^2 s_A^2 + n^2 s_B^2 + p^2 s_C^2 \tag{3-18}$$

可见，分析结果的方差为各测量值方差与相应系数的平方之积的和。

② 乘除法　若分析结果 R 与各测量值的关系为：
$$R = mAB/C$$

则：

$$\left(\frac{s_R}{R}\right)^2 = \left(\frac{s_A}{A}\right)^2 + \left(\frac{s_B}{B}\right)^2 + \left(\frac{s_C}{C}\right)^2 \tag{3-19}$$

可见，分析结果的相对标准偏差的平方是各量值相对标准偏差的平方之和，而与系数无关。

③ 指数关系　若分析结果 R 与测量值的关系为：

$$R = mA^n$$

则：

$$\left(\frac{s_R}{R}\right)^2 = n^2\left(\frac{s_A}{A}\right)^2 \quad \text{或} \quad \frac{s_R}{R} = n\frac{s_A}{A} \tag{3-20}$$

可见，分析结果的相对标准偏差为测量相对标准偏差的 n 倍。

④ 对数关系　若分析结果 R 与测量值的关系为：$R = m\lg A$

换算为自然对数：　　　　　　$R = 0.434 m \ln A$

则：

$$s_R^2 = (0.434m)^2\left(\frac{s_A}{A}\right)^2 \quad \text{或} \quad s_R = 0.434m\frac{s_A}{A} \tag{3-21}$$

可见，分析结果的标准偏差为测量值相对标准偏差的 $0.434m$ 倍。

【例 3-4】 设天平称量时的标准偏差 $s = 0.10 \text{mg}$，求称量试样时的标准偏差 s_m。

解　称取试样时，无论是用差减法称量，或者是将试样置于适当的称样器皿中进行称量都需要称量两次，读取两次平衡点。试样质量 m 是两次称量所得质量 m_1 与 m_2 之差值，即：

$$m = m_1 - m_2 \quad \text{或} \quad m = m_2 - m_1$$

读取称量 m_1 和 m_2 时平衡点的偏差，要反映到 m 中去。根据随机误差的传递规律可得：

$$s_m = \sqrt{s_1^2 + s_2^2} = \sqrt{2s^2} + \sqrt{2 \times 0.01^2} = 0.14(\text{mg})$$

【例 3-5】 用移液管移取 NaOH 溶液 25.00mL，用 0.1245 mol·L^{-1} HCl 标准溶液进行滴定，用去 25.68mL HCl 标准溶液。已知用移液管移取溶液时的标准偏差 $s_1 = 0.02$mL，每次读取滴定管读数时的标准偏差 $s_2 = 0.01$mL。试计算滴定 NaOH 溶液时的标准偏差。

解　首先计算 NaOH 溶液的浓度：

$$c_{\text{NaOH}} = \frac{c_{\text{HCl}}V_{\text{HCl}}}{V_{\text{NaOH}}} = \frac{0.1245 \times 25.68}{25.00} = 0.1279(\text{mol·L}^{-1})$$

V_{HCl} 及 V_{NaOH} 的偏差对 c_{NaOH} 浓度的影响，以随机误差的乘除法运算方式传递，且滴定管有两次读数误差。

$$\frac{s_c^2}{c_{\text{NaOH}}^2} = \frac{s_1^2}{V_1^2} + 2\frac{s_2^2}{V_2^2}$$

故：

$$s_c = 0.1279 \times \sqrt{\left(\frac{0.02}{25.00}\right)^2 + 2 \times \left(\frac{0.01}{25.68}\right)^2}$$
$$= 0.1279 \times 9.7 \times 10^{-4}$$
$$= 0.0001(\text{mol·L}^{-1})$$

(3) 极值误差

在分析化学中，通常用一种简便的方法来估计分析结果可能出现的最大误差，即考虑在最不利的情况下,各步骤带来的误差互相累加在一起。这种误差称为极值误差。当然,这种情况出现的概率很小,但是,用这种方法来粗略估计可能出现的最大误差,在实际上仍是有用的。

如果分析结果 R 是 A、B、C 三个测量数值相加减的结果,例如:
$$R = mA + nB - pC$$
则极值误差为:
$$|E_R| = |mE_A| + |nE_B| + |pE_C| \tag{3-22}$$
若分析结果 R 是 A、B、C 三个测量值相乘除的结果,例如:
$$R = m\frac{AB}{C}$$
则极值相对误差为:
$$\left|\frac{E_R}{R}\right| = \left|\frac{E_A}{A}\right| + \left|\frac{E_B}{B}\right| + \left|\frac{E_C}{C}\right| \tag{3-23}$$

【例 3-6】 滴定管的初读数为 (0.05 ± 0.01)mL,末读数为 (25.30 ± 0.01)mL,问滴定剂的体积可能在多大范围内波动?

解 考虑测量误差,读两次数的极值误差为:
$$\Delta V = 0.01 + 0.01 = 0.02$$
则滴定剂体积为:
$$(25.30 - 0.05) \pm 0.02 = 25.25 \pm 0.02 \text{(mL)}$$

应该指出,以上讨论的是分析结果的最大可能误差,即考虑在最不利的情况下,各步骤带来的误差互相累加在一起。但在实际工作中,个别测量误差对分析结果的影响可能是相反的,因而彼此部分地抵消,这种情况在定量分析中是经常遇到的。

需要指出,在定量分析中,各步测量的系统误差和偶然误差总是混在一起,因而计算得到结果的误差也包括这两个部分误差。标准偏差法只是处理偶然误差的传递问题,因此在用标准偏差法计算结果误差,来确定分析结果的可靠性时,必须先把系统误差消除才有意义。

了解误差传递的规律,在进行分析工作时,对各步测量所应达到的准确程度,可以做到心中有数。例如,用分光光度法测定样品中的某微量成分的含量时,分析结果是由直接测量的吸光度值按下式计算得出:
$$\text{成分} = \text{吸光度} \times \text{换算因数} \times 100\% / \text{样品质量}$$

如果吸光度读数的相对误差是 1%,则称量样品的相对误差也应与其相当,更精确的称量则无意义。如用减量法称出 0.2g 样品,为使样品的称量值的相对误差也是 1%,则只需准确至 0.001g,所以使用千分之一的天平即可。

3.2 有效数字及其运算规则

一个有效的测量数据,既要能表示出测量值的大小,又要能表示出测量的准确度。为了取得准确的分析结果,不仅要测量准确,而且还要记录与计算正确。正确记录要求数值的位数保留合理,正确计算就涉及不同测量值位数的取舍。这就要用到有效数字及其运算规则。

3.2.1 有效数字

有效数字(significant figure)是指在分析工作中实际能测量到的数字。例如在分析天平上称取试样0.5000g,这不仅表明试样的质量为0.5000g,还表明称量的误差在±0.0002g以内。如将其质量记录成0.50g,则表明该试样是在普通天平上称量的,其称量误差为±0.02g,故记录数据的位数不能任意增加或减少。又如滴定管的滴定体积为24.15mL,这个数字就有4位有效数字,除了最后的5之外,其他数字都是准确的。且最后一位数字称为可疑数字,它是估计得到的,但不是臆造的,所以在记录时不能舍去,应予以保留。

有效数字的位数,直接影响测定的相对误差,如表3-1所示。

表 3-1　有效数字位数对测定结果误差的影响

结果	有效数字位数	绝对误差	相对误差
0.32400	5	±0.00001	±0.003%
0.3240	4	±0.0001	±0.03%
0.324	3	±0.001	±0.3%

由表3-1可见,在测量准确度范围内,有效数字的位数越多,绝对误差和相对误差越小,表明测量越准确。但是超过了准确度的范围,过多的位数不仅是没有意义的,而且是错误的。因此,需要根据实验仪器精度和分析要求确定有效数字的位数。

有效数字位数是指从第一位非零的数字开始,到最后一位数字为止,在数字中间和最后的零都算在内。有效数字位数的规定如下:

① 一个量值只能保留一位不确定的数字,在记录测量值时必须记一位不确定的数字,且只能记一位。

② 数字0~9都是有效数字。数字0在数据中具有双重作用,若作为普通数字使用,0是有效数字,如0.3180是4位有效数字,其中第二个0是有效数字;若只起定位作用,0不是有效数字,如0.0318是3位有效数字,前两个0只起定位作用。

③ 单位变换不影响有效数字的位数。例如19.02mL变为19.02×10^{-3} L时,都是4位有效数字。

④ 在分析化学计算中,常遇到分数、倍数关系。这些数据都是自然数而不是测量所得到的,因此它们的有效数字位数可以认为没有限制,需要几位就可以视为几位。

⑤ 分析中常用到的pH、pM、lgK等对数值的有效数字位数取决于小数部分(尾数)数字的位数,因整数部分(首数)只代表该数的方次。例如,pH=12.22有效数字的位数为2位,换算为$[H^+]=6.0\times10^{-13}$ mol·L^{-1},有效数字的位数仍为2位,而不是4位。

⑥ 若有效数字的首位为8或9,则该数的有效数字位数可多计一位。如"9.26"的有效数字位数可认为是4位。

⑦ 科学记数法表示的数的有效数字位数取决于前面的数字的有效数字的位数。例如,6.0×10^3是2位有效数字。数字后的0含义不清楚时,最好用指数形式表示,如1000表示为1.0×10^3,1.00×10^3,1.000×10^3的有效位数分别为2、3、4,如记为1000,则有效位数不明确。

⑧ 对于分析结果的有效数字保留问题,高组分含量(>10%)的测定,一般要求4位有效数字;组分含量1%~10%的测定一般要求3位有效数字;组分含量小于1%,取2位有效数字。

⑨ 分析中各类误差通常取1~2位有效数字。表示误差时,取一位有效数字已足够,最多取两位。例如1.2%,0.12%,0.012%,0.0012%。

3.2.2 有效数字的修约规则

在实验结果的数据处理中,根据需要去掉多余数字的过程称为数字修约(rounding data),目前采用的数字修约规则为"四舍六入五成双"规则。当测量值中被修约的那个数字等于或小于 4 时,该数字舍去;等于或大于 6 时,进位;等于 5 时,如果 5 后面没有任何非零数字,则要看 5 前面的数字,若是奇数则进位,若是偶数则舍去,即修约后末位数字都为偶数;如果 5 后面还有任何非零数字,由于这些数字均为测量所得,则此时无论 5 的前面是奇数还是偶数,均应进位。

【例 3-7】 将下列值修约为 4 位有效数字:0.32474、0.32475、0.32476、0.32485、0.324851。

解 0.32474 → 0.3247 (四舍)

0.32475 → 0.3248 (五成双)

0.32476 → 0.3248 (六入)

0.32485 → 0.3248 (五成双)

0.324851 → 0.3249 (5 后面还有非零数字)

修约数字时,只允许对原测量值一次修约到所需的位数,禁止分次修约。例如,将 3.5749 修约为 3 位有效数字,正确的方法为:3.5749→3.57,而不能 3.5749→3.575→3.58。

在修约标准偏差时,一般要使其值变得更大一些,故只进不舍。例如 $s=0.214$,修约成两位为 0.22,修约成一位为 0.3。

在进行乘方、开方运算和对数换算时,结果的有效数字位数不变。例如 $[H^+]=6.3\times10^{-12}\,\text{mol}\cdot\text{L}^{-1}$ 变为 $pH=11.20$ 时,有效数字仍然是 2 位。

3.2.3 有效数字的运算规则

不同位数的几个数据进行运算时,所得结果应保留几位有效数字与运算类型有关。

(1) 加减运算

由于在加减法中误差按绝对误差传递,计算结果的绝对误差应与各数中绝对误差最大的相一致,因此计算结果有效数字的保留,应以小数点后位数最少的数据为准。

【例 3-8】 按有效数字修约规则计算 $0.021+11.25+6.245+0.62156$。

解 每个数据中最后一位有 ±1 个单位的绝对误差,即 0.021 ± 0.001,11.25 ± 0.01,6.245 ± 0.001,0.62156 ± 0.00001。其中以小数点后位数最少的 11.25 的绝对误差最大,最终计算结果的绝对误差取决于该数,所以有效数字的位数应以它为准。

$$0.021+11.25+6.245+0.62145=18.14$$

(2) 乘除运算

当几个数据相乘或相除时,计算结果有效字的位数取决于参加乘或除的数据中有效数字位数最少的那个数,其依据是有效数字位数最少的那个数的相对误差最大。

【例 3-9】 按有效数字修约规则计算 $\dfrac{0.0325\times 5.103}{139.8}$。

解 相对误差:

$0.0325:\pm 0.0001/0.0325\times 100\%=\pm 0.3\%$

$5.103:\pm 0.001/5.103\times 100\%=\pm 0.02\%$

$139.8:\pm 0.1/139.8\times 100\%=\pm 0.07\%$

由于 0.0325 的相对误差最大,所以计算结果应以此数的有效数字的位数为准。

$$\frac{0.0325 \times 5.103}{139.8} = 0.00119$$

有效数字修约一般计算方法可采用先计算,后修约。现在由于普遍使用电子计算器进行数据运算,虽然在运算过程中不必对每一步的计算结果进行修约,但应注意根据其准确度的要求,正确保留最后计算结果的有效数字的位数。在计算过程中,为提高计算结果的可靠性,可以暂时多保留一位有效数字,而在得到最终结果时,则应舍弃多余数字。

3.3 分析数据的统计处理

在分析化学中,广泛地采用各种统计学方法来处理分析数据,以便更科学地反映研究对象的客观实际。在实践中,通常只做有限次的测量,那么如何从有限次的测量中总结规律,推断总体数据(或无限次)测量的情况,是一个十分重要的问题。

3.3.1 随机误差的正态分布

由前所述,随机误差是由于某些无法避免、难以控制的因素引起的,它的大小、正负都不确定,且具有随机性。从表面上看,随机误差的出现似乎没有规律,但是,如果反复进行很多次的测定,会发现随机误差是服从统计规律的,因此可以用数理统计的方法研究随机误差的分布规律。

(1) 频数分布

在相同条件下对某样品中镍的质量分数(%)进行重复测定,得到90个测定值如下:

1.60	1.67	1.67	1.64	1.58	1.64	1.67	1.62	1.57	1.60	1.59	1.64	1.74
1.65	1.64	1.61	1.65	1.69	1.64	1.63	1.65	1.70	1.63	1.62	1.70	1.65
1.68	1.66	1.69	1.70	1.70	1.63	1.67	1.70	1.63	1.57	1.59	1.62
1.60	1.53	1.56	1.58	1.60	1.58	1.59	1.61	1.62	1.55	1.52	1.49	1.56
1.57	1.61	1.61	1.61	1.63	1.53	1.59	1.66	1.63	1.54	1.66	1.64
1.64	1.64	1.61	1.62	1.65	1.60	1.63	1.62	1.61	1.65	1.61	1.64	1.63
1.54	1.61	1.60	1.64	1.65	1.59	1.58	1.59	1.60	1.67	1.68	1.69

由于测量过程随机误差的存在,这些数据有一定的波动,参差不齐。为了研究随机误差的分布规律,按照下面方法处理:

① 首先将全部数据由小至大排列成序,找出其中最大值和最小值,算出极差 $R = x_{max} - x_{min}$。

② 确定分组数 $m = 1.52(n-1)^{0.4}$,其中 m 为分组数,n 为测定的样本数。

③ 确定组距和各组界值 $\Delta x = R/m$。

确定组界值时应注意:

a. 不遗漏:组界值下限 $< x_{min}$,组界值上限 $> x_{max}$。

b. 不骑墙:组界值的有效数字要比原始数据多取一位,并将这多取的一位有效数字取为5。

在本例中求得:

$$R = 1.74\% - 1.49\% = 0.25\%$$
$$m = 1.52 \times (90-1)^{0.4} = 9$$
$$组距 = R/9 = 0.25\%/9 = 0.03\%$$

每组内两个组界值相差 0.03%，即：1.48%—1.51%，1.51%—1.54% 等。为了使每一个数据只能进入某一组内，将组界值较测定值多取一位。即：1.485%—1.515%，1.515%—1.545%，1.545%—1.575% 等。

统计测定值落在每组内的个数（称为频数），再计算出数据出现在各组内的频率（即相对频数）。如表 3-2 所示。

表 3-2 频数分布表

分组	组距/%	频数	相对频数
1	1.485～1.515	2	0.022
2	1.515～1.545	6	0.067
3	1.545～1.575	6	0.067
4	1.575～1.605	17	0.189
5	1.605～1.635	22	0.244
6	1.635～1.665	20	0.222
7	1.665～1.695	10	0.111
8	1.695～1.725	6	0.067
9	1.725～1.755	1	0.011
共计		90	1.00

由表中的数据可以看出，测定数据的分布并非杂乱无章，而是呈现出某些规律性。在全部数据中，平均值 1.62% 所在的组（第 5 组）具有最大的频率值，处于它两侧的数据组，其频率值仅次之。统计结果表明：测定值出现在平均值附近的频率相当高，具有明显的集中趋势；而与平均值相差越大的数据出现的频率越小。以相对频数为纵坐标，测量值为横坐标作直方图，见图 3-3。

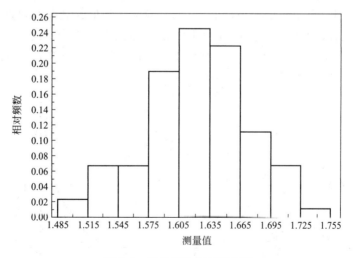

图 3-3 相对频数分布直方图

从图 3-3 可以看出全部测定数据既具有分散的特征，又有明显的集中趋势。由于相对频数的总和为 1，相对频数直方图上的矩形面积和为 1。

如果测量的数据足够多，组距可以更小，组就分得更多，直方图的形状就将趋于一条平滑的曲线，见图 3-4。

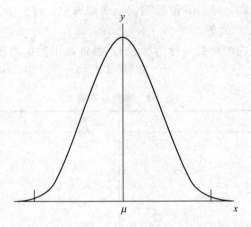

图 3-4 正态分布曲线

图 3-4 中的曲线即为正态分布曲线（normal distribution）。图形特征具有：集中性，即正态曲线的高峰位于正中央，即平均值所在的位置；对称性，即正态曲线以平均值为中心，左右对称，曲线两端永远不与横轴相交；均匀变动性，即正态曲线由平均值所在处开始，分别向左右两侧逐渐均匀下降。正态分布曲线呈钟形，因此人们又经常称为钟形曲线。

（2）正态分布

在分析化学中，测量数据一般符合正态分布规律。正态分布曲线又称为高斯曲线（Gaussian curve），其数学表达式为：

$$y = f(x) = \frac{1}{\sigma\sqrt{2\pi}} e^{-(x-\mu)^2/2\sigma^2} \tag{3-24}$$

式中，y 为概率密度（frequency density）；x 为测量值；μ 为总体平均值（population mean）；σ 为总体标准偏差（population standard deviation）。μ、σ 是此函数的两个重要参数，μ 是正态分布曲线最高点的横坐标值，σ 是从总体平均值 μ 到曲线拐点间的距离。μ 决定曲线在 x 轴的位置，例如，σ 相同，μ 不同时，曲线的形状不变，仅在 x 轴平移 [图 3-5(a)]。σ 决定曲线的形状，μ 相同时，σ 值越小，数据的精密度越高，曲线较瘦高；σ 值越大，数据越分散，曲线较扁平 [图 3-5(b)]。

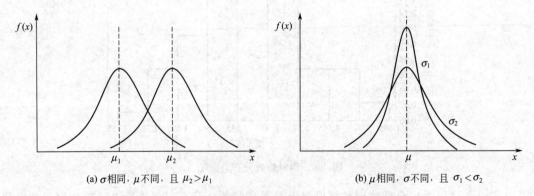

(a) σ 相同，μ 不同，且 $\mu_2 > \mu_1$ 　　　　　(b) μ 相同，σ 不同，且 $\sigma_1 < \sigma_2$

图 3-5 两组精密度不同的测量值的正态分布曲线

μ 和 σ 的值一定，曲线的形状和位置就固定了，其正态分布就确定了，这种正态分布曲

线以 $N(\mu, \sigma^2)$ 表示，$x-\mu$ 表示随机误差。若以 $x-\mu$ 为横坐标，则曲线最高点对应的横坐标为零，这时曲线称为随机误差的正态分布曲线。

由式(3-24)及图 3-4 可见：

① 分布曲线的最高点位于 $x=\mu$ 处，说明大多数数据集中在总体平均值附近，误差接近于零的测量值出现的概率最大。这表明算术平均值能较好地反映数据的集中趋势。

② 当 $x=\mu$ 时，$y=\dfrac{1}{\sigma\sqrt{2\pi}}$，即概率密度的最大值取决于 σ。精密度越高，即 σ 越小时，y 值越大，曲线越尖锐，说明测量值的分布越集中；精密度越低，σ 越大，y 越小，则曲线越平坦，说明测量值分布越分散。

③ 分布曲线以直线 $x=\mu$ 为对称轴形成镜对称，说明绝对值相同的正负误差出现的概率相等。

④ 当 x 趋于 $\pm\infty$ 时，y 趋于 0，即分布曲线以 x 轴为渐近线，说明小误差出现的概率大，大误差出现的概率小，极大误差出现的概率趋于 0。

(3) 标准正态分布和概率

从数学知识可知，正态分布曲线和横坐标之间所夹的总面积，就是概率密度函数在 $-\infty \leqslant x \leqslant +\infty$ 区间的积分值，代表了具有各种大小偏差的测量值出现的概率总和，其值为 1，即概率为：

$$P(-\infty \leqslant x \leqslant +\infty) = \dfrac{1}{\sigma\sqrt{2\pi}} \int_{-\infty}^{+\infty} e^{-(x-\mu)^2/2\sigma^2} dx = 1 \tag{3-25}$$

由于式(3-25)的积分与 μ 和 σ 有关，应用起来很不方便。为此，采用变量转换的方法，将它化为同一分布，即标准正态分布。

令：

$$u = \dfrac{x-\mu}{\sigma} \tag{3-26}$$

代入式(3-24)得：

$$y = f(x) = \dfrac{1}{\sigma\sqrt{2\pi}} e^{-u^2/2} \tag{3-27}$$

由式(3-26)得：

$$du = \dfrac{dx}{\sigma}$$

变形得：

$$dx = \sigma du$$

所以：

$$f(x)dx = \dfrac{1}{\sqrt{2\pi}} e^{-u^2/2} du = \varphi(u)du$$

故：

$$y = \varphi(u) = \dfrac{1}{\sqrt{2\pi}} e^{-u^2/2} \tag{3-28}$$

这样，曲线的横坐标就变为 u，纵坐标为概率密度，用 u 和概率密度表示的正态分布曲线称为标准正态分布曲线（图 3-6），用符号 $N(0,1)$ 表示。这样，曲线的形状与 σ 大小无关，即不论原来正态分布曲线是瘦高的还是扁平的，经过这样的变换后都得到相同的一条标准正态分布曲线。标准正态分布曲线较正态分布曲线应用起来更方便。

标准正态分布曲线与横坐标 $-\infty \sim +\infty$ 之间所夹面积即为正态分布密度函数在区间 $-\infty \leqslant u \leqslant +\infty$ 的积分值，代表了所有数据出现概率的总和，其值应为 1，即概率 P 为 1。

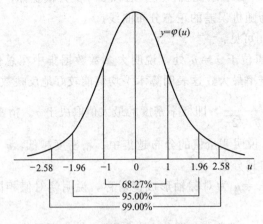

图 3-6　标准正态分布曲线

$$概率 = 面积 = \frac{1}{\sqrt{2\pi}}\int_{-\infty}^{+\infty} e^{-u^2/2} du$$

为使用方便，可将不同 u 值对应的积分值（面积）做成表，称为正态分布概率积分表或简称 u 表。由 u 值可查表得到积分面积，即某一区间的测量值或某一范围随机误差出现的概率，如表 3-3 所示。

表 3-3　正态分布概率积分表

$|u|$	面积	$|u|$	面积	$|u|$	面积
0.0	0.0000	1.0	0.3413	2.0	0.4773
0.1	0.0398	1.1	0.3643	2.1	0.4821
0.2	0.0793	1.2	0.3849	2.2	0.4861
0.3	0.1179	1.3	0.4032	2.3	0.4893
0.4	0.1554	1.4	0.4192	2.4	0.4918
0.5	0.1915	1.5	0.4332	2.5	0.4938
0.6	0.2258	1.6	0.4452	2.6	0.4953
0.7	0.2580	1.7	0.4554	2.7	0.4965
0.8	0.2881	1.8	0.4641	2.8	0.4974
0.9	0.3159	1.9	0.4713	2.9	0.4987

另外，为了与偏差对应比较，通常也以 σ 为单位表示随机误差出现的概率，则结合正态分布，计算结果列于表 3-4 中。

表 3-4　随机误差出现的概率

随机误差出现的区间(以 σ 为单位)	测量值出现的区间	概率
$\pm 1.0\sigma$	$x = \mu \pm 1\sigma$	68.3%
$\pm 1.96\sigma$	$x = \mu \pm 1.96\sigma$	95.0%
$\pm 2.0\sigma$	$x = \mu \pm 2\sigma$	95.5%
$\pm 2.58\sigma$	$x = \mu \pm 2.58\sigma$	99.0%
$\pm 3.0\sigma$	$x = \mu \pm 3\sigma$	99.7%

由此可见，在一组测量值中，随机误差超过 $\pm 1\sigma$ 的测量值出现的概率为 31.7%；超过 $\pm 2\sigma$ 的测量值出现的概率为 4.5%；超过 $\pm 3\sigma$ 的测量值出现的概率很小，仅为 0.3%，也就

是说,在多次重复测量中,出现特别大误差的概率是很小的,平均 1000 次中只有 3 次机会。由此可知,在实际工作中,如果多次重复测量中的个别数据的误差的绝对值大于 3σ,可以将该值舍弃。

【例 3-10】 已知某铁矿石试样中铁的标准值为 60.66%,测定的标准偏差为 0.20%。又已知测定时无系统误差存在。试计算:

(1) 分析结果落在 (60.66±0.30)% 范围内的概率;
(2) 大于 61.16% 的分析结果出现的概率。

解 (1) $|u| = \dfrac{|x-\mu|}{\sigma} = \dfrac{|\pm 0.30\%|}{0.20\%} = 1.5$

查表 3-3 得面积为 0.4332,考虑到 ±u,概率为 2×0.4332=0.8664,即 86.64%。

(2) 由于只考虑分析结果大于 61.16% 的分布情况,属于单边检验问题:

$$|u| = \dfrac{|x-\mu|}{\sigma} = \dfrac{|61.16\%-60.66\%|}{0.20\%} = 2.5$$

查表 3-3 得概率为 0.4938,即 49.38%。

整个正态分布曲线右侧的概率为 0.5000,故大于 61.16% 的分析结果出现的概率为 0.5000−0.4938=0.0062=0.62%。

(4) t 分布(少量实验数据的统计处理)

在实际分析工作中,测量数据一般不多,通常只有少量几次,因此,无法求得总体平均值 μ 和总体标准偏差 σ,只能用样本的标准偏差 s 代替总体的标准偏差 σ,但这样必然使分布曲线变得平坦,从而引起误差。为了校正此误差,英国统计学家、化学家 Gosset 提出用置信因子 t 代替式(3-27)、式(3-28)中的 u 值对标准正态分布进行修正,t 的定义为:

$$t = \dfrac{\overline{x}-\mu}{s_{\overline{x}}} \tag{3-29}$$

式中,$s_{\overline{x}}$ 为平均值的标准偏差,$s_{\overline{x}} = \dfrac{s}{\sqrt{n}}$。以 t 为统计量的分布称为 t 分布。t 分布可说明当 n 不大时($n<20$)随机误差分布的规律性。t 分布曲线的纵坐标仍为概率密度,但横坐标则为统计量 t。图 3-7 为 t 分布曲线。

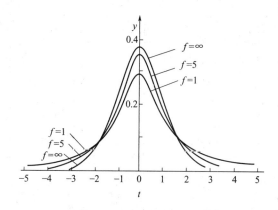

图 3-7 t 分布曲线 ($f=1,5,\infty$)

由图 3-7 可见,t 分布曲线与标准正态分布曲线相似,只是 t 分布曲线随自由度 (degree of freedom,$f=n-1$) 而改变。当 $f<10$ 时,与标准正态分布曲线差别较大;当

$f > 20$ 时，与标准正态分布曲线很相似；当 f 越大时，t 分布曲线就趋近正态分布曲线，即当 $f \to \infty$ 时，t 分布为标准正态分布。

与标准正态分布曲线一样，t 分布曲线下面一定区间内的积分面积为该区间内随机误差出现的概率。不同的是，对于标准正态分布曲线，只要 u 值一定，相应的概率一定；但对于 t 分布曲线，当 t 值一定时，由于 f 值的不同，相应曲线所包含的面积也不同，即 t 分布中的区间概率不仅随 t 值而改变，还与 f 值有关。不同 f 及概率所对应的 t 值已由统计学家计算出来。

标准正态分布与 t 分布区别如下：
① 标准正态分布描述无限次测量数据；t 分布描述有限次测量数据。
② 标准正态分布横坐标为 u，t 分布横坐标为 t。
③ 两者所包含面积均是一定范围内测量值出现的概率 P。正态分布中 P 随 u 变化；u 一定，P 一定。t 分布中 P 随 t 和 f 变化；t 一定，概率 P 与 f 有关。

表 3-5 列出了最常用的部分 t 值。表中置信度用 P 表示，它表示在某一 t 值时，测定值落在 $(\mu \pm ts)$ 范围内的概率。显然，测定值落在此范围之外的概率为 $(1-P)$，称为显著性水准，用 α 表示。由于 t 值与置信度及自由度有关，一般用 $t_{\alpha,f}$ 表示。例如，$t_{0.10,5}$ 表示置信度为 90%，自由度为 5 时的 t 值；$t_{0.05,20}$ 表示置信度为 95%，自由度为 20 时的 t 值。f 小时，t 值较大。理论上，只有当 $f \to \infty$，各置信度对应的 t 值才与相应的 u 值一致。但从表 3-5 可以看出，当 $f = 20$ 时，t 值与 u 值已经很接近了。

表 3-5 t 分布表（双边）

f	置信度、显著性水平		
	$P=0.90$ $\alpha=0.10$	$P=0.95$ $\alpha=0.05$	$P=0.99$ $\alpha=0.01$
1	6.31	12.71	63.66
2	2.92	4.30	9.93
3	2.35	3.18	5.84
4	2.13	2.78	4.60
5	2.02	2.57	4.03
6	1.94	2.45	3.71
7	1.90	2.37	3.50
8	1.86	3.31	3.36
9	1.83	2.26	3.25
10	1.81	2.23	3.17
11	1.80	2.20	3.11
12	1.78	2.18	3.06
13	1.77	2.16	3.01
14	1.76	2.15	2.98
15	1.75	2.13	2.95
20	1.73	2.09	2.85
30	1.70	2.04	2.75
40	1.68	2.02	2.70
∞	1.64	1.96	2.58

3.3.2 总体平均值的估计

用统计方法来处理少量分析测定值的目的是将这些测定值进行科学的表达，使人们能够正确地了解它的精密度、准确度、可信度。最科学的方法是对总体平均值进行估计，给出一定置信度下总体平均值的置信区间。

（1）平均值的标准偏差

从正态分布曲线可知，测定值的算术平均值较好地体现其集中趋势。当我们从总体中分别抽出 m 个样本（通常进行分析只是从总体中抽出一个样本进行 n 次平行测定），每个样本各进行 n 次平行测定。对其中任一个样本，可得 n 个值

$$x_1、x_2、\cdots、x_n$$

由此可求出平均值 $\bar{x}$ 和标准偏差 s。s 体现了单次测量的精密度。因为每个样本都有其平均值，这些平均值也构成一组数据，也可求出它们的平均值和精密度 $s_{\bar{x}}$。

根据随机误差的传递公式有：

$$s_{\bar{x}}^2 = \frac{s_{x_1}^2 + s_{x_2}^2 + \cdots + s_{x_n}^2}{n^2}$$

由于是在相同条件下测量同一物理量，可认为各次测量具有相同的精密度，即 $s_{x_1} = s_{x_2} = \cdots = s_{x_n} = s$。

则有：
$$s_{\bar{x}} = \frac{s}{\sqrt{n}} \tag{3-30}$$

对于无限次测量值，则为：
$$\sigma_{\bar{x}} = \frac{\sigma}{\sqrt{n}} \tag{3-31}$$

由此可见，平均值的标准偏差（standard deviation of mean）与测定次数的平方根成反比，这说明平均值的精密度会随着测定次数的增加而提高。$s_{\bar{x}}/s$ 与 n 的关系如图3-8所示。由图可见，开始时随着测量次数 n 的增加，$s_{\bar{x}}$ 的相对值迅速减小；当 $n>5$ 时，$s_{\bar{x}}$ 的相对值减小的趋势就慢了；当 $n>10$ 时，$s_{\bar{x}}$ 的相对值变化已经很小了。这说明，过多增加测量次数，花费的人力、财力和时间与所得到的精密度的提高相比，得不偿失。在实际工作中，一般测定次数无需过多，3~4次已足够了。对要求高的分析，可测定5~9次。

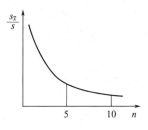

图 3-8　平均值的精密度与测量次数的关系

（2）平均值的置信区间

由 3.3.1 节可知，当用单次测量结果（x）来估计总体平均值 μ 的范围，则 μ 包括在区间 $x \pm 1\sigma$ 范围内的概率为 68.3%，在区间 $x \pm 1.64\sigma$ 范围内的概率为 90%，在区间 $x \pm 1.96\sigma$ 范围内的概率为 95%，在区间 $x \pm 2.58\sigma$ 范围内的概率为 99%，它的数学表达式为：

$$\mu = x \pm u\sigma \tag{3-32}$$

不同置信度的 u 值可查表得到。

若以样本平均值来估计总体平均值可能存在的区间，其表达式为：

$$\mu = \bar{x} \pm \frac{u\sigma}{\sqrt{n}} \tag{3-33}$$

对于少量测量数据，必须根据 t 分布进行统计处理，按 t 的定义式可得出：

$$\mu = \bar{x} \pm ts_{\bar{x}} = \bar{x} \pm t\frac{s}{\sqrt{n}} \tag{3-34}$$

上式表示在某一置信度下，以平均值 $\bar{x}$ 为中心，包括总体平均值 μ 在内的可靠性范围，称为平均值的置信区间。其范围的大小与样本的标准偏差、测量次数及规定的置信度有关。对置信区间的概念必须正确理解，如 $\mu = 76.50\% \pm 0.10\%$（置信度为 95%）应当理解为在 $76.50\% \pm 0.10\%$ 区间内包括总体平均值 μ 的概率为 95%。μ 是个客观存在的恒定值，没有随机性，不能说 μ 落在某一区间的概率是多少。

【例 3-11】 测定某试样氯的质量分数，得到下列结果：30.44%，30.52%，30.60% 和 30.12%。计算平均值的置信区间（95% 置信度）。

解 计算得到：$\bar{x} = 30.42\%$，$s = 0.21\%$，$n = 4$，$f = n - 1 = 4 - 1 = 3$
$P = 95\%$，$t_{0.05,3} = 3.18$

$$\mu = \bar{x} \pm t_{\alpha,f}\frac{s}{\sqrt{n}} = \left(30.42 \pm 3.18 \times \frac{0.21}{\sqrt{4}}\right)\% = (30.42 \pm 0.33)\%$$

置信度与置信区间是一个对立的统一体。置信度越低，同一体系的置信区间就越窄；置信度越高，同一体系的置信区间就越宽，即所估计的区间包括真值的可能性也就越大。在实际工作中，置信度不能定得过高或过低，否则会犯"存伪"或"拒真"错误。如 100% 置信度下的置信区间为无穷大，这种 100% 的置信度实际上没有任何实际意义。又如 50% 置信度下的置信区间尽管很窄，但其可靠性已经不能保证了。因此在进行数据处理时，必须同时兼顾置信度和置信区间。既要使置信区间足够窄，以使对真值的估计比较精确；又要使置信度较高，以使置信区间内包含有真值的把握性较大。在分析化学中，通常将置信度定在 90% 或 95%。

3.3.3 分析结果的报告

报道分析结果时，要体现出数据的集中趋势和分散情况，一般只需报告测定次数 n、平均值 $\bar{x}$（表示集中趋势）和标准偏差 s（表示分散性），就可进一步对总体平均值可能存在的区间做出估计。

【例 3-12】 分析某铁矿试样中铁的含量，得到下列数据：37.45%，37.30%，37.20%，37.50%，37.25%。报告分析结果。

解

$$\bar{x} = \frac{37.45\% + 37.30\% + 37.20\% + 37.50\% + 37.25\%}{5} = 37.34\%$$

各测定值的偏差分别为 $+0.11\%$，-0.04%，0.14%，$+0.16\%$，-0.09%。

$$s = \sqrt{\frac{(0.11\%)^2 + (-0.04\%)^2 + (0.14\%)^2 + (0.16\%)^2 + (-0.09\%)^2}{5-1}} = 0.13\%$$

所以，报告结果为：$n = 5$，$\bar{x} = 37.34\%$，$s = 0.13\%$。

3.4 可疑值取舍

在一组平行测定数据中，常会出现与其他结果相差较大的个别测定值，这种明显偏离的测定值称为可疑值（也称离群值、异常值或极端值）。如果这个可疑值是由于明显过失引起的（例如，配制溶液时溶液的溅失，滴定管活塞处出现渗漏等），不论这个值与其他数据相差多少，都应该将其舍弃；否则不能随意舍弃或保留，尤其是当测量数据较少时。如果随意处置，会产生三种结果：

① 不应舍去，而将其舍去。由于该数据是较大偶然误差存在所引起的较大偏离，舍去后，精密度提高，但准确度降低，如图 3-9(a) 所示：1 代表真值所在位置，2 代表所有数据的平均值，3 代表舍去最右端数据后的平均值，可见舍去后的 3 偏离真值更大。

② 应舍去，而未将其舍去。该数据是由未发现的操作过失所引起的较大偏离，如果应舍去将其保留，结果的精密度和准确度均降低。如图 3-9(b) 所示：2 所代表的所有数据的平均值偏离真值较大，如果舍去，则结果的精密度和准确度均提高，3 线所示。

③ 随意处理的结果与正确处理的结果发生巧合，两者一致。这样做盲目性大，随意处理数据使结果无可信而言。

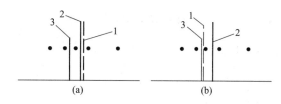

图 3-9 可疑值取舍示意图
1—代表真值所在位置；2—代表所有数据的平均值；3—代表舍去最右端数据后的平均值

正确的做法是通过统计检验判断该可疑值与其他数据是否来源于同一总体，然后决定取舍。下面介绍三种常用的检验方法。

3.4.1 $4\bar{d}$ 法

根据正态分布规律（见表 3-4），对无限实验数据，偏差超过 3σ 的个别测定值的概率小于 0.3%，当测定次数不多时这一测量值可以舍去。因 $\delta=0.80\sigma$，$3\sigma\approx4\delta$（参考相关著作，δ 表示偏差），故偏差超过 4δ 的个别测定值可以舍去。

对于少量实验数据，在统计分析中用 s 代替了 σ，用 $\bar{d}$ 代替了 δ，由上面处理无限数据可粗略地认为，偏差大于 $4\bar{d}$ 的个别测量值可以舍弃。

需要指出，用 $4\bar{d}$ 法判断可疑值取舍时存在较大误差，但由于其具有方法简单、不需查表的优点，至今仍为人们所采用。此外，当 $4\bar{d}$ 法与其他检验方法判断的结果发生矛盾时，应以其他方法为准。

采用 $4\bar{d}$ 法判断可疑值取舍的步骤是先求出除可疑值以外的其余数据的平均值 $\bar{x}$ 和平均偏差 $\bar{d}$，然后将可疑值与平均值进行比较，若其差的绝对值大于 $4\bar{d}$，则可疑值舍去，否则应保留。

【例 3-13】 平行测定某试样中铜的质量分数，四次测定数据分别为 42.38%、42.32%、

42.34%、42.12%。问 42.12%这个数据应否舍去?

解 $\bar{x} = \dfrac{42.38\% + 42.32\% + 42.34\%}{3} = 42.35\%$

$\bar{d} = \dfrac{|0.03\%| + |-0.03\%| + |-0.01\%|}{3} = 0.023\%$

$4\bar{d} = 0.023\% \times 4 = 0.092\%$

可疑值与平均值的差的绝对值为:

$$|42.12\% - 42.35\%| = 0.23\% > 4\bar{d}$$

故 42.15%这个数据应舍去。

3.4.2 Q 检验法

Q 检验法由迪克森(W. J. Dixon)在 1951 年提出,用 Q 检验法判断可疑值的取舍时,先将一组测量数据从小到大排列:x_1、x_2、…、x_{n-1}、x_n,假设 x_1 或 x_n 为可疑值,然后计算可疑值与最邻近数据的差值,除以极差,所得的商称为 Q 值,依据统计量 Q 确定该可疑值的取舍。

设 x_n 为可疑值,则统计量 Q 为:

$$Q = \dfrac{x_n - x_{n-1}}{x_n - x_1} \tag{3-35}$$

若 x_1 为可疑值,则统计量 Q 为:

$$Q = \dfrac{x_2 - x_1}{x_n - x_1} \tag{3-36}$$

Q 称为"舍弃商",其值越大,说明可疑值离群越远,超过一定界限时,则应舍去。不同置信度时的 $Q_表$ 值见表 3-6,若计算所得 Q 值大于表中相应的 $Q_表$ 值时,该可疑值舍去,反之应保留。

表 3-6 Q 值表

测定次数 n		3	4	5	6	7	8	9	10
置信度	$Q_{0.90}$	0.94	0.76	0.64	0.56	0.51	0.47	0.44	0.41
	$Q_{0.95}$	0.97	0.83	0.71	0.63	0.57	0.53	0.49	0.47
	$Q_{0.96}$	0.98	0.85	0.72	0.64	0.59	0.54	0.51	0.48
	$Q_{0.99}$	0.99	0.93	0.82	0.74	0.68	0.63	0.60	0.57

【例 3-14】 对【例 3-13】中的数据用 Q 检验法判别 42.12%这个数据在置信度分别为90%和96%时应否舍去。

解 将数据从小到大排列:42.12%、42.32%、42.34%、42.38%。

$$Q_{计算} = \dfrac{42.32\% - 42.12\%}{42.38\% - 42.12\%} = 0.77$$

查表 3-6 得 $Q_{0.90,4} = 0.76$,$Q_{计算} > Q_{0.90,4}$,故 42.12%这个数据应舍去。

同样,查表 3-6 得 $Q_{0.96,4} = 0.85$,$Q_{计算} < Q_{0.96,4}$,故 42.12%这个数据应保留。

注意:$4\bar{d}$ 法和 Q 检验法有区别,后者要考虑置信度的影响。由结果可见,若在置信度90%下,42.12%用 Q 检验法检验应舍弃,结果同 $4\bar{d}$ 法。而在置信度96%下,42.12%用 Q 检验法检验应保留,结果与 $4\bar{d}$ 法不同,判断的结果矛盾,应以 Q 检验法为准。

3.4.3 格鲁布斯(Grubbs)检验法

将一组数据由小到大排列：x_1、x_2、…、x_n，其中 x_1 或 x_n 是可疑值。用此法进行判断时，应先计算出包含可疑值在内的整组数据的平均值 $\bar{x}$ 和标准偏差 s，再依据统计量 T 进行判断。

若 x_1 为可疑值，则：

$$T=\frac{\bar{x}-x_1}{s} \tag{3-37}$$

若 x_n 为可疑值，则：

$$T=\frac{x_n-\bar{x}}{s} \tag{3-38}$$

将计算所得 T 值与表 3-7 中查得的 $T_{\alpha,n}$（对应于某一置信度）相比较，若 $T>T_{\alpha,n}$，则应舍去该可疑值，反之予以保留。

表 3-7 T 值表

n \ T	显著性水准 α		
	0.05(P=95%)	0.025(P=97.5%)	0.01(P=99%)
3	1.15	1.15	1.15
4	1.46	1.48	1.49
5	1.67	1.71	1.75
6	1.82	1.89	1.94
7	1.94	2.02	2.10
8	2.03	2.13	2.22
9	2.11	2.21	2.32
10	2.18	2.29	2.41
11	2.23	2.36	2.48
12	2.29	2.41	2.55
13	2.33	2.46	2.61
14	2.37	2.51	2.63
15	2.41	2.55	2.71
20	2.56	2.71	2.88

格鲁布斯法最大的优点是在判断可疑值的过程中，引入了正态分布中的两个重要的样本参数——平均值 $\bar{x}$ 和标准偏差 s，故该方法的准确性较高。但该方法需要计算 $\bar{x}$ 和 s，步骤稍麻烦。

【例 3-15】 对【例 3-14】中的数据用格鲁布斯检验法判别 42.12% 这个数据应否舍去（置信度为 95%）。

解 $\bar{x}=42.29\%$，$s=0.12\%$

$$T=\frac{\bar{x}-x_1}{s}=\frac{42.29\%-42.12\%}{0.12\%}=1.42$$

查表 3-7 得，$T_{0.05,4}=1.46$，$T_{计算}<T_{0.05}$，故 42.12% 这个数据应保留。

3.5 显著性检验

在实际分析工作中，经常会遇到对标准物质或纯物质等进行测定时分析结果与标准值不一致的问题；也会遇到不同分析人员、两种不同分析方法或者两个实验室对同一试样进行分析测定，其结果不相同的情况。造成这种误差的原因有可能是存在系统误差或者随机误差。如果差异仅由随机误差引起，那么从统计学的角度来看，为正常现象。但是如果为系统误差所致，那么两个结果之间就存在着显著性差异，这时需要考虑消除误差的问题。

使用统计方法检验测定值之间是否存在显著差异，推测它们之间是否存在系统误差，从而判断测定结果或者分析方法的可靠性，此过程称为显著性检验。分析化学中常用的显著性检验方法有 F 检验法和 t 检验法。

3.5.1 两组数据方差的比较——F 检验法

F 检验法是通过比较两组数据的方差 s^2，来确定它们的精密度是否存在显著性差异的方法。统计量 F 定义为两组数的方差的比值，分子为大的方差，分母为小的方差，即：

$$F = \frac{s_{\text{大}}^2}{s_{\text{小}}^2} \tag{3-39}$$

将计算得到的 $F_{\text{计算}}$ 值与表 3-8 所列的 $F_{\text{表}}$ 值进行比较。在一定的置信度及自由度下，若 $F_{\text{计算}} > F_{\text{表}}$，则说明这两组数据的精密度之间存在显著性差异（置信度为 95%），否则不存在显著性差异。

表 3-8 F 值表（单边，$P=95\%$）

$f_{\text{小}}$ \ $f_{\text{大}}$	1	2	3	4	5	6	7	8	9	10	15	20	∞
1	161.4	199.5	215.7	224.6	230.2	234.0	236.8	238.9	240.5	241.9	245.9	248.0	254.3
2	18.51	19.00	19.16	19.25	19.30	19.33	19.35	19.37	19.38	19.40	19.43	19.45	19.50
3	10.13	9.55	9.28	9.12	9.01	8.94	8.89	8.85	8.81	8.79	8.70	8.66	8.53
4	7.71	6.94	6.59	6.39	6.26	6.16	6.09	6.04	6.00	5.96	5.86	5.80	5.63
5	6.61	5.79	5.41	5.19	5.05	4.95	4.88	4.82	4.77	4.74	4.62	4.56	4.36
6	5.99	5.14	4.76	4.53	4.39	4.28	4.21	4.15	4.10	4.06	3.94	3.87	3.67
7	5.59	4.74	4.35	4.12	3.97	3.87	3.79	3.73	3.68	3.64	3.51	3.44	3.23
8	5.32	4.46	4.07	3.84	3.69	3.58	3.50	3.44	3.39	3.35	3.22	3.15	2.93
9	5.12	4.26	3.86	3.63	3.48	3.37	3.29	3.23	3.18	3.14	3.01	2.94	2.71
10	4.96	4.10	3.71	3.48	3.33	3.22	3.14	3.07	3.02	2.98	2.85	2.77	2.54
15	4.54	3.68	3.29	3.06	2.90	2.79	2.71	2.64	2.59	2.54	2.40	2.33	2.07
20	4.35	3.49	3.10	2.87	2.71	2.60	2.51	2.45	2.39	2.35	2.20	2.12	1.84
∞	3.84	3.00	2.60	2.37	2.21	2.10	2.01	1.94	1.88	1.83	1.67	1.57	1.00

注：$f_{\text{大}}$ 为大方差对应的自由度；$f_{\text{小}}$ 为小方差对应的自由度。

由于表 3-8 所列 $F_{\text{表}}$ 值是单边值，所以可直接用于单边检验，即检验某组数据的精密度是否大于等于（或小于等于）另一组数据的精密度，此时置信度为 95%（显著性水准为

0.05)。而进行双边检验时,如判断两组数据的精密度是否存在显著性差异时,即一组数据的精密度可能优于、等于,也可能不如另一组数据的精密度时,显著性水准为单边检验时的两倍,即 0.10。因此,此时的置信度 $P=1-0.10=0.90$,即 90%。

【例 3-16】 用两种方法测定钢样中碳的质量分数:

方法 1:数据为 4.08%,4.03%,3.94%,3.90%,3.96%,3.99%。

方法 2:数据为 3.98%,3.92%,3.90%,3.97%,3.94%。

判断两种方法的精密度是否有显著差别($P=95\%$)。

解 $n_1=6$,$\bar{x}_1=3.98\%$,$s_1=0.06\%$

$n_2=5$,$\bar{x}_2=3.94\%$,$s_2=0.03\%$

$$F_{计算}=\frac{s_{大}^2}{s_{小}^2}=\frac{0.06\%^2}{0.03\%^2}=4.00$$

查表 3-8,$f_{大}=5$,$f_{小}=4$ 的 $F_{表}=6.26$,则 $F_{计算}<F_{表}$,二者的精密度没有显著性差异。

【例 3-17】 在分光光度分析中,用一台旧仪器测定某溶液的吸光度,7 次读数的标准偏差 $s_1=0.053$;再用一台新仪器测定,6 次读数的标准偏差为 $s_2=0.025$。试问新仪器的精密度是否显著地优于旧仪器的精密度。

解 由于新仪器的性能较好,其精密度不比旧仪器的差,因此此例属于单边检验问题。

已知 $n_1=7$,$s_1=0.053$,$f_1=7-1=6$;$n_2=6$,$s_2=0.025$,$f_2=6-1=5$。

$$F_{计算}=\frac{s_{大}^2}{s_{小}^2}=\frac{s_1^2}{s_2^2}=\frac{0.053^2}{0.025^2}=4.49$$

查表 3-8,$f_{大}=6$,$f_{小}=5$ 时,$F_{表}=4.95$,则 $F_{计算}<F_{表}$,表明两台仪器的精密度不存在显著性差异(置信度为 95%)。

3.5.2 平均值与标准值的比较——t 检验法

为了检查分析数据是否存在较大的系统误差,可对标准试样进行若干次分析,再利用 t 检验法比较分析结果的平均值与标准试样的标准值之间是否存在显著性差异。

进行 t 检验时,先按下式计算出 t 值:

$$t=\frac{|\bar{x}-\mu|}{s}\sqrt{n} \tag{3-40}$$

再根据置信度和自由度由 t 值表(表 3-5)查出相应的 $t_{表}$。若 $t_{计算}>t_{表}$,则认为 $\bar{x}$ 与 μ 之间存在显著性差异,说明该分析方法存在系统误差;否则可认为 $\bar{x}$ 与 μ 之间不存在显著性差异,该差异是由随机误差引起的正常差异。分析化学中通常以 95% 的置信度为检验标准,即显著性水准为 5%。

【例 3-18】 用某种新的分析方法测定某试样中铜的质量分数,5 次测定结果分别为 53.35%、53.30%、53.40%、53.38%、53.42%。已知铜的标准值为 53.36%。试问该新方法是否存在系统误差($P=95\%$)?

解 $\bar{x}=53.37\%$,$s=0.05\%$,$n=5$,$f=5-1=4$。

$$t_{计算}=\frac{|\bar{x}-\mu|}{s}\sqrt{n}=\frac{|53.37\%-53.36\%|}{0.05\%}\times\sqrt{5}=0.45$$

查表 3-5 得 $t_{0.05,4}=2.78$,$t_{计算}<t_{表}$,故 $\bar{x}$ 与 μ 之间不存在显著性差异,表明该新方法不存在系统误差。

3.5.3 两组平均值的比较

不同分析人员，不同实验室或同一分析人员采用不同方法分析同一试样，所得到的平均值经常是不完全相等的。要从这两组数据的平均值来判断它们之间是否存在显著性差异，应先用 F 检验法检验两组数据的精密度有无显著性差异，若两组数据的精密度存在显著性差异，则表明两个平均值之间存在显著性差异；反之则应采用 t 检验法继续进行检验。

设两组分析数据为 n_1、s_1、$\bar{x}_1$ 和 n_2、s_2、$\bar{x}_2$，因为这种情况下两个平均值都是实验值，这时需要先用 F 检验法检验两组精密度 s_1 和 s_2 之间有无显著性差异，如证明它们之间无显著性差异，则可认为 $s_1 \approx s_2$，于是再用 t 检验法检验两组平均值有无显著性差异。

用 t 检验法检验两组平均值有无显著性差异时，首先要计算合并标准偏差：

$$s = \sqrt{\frac{\text{偏差平方和}}{\text{总自由度}}} = \sqrt{\frac{\sum(x_{1i}-\bar{x}_1)^2 + \sum(x_{2i}-\bar{x}_2)^2}{(n_1-1)+(n_2-1)}} \tag{3-41}$$

即

$$s = \sqrt{\frac{s_1^2(n_1-1) + s_2^2(n_2-1)}{(n_1-1)+(n_2-1)}} \quad \text{或直接取 } s = s_{\text{小}}。 \tag{3-42}$$

然后计算出 t 值：

$$t = \frac{|\bar{x}_1 - \bar{x}_2|}{s} \sqrt{\frac{n_1 n_2}{n_1 + n_2}} \tag{3-43}$$

在一定置信度时，查出 $t_{\text{表}}$（总自由度 $f = n_1 + n_2 - 2$），若 $t_{\text{计算}} < t_{\text{表}}$，说明两组数据的平均值不存在显著性差异，可以认为两个平均值属于同一总体，即 $\mu_1 = \mu_2$；若 $t_{\text{计算}} > t_{\text{表}}$，说明两组数据的平均值存在显著性差异，可以认为两个平均值不属于同一总体，两组平均值之间存在着系统误差。

【例 3-19】 用两种方法测定某矿样锰的含量，结果如下：

方法 1：$\bar{x} = 10.56\%$，$s_1 = 0.10\%$，$n_1 = 11$。
方法 2：$\bar{x} = 10.64\%$，$s_2 = 0.12\%$，$n_2 = 11$。

问：(1) 标准偏差之间是否有显著性差异（95% 置信度）？
(2) 平均值之间是否有显著性差异（95% 置信度）？

解 (1)

$$F_{\text{计算}} = \frac{s_{\text{大}}^2}{s_{\text{小}}^2} = \frac{0.12^2}{0.10^2} = 1.44$$

查表 3-8，$f_{\text{大}} = 10$，$f_{\text{小}} = 10$ 时，$F_{\text{表}} = 2.98$，则 $F_{\text{计}} < F_{\text{表}}$，标准偏差之间不存在显著性差异（95% 置信度）。

(2) $$t = \frac{|\bar{x}_1 - \bar{x}_2|}{s} \sqrt{\frac{n_1 n_2}{n_1 + n_2}} = \frac{|10.56 - 10.64|}{0.10} \sqrt{\frac{11 \times 11}{11 + 11}} = 1.88$$

查表 3-5，$f = n_1 + n_2 - 2 = 20$，$t_{\text{计算}} < t_{\text{表}} = 2.09$，平均值之间没有显著性差异（95% 置信度）。

3.6 回归分析法

在分析化学中，常用标准曲线法进行定量分析，且通常情况下的标准工作曲线是一条直线。例如，在光度分析中，先测量一系列不同浓度的标样溶液的吸光度，作出吸光度与浓度的关系曲线，即标准曲线（standard curve），如图 3-10 所示，然后测定未知样品溶液的吸

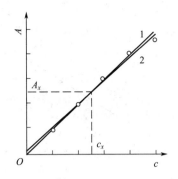

图 3-10 吸光度与浓度的关系曲线

光度,在标准曲线上查出未知样品溶液中待测物质的浓度,从而求得样品中待测物质的含量。

图中 A_x、c_x 分别为未知样品的吸光度值和浓度。可见,绘制好标准工作曲线后就可直接从标准工作曲线上查出浓度,进而计算含量,使得测定工作,尤其是大量样品的分析变得相对简单。但是由于实验误差等因素的存在,各数据点对直线往往有所偏离,用手工作图法所作标准曲线误差较大(如图 3-10 中曲线 1 和 2)。为了得到最接近于各测量点、误差最小的直线(即最佳的标准曲线),必须借助于数理统计方法,对数据进行回归分析,通过回归分析不仅可得到最佳的回归曲线,而且可对各点的精密度、数据的相关关系以及回归曲线的置信区间进行评价。另外,可以通过回归方程直接求得未知变量的值。本节主要介绍一元线性回归。

3.6.1 一元线性回归方程及回归直线

若测量 n 个数据点 (x_1,y_1)、(x_2,y_2)、…、(x_i,y_i)、…、(x_n,y_n),它们之间存在线性关系,其回归直线方程为:

$$y = a + bx \tag{3-44}$$

式中,y 为因变量(如吸光度、电极电位和峰面积等分析信号);x 为自变量(如标准溶液的浓度等,可以严格控制或精确测量的变量);a 为回归直线的截距(或称回归常数,与系统误差的大小有关);b 为回归直线的斜率(或称回归系数,与测定方法的灵敏度有关)。

每个实验点的实际值与回归直线对应的值之间的误差可用 Q_i 来定量描述:

$$Q_i = [y_i - (a + bx_i)]^2 \tag{3-45}$$

式中,y_i 为实测值,$(a+bx_i)$ 为线性回归方程所得值。回归直线与所有实验点的总误差为:

$$Q = \sum_{i=1}^{n} Q_i = \sum_{i=1}^{n} [y_i - (a + bx_i)]^2 \tag{3-46}$$

为了使回归方程能最好地反映实际实验值的真实状态,就要使回归直线是所有直线中离差平方和最小的一条直线,因此回归直线的截距 a 和斜率 b 应使 Q 为极小值,如图 3-11 所示。

要使 Q 值达到极小值,需对式(3-46)分别求 a 和 b 偏微分,使 a、b 满足下列方程:

$$\frac{\partial Q}{\partial a} = -2 \sum_{i=1}^{n} (y_i - a - bx_i) = 0$$

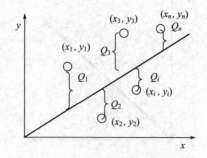

图 3-11 回归方程误差图

$$\frac{\partial Q}{\partial b} = -2\sum_{i=1}^{n}(y_i - a - bx_i) = 0$$
$$i = 1, 2, \cdots, n$$

由上两式可得：

$$a = \frac{\sum_{i=1}^{n} y_i - b\sum_{i=1}^{n} x_i}{n} = \overline{y} - b\overline{x} \tag{3-47}$$

$$b = \frac{\sum_{i=1}^{n}(x_i - \overline{x})(y_i - \overline{y})}{\sum_{i=1}^{n}(x_i - \overline{x})^2} = \frac{\sum_{i=1}^{n} x_i y_i - \left[\left(\sum_{i=1}^{n} x_i \sum_{i=1}^{n} y_i\right)/n\right]}{\sum_{i=1}^{n} x_i^2 - \left[\left(\sum_{i=1}^{n} x_i\right)^2/n\right]} \tag{3-48}$$

式中，$\overline{x}$、$\overline{y}$ 分别为 x 和 y 的平均值。当直线的截距 a 和斜率 b 确定以后，一元线性回归方程（regression equation）及回归直线就确定了。

当 $x = \overline{x}$ 时，由回归方程得：

$$y = a + b\overline{x} = (\overline{y} - b\overline{x}) + b\overline{x} = \overline{y} \tag{3-49}$$

这表明回归直线通过 $(\overline{x}, \overline{y})$ 点，即因变量和自变量的平均值在直线上，但通常所有实验测量点都不在回归直线上。

将式(3-49)变换为：

$$\overline{x} = \frac{\overline{y} - a}{b} \tag{3-50}$$

可见，若经过多次重复测定，得到其平均值 $\overline{y}$，再由式(3-50)可求得样品中被测物质的含量 $\overline{x}$。通过单次测量的 y 值也可求得单次测量的 x 值。式(3-50)可用于反向估计自变量值。

【例 3-20】 在 5% 乙酸溶液中用荧光光度法测定谷类试样中维生素 B_2 的含量时，得到如下数据：

x(维生素 B_2)/$\mu g \cdot mL^{-1}$	0.000	0.100	0.200	0.400	0.800
y(相对荧光强度)	0.0	5.8	12.2	22.3	43.3

用此方法测定某未知试样溶液的相对荧光强度（y）为 15.4。问：(1) 确定标准曲线的回归方程；(2) 计算试样中维生素 B_2 的含量。

解 (1) $\sum x_i = 1.500$，$\sum y_i = 83.6$，$\sum x_i^2 = 0.8500$

$$\sum x_i y_i = 46.58, \ (\sum x_i)^2 = 2.250$$

$$n = 5, \ \overline{x} = \frac{\sum x_i}{n} = 0.3000, \ \overline{y} = \frac{\sum y_i}{n} = 16.72$$

故 $$b = \frac{\sum_{i=1}^{n} x_i y_i - \left(\sum_{i=1}^{n} x_i \sum_{i=1}^{n} y_i / n\right)}{\sum_{i=1}^{n} x_i^2 - \left[\left(\sum_{i=1}^{n} x_i\right)^2 / n\right]} = \frac{46.58 - 1.500 \times 83.6/5}{0.8500 - 2.250/5} = 53.75$$

$$a = \overline{y} - b\overline{x} = 16.72 - 53.75 \times 0.3000 = 0.60$$

上述计算中,我们在小数点后保留了两位有效数字,由于实验测得的相对荧光强度小数点后只有一位有效数字,故 a、b 的值小数点后只能保留一位有效数字,所以标准曲线的回归方程为 $y = 0.6 + 53.8x$。

(2) $x = \dfrac{15.4 - 0.6}{53.8} = 0.275 (\mu g \cdot mL^{-1})$

3.6.2 相关系数

在实际工作中,当两个变量间不存在严格的线性关系,数据的偏离较严重时,虽然也可以求得一条回归直线,但是所得的回归直线没有意义。回归直线是否有意义,可用相关系数 (correlation coefficient, r) 来检验。

相关系数的定义式为:

$$r = b \sqrt{\frac{\sum_{i=1}^{n}(x_i - \overline{x})^2}{\sum_{i=1}^{n}(y_i - \overline{y})^2}} = \frac{\sum_{i=1}^{n}(x_i - \overline{x})(y_i - \overline{y})}{\sqrt{\sum_{i=1}^{n}(x_i - \overline{x})^2 \sum_{i=1}^{n}(y_i - \overline{y})^2}} \tag{3-51}$$

如图 3-12 所示,$r^2 = 1$(或 $r = \pm 1$)时,两个变量完全线性相关,所有回归数据点都在回归直线上,无实验误差;$r^2 = 0$ 时,两个变量毫无线性相关关系;$0 < r^2 < 1$ 时,两个变量有一定的线性关系,有意义的线性关系的临界值如表 3-9 所示。表 3-9 列出了不同置信度及自由度时相关系数的临界值。r^2 越接近于 1,线性关系越好。

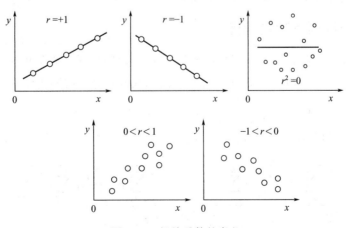

图 3-12 相关系数的意义

表 3-9 相关系数临界值

$f=n-2$	置信度			
	90%	95%	99%	99.9%
1	0.998	0.997	0.9998	0.999999
2	0.900	0.950	0.990	0.999
3	0.805	0.878	0.959	0.991
4	0.729	0.811	0.917	0.974
5	0.669	0.755	0.875	0.951
6	0.622	0.707	0.834	0.925
7	0.582	0.666	0.798	0.898
8	0.549	0.632	0.765	0.872
9	0.521	0.602	0.735	0.847
10	0.497	0.576	0.708	0.823

若根据实验数据算得的$|r|\geqslant r_表$，则表明 y 与 x 之间存在线性关系；若$|r|<r_表$，则表明 y 与 x 之间不存在线性关系。

目前，线性回归方程可以借助各种分析统计软件实现，如 Microcal 公司的 Origin 软件、Microsoft 公司的 Excel 软件和 IBM 公司推出的 SPSS 软件等。在这些软件中，除了回归方程外，还有诸多的数据分析和绘图功能，这些都为分析工作者提供了数据分析的便利条件。

【例 3-21】 求【例 3-20】中标准曲线回归方程的相关系数，并判断该曲线线性关系如何（置信度 99%）。

解 由式(3-51)求相关系数：

$$r=b\sqrt{\frac{\sum\limits_{i=1}^{n}(x_i-\overline{x})^2}{\sum\limits_{i=1}^{n}(y_i-\overline{y})^2}}=53.75\times\sqrt{\frac{0.40}{1156.87}}=0.9995$$

查表 3-9，$r_{99\%,3}=0.959<0.9995$，故该标准曲线具有良好的线性关系。

上述检验方法不仅可检验 y 与 x 之间是否存在线性关系，而且可用于检验回归方程的回归效果，线性关系显著则说明回归效果较好。

3.6.3 回归方程误差和置信区间

由于实验误差的影响，导致各实验点测量值 y_i 与回归曲线上相应的 y_l 值存在一定的偏离。根据统计学原理，回归方程中的 y、a、b 的标准偏差分别按下式计算：

$$s_y=\sqrt{\frac{\sum\limits_{i=1}^{n}[y_i-(bx_i+a)]^2}{n-2}}$$

$$=\sqrt{\frac{\left[\sum\limits_{i=1}^{n}y_i^2-\frac{1}{n}\left(\sum\limits_{i=1}^{n}y_i\right)^2\right]-b^2\left[\sum\limits_{i=1}^{n}x_i^2-\frac{1}{n}\left(\sum\limits_{i=1}^{n}x_i\right)^2\right]}{n-2}}$$

(3-52)

$$s_b = \sqrt{\frac{s_y^2}{\sum_{i=1}^{n}(\overline{x}-x_i)^2}} = \sqrt{\frac{s_y^2}{\sum_{i=1}^{n}x_i^2 - \frac{(\sum_{i=1}^{n}x_i)^2}{n}}} \tag{3-53}$$

$$s_a = s_y \sqrt{\frac{\sum_{i=1}^{n}x_i^2}{n\sum_{i=1}^{n}x_i^2 - (\sum_{i=1}^{n}x_i)^2}} = s_y \sqrt{\frac{1}{n - (\sum_{i=1}^{n}x_i)^2/\sum_{i=1}^{n}x_i^2}} \tag{3-54}$$

按式(3-50)从回归方程得到的反估值 x_0 的标准偏差 s 可按下式计算：

$$s_{x_0} = \frac{s_f}{b}\sqrt{\frac{1}{n}+\frac{1}{m}+\frac{(x_0-\overline{x})^2}{\sum(x_i-\overline{x})^2}} \tag{3-55}$$

式中，n 为测量的回归数据点数；m 为样品的平行测定次数；s_f 为残余标准偏差，用来衡量实验误差和线性关系对回归直线的影响。

$$s_f = \sqrt{\frac{Q}{n-2}} = \sqrt{\frac{\sum_{i=1}^{n}[y_i-(a+bx_i)]^2}{n-2}} = \sqrt{\frac{\sum_{i=1}^{n}(y_i-\overline{y})^2 - b(\sum_{i=1}^{n}x_iy_i - n\overline{x}\,\overline{y})}{n-2}}$$

$$\tag{3-56}$$

同时，从式(3-55)知，提高反估值的精密度的途径有：
① 增大分析方法的灵敏度，即增大回归直线斜率 b。
② 准确测定全部回归数据，以减小残余标准偏差 s_f。
③ 增加回归数据测量点数 n，以减小反估值的标准偏差 s_{x_0}。
④ 增加样品平行测定次数 m，以减小反估值的标准偏差 s_{x_0}。
⑤ 扩大标样中待测物质的含量范围 (x_1, x_i)，增大待测物质含量的差方和，以减小反估值的标准偏差 s_{x_0}。
⑥ 控制样品中待测物质的含量 x_0，使其接近标样中待测物质含量的平均值 $\overline{x}$，减小 $(x_0-\overline{x})^2$，以减小反估值的标准偏差 s_{x_0}。如果样品中待测物质的含量 x_0 处于标样中待测物质的含量范围 (x_1, x_i) 以外，这种外推反估结果的可靠性就很差，甚至得出错误的结论。

通过回归方程得到的反估值 x_0，在给定的置信度下，其置信区间为：

$$x_0 \pm t_{\alpha,f} s_{x_0} \tag{3-57}$$

式中，α 为显著性水平，$\alpha = 1 - P$；f 为自由度，$f = n - 2$；n 为测量的回归数据点数。

3.7 提高分析结果准确度的方法

要提高分析结果的准确度，必须综合考虑在分析过程中可能产生的各种误差，包含系统误差和随机误差，采取有效措施，将这些误差减少到最小。因此，在实际分析工作中要考虑以下几个问题：

(1) 选择合适的分析方法

由于试样分析的目的和要求不同，对准确度的要求也不同。另外，各种分析方法在准确度和灵敏度两方面各有侧重，互不相同，因此，在实际测定某一组分时可能有许多分析方法，应根据对分析结果的要求、待测组分的含量和各类分析方法的特点以及实验室的条件等选择合适的分析方法。例如，滴定分析和重量分析的相对误差较小，准确度高，但灵敏度较低，适用于高含量组分的分析；仪器分析法的相对误差较大，准确度低，但灵敏度较高，适用于低含量组分的分析。此外，还要考虑试样的组成情况，有哪些共存组分，选择的方法要尽量具有干扰少的特点，或者能采取措施消除干扰以保证测量的准确度。总之，所选择的方法操作要简单、步骤要少、速度要快，试剂易得、经济、对环境友好。

(2) 减少测量误差

各测量值的误差会影响最终分析结果的精确度，但对测量对象的量进行合理的选取，则会减少测量误差，提高分析结果的准确度。例如，一般分析天平的一次称量误差为±0.0001g，无论用直接法还是间接法称量，都要读两次读数，则两次称量可能引起的极值误差为±0.0002g。为了使称量的相对误差小于±0.1%，则称取试样的质量至少为 0.2g。又如，在滴定分析中，滴定管的一次读数误差为±0.01mL，在一次滴定中，每个数据都通过两次读数得到，极值误差为±0.02mL。若要使滴定体积的相对误差小于±0.1%，则要求消耗的溶液体积至少为 20mL。可见滴定剂消耗的体积必须大于 20mL，最好使体积接近 25mL，以减小相对误差。

应该说明的是，若准确度要求不同，则对称量和体积测量误差的要求也不同。如在仪器分析中，由于被测组分含量较低，相对误差可允许达到±2%，而且所称的试样量也较多，如可达到 0.5g，这时称量的绝对误差＝相对误差×试样质量＝±2%×0.5g＝±0.01g。因此，不必使用分析天平就可以满足准确度的要求。但是，为了使称量误差可以忽略不计，最好将称量的准确度提高约一个数量级。在本例中，宜准确至±0.001g。

(3) 消除系统误差

由前所述，系统误差具有恒定性、重现性、单向性、可测性的特点。这就说明系统误差是由固定的原因引起的，如果消除这些误差的来源，就可以消除系统误差。系统误差的检验和消除通常采用如下方法。

① 对照试验　对照试验是检验系统误差的最有效的方法，可用于校正方法误差。对照试验有以下几种类型。

a. 与标准试样对照　标准试样是由国家权威部门组织生产，并由权威机构发给证书的试样。由于标准试样的种类有限，有时也用通过有经验的实验人员反复多次测得的试样（有可靠的结果）或自己制备的"人工合成试样"来代替标准试样进行对照试验。

b. 标准加入法　试样组成不完全清楚时，就可采用"标准加入法"进行试验。具体是可取两份被测试样，在其中一份中准确加入相当于质量分数为 A 的待测组分；然后同时对两份试样进行测定。设加入质量分数 A 的试样分析结果为 B，未加入质量分数 A 的试样分析结果为 x，则加入的被测组分的回收率为：

$$回收率 = \frac{B-x}{A} \times 100\%$$

根据回收率的大小，可判断是否存在系统误差。对回收率的要求主要根据待测组分的含量而异，对常量组分回收率一般要达到 99% 以上，对微量组分回收率应在 90%～110% 之间。

c. 与标准方法对照　标准方法是一般公认的比较可靠、准确的分析方法，通常是国际组织或各个国家相关部门颁布的方法。将所选用方法测定的结果与标准方法测定的结果进行比较，可判断所选方法是否存在系统误差。

d. 进行"内检"和"外检"　"内检"是本单位不同分析人员之间用同一方法对同一试

样进行对照试验,将所得结果加以比较。"外检"是不同单位之间用同一方法对同一试样进行对照试验,以便检查分析人员和实验条件是否带来系统误差。

通过以上方法检查若确认存在系统误差,则应根据其来源分别通过下述不同方法予以消除。

② 空白试验 由于试剂中含有干扰杂质或溶液对器皿的侵蚀或沾污等产生的系统误差,可通过空白试验来消除。空白试验是指在不加待测组分的情况下,按照与待测组分分析相同的条件和步骤进行试验,把所得结果作为空白值,从试样的分析结果中扣除空白值即可得到比较准确的分析结果。需特别指出的是,当空白值较大时,应找出原因,加以消除。如对试剂、蒸馏水、器皿进一步处理或更换。在做微量分析时空白试验是必不可少的。

③ 校准仪器 校准仪器可以减少或消除由砝码、移液管、滴定管、容量瓶等仪器不准确引起的系统误差。在要求精确的分析中,须对这些计量仪器进行校准,并在计算结果时采用校准值以获得准确结果。

④ 校正分析结果 对于某些试样的分析,虽然已采用了最适宜的分析方法或分析过程,但由于方法或过程本身的缺陷,仍存在一定的系统误差,可采用适当方法对结果进行校正。例如用电解法不能将溶液中的铜全部析出,则可用分光光度法测出电解后溶液中残留的铜。将其结果加到电解法得到的结果中可得到较准确的结果。需指出的是,对分析结果进行校正时必须有可靠的依据。

(4) 减少随机误差的方法

在分析过程中,随机误差是无法避免的,但根据统计学原理,通过增加平行测定次数可以减少随机误差,平行测定次数越多,平均值就越接近真值。因此,增加平行测定次数可以提高准确度。由图 3-8 可知,如果测定次数增加过多,效果反而不明显。因此,通常测定次数不超过 4～6 次,即使准确度要求较高时,一般也不超过 10 次,否则花费人力、物力和时间多,而准确度的提高并不很大,得不偿失。

❋ 分析化学轶事

t 检验

t 检验是 1908 年由英国统计学家 W.S. 戈斯特 (1876—1937) 提出的,由于当时他使用笔名 Student,因此 t 检验也称为 Student's t test。

事情是这样的,1899 年,年轻的戈斯特在爱尔兰都柏林的吉尼斯啤酒厂担任统计师。期间他接受了分析啤酒原料、生产条件与最终产品质量之间关系的任务。他很快建立了几个变量之间的关系,很好地控制了啤酒的质量。随后,他将自己的研究成果提交给公司,公司允许他发表自己的研究成果,但条件是他不能使用自己的真实姓名和报道公司的任何真实数据。于是,戈斯特被迫使用笔名 (Student) 在《Biometrika》上公布了 t 检验。随后 30 多年,他一直以 Student 的笔名发表论文。实际上,跟他合作过的统计学家都知道 "Student" 的真实身份是戈斯特。

现在,t 检验主要用于样本含量较小 (例如 $n<30$),

W.S. 戈斯特 (1876—1937)

总体标准差 σ 未知的正态分布的情况。t 检验用 t 分布理论来推论差异发生的概率,从而比较两个平均数的差异是否显著。

思考题

1. 何谓准确度和精密度,何谓误差和偏差,它们之间关系如何?
2. 指出下列各种误差是系统误差还是偶然误差?如果是系统误差,请区别方法、仪器、试剂和操作误差,并给出它们的减免方法。
   ① 容量瓶与移液管未经校准;
   ② 在重量分析中,试样的非被测组分被共沉淀;
   ③ 试剂中含被测组分;
   ④ 试样在称量过程中吸潮;
   ⑤ 化学计量点不在指示剂的变色范围内;
   ⑥ 读取滴定管读数时,最后一位数字估计不准;
   ⑦ 在分光光度法测定中,波长指示器所示波长与实际波长不符;
   ⑧ 以含量为 99% 的邻苯二甲酸氢钾作基准物质标定碱溶液。
3. 减少系统误差和偶然误差的方法有哪些?
4. 如何表示总体数据的集中趋势和分散性?如何表示样本数据的集中趋势和分散性?
5. 某试样分析结果为 $\bar{x}=16.74\%$,$n=4$,若该分析方法的 $\sigma=0.04\%$,则当置信度为 95% 时,$\mu=\left(16.74\pm1.96\times\dfrac{0.04}{\sqrt{4}}\right)\%=(16.74\pm0.04)\%$,据此公式说明置信度和置信区间的含义。
6. 何谓对照分析?何谓空白分析?它们在提高分析结果准确度中各起什么作用?
7. 离群值或异常值的取舍方法有哪些,各有什么特点?
8. 在显著性检验中,何谓 F 检验,何谓 t 检验,它们分别用于什么?
9. 滴定管的每次读数误差为 ± 0.01mL。如果滴定中用去标准溶液的体积分别为 2mL、20mL 和 30mL 左右,读数的相对误差各是多少?从相对误差的大小说明了什么问题?
10. 分析天平的每次称量误差为 ± 0.1mg,称样量分别为 0.05g、0.2g、1.0g 时可能引起的相对误差各为多少?这些结果说明什么问题?

习 题

一、选择题

1. 误差的正确定义是(   )。
   A. 错误值与其真值之差; B. 某一测量值与其算术平均值之差
   C. 测量值与其真值之差; D. 含有误差之值与真值之差
2. 测定的标准偏差越大,表明一组数据的(   )越低。
   A. 准确度   B. 精密度   C. 绝对误差   D. 平均值
3. 下列论述中,正确的是(   )。

A. 精密度高，系统误差一定小　　　　　　B. 分析工作中，要求分析误差为零
C. 精密度高，准确度一定高　　　　　　　D. 准确度高，必然要求精密度高

4. 以下产生误差的四种表述中，属于随机误差的是（　　）。
(1) 试剂中含有待测物；(2) 移液管未校正；(3) 称量过程中天平零点稍有变动；(4) 滴定管读数最后一位估计不准。
A. (1), (2)　　B. (3), (4)　　C. (2), (3)　　D. (1), (4)

5. 用50mL滴定管滴定，终点时正好消耗25mL滴定剂，正确的记录应为（　　）。
A. 25mL　　B. 25.0mL　　C. 25.00mL　　D. 25.000mL

6. 有两组分析数据，要比较它们的精密度有无显著性差异，应当用（　　）。
A. F 检验　　B. t 检验　　C. 相对平均偏差　　D. 相对误差

7. 为了消除0.0002000kg中的非有效数字，应正确地表示为（　　）。
A. 0.2g　　B. 0.20g　　C. 0.200g　　D. 0.2000g

8. 下列各数中，有效数字位数为四位的是（　　）。
A. $[H^+]=0.0030 mol·L^{-1}$　　B. $pH=10.42$
C. 4000×10^{-6}　　D. $MgO\% = 19.96\%$

9. 用下式计算 $\dfrac{0.1000\times(25.00-21.25)\times 0.1020}{1.5021}$，分析结果应以（　　）位有效数字报出。
A. 五位　　B. 两位　　C. 四位　　D. 三位

10. 下列论述中，表明测定结果准确度高的是（　　）。
A. 精密度高　　　　　　B. 相对标准偏差小
C. 平均偏差小　　　　　D. 与标准试样多次分析结果的平均值一致

11. 测定试样 $CaCO_3$ 的质量分数，称取试样0.956g，滴定耗去浓度为 $0.2000 mol·L^{-1}$ EDTA标准溶液22.60mL，以下结果表示正确的是（　　）。
A. 47.328%　　B. 47.33%　　C. 47.3%　　D. 47%

二、填空题

1. 准确度的高低用_____来衡量，它表示_____；精密度的高低用_____来衡量，它表示_____。

2. 数据集中趋势的表示方法有_____和_____。数据分散程度的表示方法有_____和_____。

3. 取同一置信度时，测定次数越多，置信区间越_____，测定平均值与总体平均值越_____。

4. $9.3\times 2.456\times 0.3543$ 计算结果的有效数字应保留_____位。

5. 某人测定纯明矾报出结果，$\mu=10.79\pm 0.04$（%）（置信度为95%），你对此表达的理解是_____。已知理论值为10.77%，而测定的平均值为10.79%，其差别是由_____引起的。

6. 对某试样进行多次平行测定，各单次测定的偏差之和应为_____；而平均偏差应_____，这是因为平均偏差是_____。

7. 对于一组测定，平均偏差与标准偏差相比，更能灵敏地反映较大偏差的是_____。

三、判断题

1. 测定的精密度好，但准确度不一定好，消除了系统误差后，精密度好的，结果准确

度就好。（　　）

2. 分析测定结果的偶然误差可通过适当增加平行测定次数来减免。（　　）

3. 标准偏差可以使大偏差能更显著地反映出来。（　　）

四、计算题

1. 某试样经分析测得含锰质量分数为：41.24%，41.27%，41.23%，41.26%。求分析结果的平均偏差、标准偏差和相对标准偏差。

2. 某矿石中钨的质量分数测定结果为：20.39%，20.41%，20.43%。计算标准偏差及置信度为95%时的置信区间。

3. 某学生标定 NaOH 溶液，六次测定结果分别为 $0.1062 \text{mol} \cdot \text{L}^{-1}$、$0.1061 \text{mol} \cdot \text{L}^{-1}$、$0.1060 \text{mol} \cdot \text{L}^{-1}$、$0.1056 \text{mol} \cdot \text{L}^{-1}$、$0.1064 \text{mol} \cdot \text{L}^{-1}$、$0.1058 \text{mol} \cdot \text{L}^{-1}$。试计算单次测定的偏差、平均偏差、相对平均偏差、标准偏差、相对标准偏差及极差。

4. 测定试样中 P_2O_5 质量分数的数据如下：8.44%，8.32%，8.45%，8.52%，8.69%，8.38%。首先用 Grubbs 法及 Q 检验法对可疑数据进行取舍，求平均值、平均偏差、标准偏差和置信度为95%及99%的平均值的置信区间。

5. 计算下列算式的结果（确定有效数字的位数）：

（1）$K_2Cr_2O_7$ 的摩尔质量：

$39.0983 \times 2 + 51.996 \times 2 + 15.9996 \times 7 =$ ＿＿＿＿＿＿

（2）28.40mL $0.0977 \text{mol} \cdot \text{L}^{-1}$ HCl 溶液中 HCl 含量：

$$\frac{28.40 \times 0.0977 \times (1.0079 + 35.453)}{1000} = $$ ＿＿＿＿＿＿

（3）返滴定法结果计算：

$$x = \frac{0.1000 \times (25.00 - 1.52) \times 246.47}{1.000 \times 1000} \times 100\% = $$ ＿＿＿＿＿＿

（4）pH=5.03，求 $[H^+]$：

$[H^+] =$ ＿＿＿＿＿＿

（5）$\dfrac{31.0 \times 4.03 \times 10^{-4}}{3.152 \times 0.002034} + 5.8 =$ ＿＿＿＿＿＿

（6）$2.187 \times 0.854 + 9.6 \times 10^{-5} - 0.0326 \times 0.00814 =$ ＿＿＿＿＿＿

（7）$\sqrt{\dfrac{1.5 \times 10^{-8} \times 6.1 \times 10^{-8}}{3.3 \times 10^{-6}}} =$ ＿＿＿＿＿＿

6. 有一标样，其标准值为0.123%，今用一新方法测定，得四次数据如下：0.112%，0.118%，0.115%，0.119%，判断新方法是否存在系统误差（置信度为95%）。

7. 用两种不同方法测得数据如下：

方法1：$n_1 = 6$，$\bar{x}_1 = 71.26\%$，$s_1 = 0.13\%$。

方法2：$n_2 = 9$，$\bar{x}_2 = 71.38\%$，$s_2 = 0.11\%$。

判断两种方法间有无显著性差异？

8. 用两种方法测定钢样中碳的质量分数：

方法1：数据为4.08%，4.03%，3.94%，3.90%，3.96%，3.99%。

方法2：数据为3.98%，3.92%，3.90%，3.97%，3.94%。

判断两种方法的精密度是否有显著差别。

9. 甲、乙两人分析同一试样，甲测定了11次，标准偏差为0.38；乙测定了9次，标准偏差为 0.76。问两人分析结果的精密度有无显著性差异。

10. 用滴定法测定铜合金中铜的含量，若分析天平称量误差及滴定管体积测量的相对误差均为 $\pm 0.1\%$，试计算分析结果的极值相对误差。

11. 测定某钛矿中 TiO_2 的质量分数，6 次分析结果的平均值为 58.66%，$s=0.07\%$，求：（1）总体平均值 μ 的置信区间；（2）如果测定三次，置信区间又为多少？上述计算结果说明了什么问题（$P=95\%$）？

12. 某分析人员提出了一新的分析方法，并用此方法测定了一个标准试样，得如下数据：40.15%，40.00%，40.16%，40.20%，40.18%。已知该试样的标准值为 40.19%（$P=95\%$），求：

（1）用 Q 检验法判断极端值是否应该舍弃？

（2）试用 t 检验法对新分析方法做出评价。

13. 标定一溶液的浓度，得到下列结果：$0.1141 mol \cdot L^{-1}$、$0.1140 mol \cdot L^{-1}$、$0.1148 mol \cdot L^{-1}$、$0.1142 mol \cdot L^{-1}$。用格鲁布斯（Grubbs）检验法检验第三个结果是否可以舍去（95%置信度）？

14. 测定某试样氯的质量分数，得到下列结果：30.44%，30.52%，30.60% 和 30.12%。问：

（1）用格鲁布斯（Grubbs）检验法检验 30.12% 是否应舍去？

（2）计算平均值的置信区间（95%置信度）。

15. 某分析人员提出一个测定氯的新方法，并以此方法分析了一个标准试样（标准值＝16.62%），得到结果为：$\bar{x}=16.72\%$，$s=0.08\%$，$n=4$。问 95% 置信度时，所得结果是否存在系统误差。

16. 用分光光度法测定试液中磷的含量，测定结果如下：

标液及试液编号	1	2	3	4	5	试液
磷的含量/$\mu g \cdot mL^{-1}$	0.200	0.400	0.600	0.800	1.00	未知
吸光度 A	0.158	0.317	0.471	0.625	0.788	0.437

计算回归直线方程、相关系数及试液中磷的含量。

17. 分光光度法测定铜离子时，得到下列数据：

$x(Cu)/mg$	0.20	0.40	0.60	0.80	1.00	未知
y（吸光度）	0.059	0.121	0.176	0.236	0.290	0.155

求：（1）确定一元线性回归方程；

（2）求未知液中含 Cu 量；

（3）求相关系数；

（4）对回归方程的斜率、截距和测定结果的不准确度进行估计。

第 4 章

酸碱滴定法

酸碱滴定法（acid-base titration）是指利用酸和碱在水中以质子转移反应为基础的滴定分析方法。酸碱滴定法是以酸碱平衡为基础的，因此酸碱平衡中的质子理论、平衡的处理方法、酸碱各种型体的分布、氢离子浓度的计算、缓冲溶液的作用和配制等都是重要的内容。

掌握酸碱滴定法，对于全面理解其他滴定法，如配位、沉淀、氧化还原滴定有重要的帮助作用。因此，酸碱滴定指示剂的选择、滴定曲线的绘制、滴定终点的确定和终点误差的计算都是需要掌握的内容。酸碱滴定法包含了处理滴定分析的基本思想。

酸碱滴定法在科学研究、工农业生产以及医药卫生等方面都有广泛的应用。本章从酸碱平衡理论出发，讨论酸碱滴定分析的原理，最后介绍了酸碱滴定的应用。

4.1 酸碱平衡

4.1.1 酸碱质子理论

酸碱质子理论是 1923 年布朗斯特（Brønsted）和劳里（Lowry）提出的，该理论克服了阿伦尼乌斯（Arrhenius）电离理论仅适用于水溶液的局限性。

据此理论，凡是能给出质子（H^+）的物质称为酸，凡是能接受质子的物质称为碱。当一种酸（HA）给出质子后，剩下的部分就是碱；而碱接受质子后就成为酸。一种酸（HA）给出一个质子后所得的碱（A^-）称为该酸的共轭碱，而酸（HA）称为碱（A^-）的共轭酸。酸和碱的这种相互依存、相互转化的关系可表示如下：

$$HA \rightleftharpoons H^+ + A^-$$
$$\text{酸} \qquad \text{质子} \quad \text{碱}$$
$$\underline{\text{共轭酸碱对}}$$

酸和碱的这种相互依存、密不可分的关系称为共轭关系，$HA\text{-}A^-$ 叫作共轭酸碱对（conjugate acid base pair）。此外，有些物质既能给出质子又能接受质子，这些物质称为两性物质，例如 $H_2PO_4^-$、$HC_2O_4^-$、HCO_3^- 等。酸或碱可以是中性分子，也可以是阳离子或阴离子。

4.1.2 酸碱反应和水的质子自递反应

(1) 酸碱反应

根据酸碱质子理论,酸碱反应的实质是酸给出质子而碱同时接受质子的过程。由于质子的半径极小、电荷密度很高,在水溶液中无法独立存在,所以不论一种酸有多强,给出质子的能力有多大,都不可能给出自由的在水溶液中独立存在的质子,即必须有一种碱接受质子,酸才能给出质子。因此,与氧化还原电对的表示式"氧化态$+ne^- \rightleftharpoons$还原态"相类似,共轭酸碱对的平衡式是"酸碱半反应"(half-reaction)的表示式。酸(碱)给出(接受)质子形成共轭碱(酸)的反应称为酸碱半反应。由此知,一个酸碱反应必须由两个共轭酸碱对共同作用才能完成。

以 HAc 的解离反应为例,HAc 的水溶液之所以显示酸性,是由于 HAc 和 H_2O 之间发生了质子传递。

半反应1: HAc(酸1) $\rightleftharpoons$ Ac⁻(碱1) + H⁺

半反应2: H_2O(碱2) + H⁺ $\rightleftharpoons$ H_3O^+(酸2)

HAc + H_2O $\rightleftharpoons$ H_3O^+ + Ac⁻
酸1   碱2   酸2   碱1

为了方便,通常简写为:

$$HAc \rightleftharpoons H^+ + Ac^-$$

需注意的是,这种简化形式代表的是一个完整的酸碱反应,不是酸碱半反应。

同样,NH_3 的水溶液显示碱性,是由于 NH_3 和 H_2O 发生了质子传递。

半反应1: NH_3(碱1) + H⁺ $\rightleftharpoons$ NH_4^+(酸1)

半反应2: H_2O(酸2) $\rightleftharpoons$ H⁺ + OH⁻(碱2)

NH_3 + H_2O $\rightleftharpoons$ OH⁻ + NH_4^+
碱1   酸2   碱2   酸1

由此可知,无机化学中"盐的水解反应"在酸碱质子理论中同样属于酸碱反应。总之,在酸碱质子理论中各种酸碱反应过程都是质子传递过程,若在水溶液中,质子传递是借助溶剂水来完成的。

(2) 水的质子自递反应

在酸碱反应中,水既可以作为酸给出质子,又可以作为碱接受质子,而且质子也可以在水分子之间传递,即:

$$H_2O(酸1) + H_2O(碱2) \rightleftharpoons H_3O^+(酸2) + OH^-(碱1)$$

这种发生在水分子间的质子传递作用称为水的质子自递反应(autoprotolysis reaction),反应的平衡常数称为水的质子自递常数,又称为水的活度积(K_w^0)。

$$K_w^0 = a_{H^+} a_{OH^-} = 10^{-14.00} (25℃) \tag{4-1}$$

若用浓度代替活度,则有:

$$K_w = [H^+][OH^-] = 10^{-14.00} \tag{4-2}$$

式中,K_w 称为水的离子积。

在式(4-1)中,a 代表活度,关于活度的概念可参考有关专著,这里仅做简单的介绍。

物质在溶液中的活度（activity）是指电解质溶液中参与化学反应的离子的有效浓度。如果用 [x] 代表某一物质的平衡浓度，a 代表其活度，二者之间的关系为

$$a = \gamma [x] \quad (4\text{-}3)$$

式中，γ 称为物质的活度系数（activity coefficient）。在无限稀释的情况下，$\gamma \to 1$，$a = [x]$；随着溶液浓度的增大，$\gamma > 1$，$a < [x]$。

活度系数 γ 的大小直接反映溶液中离子的自由程度，它不仅与溶液中各种离子的总浓度有关，也与离子电荷数有关，它是衡量实际溶液和理想溶液之间偏差大小的尺度。

在分析化学中使用的溶液大多数是含有强电解质的非理想溶液，所以需要根据实际情况确定计算结果应该用活度还是用浓度表示。同时，由于分析化学中通常遇到的溶液浓度较稀，在准确度要求不十分高的情况下，处理溶液中的平衡问题时一般不考虑浓度与活度的差别，只有在某些准确度要求较高的计算中（如标准溶液 pH 的计算、考虑盐效应时微溶化合物溶解度的计算）才使用活度。

4.1.3 共轭酸碱对的 K_a 与 K_b 的关系

（1）一元酸碱（共轭酸碱对）K_a 和 K_b 的关系

共轭酸碱对的 K_a 与 K_b 之间有确定的关系，现以一元弱酸 HA 为例进行讨论。HA 的解离平衡为：

$$HA + H_2O \rightleftharpoons H_3O^+ + A^-$$

$$K_a = \frac{a_{H^+} a_{A^-}}{a_{HA}}$$

其共轭碱 A^- 的解离平衡为：

$$A^- + H_2O \rightleftharpoons HA + OH^-$$

$$K_b = \frac{a_{HA} a_{OH^-}}{a_{A^-}}$$

$$K_a K_b = \frac{a_{H^+} a_{A^-}}{a_{HA}} \times \frac{a_{HA} a_{OH^-}}{a_{A^-}} = a_{H^+} a_{OH^-}$$

故：

$$K_a K_b = K_w \quad (4\text{-}4)$$

$$pK_a + pK_b = pK_w = 14.00 \quad (25\text{℃}) \quad (4\text{-}5)$$

若用浓度代替活度，则上式也成立。

【例 4-1】 NH_4^+ 的 pK_a 为 9.26，求 NH_3 的 pK_b。

解 NH_4^+ 与 NH_3 为共轭酸碱对。

$$pK_a + pK_b = pK_w = 14.00$$

$$pK_b = pK_w - pK_a = 14.00 - 9.26 = 4.74$$

（2）二元酸碱（共轭酸碱对）K_a 和 K_b 的关系

H_2A 的解离平衡为：

$$H_2A \underset{K_{b_2}}{\overset{K_{a_1}}{\rightleftharpoons}} HA^- \underset{K_{b_1}}{\overset{K_{a_2}}{\rightleftharpoons}} A^{2-}$$

$$K_{a_1} K_{b_2} = K_{a_2} K_{b_1} = K_w \quad (4\text{-}6)$$

$$pK_{a_1} + pK_{b_2} = pK_w; \quad pK_{a_2} + pK_{b_1} = pK_w \quad (4\text{-}7)$$

【例 4-2】 $H_2C_2O_4$ 的 $pK_{a_1} = 1.22$，求 $HC_2O_4^-$ 的 pK_b。

解 $HC_2O_4^-$ 的 pK_{b_2}，即对应 $C_2O_4^{2-}$ 的 pK_{b_2}

$$pK_{b_2} = pK_w - pK_{a_1} = 14.00 - 1.22 = 12.78$$

（3）多元酸碱（共轭酸碱对）的 K_a 和 K_b 的关系

虽然多元酸碱在水溶液中发生逐级解离，有多种共轭酸碱对，但每一共轭酸碱对的 K_a 与 K_b 之间仍存在上述确定关系。现以 H_3PO_4 为例进行简要说明。

H_3PO_4 是三元酸，其解离常数分别为 K_{a_1}、K_{a_2}、K_{a_3}，PO_4^{3-} 是三元碱，其解离常数分别为 K_{b_1}、K_{b_2}、K_{b_3}。H_3PO_4 和 PO_4^{3-} 的酸碱解离反应中，所涉及的三个共轭酸碱对分别是：H_3PO_4-$H_2PO_4^-$、$H_2PO_4^-$-HPO_4^{2-}、HPO_4^{2-}-PO_4^{3-}，各共轭酸碱对的 K_a 与 K_b 的关系为：

$$K_{a_1}K_{b_3}=K_w;\ K_{a_2}K_{b_2}=K_w;\ K_{a_3}K_{b_1}=K_w$$

或 $\quad pK_{a_1}+pK_{b_3}=K_w;\ pK_{a_2}+pK_{b_2}=pK_w;\ pK_{a_3}+pK_{b_1}=pK_w \quad$ (4-8)

总结规律，n 元酸碱的 K_a 和 K_b 的关系为：

$$K_{a_{(n-i+1)}}K_{b_i}=K_w \quad 或 \quad pK_{a_{(n-i+1)}}+pK_{b_i}=K_w \quad (4-9)$$

$i=1,2,\cdots,n$。根据这一关系，只要知道了酸或碱的解离常数，其共轭碱或酸的解离常数即可求得。

4.1.4 酸和碱的强度

根据酸碱质子理论，酸或碱的强度取决于其给出或接受质子的能力。一种酸给出质子的能力越大，酸性就越强，其共轭碱接受质子的能力就越小，碱性就越弱。同样，一种碱接受质子的能力越大，碱性就越强，其共轭酸给出质子的能力就越小，酸性就越弱。

需要说明的是酸碱强度具有相对性。如 HPO_4^{2-} 在 $H_2PO_4^-$-HPO_4^{2-} 体系中为碱，而在 HPO_4^{2-}-PO_4^{3-} 体系中则为酸。根据酸碱质子理论，物质呈酸性或碱性是在一定溶剂中表现出来的相对强度决定的。另外，同一种酸或碱，如果溶于不同的溶剂，它们所表现的相对强度就不同。例如 HAc 在水中表现为弱酸，但在液氨中表现为强酸，这是因为液氨夺取质子的能力（即碱性）比水要强得多。

酸或碱的强度可用解离常数判断。酸碱的解离常数越大，其强度越强。酸越强，其共轭碱就越弱；酸越弱，其共轭碱就越强。例如：

$$HAc+H_2O \rightleftharpoons H_3O^+ + Ac^- \quad K_a=1.8\times10^{-5}$$
$$NH_4^+ + H_2O \rightleftharpoons H_3O^+ + NH_3 \quad K_a=5.5\times10^{-10}$$
$$HS^- + H_2O \rightleftharpoons H_3O^+ + S^{2-} \quad K_a=1.1\times10^{-12}$$

这三种酸的强弱顺序为：$HAc>NH_4^+>HS^-$。其共轭碱的碱性强弱顺序为：$Ac^-<NH_3<S^{2-}$。

4.2 弱酸（碱）溶液中各型体的分布

4.2.1 分析浓度、平衡浓度和酸（碱）度

分析浓度（analytical concentration）是单位体积溶液中所含溶质的物质的量（通常用摩尔数表示）。由于分析浓度是溶液中该溶质所有型体的浓度的总和，因此又称总浓度，以符号 c 表示，单位是 $mol \cdot L^{-1}$。

平衡浓度（equilibrium concentration）是溶解达到平衡时，单位体积溶液中所含各组分

的物质的量（摩尔数），用［　］表示。如 HAc 的分析浓度为 c，当溶液达到平衡时，两种存在型体的平衡浓度分别表示为［HAc］和［Ac$^-$］，则 $c=$［HAc］$+$［Ac$^-$］。

酸度（acidity）通常指的是溶液中 H$^+$ 的平衡浓度或活度，通常用 pH 表示：pH$=$$-$lg［H$^+$］。碱度（basicity）通常指的是溶液中 OH$^-$ 的平衡浓度或活度，通常用 pOH 表示：pOH$=-$lg［OH$^-$］。在水溶液中 pH$+$pOH$=14.00(25℃)$。

4.2.2　酸碱溶液中各型体的分布

在弱酸（碱）平衡体系中，通常同时存在多种酸碱型体，而滴定过程通常是针对某种型体进行的，因而研究酸碱溶液中各型体的分布十分重要。为此，引入了分布分数（distribution fraction）的概念，它是指溶液中某酸碱型体的平衡浓度占其总浓度的分数，以 δ 表示。分布分数能定量说明溶液中各种酸碱型体的分布情况，依据分布分数和分析浓度可方便地求得溶液中某酸碱组分的平衡浓度，这对掌握反应条件具有指导意义。

(1) 一元弱酸（碱）溶液中各型体的分布分数

以分析浓度为 c 的 HA 为例，它在水溶液中以 HA 和 A$^-$ 两种型体存在：

$$HA \rightleftharpoons H^+ + A^-$$

且 $c=$［HA］$+$［A$^-$］和 $K_a=\dfrac{[H^+][A^-]}{[HA]}$，以 δ_{HA} 和 δ_{A^-} 分别表示 HA 和 A$^-$ 的分布分数，依据定义，并将上两式代入得：

$$\delta_{HA}=\dfrac{[HA]}{c}=\dfrac{[HA]}{[HA]+[A^-]}=\dfrac{1}{1+\dfrac{K_a}{[H^+]}}=\dfrac{[H^+]}{[H^+]+K_a}$$

$$\delta_{A^-}=\dfrac{[A^-]}{c}=\dfrac{[A^-]}{[HA]+[A^-]}=\dfrac{1}{\dfrac{[H^+]}{K_a}+1}=\dfrac{K_a}{[H^+]+K_a}$$

$$\delta_{HA}+\delta_{A^-}=1$$

【例 4-3】　计算 pH$=4.00$ 和 8.00 时 HAc 的 δ_{HAc} 和 δ_{Ac^-}。

解　已知 HAc 的 $K_a=1.8\times10^{-5}$。

pH$=4.00$ 时：

$$\delta_{HAc}=\dfrac{[H^+]}{[H^+]+K_a}=\dfrac{1.0\times10^{-4}}{1.0\times10^{-4}+1.8\times10^{-5}}=0.85$$

$$\delta_{Ac^-}=\dfrac{K_a}{[H^+]+K_a}=\dfrac{1.8\times10^{-5}}{1.0\times10^{-4}+1.8\times10^{-5}}=0.15$$

或　　　　　　$\delta_{Ac^-}=1-0.85=0.15$

同理，计算 pH$=8.00$ 时，$\delta_{HAc}=5.7\times10^{-4}$ 和 $\delta_{Ac^-}\approx1.0$。由以上结果可见，在 pH$=4.00$ 时，HAc 为主要存在型体；在 pH$=8.00$ 时，Ac$^-$ 为主要存在型体。

在不同 pH 时，计算出 HAc 的 δ_{HAc} 和 δ_{Ac^-} 值，见表 4-1，它们之间的关系如图 4-1 所示。

表 4-1　不同 pH 值下 HAc 的 δ_{HAc} 与 δ_{Ac^-}

pH	δ_{HAc}	δ_{Ac^-}
p$K_a-2.0=2.76$	0.99	0.01
p$K_a-1.3=3.46$①	0.95	0.05

pH	δ_{HAc}	δ_{Ac^-}
$pK_a - 1.0 = 3.76$	0.91	0.09
$pK_a = 4.76$①	0.50	0.50
$pK_a + 1.0 = 5.76$	0.09	0.91
$pK_a + 1.3 = 6.06$①	0.05	0.95
$pK_a + 2.0 = 6.76$	0.01	0.99

① 表示的范围为 HAc 与 Ac^- 型体各占 5%~95%。

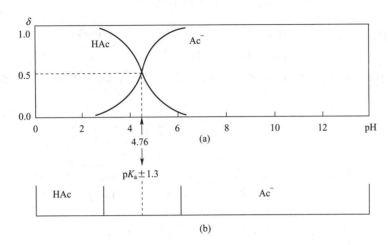

图 4-1 δ_{HAc} 和 δ_{Ac^-} 与溶液 pH 的关系 (a) 及优势区域图 (b)

由图 4-1(a) 可知，δ_{HAc} 随溶液 pH 值的升高而减小，δ_{Ac^-} 随溶液 pH 值的升高而增大；当 $pH = pK_a(4.76)$ 时，$\delta_{HAc} = \delta_{Ac^-} = 0.50$，HAc 与 Ac^- 的型体各占一半；$pH < pK_a$ 时，HAc 是主要存在型体；当 $pH > pK_a$ 时，Ac^- 是主要存在型体。HAc 与 Ac^- 各种型体的分布可用优势区域图表示 [图 4-1(b)]，由图可见，在 $pK_a \pm 1.3$ 的范围内 HAc 与 Ac^- 型体各占 5%~95%。

从以上讨论可知，一元弱酸的分布分数与酸及其共轭碱的总浓度 c 无关，它仅是溶液 pH 和弱酸 pK_a 的函数，且 $\delta_{HAc} + \delta_{Ac^-} = 1$。通过分布分数，可快速求得溶液中酸碱型体的平衡浓度：

$$[HAc] = c\delta_{HAc}$$
$$[Ac^-] = c\delta_{Ac^-}$$

对于一元弱碱 B，它在水溶液中存在 BH^+ 和 B 两种型体，其分布分数 δ_{BH^+} 和 δ_B 分别为：

$$\delta_B = \frac{[OH^-]}{[OH^-] + K_b}$$

$$\delta_{BH^+} = \frac{K_b}{[OH^-] + K_b}$$

【例 4-4】 计算 $pH = 9.00$ 时，$0.10 \text{mol} \cdot L^{-1}$ NH_3 溶液中，NH_3 和 NH_4^+ 的分布分数和平衡浓度。

解 NH_3 的 $K_b = 1.8 \times 10^{-5}$，$[OH^-] = 1.0 \times 10^{-5} \text{mol} \cdot L^{-1}$。

$$\delta_{NH_3} = \frac{[OH^-]}{[OH^-]+K_b} = \frac{1.0\times10^{-5}}{1.0\times10^{-5}+1.8\times10^{-5}} = 0.36$$

$$\delta_{NH_4^+} = \frac{K_b}{[OH^-]+K_b} = \frac{1.8\times10^{-5}}{1.0\times10^{-5}+1.8\times10^{-5}} = 0.64$$

$$[NH_3] = c\delta_{NH_3} = 0.10\times0.36 = 0.036(\text{mol}\cdot\text{L}^{-1})$$

$$[NH_4^+] = c\delta_{NH_4^+} = 0.10\times0.64 = 0.064(\text{mol}\cdot\text{L}^{-1})$$

(2) 多元酸（碱）溶液中各型体的分布分数

以二元弱酸 H_2A 为例：

$$H_2A \underset{K_{b_2}}{\overset{K_{a_1}}{\rightleftharpoons}} HA^- \underset{K_{b_1}}{\overset{K_{a_2}}{\rightleftharpoons}} A^{2-}$$

它在水溶液中存在 H_2A、HA^- 和 A^{2-} 三种型体。若其分析浓度为 c，则：

$$c = [H_2A] + [HA^-] + [A^{2-}]$$

以 δ_{H_2A}、δ_{HA^-} 和 $\delta_{A^{2-}}$ 表示各型体的分布分数，并将上式和各级解离常数代入定义式得：

$$\delta_{H_2A} = \frac{[H_2A]}{c} = \frac{[H_2A]}{[H_2A]+[HA^-]+[A^{2-}]}$$

$$= \frac{1}{1+\frac{[HA^-]}{[H_2A]}+\frac{[A^{2-}]}{[H_2A]}} = \frac{1}{1+\frac{K_{a_1}}{[H^+]}+\frac{K_{a_1}K_{a_2}}{[H^+]^2}}$$

$$= \frac{[H^+]^2}{[H^+]^2+K_{a_1}[H^+]+K_{a_1}K_{a_2}}$$

同样可导出：

$$\delta_{HA^-} = \frac{K_{a_1}[H^+]}{[H^+]^2+K_{a_1}[H^+]+K_{a_1}K_{a_2}}$$

$$\delta_{A^{2-}} = \frac{K_{a_1}K_{a_2}}{[H^+]^2+K_{a_1}[H^+]+K_{a_1}K_{a_2}}$$

$$\delta_{H_2A}+\delta_{HA^-}+\delta_{A^{2-}} = 1$$

根据不同 pH 值和 K_a 值可计算二元酸的分布分数。例如图 4-2 是草酸溶液中三种存在型体在不同 pH 时的分布图。

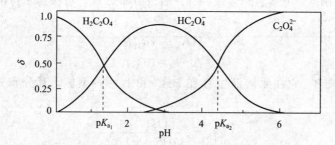

图 4-2 $\delta_{H_2C_2O_4}$、$\delta_{HC_2O_4^-}$，$\delta_{C_2O_4^{2-}}$ 与溶液 pH 的关系

由图可以看出，当 $pH < pK_{a_1}$ 时，$H_2C_2O_4$ 是主要存在的型体；当 $pH = pK_{a_1}$ 时，$[H_2C_2O_4] = [HC_2O_4^-]$；pH 在 $pK_{a_1} \sim pK_{a_2}$ 之间时，$HC_2O_4^-$ 是主要存在型体；当 $pH = pK_{a_2}$ 时，$[HC_2O_4^-] = [C_2O_4^{2-}]$；当 $pH > pK_{a_2}$ 时，$C_2O_4^{2-}$ 是主要存在的型体。

【例 4-5】 计算 pH=5.00 时，0.10 mol·L^{-1} 草酸溶液中 $C_2O_4^{2-}$ 的平衡浓度。

解 已知草酸的 $K_{a_1}=5.9\times10^{-2}$，$K_{a_2}=6.4\times10^{-5}$。

pH=5.00 时：

$$\delta_{C_2O_4^{2-}}=\frac{K_{a_1}K_{a_2}}{[H^+]^2+K_{a_1}[H^+]+K_{a_1}K_{a_2}}$$

$$=\frac{5.9\times10^{-2}\times6.4\times10^{-5}}{(10^{-5.00})^2+5.9\times10^{-2}\times10^{-5.00}+5.9\times10^{-2}\times6.4\times10^{-5}}$$

$$=0.86$$

$$[C_2O_4^{2-}]=0.10\times0.86=0.086(\text{mol}\cdot\text{L}^{-1})$$

对于三元酸，如 H_3PO_4，尽管情况更复杂一些，但可以用同样的方法处理得到其各种存在型体的分布分数：

$$H_3PO_4 \underset{}{\overset{-H^+\ K_{a_1}}{\rightleftharpoons}} H_2PO_4^- \underset{}{\overset{-H^+\ K_{a_2}}{\rightleftharpoons}} HPO_4^{2-} \underset{}{\overset{-H^+\ K_{a_3}}{\rightleftharpoons}} PO_4^{3-}$$

$$\delta_{H_3PO_4}=\frac{[H^+]^3}{[H^+]^3+K_{a_1}[H^+]^2+K_{a_1}K_{a_2}[H^+]+K_{a_1}K_{a_2}K_{a_3}}$$

$$\delta_{H_2PO_4^-}=\frac{K_{a_1}[H^+]^2}{[H^+]^3+K_{a_1}[H^+]^2+K_{a_1}K_{a_2}[H^+]+K_{a_1}K_{a_2}K_{a_3}}$$

$$\delta_{HPO_4^{2-}}=\frac{K_{a_1}K_{a_2}[H^+]}{[H^+]^3+K_{a_1}[H^+]^2+K_{a_1}K_{a_2}[H^+]+K_{a_1}K_{a_2}K_{a_3}}$$

$$\delta_{PO_4^{3-}}=\frac{K_{a_1}K_{a_2}K_{a_3}}{[H^+]^3+K_{a_1}[H^+]^2+K_{a_1}K_{a_2}[H^+]+K_{a_1}K_{a_2}K_{a_3}}$$

其他多元酸的情况可类推，对于 n 元酸 H_nA，其解离如下，有 $n+1$ 种型体：

$$H_nA \overset{-H^+,K_{a_1}}{\rightleftharpoons} H_{n-1}A^- \overset{-H^+,K_{a_2}}{\rightleftharpoons} \cdots \overset{-H^+,K_{a(n-1)}}{\rightleftharpoons} HA^{(n-1)-} \overset{-H^+,K_{a_n}}{\rightleftharpoons} A^{n-}$$

则分布分数为：

$$\delta_{H_nA}=\frac{[H^+]^n}{[H^+]^n+K_{a_1}[H^+]^{n-1}+K_{a_1}K_{a_2}[H^+]^{n-2}+\cdots+K_{a_1}K_{a_2}K_{a_3}\cdots K_{a_n}}$$

$$\delta_{H_{n-1}A^-}=\frac{K_{a_1}[H^+]^{n-1}}{[H^+]^n+K_{a_1}[H^+]^{n-1}+K_{a_1}K_{a_2}[H^+]^{n-2}+\cdots+K_{a_1}K_{a_2}K_{a_3}\cdots K_{a_n}}$$

$$\vdots$$

$$\delta_{A^{n-}}=\frac{K_{a_1}K_{a_2}K_{a_3}\cdots K_{a_n}}{[H^+]^n+K_{a_1}[H^+]^{n-1}+K_{a_1}K_{a_2}[H^+]^{n-2}+\cdots+K_{a_1}K_{a_2}K_{a_3}\cdots K_{a_n}}$$

$$\delta_0+\delta_1+\delta_2+\cdots+\delta_n=1$$

从上式可见，各型体分布分数的分母按 $[H^+]$ 降幂排列，第一项为 $[H^+]^n$，最后一项为弱酸各解离常数的乘积；某项的 $[H^+]$ 的幂次降低 1，就增加一相应的 K_{a_i} 并与其相乘；分母中的第一项为 δ_{H_nA} 的分子，第二项为 $\delta_{H_{n-1}A^-}$ 的分子，以此类推；公式中只有多元酸的解离常数和体系的 H^+ 的平衡浓度，可见 δ 仅是 pH 和 pK_a 的函数，与酸的分析浓度 c 无关，对于给定弱酸，δ 仅与 pH 有关；分布分数的和为 1。

应用分布分数不仅可根据酸碱溶液的分析浓度求得溶液中溶质各种型体的平衡浓度，还可以用于选取实验的适宜酸度条件。例如，将试液中的 Ca^{2+} 以 CaC_2O_4 沉淀进行分离时，为提高分离效果，必须使沉淀剂在试液中主要以型体 $C_2O_4^{2-}$ 存在。

$$Ca^{2+}+C_2O_4^{2-}\Longrightarrow CaC_2O_4\downarrow$$

结合图 4-2 可知，当 pH<2 时，溶液中主要存在型式为 $H_2C_2O_4$ 和 $HC_2O_4^-$，而 $C_2O_4^{2-}$ 极少，此时 CaC_2O_4 沉淀不完全。当 pH>6 时，主要存在型式是 $C_2O_4^{2-}$，故 CaC_2O_4 沉淀法测定 Ca^{2+} 应在 pH>6 溶液中进行。

4.3 酸碱溶液 pH 的计算

由上节讨论可知，pH 在酸碱平衡中十分重要，因为它影响酸碱型体的分布，本节在讨论物料平衡、电荷平衡和质子平衡的基础上，介绍如何计算酸碱溶液的 pH 值。

4.3.1 物料平衡、电荷平衡和质子平衡

(1) 物料平衡方程

在一个化学平衡体系中，某一组成的分析浓度等于其各种型体的平衡浓度之和，它的数学表达式称为物料平衡方程（mass/material balance equation），常以 MBE 表示。例如浓度为 $c(mol·L^{-1})$ 的 HAc 溶液的 MBE：

$$c=[HAc]+[Ac^-]$$

浓度为 $0.1 mol·L^{-1}$ Na_2SO_3 溶液的 MBE，根据需要可列出与 Na^+ 和 SO_3^{2-} 有关的两个平衡：

$$[Na^+]=0.2 mol·L^{-1}$$
$$[SO_3^{2-}]+[HSO_3^-]+[H_2SO_3]=0.1 mol·L^{-1}$$

可见强电解质在水中完全解离，其总浓度可依据它解离产生的各离子的浓度求得；弱电解质虽然在水溶液中解离不完全，但 MBE 仍可根据平衡时某组分的分析浓度等于其各存在型体的平衡浓度之和写出。

(2) 电荷平衡方程

溶液中正离子所带正电荷的总数等于负离子所带负电荷的总数（电中性原则）。这一规律称为电荷平衡，其数学表达式称为电荷平衡方程（charge balance equation），常以 CBE 表示。例如浓度为 $c(mol·L^{-1})$ 的 $CaCl_2$ 溶液的 CBE：

$$[H^+]+2[Ca^{2+}]=[OH^-]+[Cl^-]$$

上式中 $[Ca^{2+}]$ 前的系数 2 为每个 Ca^{2+} 所带的电荷数。这是书写 CBE 时应注意的问题。另外，中性分子不能出现在 CBE 中。

(3) 质子平衡方程

溶液中酸失去质子的数目等于碱得到质子的数目，这一规律称为质子条件，其数学表达式称为质子平衡方程（proton balance equation），常以 PBE 表示。

获得 PBE 平衡方程可以通过上述物料平衡（MBE）和电荷平衡（CBE）得到，此方法严谨可靠，但较为烦琐。另一种方法是由溶液中得失质子的关系直接写出，称为直接法，该方法简便快捷。下面对直接法做介绍。

质子条件式(PBE)书写方法：

① 第一步：选择溶液中大量存在并参与质子转移的物质作为参考水准或零水准（reference level 或 zero level）。在大多数情况下，质子参考水准就是起始的酸碱组分。需要特别指出的是，由于水是溶液中大量存在的能够参与质子传递的物质之一，所以水是质子参考水准之一。另外，共轭体系中只能选择其中之一作为零水准。

② 第二步：写出得、失质子产物，所有产物必须是由零水准直接得来，且需要确定得

失质子数。如果得（失）1个质子，前面系数为1，得（失）2个质子，则前面系数为2，如此，得失 n 个质子，前面系数为 n。

③ 第三步：将得失质子产物的平衡浓度分别写在等式左边和右边。

【例 4-6】 写出一元弱酸 HAc 溶液的 PBE。

解 零水准，HAc 和 H_2O。

得质子产物　H_3O^+　　　得质子数=1
失质子产物　OH^-、Ac^-　失质子数=1
质子条件式为：$[H^+]=[OH^-]+[Ac^-]$
H_3O^+ 简写为 H^+。

【例 4-7】 写出 Na_2HPO_4 的 PBE。

解 零水准，HPO_4^{2-}、H_2O。

得质子产物　H_3PO_4（得质子数=2），$H_2PO_4^-$，H_3O^+
失质子产物　PO_4^{3-}、OH^-
质子条件式为：$2[H_3PO_4]+[H_2PO_4^-]+[H^+]=[OH^-]+[PO_4^{3-}]$

【例 4-8】 写出 $NH_4H_2PO_4$ 溶液的质子条件式。

解 零水准，NH_4^+、$H_2PO_4^-$、H_2O。

得质子产物　H_3PO_4、H_3O^+
失质子产物　NH_3、HPO_4^{2-}、PO_4^{3-}（失质子数=2）、OH^-
质子条件式为：$[H_3PO_4]+[H^+]=[NH_3]+[HPO_4^{2-}]+2[PO_4^{3-}]+[OH^-]$

【例 4-9】 写出 A^-（大量）中有浓度为 c_a 的 HA 的 PBE。

解 零水准，A^- 和 H_2O。

得质子产物　H_3O^+、HA
失质子产物　OH^-
质子条件式为：$[H^+]+[HA]-c_a=[OH^-]$

若写为 $[H^+]+[HA]=[OH^-]$ 是不正确的，因为平衡浓度 [HA] 中有 c_a 的 HA 未参加质子转移。

【例 4-10】 写出含有浓度为 c_{HAc} 和 c_{NaAc} 溶液的 PBE。

解 在这一体系中，与质子传递有关的组分为 H_2O、HAc 和 Ac^-，但由于 HAc 和 Ac^- 为共轭酸碱对，互为得失质子的产物，不能把它们同时选作质子参考水准物质，而只能选择其中之一。

若选择 HAc 和 H_2O 为质子参考水准，则该溶液的 PBE 为：

$$[H^+]=[OH^-]+[Ac^-]-c_{NaAc}$$

若选择 Ac^- 和 H_2O 为质子参考水准，则该溶液的 PBE 为：

$$[H^+]+[HAc]-c_{HAc}=[OH^-]$$

可见，无论选择 HAc、H_2O 或 Ac^-、H_2O 为质子参考水准，所得到的 PBE 在实质上是一致的。通过物料平衡式 $[HAc]+[Ac^-]=c_{HAc}+c_{NaAc}$，可证明它们是同一 PBE 的不同表达形式。

4.3.2 各种酸碱溶液 pH 的计算

(1) 强酸强碱溶液

强酸和强碱在水中都完全解离，在一般情况下，求其溶液的酸度是较容易的。例如

0.01mol·L⁻¹ HCl 溶液，其 pH＝2.00。又如 0.01mol·L⁻¹ NaOH 溶液，其 pOH＝2.00，pH＝12.00。

当强酸或强碱的浓度很稀时（$<10^{-6}$ mol·L⁻¹）时，溶液的酸度除要考虑酸或碱完全电离产生的 H^+ 或 OH^-，还要考虑水解离出来的 H^+ 或 OH^-。

在浓度为 c_a 的强酸 HB 溶液中，需要考虑下述两个质子传递平衡：

$$HB \rightleftharpoons H^+ + B^-$$
$$H_2O \rightleftharpoons H^+ + OH^-$$

溶液的 PBE 为：

$$[H^+] = [OH^-] + c_a$$

上式表明在强酸溶液中的 $[H^+]$ 分别来源于水和强酸的解离。

由平衡关系得：

$$[H^+] = \frac{K_w}{[H^+]} + c_a$$

变形得：

$$[H^+]^2 - c_a[H^+] - K_w = 0 \tag{4-10}$$

解得：

$$[H^+] = \frac{c_a + \sqrt{c_a^2 + 4K_w}}{2} \tag{4-11}$$

式(4-11)是计算强酸溶液 $[H^+]$ 的精确式。按分析中计算酸度时的误差要求小于 5%，也就是当主成分的浓度大于次要成分浓度 20 倍以上时，次要成分可以忽略。本例中当 $c_a > 20[OH^-]$ 时，$[OH^-]$ 可忽略，则：

$$[H^+] \approx c_a \tag{4-12}$$

式(4-12)是计算强酸溶液 $[H^+]$ 的最简式，使用该式的条件为 $c_a > 10^{-6}$ mol·L⁻¹。

同样，在很稀的强碱（以浓度为 c_b 的 NaOH 溶液为例）溶液中，需要考虑下述两个质子传递平衡：

$$NaOH \rightleftharpoons OH^- + Na^+$$
$$H_2O \rightleftharpoons H^+ + OH^-$$

其 PBE 为：

$$[OH^-] = [H^+] + c_b$$

此式表明，强碱溶液中的 $[OH^-]$ 分别来源于 H_2O 和强碱的解离。

从平衡关系得：

$$[OH^-] = \frac{K_w}{[OH^-]} + c_b$$

整理得：

$$[OH^-]^2 - c_b[OH^-] - K_w = 0$$

解得：

$$[OH^-] = \frac{c_b + \sqrt{c_b^2 + 4K_w}}{2} \tag{4-13}$$

式(4-13)是计算强碱溶液 $[OH^-]$ 的精确式。当 $c_b > 20[H^+]$ 时，$[H^+]$ 可忽略，则：

$$[OH^-] \approx c_b \tag{4-14}$$

式(4-14)是计算强碱溶液[OH^-]的最简式,使用该式的条件为$c_b \geq 10^{-6} mol \cdot L^{-1}$。

【例 4-11】 分别计算下列溶液的 pH。

① $1.0 \times 10^{-5} mol \cdot L^{-1}$ NaOH 溶液。

② $1.0 \times 10^{-8} mol \cdot L^{-1}$ NaOH 溶液。

③ $1.0 \times 10^{-7} mol \cdot L^{-1}$ HCl 溶液。

解 ① $c = 1.0 \times 10^{-5} mol \cdot L^{-1} > 1.0 \times 10^{-6} mol \cdot L^{-1}$,用最简式计算:

$$[OH^-] = 1.0 \times 10^{-5} mol \cdot L^{-1}, pOH = 5.00$$

$$pH = 14.00 - 5.00 = 9.00$$

② $1.0 \times 10^{-8} mol \cdot L^{-1} < 1.0 \times 10^{-6} mol \cdot L^{-1}$,用精确式计算:

$$[OH^-] = \frac{1.0 \times 10^{-8} + \sqrt{(1.0 \times 10^{-8})^2 + 4 \times 1.0 \times 10^{-14}}}{2} mol \cdot L^{-1}$$

$$= 1.1 \times 10^{-7} mol \cdot L^{-1}$$

$$pOH = 6.96$$

$$pH = 14.00 - 6.96 = 7.04$$

③ $1.0 \times 10^{-7} mol \cdot L^{-1} < 1.0 \times 10^{-6} mol \cdot L^{-1}$,用精确式计算:

$$[H^+] = \frac{1.0 \times 10^{-7} + \sqrt{(1.0 \times 10^{-7})^2 + 4 \times 1.0 \times 10^{-14}}}{2} mol \cdot L^{-1}$$

$$= 1.6 \times 10^{-7} mol \cdot L^{-1}$$

$$pH = 6.80$$

(2) 一元弱酸弱碱溶液

设一元弱酸 HA 溶液的浓度为 $c\, mol \cdot L^{-1}$,其 PBE 为:

$$[H^+] = [A^-] + [OH^-]$$

又:

$$[A^-] = \frac{K_a[HA]}{[H^+]}$$

将其代入 PBE 得:

$$[H^+] = \frac{K_a[HA]}{[H^+]} + \frac{K_w}{[H^+]}$$

变形得:

$$[H^+] = \sqrt{K_a[HA] + K_w} \tag{4-15}$$

由 HA 的分布分数得:

$$[HA] = c\delta_{HA} = c\frac{[H^+]}{[H^+] + K_a}$$

代入式(4-15)整理得:

$$[H^+]^3 + K_a[H^+]^2 - (cK_a + K_w)[H^+] - K_aK_w = 0 \tag{4-16}$$

式(4-16)是计算一元弱酸溶液中 H^+ 浓度的精确式。若直接求解一元三次方程比较复杂,且在分析化学中通常也不需要这样精确的计算。因此在实际工作中根据 H^+ 浓度计算误差的要求、弱酸的 K_a 和 c 的大小,采用近似方法进行计算。现在分别讨论如下:

① 在式(4-15)中,若 $K_a[HA] \geq 20K_w$,K_w 可忽略,即水解离产生的 H^+ 可忽略不计,此时计算结果的相对误差不大于 5%。考虑到弱酸的解离度一般不是很大,为简便起见,以 $K_a[HA] \approx K_ac \geq 20K_w$ 作为依据,这样,$K_ac \geq 20K_w = 10^{-12.7}$,$K_w$ 可忽略,由式(4-15)得到:

$$[H^+] \approx \sqrt{K_a[HA]} \tag{4-17}$$

根据解离平衡原理,在浓度为 c 的弱酸 HA 溶液中,由 $c=[HA]+[A^-]$ 和 $[H^+]=[A^-]+[OH^-]$ 可得 $[HA]=c-([H^+]-[OH^-])$。在酸性溶液中,若忽略水的解离,则 $[HA]=c-[H^+]$,将此式代入式(4-17),可得:

$$[H^+] = \sqrt{K_a(c-[H^+])} \tag{4-18}$$

即:

$$[H^+]^2 + K_a[H^+] - K_a c = 0$$

其合理解为:

$$[H^+] = \frac{-K_a + \sqrt{K_a^2 + 4K_a c}}{2} \tag{4-19}$$

式(4-19)是计算一元弱酸溶液中 $[H^+]$ 的近似公式。

若平衡时溶液中 $[H^+]$ 远小于弱酸的原始浓度,$c-[H^+]\approx c$,由式(4-18)可得:

$$[H^+] = \sqrt{K_a c} \tag{4-20}$$

式(4-20)是计算一元弱酸溶液 $[H^+]$ 的最简公式。使用此式的条件为 $K_a c \geqslant 20 K_w$、$\dfrac{c}{K_a} \geqslant 400$❶。

② 对于极稀或极弱酸的溶液,由于 c 和 K_a 都较小,通常 $K_a c < 20 K_w$,H_2O 解离产生的 H^+ 就不能忽略。若 $\dfrac{c}{K_a} \geqslant 400$,可认为 $[HA]=c-[A^-]\approx c$。此时,由式(4-15)可得:

$$[H^+] = \sqrt{K_a c + K_w} \tag{4-21}$$

以上讨论可归纳如下:

a. 当 $K_a c \geqslant 20 K_w$,$\dfrac{c}{K_a} \geqslant 400$ 时,$[H^+] = \sqrt{K_a c}$;

b. 当 $K_a c \geqslant 20 K_w$,$\dfrac{c}{K_a} < 400$ 时,$[H^+] = \dfrac{-K_a + \sqrt{K_a^2 + 4K_a c}}{2}$;

c. 当 $K_a c < 20 K_w$,$\dfrac{c}{K_a} \geqslant 400$ 时,$[H^+] = \sqrt{K_a c + K_w}$。

---

❶ 若平衡时溶液中 $[H^+]$ 远小于弱酸的原始浓度,需满足:

$$\frac{[H^+]}{c} < 5\% \tag{1}$$

若 $[H^+]$ 按最简式计算:

$$[H^+] = \sqrt{K_a c} \tag{2}$$

将式(2)代入式(1):

$$\frac{[H^+]}{c} = \frac{\sqrt{K_a c}}{c} < 5\% \tag{3}$$

式(3)的两边平方,整理得:

$$\frac{K_a}{c} < 2.5 \times 10^{-3}$$

即:

$$\frac{c}{K_a} > 400$$

便能满足 $c-[H^+]\approx c$。与按最简式和近似式允许误差为 5% 时的条件 $\left(\dfrac{c}{K_a}=380\right)$ 一致。若按 $\dfrac{c}{K_a}=400$,可满足要求。

一元弱碱 B 溶液中 [OH⁻] 的计算与一元弱酸溶液中 [H⁺] 的计算十分相似，只需将上述各公式 [H⁺] 和 K_a 换成 [OH⁻] 和 K_b 即可，即：

a. 当 $K_b c \geq 20 K_w$，$\dfrac{c}{K_b} \geq 400$ 时，$[OH^-] = \sqrt{K_b c}$；

b. 当 $K_b c \geq 20 K_w$，$\dfrac{c}{K_b} < 400$ 时，$[OH^-] = \dfrac{-K_b + \sqrt{K_b^2 + 4 K_b c}}{2}$；

c. 当 $K_b c < 20 K_w$，$\dfrac{c}{K_b} \geq 400$ 时，$[OH^-] = \sqrt{K_b c + K_w}$。

【例 4-12】 计算：(1) $0.10 \text{mol·L}^{-1} \text{NH}_4\text{Cl}$ 和 (2) $0.10 \text{mol·L}^{-1} \text{NH}_3$ 溶液的 pH。

解 (1) 已知 NH_3 的 $K_b = 1.8 \times 10^{-5}$，则 $K_a = 5.6 \times 10^{-10}$

$$c = 0.10 \text{mol·L}^{-1}, \quad K_a c > 20 K_w$$

$$\frac{c}{K_a} = \frac{0.10}{5.6 \times 10^{-10}} > 400$$

采用最简式计算：

$$[H^+] = \sqrt{K_a c} = \sqrt{5.6 \times 10^{-10} \times 0.10} = 7.5 \times 10^{-6} (\text{mol·L}^{-1})$$
$$\text{pH} = 5.13$$

(2) 已知 NH_3，$K_b = 1.8 \times 10^{-5}$。

$$c = 0.10 \text{mol·L}^{-1}, \quad K_b c > 20 K_w$$

$$\frac{c}{K_b} = \frac{0.10}{1.8 \times 10^{-5}} = 5556 > 400$$

采用最简式计算：

$$[OH^-] = \sqrt{K_b c} = \sqrt{1.8 \times 10^{-5} \times 0.10} = 1.34 \times 10^{-3} (\text{mol·L}^{-1})$$
$$\text{pOH} = 2.87$$
$$\text{pH} = 14.00 - 2.87 = 11.13$$

【例 4-13】 计算：(1) 0.010mol·L^{-1} 和 (2) $2.5 \times 10^{-3} \text{mol·L}^{-1}$ HAc 溶液的 pH。

解 已知 $K_a = 1.8 \times 10^{-5}$。

(1) $c = 0.010 \text{mol·L}^{-1}$，$K_a c > 20 K_w$，$\dfrac{c}{K_a} = \dfrac{0.010}{1.8 \times 10^{-5}} = 556 > 400$

采用最简式计算：

$$[H^+] = \sqrt{K_a c} = \sqrt{1.8 \times 10^{-5} \times 0.010} = 4.2 \times 10^{-4} (\text{mol·L}^{-1})$$
$$\text{pH} = 3.38$$

(2) $c = 2.5 \times 10^{-3} \text{mol·L}^{-1}$，$K_a c > 20 K_w$，$\dfrac{c}{K_a} = \dfrac{2.5 \times 10^{-3}}{1.8 \times 10^{-5}} = 139 < 400$

采用近似式计算：

$$[H^+] = \frac{-K_a + \sqrt{K_a^2 + 4 K_a c}}{2} = \frac{-1.8 \times 10^{-5} + \sqrt{(1.8 \times 10^{-5})^2 + 4 \times 1.8 \times 10^{-5} \times 2.5 \times 10^{-3}}}{2}$$
$$= 2.0 \times 10^{-4} (\text{mol·L}^{-1})$$
$$\text{pH} = 3.70$$

【例 4-14】 计算浓度为 0.12mol·L^{-1} 的下列物质水溶液的 pH。(1) 苯酚 ($pK_a = 9.95$)；(2) 丙烯酸 ($pK_a = 4.25$)。

解 (1) 已知 $K_a = 10^{-9.95}$，$c = 0.12 \text{mol·L}^{-1}$。

$$cK_a = 0.12 \times 10^{-9.95} > 20 K_w, \quad c/K_a = \frac{0.12}{10^{-9.95}} > 400$$

采用最简式计算：

$$[H^+] = \sqrt{0.12 \times 10^{-9.95}} = 3.67 \times 10^{-6} (\text{mol} \cdot L^{-1})$$
$$pH = 5.44$$

（2）已知 $K_a = 10^{-4.25}$，$c = 0.12 \text{mol} \cdot L^{-1}$。

$$cK_a = 0.12 \times 10^{-4.25} > 20 K_w, \quad c/K_a = \frac{0.12}{10^{-4.25}} > 400$$

$$[H^+] = \sqrt{0.12 \times 10^{-4.25}} = 2.60 \times 10^{-3} (\text{mol} \cdot L^{-1})$$
$$pH = 2.58$$

（3）多元弱酸或弱碱溶液

多元弱酸（碱）在水溶液中是逐渐解离的。精确处理这类复杂体系 pH 的计算，在数学上是比较复杂的。

设二元弱酸 H_2A 的浓度为 c，其解离方程为：

$$H_2A \underset{K_{b_2}}{\overset{K_{a_1}}{\rightleftharpoons}} HA^- \underset{K_{b_1}}{\overset{K_{a_2}}{\rightleftharpoons}} A^{2-}$$

解离常数为 K_{a_1}、K_{a_2}，溶液的 PBE 为：

$$[H^+] = [HA^-] + 2[A^{2-}] + [OH^-]$$

根据平衡关系 $K_{a_1} = \frac{[HA^-][H^+]}{[H_2A]}$，$K_{a_2} = \frac{[A^{2-}][H^+]}{[HA^-]}$，代入 PBE 得：

$$[H^+] = \frac{[H_2A]K_{a_1}}{[H^+]} + 2 \frac{\frac{[H_2A]K_{a_1}}{[H^+]} K_{a_2}}{[H^+]} + \frac{K_w}{[H^+]}$$

整理得：

$$[H^+] = \sqrt{([H_2A]K_{a_1})\left(1 + \frac{2K_{a_2}}{[H^+]}\right) + K_w} \tag{4-22}$$

将 $[H_2A] = \delta_{H_2A} c = \frac{[H^+]^2}{[H^+]^2 + K_{a_1}[H^+] + K_{a_1}K_{a_2}} c$ 代入上式并整理得：

$$[H^+]^4 + K_{a_1}[H^+]^3 + (K_{a_1}K_{a_2} - K_{a_1}c - K_w)[H^+]^2 -$$
$$(K_{a_1}K_w + 2K_{a_1}K_{a_2}c)[H^+] - K_{a_1}K_{a_2}K_w = 0 \tag{4-23}$$

式(4-23)是计算二元弱酸溶液 $[H^+]$ 的精确公式，它是一元四次方程，采用此精确公式计算二元弱酸溶液 pH 的数学处理非常复杂。因此，按照对一元酸碱的近似思路，可根据具体情况采用近似方法进行计算。

近似思路为：

① 在式(4-22)中，若 $\frac{2K_{a_2}}{[H^+]} \approx \frac{2K_{a_2}}{\sqrt{K_{a_1}c}} < 0.05$ ❶，也就是相对于 1 可省略，其意义为第二级解离可忽略时，则此二元酸可按一元酸处理。式(4-22) 简化为：

$$[H^+] = \sqrt{[H_2A]K_{a_1} + K_w}$$

---

❶ 在式(4-22)中，当 $\frac{2K_{a_2}}{\sqrt{K_{a_1}c}} < 0.05$ 时，与 1 相比，计算结果的相对误差小于 5%。

② 又当 $K_{a_1}[H_2A] \geqslant 20K_w$。为简便起见，可以按 $K_{a_1}[H_2A] \approx K_{a_1}c \geqslant 20K_w$ 进行初步判断，即当 $K_{a_1}c \geqslant 20K_w$ 时可忽略 K_w。

在此情况下，浓度为 c 的二元弱酸 H_2A 溶液中 H_2A 的平衡浓度为：

$$[H_2A] \approx c - [H^+]$$

将上式代入式(4-22)，简化得到：

$$[H^+] = \sqrt{K_{a_1}(c - [H^+])}$$

或：

$$[H^+]^2 + K_{a_1}[H^+] - K_{a_1}c = 0 \tag{4-24}$$

其合理解为：

$$[H^+] = \frac{-K_{a_1} + \sqrt{K_{a_1}^2 + 4K_{a_1}c}}{2} \tag{4-25}$$

式(4-25)是计算二元弱酸溶液中 [H^+] 的近似公式，与一元酸一致。

③ 按照对一元酸的近似方法，如果 $K_{a_1}c \geqslant 20K_w$、$\frac{2K_{a_2}}{[H^+]} \approx \frac{2K_{a_2}}{\sqrt{K_{a_1}c}} < 0.05$，且当 $\frac{c}{K_{a_1}} \geqslant 400$ 时，表明二元弱酸的解离度较小，二元弱酸的平衡浓度约等于其初始浓度 c，即：

$$[H_2A] = c - [H^+] \approx c$$

由 $[H^+] = \sqrt{K_{a_1}(c - [H^+])}$ 可得：

$$[H^+] = \sqrt{K_{a_1}c} \tag{4-26}$$

式(4-26)是计算二元弱酸溶液 [H^+] 的最简公式，表明二元酸在一定条件下按一元酸处理。

【例 4-15】 计算 $0.20 \text{mol} \cdot L^{-1}$ $H_2C_2O_4$ 溶液的 pH 值。

解 已知 $K_{a_1} = 5.9 \times 10^{-2}$，$K_{a_2} = 6.4 \times 10^{-5}$，$K_{a_1}c > 20K_w$

$$\frac{2K_{a_2}}{\sqrt{K_{a_1}c}} = \frac{2 \times 6.4 \times 10^{-5}}{\sqrt{5.9 \times 10^{-2} \times 0.20}} = 0.0023 < 0.05, \quad \frac{c}{K_{a_1}} = \frac{0.20}{5.9 \times 10^{-2}} = 3.4 < 400$$

采用近似式计算：

$$[H^+] = \frac{-K_{a_1} + \sqrt{K_{a_1}^2 + 4K_{a_1}c}}{2} = \frac{-5.9 \times 10^{-2} + \sqrt{(5.9 \times 10^{-2})^2 + 4 \times 5.9 \times 10^{-2} \times 0.20}}{2}$$

$$= 8.3 \times 10^{-2} \text{mol} \cdot L^{-1}$$

pH = 1.08

二元弱碱溶液 [OH^-] 的计算与二元弱酸溶液 [H^+] 的计算相似，只需将上述各公式的 [H^+] 和 K_a 换成 [OH^-] 和 K_b 即可。

【例 4-16】 计算 $0.10 \text{mol} \cdot L^{-1}$ 和将其稀释 10 倍后 Na_2CO_3 溶液的 pH 值。

解 已知 $K_{b_1} = \frac{K_w}{K_{a_2}} = \frac{1.0 \times 10^{-14}}{5.6 \times 10^{-11}} = 1.8 \times 10^{-4}$，$K_{b_2} = \frac{K_w}{K_{a_1}} = \frac{1.0 \times 10^{-14}}{4.2 \times 10^{-7}} = 2.4 \times 10^{-8}$

(1) $c = 0.10 \text{mol} \cdot L^{-1}$，$\frac{c}{K_{b_1}} = \frac{0.10}{1.8 \times 10^{-4}} = 556 > 400$，$K_{b_1}c = 1.8 \times 10^{-4} \times 0.10 > 20K_w$，

$$\frac{2K_{b_2}}{\sqrt{K_{b_1}c}} = \frac{2 \times 2.4 \times 10^{-8}}{\sqrt{1.8 \times 10^{-4} \times 0.10}} < 0.05$$

故可用式(4-26)最简公式计算：

$$[OH^-] = \sqrt{K_{b_1}c} = \sqrt{1.8 \times 10^{-4} \times 0.10} = 4.2 \times 10^{-3} (mol \cdot L^{-1})$$

$$pOH = 2.38$$

$$pH = 11.62$$

(2) 稀释后溶液浓度变为 $c = 0.010 mol \cdot L^{-1}$，$\dfrac{c}{K_{b_1}} = \dfrac{0.010}{1.8 \times 10^{-4}} = 55.6 < 400$，$K_{b_1}c = 1.8 \times 10^{-4} \times 0.010 > 20K_w$，$\dfrac{2K_{b_2}}{\sqrt{K_{b_1}c}} = \dfrac{2 \times 2.4 \times 10^{-8}}{\sqrt{1.8 \times 10^{-4} \times 0.010}} < 0.05$

采用与式(4-25)相似公式计算：

$$[OH^-] = \dfrac{-K_{b_1} + \sqrt{K_{b_1}^2 + 4K_{b_1}c}}{2}$$

$$= \dfrac{-1.8 \times 10^{-4} + \sqrt{(1.8 \times 10^{-4})^2 + 4 \times 1.8 \times 10^{-4} \times 0.010}}{2}$$

$$= 1.2 \times 10^{-3} (mol \cdot L^{-1})$$

$$pOH = 2.92, pH = 11.08$$

(4) 其他酸碱性溶液的 pH 值计算

① 计算酸、碱溶液中 $[H^+]$ 的一般处理方法　由上面计算强酸强碱溶液、一元及多元弱酸弱碱溶液的 pH 值可见，用代数法求解 pH 值的过程如图 4-3 所示。

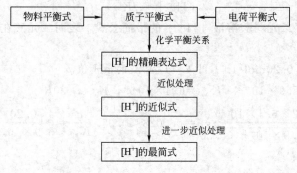

图 4-3　代数法计算 pH 值的思路

代数法求解 pH 值具体步骤如下。

a. 第一步：根据物料平衡、电荷平衡及溶液的具体情况写出溶液的质子平衡式。

b. 第二步：依据平衡关系和 K_w、K_a、K_b 等得出计算 $[H^+]$ 的精确式。

c. 第三步：根据具体条件做出合理近似得到近似式和最简式。

其中第三步中近似处理包括两个方面：一是舍去质子平衡式中的次要项，二是用分析浓度代替平衡浓度，近似处理的依据是误差小于 5%，这样一般就能满足分析的要求。据此可计算各种体系的 pH。

② 两性物质溶液的 pH 计算　在溶液中即起酸的作用又起碱的作用的物质称为两性物质，较重要的两性物质有多元酸的酸式盐（如 $NaHCO_3$、NaH_2PO_4、Na_2HPO_4）、弱酸弱碱盐（如 NH_4Ac、$HCOONH_4$）和氨基酸（如氨基乙酸）等。两性物质溶液中的酸碱平衡较为复杂，计算其 pH 值时应视具体情况根据主要平衡进行近似计算。以酸式盐溶液为例：

设二元弱酸的酸式盐为 NaHA，其浓度为 c。选择 H_2O、HA^- 为质子参考水准，

PBE 为：
$$[H^+]+[H_2A]=[OH^-]+[A^{2-}]$$

根据平衡关系得：
$$[H^+]+\frac{[H^+][HA^-]}{K_{a_1}}=\frac{K_w}{[H^+]}+\frac{K_{a_2}[HA^-]}{[H^+]}$$

整理，解得：
$$[H^+]=\sqrt{\frac{K_{a_1}(K_{a_2}[HA^-]+K_w)}{K_{a_1}+[HA^-]}} \tag{4-27}$$

式(4-27) 是计算酸式盐溶液 $[H^+]$ 的精确式。

考虑到一般情况下，酸式盐的酸式解离和碱式解离的趋势都很小，因此，溶液中 $[HA^-]$ 的消耗很小，可认为 $[HA^-]\approx c$，代入式(4-27) 得：
$$[H^+]=\sqrt{\frac{K_{a_1}(K_{a_2}c+K_w)}{K_{a_1}+c}} \tag{4-28}$$

当 $K_{a_2}c \geqslant 20K_w$ 时，式(4-28) 中 K_w 可忽略，则有：
$$[H^+]=\sqrt{\frac{K_{a_1}K_{a_2}c}{K_{a_1}+c}} \tag{4-29}$$

当 $K_{a_2}c<20K_w$，$c \geqslant 20K_{a_1}$ 时，式(4-28) 中 K_w 不可忽略，而分母中的 K_{a_1} 可忽略，则有：
$$[H^+]=\sqrt{\frac{K_{a_1}(K_{a_2}c+K_w)}{c}} \tag{4-30}$$

若 $K_{a_2}c \geqslant 20K_w$，$c \geqslant 20K_{a_1}$，则式(4-29) 中 $K_{a_1}+c \approx c$，则有：
$$[H^+]=\sqrt{K_{a_1}K_{a_2}} \quad \text{或} \quad pH=\frac{1}{2}(pK_{a_1}+pK_{a_2}) \tag{4-31}$$

式(4-28) 和式(4-29) 是计算酸式盐溶液 $[H^+]$ 的近似公式，式(4-31) 是最简公式。应指出的是，最简公式只有在酸式盐浓度不是很小，即 $c \geqslant 20K_{a_1}$ 且水解离所产生的 H^+ 可忽略的情况下才可使用。其他多元酸的酸式盐，可按同样方法处理。

【例 4-17】 分别用最简式计算分析浓度均为 $0.10\text{mol}\cdot L^{-1}$ 的 NaH_2PO_4 和 Na_2HPO_4 水溶液的 pH 值 (已知 H_3PO_4 的 pK_{a_1}、pK_{a_2}、pK_{a_3} 分别是 2.12、7.20、12.36)。

解 (1) $H_2PO_4^-$ 为两性物质，根据解离平衡：
$$H_3PO_4 \xrightleftharpoons[]{-H^+ \quad K_{a_1}} H_2PO_4^- \xrightleftharpoons[]{-H^+ \quad K_{a_2}} HPO_4^{2-} \xrightleftharpoons[]{-H^+ \quad K_{a_3}} PO_4^{3-}$$
$$[H^+]=\sqrt{K_{a_1}K_{a_2}}=\sqrt{10^{-2.12-7.20}}=10^{-4.66}(\text{mol}\cdot L^{-1})$$
$$pH=4.66$$

(2) HPO_4^{2-} 为两性物质，根据解离平衡，有：
$$[H^+]=\sqrt{K_{a_2}K_{a_3}}=\sqrt{10^{-7.20-12.36}}=10^{-9.78}(\text{mol}\cdot L^{-1})$$
$$pH=9.78$$

由上面计算可见，在满足最简式条件下，两性物质的 pH 值仅仅与 K_a 有关。

【例 4-18】 计算：(1) $0.10\text{mol}\cdot L^{-1}$；(2) $0.15\text{mol}\cdot L^{-1}$；(3) $1.0\times 10^{-3}\text{mol}\cdot L^{-1}$ $NaHCO_3$ 溶液的 pH 值。

解 已知 H_2CO_3 的 $K_{a_1}=4.2\times 10^{-7}$，$K_{a_2}=5.6\times 10^{-11}$。

(1) $c=0.10\text{mol}\cdot L^{-1}$，$K_{a_2}c=5.6\times 10^{-11}\times 0.10 > 20K_w$，$c=0.10 > 20K_{a_1}$

故采用最简公式(4-31) 计算得：

$$[H^+]=\sqrt{K_{a_1}K_{a_2}}=4.9\times10^{-9}\text{mol}\cdot L^{-1}$$
$$\text{pH}=8.31$$

(2) 按 (1) 中条件判断 $0.15\text{mol}\cdot L^{-1}$，显然满足用最简式计算条件，故此时 pH= 8.31。由此可见，在一定浓度范围内溶液的 pH 值保持基本恒定，这是两性物质的特征。

(3) $c=1.0\times10^{-3}\text{mol}\cdot L^{-1}$，$K_{a_2}c=5.6\times10^{-11}\times1.0\times10^{-3}<20K_w$，$c=1.0\times10^{-3}>20K_{a_1}$，故采用式(4-30) 计算得：

$$[H^+]=\sqrt{\frac{K_{a_1}(K_{a_2}c+K_w)}{c}}=\sqrt{\frac{4.2\times10^{-7}\times(5.6\times10^{-11}\times1.0\times10^{-3}+1.0\times10^{-14})}{1.0\times10^{-3}}}$$
$$=5.3\times10^{-9}(\text{mol}\cdot L^{-1})$$
$$\text{pH}=8.28$$

【例 4-19】 计算 $1.0\times10^{-3}\text{mol}\cdot L^{-1}$ 邻苯二甲酸氢钾溶液的 pH 值。

解 已知 $c=1.0\times10^{-3}\text{mol}\cdot L^{-1}$，邻苯二甲酸的 $K_{a_1}=1.0\times10^{-3}$，$K_{a_2}=3.9\times10^{-6}$，$K_{a_2}c=3.9\times10^{-6}\times1.0\times10^{-3}>20K_w$，$c=1.0\times10^{-3}<20K_{a_1}$，故采用式(4-29) 计算得：

$$[H^+]=\sqrt{\frac{K_{a_1}K_{a_2}c}{K_{a_1}+c}}=\sqrt{\frac{1.0\times10^{-3}\times3.9\times10^{-6}\times1.0\times10^{-3}}{1.0\times10^{-3}+1.0\times10^{-3}}}$$
$$=4.5\times10^{-5}(\text{mol}\cdot L^{-1})$$
$$\text{pH}=4.35$$

③ 两种一元弱酸混合溶液或两种一元弱碱混合溶液 设某一溶液含有 HA 和 HB 两种一元弱酸，浓度和解离常数分别为 c_{HA}、K_{HA} 和 c_{HB}、K_{HB}，此溶液的 PBE 为：

$$[H^+]=[OH^-]+[A^-]+[B^-]$$

由平衡关系可得：

$$[H^+]=\frac{K_w}{[H^+]}+\frac{K_{HA}[HA]}{[H^+]}+\frac{K_{HB}[HB]}{[H^+]}$$

因为溶液为弱酸性，$[OH^-]$ 即 $\frac{K_w}{[H^+]}$ 可忽略。同时两种弱酸解离出来的 $[H^+]$ 相互抑制，所以当它们都比较弱时，可近似认为 $[HA]\approx c_{HA}$，$[HB]\approx c_{HB}$，由此可得：

$$[H^+]=\frac{K_{HA}[HA]}{[H^+]}+\frac{K_{HB}[HB]}{[H^+]}=\sqrt{K_{HA}c_{HA}+K_{HB}c_{HB}} \tag{4-32}$$

若 $K_{HA}c_{HA}\gg K_{HB}c_{HB}$，则：

$$[H^+]=\sqrt{K_{HA}c_{HA}} \tag{4-33}$$

式(4-33) 是计算两种一元弱酸混合溶液 $[H^+]$ 的最简公式。

【例 4-20】 计算 $0.10\text{mol}\cdot L^{-1}$ HF 和 $0.10\text{mol}\cdot L^{-1}$ HAc 混合溶液的 pH 值。

解 已知 $K_{HF}=6.6\times10^{-4}$，$c_{HF}=0.10\text{mol}\cdot L^{-1}$，$K_{HAc}=1.8\times10^{-5}$，$c_{HAc}=0.10\text{mol}\cdot L^{-1}$，由式(4-32) 得：

$$[H^+]=\sqrt{K_{HF}c_{HF}+K_{HAc}c_{HAc}}=\sqrt{6.6\times10^{-4}\times0.10+1.8\times10^{-5}\times0.10}$$
$$=8.2\times10^{-3}(\text{mol}\cdot L^{-1})$$
$$\text{pH}=2.08$$

浓度和解离常数分别为 c_A、K_A 和 c_B、K_B 的两种一元弱碱的混合溶液中 $[OH^-]$ 计算，可用与处理两种一元弱酸混合溶液相同的方法处理，即：

$$[OH^-]=\sqrt{K_A c_A + K_B c_B} \qquad (4-34)$$

【例 4-21】 计算 $0.10\text{mol}\cdot\text{L}^{-1}\text{NH}_3$ 和 $0.10\text{mol}\cdot\text{L}^{-1}$ 三乙醇胺 $(\text{HOCH}_2\text{CH}_2)_3\text{N}$ 混合溶液的 pH 值。

解 已知 $K_{\text{NH}_3}=1.8\times10^{-5}$,$c_{\text{NH}_3}=0.10\text{mol}\cdot\text{L}^{-1}$,$K_{(\text{HOCH}_2\text{CH}_2)_3\text{N}}=5.8\times10^{-7}$,$c_{(\text{HOCH}_2\text{CH}_2)_3\text{N}}=0.10\text{mol}\cdot\text{L}^{-1}$,由式(4-34)求得:

$$\begin{aligned}[H^+]&=\sqrt{K_{\text{NH}_3}c_{\text{NH}_3}+K_{(\text{HOCH}_2\text{CH}_2)_3\text{N}}c_{(\text{HOCH}_2\text{CH}_2)_3\text{N}}}\\&=\sqrt{1.8\times10^{-5}\times0.10+5.8\times10^{-7}\times0.10}\\&=1.4\times10^{-3}(\text{mol}\cdot\text{L}^{-1})\end{aligned}$$

$$\text{pH}=14.00-\text{pOH}=11.13$$

4.4 酸碱缓冲溶液

酸碱缓冲溶液是一种对溶液酸度起稳定作用的溶液。如果向缓冲溶液中加入少量的强酸或强碱,或者在含有缓冲剂的溶液中由于化学反应产生了少量的酸或碱,或者将缓冲溶液稍加稀释,其 pH 值基本保持不变。在定量分析中,许多反应如配位反应和显色反应中都要求溶液的 pH 值保持在一个范围内,以保证指示剂的变色和显色剂的显色。在生化研究中,常常需要使用缓冲溶液来维持实验体系的酸碱度。例如人体液(37℃)正常 pH 值为 7.35~7.45。每人每天耗 O_2 600L,产生 CO_2 的酸量约合 2L 浓 HCl,除呼出 CO_2 及肾排酸外,归功于血液的缓冲作用。因此研究缓冲溶液具有重要意义。

4.4.1 缓冲溶液的组成

缓冲溶液一般是由浓度较大的弱酸及其共轭碱组成,如 HAc-Ac$^-$、NH$_4^+$-NH$_3$、H$_2$CO$_3$-HCO$_3^-$、HCO$_3^-$-CO$_3^{2-}$、HPO$_4^{2-}$-PO$_4^{3-}$ 和 H$_2$PO$_4^-$-HPO$_4^{2-}$ 等。应指出的是,高浓度的强酸或强碱溶液也可当作缓冲溶液,它们主要用于控制高酸度(pH<2)或高碱度(pH>12)。

4.4.2 缓冲溶液 pH 值的计算

分析化学中使用的缓冲溶液,大多数是用来控制溶液酸度的,只有少数是作为标定(校正)酸度计使用的,它们称为标准缓冲溶液。缓冲溶液的配制,既可参考有关手册和参考书所提供的配方配制,也可根据计算结果进行配制。

作为控制酸度用的缓冲溶液,由于缓冲剂浓度较大且对计算结果也不要求非常准确,所以可采用近似方法进行计算。

以弱酸 HA(浓度为 c_{HA})及其共轭碱 NaA(浓度为 c_{A^-})组成的缓冲溶液为例说明缓冲溶液的 pH 值的计算。

溶液的物料平衡(MBE)为:

$$[\text{Na}^+]=c_{\text{A}^-}$$
$$[\text{HA}]+[\text{A}^-]=c_{\text{HA}}+c_{\text{A}^-}$$

电荷平衡(CBE)为:

$$[\text{Na}^+]+[\text{H}^+]=[\text{A}^-]+[\text{OH}^-]$$

将 $[\text{Na}^+]=c_{\text{A}^-}$ 代入 CBE 得:

$$c_{A^-}+[H^+]=[A^-]+[OH^-]$$

或：
$$[A^-]=c_{A^-}+[H^+]-[OH^-]$$

将上式代入 MBE 得：
$$[HA]=c_{HA}-[H^+]+[OH^-]$$

将上两式代入 $K_a=\dfrac{[H^+][A^-]}{[HA]}$，整理得：

$$[H^+]=K_a\frac{[HA]}{[A^-]}=K_a\frac{c_{HA}-[H^+]+[OH^-]}{c_{A^-}+[H^+]-[OH^-]} \tag{4-35}$$

式(4-35)是计算弱酸及其共轭碱缓冲溶液中[H^+]的精确式。用此式进行计算时，过程十分复杂，在分析化学中通常根据具体情况，采用近似方法进行处理。

当缓冲溶液 pH<6 时，[OH^-]可忽略，由式(4-35)可得：

$$[H^+]=K_a\frac{c_{HA}-[H^+]}{c_{A^-}+[H^+]} \tag{4-36}$$

当缓冲溶液 pH>8 时，[H^+]可忽略，由式(4-35)可得：

$$[H^+]=K_a\frac{c_{HA}+[OH^-]}{c_{A^-}-[OH^-]} \tag{4-37}$$

式(4-36)、式(4-37)是计算弱酸及其共轭碱缓冲溶液中[H^+]的近似式。

若 $c_{HA}\gg[OH^-]-[H^+]$ 和 $c_{A^-}\gg[H^+]-[OH^-]$，式(4-35)可简化为：

$$[H^+]=K_a\frac{c_{HA}}{c_{A^-}} \quad \text{或} \quad pH=pK_a+\lg\frac{c_{A^-}}{c_{HA}} \tag{4-38}$$

式(4-38)是计算缓冲溶液[H^+]的最简公式。

由上式可见，弱酸 HA 及其共轭碱 A^- 组成的缓冲溶液，可把溶液的 pH 值控制在 pK_a 附近，例如 HAc-Ac^- 缓冲溶液能控制 pH 值在 5 左右；NH_4^+-NH_3 缓冲溶液能控制 pH 值在 9 左右。

【例 4-22】 计算 $0.10mol·L^{-1}$ HAc 和 $0.20mol·L^{-1}$ NaAc 缓冲溶液的 pH 值。

解 由式(4-38)：

$$[H^+]=K_a\frac{c_{HAc}}{c_{Ac^-}}=1.8\times10^{-5}\times\frac{0.10}{0.20}=9.0\times10^{-6}(mol·L^{-1})$$

$$pH=5.05$$

考虑条件，pH=5.05<6，[OH^-]可忽略。且满足 $c_{HAc}\gg[OH^-]-[H^+]$ 和 $c_{Ac^-}\gg[H^+]-[OH^-]$，可用最简式计算。

【例 4-23】 欲配制 pH=3.0 的 HCOOH-HCOONa 缓冲溶液，应往 200mL $0.20mol·L^{-1}$ HCOOH 溶液中加入多少毫升 $1.0mol·L^{-1}$ NaOH 溶液（pK_a=3.74）？

解 HCOOH 溶液中加入 NaOH 后变为 $HCOO^-$，形成 HCOOH-HCOONa 缓冲溶液，设加入 $1.0mol·L^{-1}$ NaOH 溶液 x mL，溶液总体积为 V mL，则：

$$c_{HCOO^-}=\frac{1.0x}{V}$$

$$c_{HCOOH}=\frac{0.20\times0.2-1.0x}{V}$$

由式(4-38)：

$$pH = pK_a + \lg \frac{c_{HCOO^-}}{c_{HCOOH}} = 3.74 + \lg \frac{1.0x}{0.20 \times 0.2 - 1.0x}$$

解得：$x = 6.1\text{mL}$

所以应加入 6.1mL 1.0mol·L^{-1} NaOH 溶液。

4.4.3 缓冲指数及缓冲容量

(1) 缓冲指数

虽然缓冲溶液具有抵抗少量外加酸碱或适当稀释保持其 pH 值基本不变的能力，但当加入的强酸浓度接近于缓冲体系的共轭碱的浓度，或加入的强碱浓度接近于缓冲体系的共轭酸的浓度时，缓冲溶液的缓冲能力显著减弱甚至失去。由此可见，缓冲溶液的缓冲能力是有一定限度的，缓冲指数可以衡量溶液的缓冲能力，其定义为：

$$\beta = \frac{dc}{dpH} \tag{4-39}$$

它的物理意义是相关酸碱组分分布曲线的斜率。式(4-39)中 dc 和 dpH 分别为所加入强酸（或强碱）及 pH 的无穷小量。缓冲指数具有加和性，以 HA-A$^-$ 缓冲溶液的水溶液为例，式(4-39)中的 β 为 H$^+$、OH$^-$ 及 HA（或 A$^-$）三者的缓冲指数 β_{H^+}、β_{OH^-}、β_{HA} 的加和，即：

$$\beta = \beta_{H^+} + \beta_{OH^-} + \beta_{HA}$$

由于 HA 和 A$^-$ 是共轭的，两者只能由其一为缓冲指数提供数值。从式(4-39)得：

$$\frac{dc}{dpH} = \beta = \beta_{H^+} + \beta_{OH^-} + \beta_{HA} = \frac{d[H^+]}{dpH} + \frac{d[OH^-]}{dpH} + \frac{d[HA]}{dpH}$$

也就是说 $dc = d[H^+] + d[OH^-] + d[HA]$。对上式进行推导后得到：

$$\beta = 2.3[H^+] + 2.3[OH^-] + 2.3\delta_{HA}\delta_{A^-} c_{HA}$$

上式中的 c_{HA} 为 HA-A$^-$ 的总浓度。当由强酸控制溶液的 pH 时，上式可简化为：

$$\beta = 2.3[H^+]$$

而对于强碱溶液：

$$\beta = 2.3[OH^-]$$

如果 HA 为弱酸且溶液的 pH 值在 $pK_a \pm 1$ 范围内时，可以认为：

$$\beta = 2.3\delta_{HA}\delta_{A^-} c_{HA} \tag{4-40}$$

此时溶液的 pH 由 HA-A$^-$ 缓冲体系控制。β_{HA} 对 H$^+$ 求导，并令求导之值为零，可求得 β_{HA} 的极大值

$$\frac{d\beta_{HA}}{d[H^+]} = 2.3cK_a \times \frac{K_a - [H^+]}{(K_a + [H^+])^3} = 0$$

可见当 $K_a = [H^+]$，即 $pK_a = pH$，或 $[HA] = [A^-]$ 时，β_{HA} 有极大值。此时 $\delta_{HA} = \delta_{A^-} = \frac{1}{2}$，代入式(4-40)可得：

$$\beta = \frac{2.3c_{HA}}{4} = 0.58c_{HA} \tag{4-41}$$

式(4-41)说明缓冲指数 β 与 c_{HA} 成正比，在图 4-4 中，相当于通过点 M 的切线，其斜率为 0.58。如果缓冲组分之比偏离了 1:1，对于相同的 c_{HA}，缓冲指数就会减小。现假设

[HA]∶[A$^-$]为1∶10，从式(4-40)可知：
$$\beta = 2.3 \times \frac{[HA]}{c_{HA}} \times \frac{[A^-]}{c_{HA}} \times c_{HA} = 2.3 \times \frac{1}{11} \times \frac{10}{11} \times c_{HA}$$
$$= 0.19 c_{HA}$$

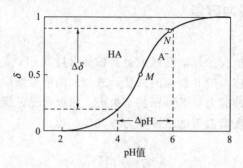

图 4-4　缓冲指数的概念示意图

与缓冲组分之比为 1∶1 时相比，缓冲指数减少为原来的 1/2。在图 4-4 中，相对于通过点 N 的切线，其斜率为 0.19。

缓冲指数是在指定 pH 值时衡量一个缓冲体系的重要指标。由上述讨论可知，[HA]∶[A$^-$]＝1∶1 时，缓冲指数最大。与 1 相差越大，缓冲指数越小，缓冲溶液甚至失去缓冲作用。因此任何缓冲溶液的缓冲作用都存在一个有效的 pH 值范围。一般而言，[HA]∶[A$^-$] 在 1/10～10 之间具有实际可用的缓冲能力，此浓度范围所对应的 pH 值范围（pH＝$pK_a \pm 1$）称为缓冲溶液的有效缓冲范围。例如，HAc 的 pK_a＝4.76，HAc-NaAc 缓冲溶液的有效缓冲范围为 pH＝$pK_a \pm 1$＝3.76～5.76。NH$_3$ 的 pK_b＝4.75（NH$_4^+$ 的 pK_a＝9.25），NH$_3$-NH$_4$Cl 缓冲溶液的有效缓冲范围为 pH＝$pK_a \pm 1$＝8.25～10.25。

(2) 缓冲容量 α

缓冲容量定义为：
$$\alpha = \Delta c = \bar{\beta} \Delta pH \tag{4-42}$$

它的物理意义是某缓冲溶液因外加强酸或强碱的量为 Δc 而发生 pH 值的变化，变化的幅度为 ΔpH，$\bar{\beta}$ 为 ΔpH 区间缓冲溶液所具有的平均缓冲指数。

设于某种缓冲溶液 HA-A$^-$ 中，加入浓度为 α(mol·L^{-1}) 的 NaOH，会发生以下反应：
$$HA + OH^- \rightleftharpoons A^- + H_2O$$

反应产物为 A$^-$，于是缓冲容量 α 为：
$$\alpha = \alpha_{A^-} + \alpha_{H^+} + \alpha_{OH^-}$$

为简便起见，仅讨论由 HA-A$^-$ 所提供的缓冲容量，即认为：
$$\alpha = \alpha_{A^-}$$

于是：
$$\alpha = \Delta[A^-] \tag{4-43}$$

在式(4-43)中，$\Delta[A^-]=[A^-]_2-[A^-]_1$，$\Delta[HA]=[HA]_2-[HA]_1$。由于是共轭体系，$\Delta[A^-]$ 与 $\Delta[HA]$ 彼此数值相等，符号相反。下标 1 和 2 分别是 pH 变化的始态和终态。[A$^-$] 是 pH 的函数，ΔpH 是缓冲范围。用 pH 表达 $\Delta[A^-]$ 就得到缓冲容量 α 在缓冲范围 pH$_1$～pH$_2$ 的表达式和计算式：

$$\alpha = \Delta[A^-] = (\delta_2^{A^-} - \delta_1^{A^-})c_{HA} \tag{4-44}$$

式中，$\delta_2^{A^-}$、$\delta_1^{A^-}$ 分别为 A^- 在 pH_2 和 pH_1 时的分布分数；c_{HA} 为缓冲组分的总浓度，$c_{HA} = [HA] + [A^-]$。

【例 4-24】 设 HAc-NaAc 缓冲体系的体积为 1L，总浓度为 $0.1 mol \cdot L^{-1}$，$pK_a = 4.74$，求该体系从 pH 值为 3.74 改变至 5.74 时所具有的缓冲容量 α。

解 在 $pH = 5.74$ 时，A^- 的分布分数 $\delta_2^{A^-}$ 为：

$$\delta_2^{A^-} = \frac{K_a}{K_a + [H^+]} = \frac{10^{-4.74}}{10^{-4.74} + 10^{-5.74}} = 0.91$$

在 $pH = 3.74$ 时，同上述计算，得到：

$$\delta_1^{A^-} = 0.091$$

把 $\delta_2^{A^-}$ 和 $\delta_1^{A^-}$ 代入式(4-44)：

$$\alpha = \Delta[A^-] = (\delta_2^{A^-} - \delta_1^{A^-})c_{HA} = (0.91 - 0.091) \times 0.1 = 0.082 (mol \cdot L^{-1})$$

即如果要把总浓度为 $0.1 mol \cdot L^{-1}$，体积为 1L，$pH = 3.74$ 的 $HA-A^-$ 的溶液调整到 $pH = 5.74$，需加 NaOH 的量为 0.082mol，或 NaOH 固体 3.28g。

从缓冲组分的分布分数 δ 曲线来讨论缓冲容量的概念更为方便和直观。图 4-4 中的 ΔpH 是缓冲范围，纵坐标所表示的 $\Delta \delta$ 乘以 c_{HA} 等于 $\Delta[A^-]$，即缓冲容量 α。

不同 pH 值时 $0.10 mol \cdot L^{-1}$ HAc-NaAc 缓冲溶液的缓冲指数如图 4-5 所示。

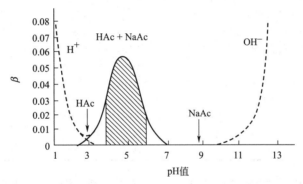

图 4-5 总浓度为 $0.10 mol \cdot L^{-1}$ 的 HAc-NaAc 在不同 pH 值时的缓冲指数和 $pH = 4 \sim 6$ 时的缓冲容量

图 4-5 中实线是 $0.10 mol \cdot L^{-1}$ HAc-NaAc 在不同 pH 值时的缓冲指数 β。当 $pH = pK_a = 4.76$ 时，缓冲指数 β 最大。虚线表示强酸（$pH < 3$）和强碱（$pH > 11$）溶液的缓冲指数 β，阴影部分表示在 $pH = 4 \sim 6$ 范围内 HAc-NaAc 在不同 pH 值时的缓冲容量 α。

(3) 重要缓冲溶液和缓冲溶液的选择

最常用的标准缓冲溶液见表 4-2，它们的 pH 值是经过准确的实验测得的，目前已被国际上规定为测定 pH 值时的标准缓冲溶液。

表 4-2 标准缓冲溶液

标准缓冲溶液	pH 标准值（25℃）
饱和酒石酸氢钾（$0.034 mol \cdot L^{-1}$）	3.56
$0.050 mol \cdot L^{-1}$ 邻苯二甲酸氢钾	4.01
$0.025 mol \cdot L^{-1} KH_2PO_4 - 0.025 mol \cdot L^{-1} Na_2HPO_4$	6.86
$0.010 mol \cdot L^{-1}$ 硼砂	9.18

分析化学中用于控制溶液 pH 的缓冲溶液非常多，通常根据实际情况，选用不同的缓冲溶液。选择缓冲溶液的原则如下：

① 缓冲溶液的各缓冲组分对分析过程不产生干扰。

② 所需控制的 pH 应在缓冲溶液的缓冲范围之内。如果缓冲溶液是由弱酸及其共轭碱组成的，则所需控制的 pH 应尽量与弱酸的 pK_a 一致，即 $pH \approx pK_a$。

③ 缓冲溶液应有较大的缓冲容量。通常应使缓冲组分的浓度在 $0.01 \sim 1 mol \cdot L^{-1}$ 之间。

表 4-3 列出了某些常用 pH=2～11 的缓冲溶液和 pK_a。根据 pK_a 就可方便地知道其有效缓冲范围。

表 4-3 常用缓冲溶液

缓冲溶液的组成	酸的存在形式	碱的存在形式	pK_a
氨基乙酸-HCl	$^+NH_3CH_2COOH$	$^+NH_3CH_2COO^-$	2.35(pK_{a_1})
一氯乙酸-HCl	$CH_2ClCOOH$	CH_2ClCOO^-	2.86
邻苯二甲酸氢钾-HCl	邻-COOH/COOK	邻-COO$^-$/COOK	2.95(pK_{a_1})
甲酸-NaOH	HCOOH	HCOO$^-$	3.76
HAc-NaAc	HAc	Ac$^-$	4.74
六亚甲基四胺-HCl	$(CH_2)_6N_4H^+$	$(CH_2)_6N_4$	5.15
NaH_2PO_4-Na_2HPO_4	$H_2PO_4^-$	HPO_4^{2-}	7.20(pK_{a_1})
三乙醇胺-HCl	$^+HN(CH_2CH_2OH)_3$	$N(CH_2CH_2OH)_3$	7.76
Tris-HCl	$^+NH_3C(CH_2OH)_3$	$NH_2C(CH_2OH)_3$	8.21
$Na_2B_4O_7$-HCl	H_3BO_3	$H_2BO_3^-$	9.24(pK_{a_1})
$Na_2B_4O_7$-NaOH	H_3BO_3	$H_2BO_3^-$	9.24(pK_{a_1})
NH_3-NH_4Cl	NH_4^+	NH_3	9.26
乙醇胺-HCl	$^+NH_3CH_2CH_2OH$	$NH_2CH_2CH_2OH$	9.50
氨基乙酸-NaOH	$^+NH_3CH_2COO^-$	$NH_2CH_2COO^-$	9.60(pK_{a_1})
$NaHCO_3$-Na_2CO_3	HCO_3^-	CO_3^{2-}	10.25

在实际分析工作中，有时需要具有广泛 pH 范围的缓冲溶液，这时可采用多元酸和碱组成的缓冲体系。在这样的缓冲体系中，因为其中存在许多 pK_a 不同的共轭酸碱对，所以它们能在广泛的 pH 范围内起缓冲作用。例如柠檬酸（$pK_{a_1}=3.13$、$pK_{a_2}=4.76$、$pK_{a_3}=6.40$）和磷酸二氢钠（$pK_{a_1}=2.12$、$pK_{a_2}=7.20$、$pK_{a_3}=12.36$）两种溶液按不同比例混合，可得到 pH 值为 2～8 的一系列缓冲溶液。

4.5 酸碱指示剂

4.5.1 酸碱指示剂的作用原理

酸碱指示剂（acid-base indicator）指的是用于酸碱滴定的指示剂。常用的酸碱指示剂一般是有机弱酸或弱碱，这些弱酸或弱碱与它们的碱式或酸式形成的共轭酸碱对具有不同的结构，因而呈现不同的颜色。在酸碱滴定过程中，当溶液的 pH 改变时，共轭酸碱对失去或得到质子，结构发生改变，从而引起溶液颜色变化。

现分别以甲基橙和酚酞为例说明指示剂的变色原理。

① 甲基橙（methyl orange，MO）在溶液中的解离和颜色变化如下：

$$(H_3C)_2\overset{+}{N}=\!\!\!\!=\!\!\!\!\bigcirc\!\!\!=\!\!\!\!=\!\!\!N-\overset{|}{\underset{H}{N}}-\bigcirc-SO_3^- \xrightleftharpoons[H^+]{OH^-} (H_3C)_2N-\bigcirc-N=\!\!\!N-\bigcirc-SO_3^-$$

      酸式(红色)   碱式(黄色)

由平衡关系可以看出，增大溶液的酸度，MO 主要以红色（醌式）双极离子存在，所以溶液显红色；降低溶液的酸度，则主要以黄色（偶氮式）离子形式存在，所以溶液显黄色。像 MO 这类酸色型和碱色型均有颜色的指示剂称为双色指示剂。

② 酚酞（phenolphthalein，PP）是一种弱的有机碱，在溶液的解离和颜色变化如下：

        酸式(无色)   碱式(红色)

由平衡关系可以看出，在 pH<9.1 时，PP 主要以无色的酸式存在；在 pH>9.1 时，则主要以红色的碱式存在。酚酞酸式无色，碱式呈红色，它是单色指示剂。在足够大的浓碱溶液中，PP 有可能以无色的羧酸盐式存在。

4.5.2 酸碱指示剂的变色范围

若以 HIn 和 In$^-$ 分别表示指示剂的酸式和碱式，K_{HIn} 表示 HIn 的解离常数，则：

$$HIn \rightleftharpoons H^+ + In^-$$

$$K_{HIn} = \frac{[H^+][In^-]}{[HIn]}$$

$$\frac{[In^-]}{[HIn]} = \frac{K_{HIn}}{[H^+]} \tag{4-45}$$

指示剂在溶液中究竟显示酸式的颜色还是碱式的颜色，取决于比值 $\frac{[In^-]}{[HIn]}$ 的大小，即酸式和碱式谁是溶液主要成分。由上式，由于 K_{HIn} 是常数，$\frac{[In^-]}{[HIn]}$ 是 [H$^+$] 的函数，其大小随溶液 [H$^+$] 的变化而改变。一般而言，当 $\frac{[In^-]}{[HIn]} \geq 10$ 时，溶液显示 In$^-$ 的颜色；$\frac{[In^-]}{[HIn]} \leq 1/10$ 时，溶液显示 HIn 的颜色；$10 > \frac{[In^-]}{[HIn]} > 1/10$ 时，溶液显示 In$^-$ 和 HIn 的混合色；

$\dfrac{[\text{In}^-]}{[\text{HIn}]}=1$ 时，二者浓度相等，pH＝pK_{HIn}，此 pH 称为指示剂的理论变色点，此时指示剂的变色最敏锐。

上述有关溶液 pH 与指示剂颜色变化的讨论简述如下：

① $\dfrac{[\text{In}^-]}{[\text{HIn}]}\geqslant 10$ 时，$[\text{H}^+]\leqslant \dfrac{K_{\text{HIn}}}{10}$，pH$\geqslant$p$K_{\text{HIn}}$＋1，溶液显示碱式色；

② $\dfrac{[\text{In}^-]}{[\text{HIn}]}\leqslant 1/10$ 时，$[\text{H}^+]\geqslant 10K_{\text{HIn}}$，pH$\leqslant$p$K_{\text{HIn}}$－1，溶液显示酸式色；

③ $10>\dfrac{[\text{In}^-]}{[\text{HIn}]}>1/10$ 时，pH＝pK_{HIn}±1，溶液显示混合色。

可见，当溶液的 pH 低于 pK_{HIn}－1 或超过 pK_{HIn}＋1 时，看不出颜色的变化。当溶液的 pH 由 pK_{HIn}－1 变化到 pK_{HIn}＋1 时，可以明显地看到指示剂由酸式色变为碱式色。所以，pH＝pK_{HIn}±1 称为指示剂的变色范围。

由以上可知，指示剂的变色范围应为两个 pH 单位，但实际上指示剂的变色范围不是根据 pK_a 计算出来的，而是依靠人眼观察得到的。由于人眼对各种颜色的敏感程度不同，加上两种颜色相互掩盖，影响观察，所以实际观察结果与理论计算结果存在一定差异，且不同人的观察结果也有差别。例如 MO 的变色范围，有人报道为 3.1～4.4，也有人报道为 3.2～4.5。

表 4-4 列出了常用的酸碱指示剂及其变色范围，大多数指示剂的变色范围为 1.6～1.8pH 单位。

表 4-4　常用的酸碱指示剂

指示剂	变色范围（pH 值）	颜色变化（酸-碱）	pK_{HIn}	浓度
百里酚蓝(thymol blue, TB)(第一次变色)	1.2～2.8	红-黄	1.7	1%的20%乙醇溶液
甲基黄(methyl yellow, MY)	2.9～4.0	红-黄	3.25	1%的90%乙醇溶液
甲基橙(methyl orange, MO)	3.1～4.4	红-黄	3.4	0.05%水溶液
溴酚蓝(bromophenol blue, BPB)	3.0～4.6	黄-蓝紫	4.1	1%的20%乙醇溶液或其他钠盐的水溶液
溴甲酚绿(bromocresol green, BCG)	3.8～5.4	黄-蓝	4.9	1%水溶液，每100mg指示剂加 2.9mL 0.05mol·L^{-1} NaOH
甲基红（methyl red, MR)	4.4～6.2	红-黄	5.2	1%的60%乙醇溶液或其他钠盐的水溶液
溴甲酚紫（bromocresol purple, BCP)	5.2～6.8	黄-紫	6.4	1%水溶液
溴百里酚蓝（bromothymol blue, BTB)	6.0～7.6	黄-蓝	7.3	0.1%的20%乙醇溶液或其他钠盐的水溶液
中性红（neutral red, NR)	6.8～8.0	红-黄橙	7.4	0.1%的60%乙醇溶液
酚红（phenol red, PR)	6.4～8.2	黄-红	8.0	0.1%的60%乙醇溶液或其他钠盐的水溶液
百里酚蓝（thymol blue, TB)（第二次变色)	8.0～9.6	黄-蓝	8.9	0.1%的20%乙醇溶液
酚酞（phenolphthalein, PP)	8.0～9.8	无-红	9.1	0.1%的90%乙醇溶液
百里酚酞（thymolphthalein, TP)	9.4～10.6	无-蓝	10.0	0.1%的90%乙醇溶液

4.5.3　影响酸碱指示剂变色范围的因素

在实际中，酸碱指示剂变色范围是变化的，其影响因素主要有两方面：一是影响变色范围宽度的因素，如指示剂用量、滴定程序等；另一是影响指示剂常数 K_{HIn} 的因素，包括温度、溶剂、溶液的离子强度等，其中温度的影响较大。

（1）指示剂用量

酸碱指示剂本身是弱酸或弱碱，在酸碱滴定中其用量是滴定分析中一个需要考虑的问题。

对于单色指示剂，如酚酞、百里酚酞等，指示剂用量的多少有较大的影响。以酚酞为例，其酸式为无色，碱式为红色。设目视到碱式色的最低浓为 c_0，它应该是固定不变的。设溶液中指示剂的总浓度为 c，由指示剂的解离平衡式可知：

$$\frac{K_{HIn}}{[H^+]} = \frac{[In^-]}{[HIn]} = \frac{c_0}{c-c_0}$$

因 K_{HIn}、c_0 都为定值，如果 c 增大了，$[H^+]$ 也随着增大。这样将导致指示剂在较低的 pH 值时变色，从而产生终点误差。例如，在 50～100mL 溶液中加入 2～3 滴 0.1%酚酞，pH≈9 出现微红色，而在同样条件下加 10 滴酚酞，则在 pH≈8 出现微红色。由此可知，对于单色指示剂而言，其用量对分析结果影响较大，不可忽视。

对于甲基橙、甲基红等双色指示剂而言，指示剂用量的多少不会有较大的影响。这是由于其颜色取决于 $\frac{[In^-]}{[HIn]}$，设某双色指示剂的总浓度为 c，其碱式和酸式的浓度比为：

$$\frac{[In^-]}{[HIn]} = \frac{\delta_{In^-} c}{\delta_{HIn} c} = \frac{\delta_{In^-}}{\delta_{HIn}}$$

上式表明，$\frac{[In^-]}{[HIn]}$ 与指示剂的总浓度无关，说明双色指示剂用量不影响其变色范围。但指示剂本身具有的酸碱性也会消耗一些滴定剂，带来误差。因此在能看清指示剂颜色变化的前提下，用量应尽可能少一点。

另外，指示剂用量过多，还会影响变色的敏锐性。例如：以甲基橙为指示剂，用 HCl 滴定 NaOH 溶液，终点为橙色，若甲基橙用量过多则终点敏锐性就较差。

（2）离子强度

溶液中中性电解质的存在增加了溶液的离子强度，使指示剂的表观离解常数改变，将影响指示剂的变色范围。某些盐类具有吸收不同波长光波的性质，也会改变指示剂颜色的深度和色调。

（3）温度

溶剂温度改变时，指示剂的 K_{HIn} 也会发生变化，从而使指示剂的变色范围改变。一般情况下，温度升高，K_{HIn} 增大。温度对某些指示剂变色范围的影响如表 4-5 所示。

表 4-5 温度对某些指示剂变色范围的影响

指示剂	变色范围(pH 值)		指示剂	变色范围(pH 值)	
	18℃	100℃		18℃	100℃
百里酚蓝	1.2～2.8	1.2～2.6	甲基红	4.4～6.2	4.0～6.0
溴酚蓝	3.0～4.6	3.0～4.5	酚红	6.4～8.0	6.6～8.2
甲基橙	3.1～4.4	2.5～3.7	酚酞	8.0～10.0	8.0～9.2

通常滴定在室温下进行，若试样分析必须在较高温度下滴定，则标准溶液也应在相同温度下标定。

（4）溶剂

由于指示剂在不同溶剂中具有不同溶解度和解离常数，导致指示剂的变色范围发生显著变化。如甲基橙在水中的 $pK_{HIn}=3.4$，在甲醇中的 $pK_{HIn}=3.8$。所以在实际分析工作中应予以注意。

（5）滴定程序

溶液由浅色滴定到深色时，便于观察终点颜色的变化。所以滴定程序宜是当指示剂颜色由酸式或碱式色变为混合色时，溶液颜色由浅色变化到深色。例如，用酚酞作指示剂，滴定程序一般为用碱滴定酸，终点由无色变为粉红色，容易辨别。而用甲基橙作指示剂，一般用酸滴定碱，终点由黄色变为橙色，易于辨认。

4.5.4 混合指示剂

在酸碱滴定中，为了便于确定终点，不仅要求指示剂具有较窄的变色范围，而且要求变色敏锐。单一指示剂的变色范围约为 2 个 pH 值单位，有时难以满足滴定的要求，可采用混合指示剂。

混合指示剂可分为两类，一类是由两种或两种以上酸碱指示剂混合而成，利用彼此颜色之间的互补作用，使变色更加敏锐，易于观察。例如 0.1%溴甲酚绿（$pK_{HIn}=4.9$，变色范围为 pH=3.8~5.4）和甲基红（$pK_{HIn}=5.2$，变色范围为 pH=4.4~6.2），前者的酸色为黄色、碱色为蓝色，后者的酸色为红色、碱色为黄色。当二者混合后，由于共同作用的结果，在酸性条件下显橙色（黄+红），在碱性条件下显绿色（蓝+黄）。而在化学计量点附近（pH≈5.1）时，溴甲酚绿的碱性成分较多，显绿色，甲基红的酸性成分较多，显橙红色，绿色与红色发生互补作用，溶液为灰色，颜色变化极为敏锐。颜色变化如图 4-6 所示。

图 4-6　溴甲酚绿和甲基红混合指示剂变色示意图

另一类是由一种酸碱指示剂和一种惰性染料（如亚甲基蓝、靛蓝二磺酸钠等，它们不随 pH 的变化而改变颜色）混合而成的，由于颜色的互补作用，变色敏锐。例如甲基橙中加入靛蓝二磺酸钠，颜色变化如图 4-7 所示。

图 4-7　甲基橙中加入靛蓝二磺酸钠变色示意图

常用的混合指示剂列于表 4-6。

表 4-6 常用混合指示剂

指示剂溶液的组成	变色点 pH 值	颜色 酸式色	颜色 碱式色	备注
1 份 0.1%甲基黄乙醇溶液+1 份 0.1%亚甲基蓝乙醇溶液	3.25	蓝紫	绿	pH=3.2 蓝紫 pH=3.4 绿色
1 份 0.1%甲基橙水溶液+1 份 0.25%靛蓝二磺酸钠水溶液	4.1	紫	黄绿	pH=4.1 灰色
3 份 0.1%溴甲酚绿乙醇溶液+1 份 0.2%甲基红乙醇溶液	5.1	紫红	蓝绿	pH=5.1 灰色 颜色变化极显著
1 份 0.1%溴甲酚绿钠盐水溶液+1 份 0.1%氯酚红钠盐水溶液	6.1	黄绿	蓝紫	pH=5.4 蓝绿 pH=5.8 蓝色 pH=6.0 蓝色(微带紫色) pH=6.2 蓝紫
1 份 0.1%中性红乙醇溶液+1 份 0.1%亚甲基蓝乙醇溶液	7.0	蓝紫	绿	pH=7.0 蓝紫
1 份 0.1%甲酚红钠盐水溶液+3 份 0.1%百里酚蓝钠盐水溶液	8.3	黄	紫	pH=8.2 玫瑰色 pH=8.4 紫色
1 份 0.1%酚酞乙醇溶液+2 份 0.1%甲基绿乙醇溶液	8.9	绿	紫	pH=8.8 浅蓝 pH=9.0 紫色
1 份 0.1%酚酞乙醇溶液+1 份 0.1%百里酚酞乙醇溶液	9.9	无	紫	pH=9.6 玫瑰色 pH=10.0 紫色
2 份 0.1%百里酚酞乙醇溶液+1 份 0.1%茜素黄乙醇溶液	10.2	黄	紫	

4.6 酸碱滴定基本原理

酸碱滴定法是以酸碱反应为基础的滴定分析方法。酸碱滴定法中包含强碱（强酸）滴定强酸（强碱）、强碱（强酸）滴定弱酸（弱碱）、多元酸（碱）的滴定、混合酸（碱）的滴定等。在这些滴定中，要考虑准确滴定的条件，滴定过程中溶液 pH 的变化规律，指示剂的正确选择，滴定误差的计算等问题，现讨论如下。

4.6.1 强碱滴定强酸或强酸滴定强碱

(1) 滴定反应及平衡常数

酸碱滴定的基本反应为：

$$H^+ + OH^- \rightleftharpoons H_2O$$

滴定反应的平衡常数为：

$$K_t = \frac{1}{[H^+][OH^-]} = \frac{1}{K_w} = 1.00 \times 10^{14}$$

式中，K_t 称为滴定常数，用来衡量滴定反应的完全程度。K_t 越大，滴定反应进行得越完全。由上述的 K_t 数值可知，这类滴定反应是酸碱滴定中反应完全程度最高的。

(2) 滴定过程中溶液 pH 值的变化

以 $c_0 = 0.1000 \text{mol} \cdot \text{L}^{-1}$ NaOH 滴定等浓度的 $V_0 = 20.00 \text{mL}$ HCl 为例进行讨论。整个滴

定过程可分为四个阶段计算溶液的 pH 值。

在滴定过程中,滴定剂加入的量为 V,加入滴定剂和被测组分的物质的量之比,称为滴定分数,用 a 表示。

① 滴定前 溶液的组成为 HCl,HCl 的是强酸,酸度由被滴定 HCl 的初始浓度决定。

$$[H^+]=0.1000 \text{mol·L}^{-1}, \text{pH}=1.00$$

② 滴定开始至化学计量点前 溶液的组成为 NaCl 和 HCl,溶液的酸度取决于剩余 HCl 的浓度:

$$[H^+]=\frac{c_0(V_0-V)}{V_0+V}$$

当 $V=19.98\text{mL}(-0.1\%)$ NaOH 时:

$$[H^+]=\frac{c_0(V_0-V)}{V_0+V}=0.1000\times\frac{20.00-19.98}{20.00+19.98}=5.0\times10^{-5}(\text{mol·L}^{-1})$$

$$\text{pH}=4.30$$

化学计量点之前溶液 pH 值均可按此方法计算。

③ 化学计量点 HCl 完全被 NaOH 中和,溶液的组成为 NaCl 和 H_2O,$[H^+]$ 由水的解离决定。

$$[H^+]=[OH^-]=1.0\times10^{-7}\text{mol·L}^{-1}$$

$$\text{pH}=7.00$$

④ 化学计量点后 溶液的组成为 NaCl 和过量的 NaOH,溶液的酸度取决于过量 NaOH 的浓度。

$$[OH^-]=\frac{c_0(V-V_0)}{V_0+V}$$

当加入 20.02mL(+0.1%) NaOH 时:

$$[OH^-]=\frac{c_0(V-V_0)}{V_0+V}=0.1000\times\frac{20.02-20.00}{20.00+20.02}=5.0\times10^{-5}(\text{mol·L}^{-1})$$

$$\text{pOH}=4.30, \text{pH}=9.70$$

滴定过程中溶液的 pH 值可用类似的方法进行计算,结果列于表 4-7。

表 4-7 用 0.1000mol·L^{-1} NaOH 滴定 20.00mL 等浓度 HCl 时溶液 pH 的变化

滴入 NaOH 的体积/mL	HCl 被滴定的百分数/%	剩余 HCl /mL	过量 NaOH /mL	pH 值	$[H^+]$ 计算
0.00	0	20.00		1.00	滴定前:$[H^+]=c_{HCl}$
18.00	90.0	2.00		2.28	化学计量点前:
19.80	99.0	0.20		3.30	$[H^+]=\frac{c_0(V_0-V)}{V_0+V}$
19.98	99.9	0.02		4.30	
20.00	100.0	0.00	0.00	7.00	化学计量点:$[H^+]=[OH^-]=10^{-7.00}$
20.02	100.1		0.02	9.70	化学计量点后:
20.20	101.0		0.20	10.70	$[OH^-]=\frac{c_0(V-V_0)}{V_0+V}$
22.00	110.0		2.00	11.68	$[OH^-][H^+]=K_w$
40.00	200.0		20.00	12.52	

（3）滴定曲线、滴定突跃及其范围

滴定曲线是以滴定剂（如 NaOH）加入量（或滴定分数）为横坐标，溶液 pH 值为纵坐标绘制而成的曲线，它反映了滴定过程中滴定剂加入量与溶液 pH 值的关系，是选择指示剂的主要依据。图 4-8 中实线所示的是 0.1000mol·L^{-1} NaOH 滴定 20.00mL 等浓度 HCl 的滴定曲线。

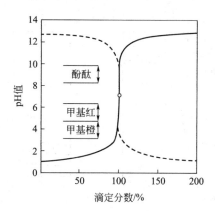

图 4-8　0.1000mol·L^{-1} NaOH 和 0.1000mol·L^{-1} HCl
互相滴定的滴定曲线

从图 4-8 中的实线可知，滴定开始时曲线比较平坦，随着滴定的进行，曲线逐渐向上倾斜，在化学计量点前后（±0.1%）发生急剧变化，此后变化又趋于缓慢。从表 4-7 可知，对于此滴定，化学计量点的 pH 值＝7.00，当滴定分数从 0.999（－0.1%）变化至 1.001（＋0.1%）时，溶液的 pH 值由 4.30 急剧增加至 9.70，增大了 5.4 个 pH 值单位。在滴定分析中，把化学计量点前后 0.1% 溶液 pH 值的突变，称为滴定突跃。滴定突跃所包括的 pH 值范围称为滴定突跃范围。

用 0.1000mol·L^{-1} HCl 滴定等浓度的 NaOH 的滴定曲线如图 4-8 中虚线所示，其情况与 0.1000mol·L^{-1} NaOH 滴定等浓度的 HCl 相似，但 pH 值变化方向相反，滴定突跃范围为 pH＝9.70～4.30。

（4）指示剂的选择

指示剂可依据滴定突跃选择。选择指示剂的一般原则为：变色范围全部或部分落在滴定突跃范围之内；指示剂的变色点尽可能与化学计量点接近，以减小滴定误差；另外，指示剂的颜色变化明显、易于观察，在滴定突跃范围变色的指示剂可使滴定（终点）误差小于 0.1%。

用 0.1000mol·L^{-1} NaOH 滴定 0.1000mol·L^{-1} HCl 的滴定突跃的 pH 值范围为 4.30～9.70，根据上述原则，由表 4-4 可知，酚酞、甲基红、甲基橙都可以作为此滴定的指示剂。

相似的，用 0.1000mol·L^{-1} HCl 滴定 0.1000mol·L^{-1} NaOH 时，可选择酚酞和甲基红作指示剂。若选用甲基橙作指示剂，是从黄色滴到橙色（pH－4，位于 9.70～4.30 之外），因此将产生＋0.2% 的滴定误差。为消除这一误差，需进行指示剂校正。方法是取 40mL 0.0500mol·L^{-1} NaCl 溶液并加入与滴定时相同量的甲基橙（终点时的情况），用 0.1000mol·L^{-1} HCl 溶液滴定至此溶液颜色恰好与滴定 NaOH 时的溶液颜色相同为止，记录 HCl 用量（此值称为校正值）。从滴定 NaOH 时所消耗的 HCl 溶液体积中减去此校正值即为 HCl 准确用量。

（5）影响滴定突跃大小范围的因素

图 4-9(a) 为用同浓度的强碱滴定 0.0050mol·L^{-1}、0.0100mol·L^{-1}、0.0200mol·L^{-1}

和 0.0500mol·L^{-1}强酸溶液的滴定曲线，由图可见，滴定突跃范围随着浓度的增大而增大。图 4-9(b) 为分别用 0.1000mol·L^{-1}、0.0100mol·L^{-1}、0.0010mol·L^{-1} 和 0.0001mol·L^{-1} NaOH 标准溶液滴定等浓度 HCl 溶液的滴定曲线，由图可见，滴定的突跃范围也随着浓度增大而增大。由此可知，滴定突跃的大小与滴定剂和被滴定物质的浓度有关，溶液浓度越大，突跃范围越大，当浓度增大 10 倍时，滴定突跃范围增加 2 个 pH 值单位。

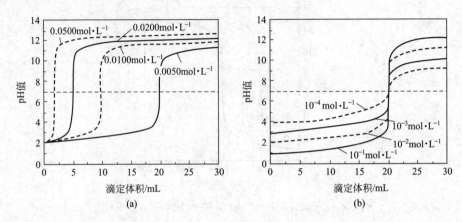

图 4-9　同浓度 NaOH 滴定不同浓度 HCl（a）和不同浓度 NaOH 滴定等浓度 HCl（b）的滴定曲线

指示剂的选择受到浓度的限制，对于 0.0100mol·L^{-1} NaOH 滴定 0.0100mol·L^{-1} HCl，由于突跃范围较小，就不能用甲基橙作指示剂，可用酚酞，最好用甲基红作指示剂。

4.6.2　强碱滴定一元弱酸

(1) 滴定反应及平衡常数

滴定的基本反应为：

$$OH^- + HA \rightleftharpoons A^- + H_2O$$

滴定反应的平衡常数为：

$$K_t = \frac{[A^-]}{[OH^-][HA]} = \frac{K_a}{K_w}$$

由上述 K_t 的表达式可知，这类滴定反应的完全程度不如强酸滴定强碱或强碱滴定强酸类反应。

(2) 滴定曲线及滴定过程特点

以 $c_0 = 0.1000$ mol·L^{-1} NaOH 滴定等浓度的 $V_0 = 20.00$ mL HAc 为例进行讨论。同强碱滴定强酸，整个滴定过程可分为四个阶段计算溶液的 pH 值。

① 滴定前　溶液的组成为 HAc 水溶液，HAc 是弱酸，酸度由被滴定 HAc 的初始浓度决定。

$$[H^+] = \sqrt{cK_a} = \sqrt{0.1000 \times 1.8 \times 10^{-5}} = 10^{-2.87}$$
$$pH = 2.87$$

② 滴定开始至化学计量点前　溶液的组成为 HAc 和 NaAc 的缓冲体系，溶液的酸度按缓冲溶液计算。

$$[H^+] = K_a \frac{c_{HA}}{c_{A^-}}$$

其中：$c_{HAc}=\dfrac{c_0V_0-cV}{V_0+V}$，$c_{Ac^-}=\dfrac{cV}{V_0+V}$，且 $c_0=c$。

则：
$$pH=pK_a+\lg\dfrac{V}{V_0-V}$$

当滴入 $V=19.98\text{mL}(-0.1\%)\text{NaOH}$ 时：
$$pH=pK_a+\lg\dfrac{V}{V_0-V}=4.74+\lg\dfrac{19.98}{20.00-19.98}=7.74$$

计量点之前溶液的 pH 值均可按此方法计算。

③ 化学计量点 溶液的组成为 NaAc 和 H_2O，NaAc 是一元弱碱体系，溶液的酸度按一元弱碱体系计算。

$$c_{NaAc}=\dfrac{1}{2}c_0$$

$$[OH^-]=\sqrt{cK_b}=\sqrt{\dfrac{K_w}{K_a}\times\dfrac{0.1000}{2}}=\sqrt{\dfrac{10^{-14}}{1.8\times10^{-5}}\times\dfrac{0.1000}{2}}=10^{-5.28}$$

$$pOH=5.28，pH=8.72$$

④ 化学计量点后 溶液的组成为 NaAc 和过量的 NaOH，溶液的酸度取决于过量 NaOH 的浓度。

$$[OH^-]=\dfrac{c_0(V-V_0)}{V_0+V}$$

当加入 $20.02\text{mL}(+0.1\%)\text{NaOH}$ 时：
$$[OH^-]=\dfrac{c_0(V-V_0)}{V_0+V}=0.1000\times\dfrac{20.02-20.00}{20.00+20.02}=5.0\times10^{-5}(\text{mol}\cdot\text{L}^{-1})$$

$$pOH=4.30，pH=9.70$$

此时溶液 pH 值与强碱滴定强酸一样。滴定过程中溶液的 pH 值可用类似的方法进行计算，结果列于表 4-8。

表 4-8 用 $0.1000\text{mol}\cdot\text{L}^{-1}$ NaOH 滴定 20.00mL 等浓度 HAc 时溶液 pH 值的变化

滴入 NaOH 的体积/mL	滴定分数 a	剩余 HAc 或过量 NaOH 的体积/mL	溶液 pH 值	$[H^+]$ 计算
0.00	0.000	20.00	2.87	$[H^+]=\sqrt{K_ac}$
18.00	0.900	2.00	5.70	$[H^+]=K_a\dfrac{c_{HAc}}{c_{Ac^-}}=K_a\dfrac{c_0V_0-cV}{cV}$
19.80	0.990	0.20	6.74	
19.96	0.998	0.04	7.44	
19.98	0.999	0.02	7.74	
20.00	1.000	0.00	8.72	$[OH^-]=\sqrt{\dfrac{1}{2}K_bc_0}$
20.02	1.001	0.02	9.70	
20.04	1.002	0.04	10.00	
20.20	1.010	0.20	10.70	
22.00	1.100	2.00	11.68	$[OH^-]=\dfrac{c_0(V-V_0)}{V_0+V}$
40.00	2.000	20.00	12.52	

（滴定突跃：7.74~9.70）

$0.1000\text{mol}\cdot\text{L}^{-1}$ NaOH 滴定 20.00mL 等浓度 HAc 的滴定曲线见图 4-10。

从表 4-8 和图 4-10 可知：

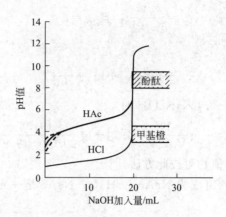

图 4-10　0.1000mol·L^{-1} NaOH 滴定 20.00mL 等浓度 HAc 的滴定曲线

① 滴定前由于 HAc 是弱酸，溶液的 pH 值（2.88）比强酸溶液的 pH 值（1.00）大。

② 继续滴加 NaOH，溶液变为 HAc 和 NaAc 的缓冲体系，到 50% HAc 被滴定时，[HAc]：[Ac$^-$]=1:1，此时溶液的缓冲容量最大，pH=pK_a。在这一点时，加入 NaOH 时溶液的 pH 值变化不大，从 10% HAc 被滴定直到 90% HAc 被滴定，仅变化了约 2 个 pH 值单位，所以曲线较为平缓。

③ 到化学计量点附近，滴定突跃的 pH 值范围为 7.74～9.70，增加了约两个 2 个 pH 值单位，比强碱滴定等浓度强酸小很多（如 0.1000mol·L^{-1} NaOH 滴定 0.1000mol·L^{-1} HCl 的 pH 值突跃范围为 4.30～9.70）。

④ 由于此类滴定化学计量点时溶液显弱碱性，因此必须使用可在碱性介质中变色的指示剂。由指示剂的变色范围可知，酚酞和百里酚蓝是这类滴定的最佳指示剂。

（3）影响滴定突跃范围的因素和能直接滴定的条件

强碱滴定弱酸的滴定突跃范围与其浓度和强度的关系如表 4-9 所示。由表中数据可知，当酸的浓度一定时，K_a 越大即酸越强时，滴定突跃范围也越大。当 K_a 一定时，酸的浓度越大，滴定突跃范围也越大。因此，强碱滴定弱酸的滴定突跃范围可用其浓度 c 和 K_a 的乘积表征。cK_a 越大，突跃范围越大。当突跃范围太小，用指示剂确定终点将十分困难，无法直接准确滴定。

表 4-9　强碱滴定弱酸的滴定突跃范围随浓度和酸的解离度常数的变化

浓度/mol·L^{-1}	1.0		0.1		0.01	
pH 突跃范围 pK_a	范围	ΔpH	范围	ΔpH	范围	ΔpH
5	8.00～11.00	3.00	8.00～10.00	2.00	7.96～9.04	1.08
6	9.00～11.00	2.00	8.96～10.04	1.08	8.79～9.21	0.42
7	9.96～11.02	1.06	9.79～10.21	0.42	9.43～9.57	0.14
8	10.79～11.21	0.42	10.43～10.57	0.14		
9	11.43～11.57	0.14				

当用指示剂确定终点时，由于人眼判断能力的限制，确定终点时有±0.2～±0.3pH 的差异。通常，以 ΔpH=±0.30 作为指示剂判别终点的极限。根据酸碱滴定误差的大小可以

看出，对于弱酸的滴定，如果 $c_{HA}K_a \geqslant 10^{-8}$ 且指示剂能准确检测出化学计量点附近 ± 0.2 pH 的变化，则滴定误差约为 0.1%。因此，通常以 $c_{HA}K_a \geqslant 10^{-8}$ 作为判断弱酸能否准确滴定的条件。

4.6.3 强酸滴定一元弱碱

具有弱碱性的物质种类甚多，如氨水、甲胺、乙胺、二乙胺和乙醇胺等。它们都可被强酸滴定。强酸滴定一元弱碱与强碱滴定一元弱酸的情况类似。以 $0.1000\,mol \cdot L^{-1}$ HCl 滴定 $0.1000\,mol \cdot L^{-1}$ NH_3 为例，其滴定反应为：

$$NH_3 + H^+ \rightleftharpoons NH_4^+$$

$$K_t = \frac{[NH_4^+]}{[NH_3][H^+]} = \frac{K_b}{K_w} = \frac{1.8 \times 10^{-5}}{1.0 \times 10^{-14}} = 10^{9.25}$$

滴定过程中溶液 pH 值的变化和滴定曲线如表 4-10 和图 4-11 所示。

表 4-10 用 $0.1000\,mol \cdot L^{-1}$ HCl 滴定 20.00 mL $0.1000\,mol \cdot L^{-1}$ NH_3 时溶液 pH 值的变化

滴入 NaOH 的体积/mL	滴定分数 a	溶液 pH 值	
0.00	0.000	11.13	
18.00	0.900	8.30	
19.80	0.990	7.25	
19.96	0.998	6.55	
19.98	0.999	6.25	滴定突跃
20.00	1.000	5.28	
20.02	1.001	4.30	
20.20	1.010	3.30	
22.00	1.100	2.30	
40.00	2.000	1.30	

从表 4-10 和图 4-11 可知，HCl 滴定 NH_3 的化学计量点的 pH 值为 5.28，滴定突跃的 pH 值范围为 6.25~4.30，应选择甲基红、溴甲酚绿和溴酚蓝等作指示剂。

与弱酸的滴定一样，弱碱的强度（K_b）和浓度（c）都会影响滴定突跃范围。为便于对比，强碱滴定弱酸和强酸滴定弱碱中，弱酸的 K_a 和弱碱的 K_b 对滴定突跃的影响如图 4-12 所示。

同样，以指示剂检测终点，只有当 $c_h K_b \geqslant 10^{-8}$ 时，才能进行准确滴定。

4.6.4 水溶液中极弱酸碱的滴定

某些极弱的酸或碱，由于其 $cK_a < 10^{-8}$ 或 $cK_b < 10^{-8}$，虽无法直接准确滴定，但可以通过下述方法进行滴定。

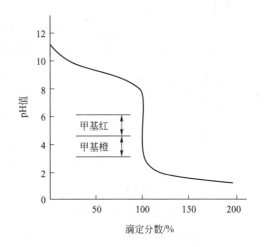

图 4-11 $0.1000\,mol \cdot L^{-1}$ HCl 滴定 20.00 mL $0.1000\,mol \cdot L^{-1}$ NH_3 的滴定曲线

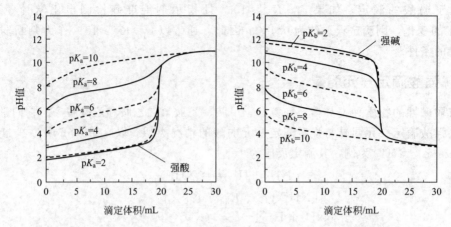

图 4-12　弱酸的 K_a(a) 和弱碱的 K_b(b) 对滴定突跃的影响

（1）通过某些化学反应使极弱酸强化

H_3BO_3 的 $pK_a=9.24$，不能用 NaOH 直接滴定。但通过 H_3BO_3 能与某些多元醇配合使其强化，便可用 NaOH 滴定。例如 H_3BO_3 与甘露醇形成配位酸的反应为：

$$2\begin{array}{c}H\\R-C-OH\\R-C-OH\\H\end{array} + H_3BO_3 \rightleftharpoons \left[\begin{array}{c}H\quad\quad H\\R-C-O\quad O-C-R\\\quad\quad B\\R-C-O\quad O-C-R\\H\quad\quad H\end{array}\right]^- H^+ + 3H_2O$$

生成的甘露醇酸的解离常数为 5.5×10^{-5}，可以酚酞作指示剂用 NaOH 直接滴定。图 4-13 为强化前后滴定 H_3BO_3 的滴定曲线。

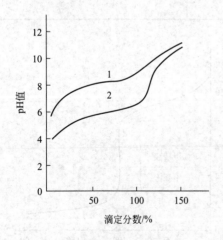

图 4-13　H_3BO_3 的滴定曲线
1—强化前；2—强化后

H_3PO_4 的 $K_{a_3}=4.4\times10^{-13}$，通常只能按二元酸滴定。但如果在 HPO_4^{2-} 溶液中加入过量的钙盐，由于生成 $Ca_3(PO_4)_2$ 沉淀，定量置换出的 H^+ 可以用酚酞作指示剂用 NaOH 直接滴定，反应如下：

$$2HPO_4^{2-} + 3Ca^{2+} \rightleftharpoons Ca_3(PO_4)_2\downarrow + 2H^+$$

（2）使弱酸（碱）变成共轭碱（酸）后再滴定

利用离子交换剂与溶液中离子的交换作用，一些极弱酸（如 NH_4Cl）、极弱碱（NaF）及中性盐（KNO_3）也可以用酸碱法测定。例如 NaF 溶液流经强酸型阳离子交换柱，磺酸基上的 H^+ 与溶液中 Na^+ 进行交换反应：

$$R-SO_3^-H^+ + NaF \Longrightarrow R-SO_3^-Na^+ + HF$$

定量置换出的 HF，可用 NaOH 直接滴定。

KNO_3 溶液流经季铵型阴离子交换柱发生如下反应：

$$R-NR_3'-OH + KNO_3 \Longrightarrow R-NR_3'-NO_3 + KOH$$

定量置换出的 KOH，可用标准 HCl 溶液滴定。

4.6.5 多元酸(或碱)和混合酸的滴定

(1) 多元酸的滴定

多元酸(碱)在溶液中是分步解离的,用强碱(酸)滴定多元酸(碱)的情况比较复杂。因此,多元酸滴定中需要解决的问题是 H^+ 能否分步滴定、哪一级 H^+ 可被准确滴定、应选用何种指示剂和滴定误差的大小。

① 分步滴定和准确滴定的条件 以 NaOH 滴定 H_2A 为例说明。H_2A 在水溶液中分两级解离:

$$H_2A \rightleftharpoons H^+ + HA^- \quad K_{a_1} = \frac{[H^+][HA^-]}{[H_2A]}$$

$$HA^- \rightleftharpoons H^+ + A^{2-} \quad K_{a_2} = \frac{[H^+][A^{2-}]}{[HA^-]}$$

随着 NaOH 的加入,上两个反应同时进行,但进行的程度不一样。若 $K_{a_1} \gg K_{a_2}$,则表明第一步解离的程度很大,也就是当 H_2A 全部定量地滴定为 HA^- 时,有很小一部分 HA^- 被滴定为 A^{2-},其可忽略不计,此时在滴定曲线第一个化学计量点有一个突跃。反之,当 K_{a_1}、K_{a_2} 相差不大时,则 H_2A 尚未滴定为 HA^- 时,就被进一步滴定到 A^{2-},这样在第一化学计量点附近就没有明显的突跃,无法确定终点。

一般而言,若多元酸两个相邻的 K_a 值之比 $K_{a_n}/K_{a_{n+1}} \geq 10^5$,可以形成两个独立的滴定突跃,两个 H^+ 可以被分步滴定。

多元酸可被准确滴定到哪一级 H^+,就需要满足 $cK_{a_i} \geq 10^{-8}$ 条件,若满足则该级 H^+ 可被准确滴定。

总结以上条件,得到如下几种情况:

a. 若 $K_{a_1}/K_{a_2} \geq 10^5$,$c_{sp}K_{a_2} > 10^{-8}$,能分步滴定,且能滴定到第二步;
b. 若 $K_{a_1}/K_{a_2} \geq 10^5$,$c_{sp}K_{a_2} < 10^{-8}$,能分步滴定,但第二步不能滴定;
c. 若 $K_{a_1}/K_{a_2} \leq 10^5$,$c_{sp}K_{a_2} > 10^{-8}$,不能分步滴定,只能一次将 H_2A 滴定为 A^{2-};
d. 若 $K_{a_1}/K_{a_2} \leq 10^5$,$c_{sp}K_{a_2} < 10^{-8}$,该二元酸不能被直接滴定。

三元以上酸可按此条件考虑。

② 多元酸滴定曲线及指示剂选择 多元酸滴定曲线的准确计算涉及比较麻烦的数学处理。在实际工作中,通常仅计算化学计量点的 pH 值,为选择指示剂提供依据。一般允许指示剂的变色点在化学计量点前后 0.3pH 单位的变化,此时终点误差为 0.5%。现举两例说明。

【例 4-25】 讨论用 0.1mol·L^{-1} NaOH 滴定 0.1mol·L^{-1} $H_2C_2O_4$ 的情况。已知 $pK_{a_1} = 1.22$,$pK_{a_2} = 4.19$。

解 $K_{a_1}/K_{a_2} \leq 10^5$,$c_{sp}K_{a_2} \geq 10^{-8}$,不能分步滴定,只能一次性将 $H_2C_2O_4$ 滴定到 $C_2O_4^{2-}$。

$$pK_{b_1} = 14.00 - pK_{a_2} = 14.00 - 4.19 = 9.81$$

化学计量点时:

$$c = \frac{1}{3} \times 0.1 = 0.033 (\text{mol} \cdot \text{L}^{-1})$$

$$[OH^-] = \sqrt{K_{b_1} c} = \sqrt{1.0 \times 10^{-9.81} \times 0.1} = 10^{-5.65} (\text{mol} \cdot \text{L}^{-1})$$

$$pOH = 5.65, \quad pH = 8.35$$

$0.1\text{mol} \cdot \text{L}^{-1}$ NaOH 滴定 $0.1\text{mol} \cdot \text{L}^{-1}$ $H_2C_2O_4$ 的滴定曲线如图 4-14 所示。

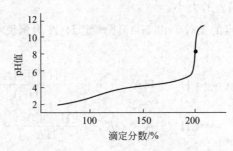

图 4-14 $0.1\text{mol} \cdot \text{L}^{-1}$ NaOH 滴定 $0.1\text{mol} \cdot \text{L}^{-1}$
$H_2C_2O_4$ 的滴定曲线

可选用 PP 作指示剂。

【例 4-26】 讨论用 $0.10\text{mol} \cdot \text{L}^{-1}$ NaOH 滴定 $0.10\text{mol} \cdot \text{L}^{-1}$ H_3PO_4 时的情况。

解 查表得 H_3PO_4 的 $K_{a_1} = 7.6 \times 10^{-3}$、$K_{a_2} = 6.3 \times 10^{-8}$、$K_{a_3} = 4.4 \times 10^{-13}$，$K_{a_1}/K_{a_2} = 10^{5.1} \geqslant 10^5$、$K_{a_2}/K_{a_3} = 10^{5.2} \geqslant 10^5$，又 $cK_{a_1} > 10^{-8}$、$cK_{a_2} > 10^{-8}$、$cK_{a_3} < 10^{-8}$，所以 H_3PO_4 的第一级解离和第二级解离的 H^+ 均可分步准确滴定，而第三级解离的 H^+ 不能准确滴定，滴定曲线如图 4-15 所示。

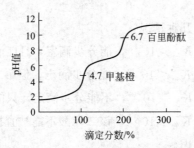

图 4-15 $0.10\text{mol} \cdot \text{L}^{-1}$ NaOH 滴定 $0.10\text{mol} \cdot \text{L}^{-1}$
H_3PO_4 的滴定曲线

第一化学计量点：产物为两性物质 NaH_2PO_4，浓度为 $0.050\text{mol} \cdot \text{L}^{-1}$，由于 $K_{a_2}c > 20K_w$，$c < 20K_{a_1}$，故：

$$[H^+] = \sqrt{\frac{K_{a_1} K_{a_2} c}{K_{a_1} + c}} = \sqrt{\frac{7.5 \times 10^{-3} \times 6.3 \times 10^{-8} \times 0.050}{7.5 \times 10^{-3} + 0.050}}$$

$$= 2.0 \times 10^{-5} (\text{mol} \cdot \text{L}^{-1})$$

$$pH = 4.70$$

可选用甲基橙、溴酚蓝或溴甲酚绿作指示剂。若用甲基橙为指示剂，滴至 $pH \approx 4.40$，终点由红变黄，滴定误差约为 -0.5%。若用溴酚蓝，滴至 $pH \approx 4.6$，终点由黄变紫，滴定误差约为-0.35%。

第二化学计量点：产物为两性物质HPO_4^{2-}，浓度为$0.033 mol \cdot L^{-1}$，$K_{a_3}c=4.4\times 10^{-13}\times 0.033 \approx K_w$，$c > 20K_{a_2}$，故：

$$[H^+]=\sqrt{\frac{K_{a_2}(K_{a_3}c+K_w)}{c}}=\sqrt{\frac{6.3\times 10^{-8}\times(4.4\times 10^{-13}\times 0.033+1.0\times 10^{-14})}{0.033}}$$
$$=2.2\times 10^{-10}(mol \cdot L^{-1})$$
$$pH=9.66$$

应选用百里酚酞（变色点$pH\approx 10$）作指示剂，终点颜色由无色变为浅蓝，误差约为$+0.3\%$。

由于K_{a_3}太小，$K_{a_3}c<10^{-8}$，第三个H^+不能直接准确滴定，如前所述，可用弱酸强化的办法滴定。

(2) 混合酸的滴定

混合酸的滴定与多元酸的滴定相类似。设有两种一元弱酸HA和HB，浓度和解离常数分别为c_{HA}、K_{HA}和c_{HB}、K_{HB}。

① 若$c_{HA}K_{HA}/c_{HB}K_{HB}\geq 10^5$，且$c_{HA}K_{HA}\geq 10^{-8}$、$c_{HB}K_{HB}\geq 10^{-8}$，滴定过程中能形成两个独立的突跃，HA和HB可被分别滴定。

② 若$c_{HA}K_{HA}/c_{HB}K_{HB}\leq 10^5$，但$c_{HA}K_{HA}\geq 10^{-8}$、$c_{HB}K_{HB}\geq 10^{-8}$，HA和HB不能被分别滴定，只能滴定总量。

③ 若$c_{HA}K_{HA}/c_{HB}K_{HB}\geq 10^5$、$c_{HA}K_{HA}\geq 10^{-8}$，但$c_{HB}K_{HB}\leq 10^{-8}$，滴定过程中只能形成第一个突跃，只能准确滴定HA。

根据化学计量点时溶液的组成，计算滴定HA化学计量点时的$[H^+]$的最简式为：

$$[H^+]=\sqrt{\frac{c_{HB}K_{HA}K_{HB}}{c_{HA}}} \tag{4-46}$$

若$c_{HA}=c_{HB}$，上式可简化为：

$$[H^+]=\sqrt{K_{HA}K_{HB}} \tag{4-47}$$

4.6.6 多元碱的滴定

无机多元碱通常指多元酸与强碱作用生成的盐，如$Na_2B_4O_7$、Na_2CO_3等。例如，硼砂（$Na_2B_4O_7 \cdot 10H_2O$）可以看作是由H_3BO_3和$Na_2H_2BO_3$按$1:1$组成。在硼砂水溶液中，四硼酸离子解聚为H_3BO_3和$H_2BO_3^-$，如下：

$$B_4O_7^{2-}+5H_2O \rightleftharpoons 2H_3BO_3+2H_2BO_3^-$$

H_3BO_3的$K_a=5.8\times 10^{-10}$，是非常弱的酸，其共轭碱$H_2BO_3^-$是较强的碱：

$$K_b=\frac{K_w}{K_a}=\frac{1.0\times 10^{-14}}{5.8\times 10^{-10}}=1.75\times 10^{-5}$$

如果硼砂的浓度不是很稀，则$cK_b>10^{-8}$，可用强酸进行直接滴定。滴定的基本反应为：

$$H_2BO_3^-+H^+ \rightleftharpoons H_3BO_3$$

或：

$$B_4O_7^{2-} + 2H^+ + 5H_2O \rightleftharpoons 4H_3BO_3$$

化学计量点的 pH 值由 H_3BO_3 的浓度决定。当用 $0.1000\text{mol}\cdot L^{-1}$ HCl 滴定 $0.05000\text{mol}\cdot L^{-1}$ $Na_2B_4O_7$，滴定开始前，溶液中生成 $0.1000\text{mol}\cdot L^{-1}$ 的 H_3BO_3 和 $0.1000\text{mol}\cdot L^{-1}$ $H_2BO_3^-$，滴定至化学量点时溶液中 $H_2BO_3^-$ 全部转化为 H_3BO_3，此时 H_3BO_3 的浓度为 $0.1000\text{mol}\cdot L^{-1}$。由于 $K_a c > 20 K_w$，$c/K_a > 400$，故：

$$[H^+] = \sqrt{K_a c} = \sqrt{5.8 \times 10^{-10} \times 0.1000} = 7.6 \times 10^{-6}(\text{mol}\cdot L^{-1})$$

$$pH = 5.12$$

甲基红变色点的 pH≈5.1，选作指示剂十分合适。

Na_2CO_3 是二元碱，在水中解离平衡如下：

$$CO_3^{2-} + H_2O \rightleftharpoons HCO_3^- + OH^- \quad K_{b_1} = 10^{-3.75}$$

$$HCO_3^- + H_2O \rightleftharpoons H_2CO_3 + OH^- \quad K_{b_2} = 10^{-7.63}$$

用 HCl 滴定时，对于二元碱 Na_2CO_3，用 $0.1000\text{mol}\cdot L^{-1}$ HCl 滴定 $0.1000\text{mol}\cdot L^{-1}$ Na_2CO_3 时，由于 $\dfrac{K_{b_1}}{K_{b_2}} = 10^{3.88} < 10^5$，滴定到第一化学计量点的准确度不高，但如果将误差放宽为 $0.5\% \sim 1\%$，则认为可分步滴定。第一化学计量点的 pH 值为：

$$pOH = \frac{1}{2}(pK_{b_1} + pK_{b_2}) = \frac{1}{2} \times (3.75 + 7.63) = 5.69$$

$$pH = 14.00 - 5.69 = 8.31$$

选用酚酞作指示剂，但颜色变化不明显，终点误差约为 1%。由于 $K_{b_2} = 10^{-7.63}$，HCl 滴定到第二化学计量点的准确度也不高。第二化学计量点为 H_2CO_3（CO_2 的饱和溶液），其浓度约为 $0.04\text{mol}\cdot L^{-1}$。由前所述，$H_2CO_3$ 可按一元弱酸处理，溶液的 pH 值为：

$$[H^+] = \sqrt{K_{a_1} c} = \sqrt{4.2 \times 10^{-7} \times 0.04} = 1.3 \times 10^{-4}$$

$$pH = 3.89$$

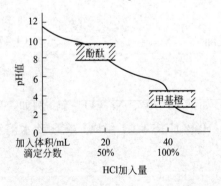

图 4-16 HCl 滴定 Na_2CO_3 的滴定曲线

应选用甲基橙作指示剂。但是，由于此时很容易形成 CO_2 的过饱和溶液，滴定过程中生成的 H_2CO_3 只能缓慢地转变为 CO_2，导致溶液的酸度稍稍增大，使终点提前出现。因此，在滴定终点附近应剧烈摇动溶液。用 HCl 滴定 Na_2CO_3 的滴定曲线如图 4-16 所示。

酸碱滴定反应一般是在水溶液中进行的，以水作溶剂，比较安全、价廉，许多物质特别是无机物易溶于水，但是水溶液中的酸碱滴定法仍然有一定局限性，例如：

① 许多弱酸或弱碱，当 cK_a 或 cK_b 小于 10^{-8} 时，就不能准确滴定；

② 许多有机化合物在水中的溶解度很小，导致滴定无法进行；

③ 强酸或强碱在水溶液中无法进行分别滴定；

④ pK_{a_1}、pK_{a_2} 相近的多元酸或 pK_{HA}、pK_{HB} 相近的混合酸不能分步或分别滴定。

如果采用非水溶剂作为滴定介质，常常可以克服这些困难，因为在非水介质中不仅可以改变物质的酸碱性质，还可以增大有机化合物的溶解度，从而扩大酸碱滴定的应用范围。关于非水滴定内容，参阅有关书籍。

4.7 终点误差

在滴定分析中，由于滴定终点（ep）与化学计量点（sp）不一致所产生的误差，称为终点误差或滴定误差（titration error，E_t），它不包括滴定操作本身所引起的误差。

4.7.1 强碱（酸）滴定强酸（碱）终点误差的计算

（1）强碱滴定强酸

以浓度为c的NaOH滴定同浓度（浓度为c_0、体积为V_0）的HCl为例。设滴定到终点时消耗NaOH的体积为V。

① 若滴定终点和化学计量点重合，$cV=c_0V_0$，无误差；
② 若滴定终点在化学计量点之前，$cV<c_0V_0$，负误差；
③ 若滴定终点在化学计量点之后，$cV>c_0V_0$，正误差。

依误差定义：

$$E_t = \frac{\text{过量或不足量 NaOH 的物质的量}}{\text{化学计量点时应加入的 NaOH 的物质的量}} \times 100\% \tag{4-48}$$

若终点在化学计量点之后，此时NaOH滴加多了，设其过量c_b，溶液的PBE为：

$$c_b + [H^+]_{ep} = [OH^-]_{ep}$$

移项得：

$$c_b = [OH^-]_{ep} - [H^+]_{ep} \tag{4-49}$$

即过量NaOH的浓度c_b应为$[OH^-]_{ep}$减去水解离所产生的$[OH^-]$，而水解离产生的$[OH^-]$与$[H^+]_{ep}$是相等的。将式(4-49)代入式(4-48)：

$$E_t = \frac{\text{过量或不足量 NaOH 的物质的量}}{\text{化学计量点时应加入的 NaOH 的物质的量}} \times 100\%$$

$$= \frac{\text{过量或不足量 NaOH 的物质的量}}{\text{HCl 的物质的量}} \times 100\% \,(c=c_0\text{ 且 HCl 与 NaOH 反应化学计量关系为 }1:1)$$

$$= \frac{([OH^-]_{ep} - [H^+]_{ep})V_{ep}}{c_{HCl}^{sp} V_{sp}} \times 100\%$$

$$= \frac{[OH^-]_{ep} - [H^+]_{ep}}{c_{HCl}^{sp}} \times 100\% \,(\text{一般终点和化学计量点不远,} V_{ep} \approx V_{sp}) \tag{4-50}$$

知道了溶液的pH值，可由式(4-50)直接计算误差。

误差也可由林邦公式计算，推导如下：

如果化学计量点和终点的酸度用pH值表示，酸碱指示剂的变色点和变色范围也用pH值表示。终点的pH_{ep}与化学计量点的pH_{sp}之差用ΔpH表示，即：

$$\Delta pH = pH_{ep} - pH_{sp}$$

则：

$$\Delta pH = -\lg[H^+]_{ep} + \lg[H^+]_{sp} = \lg\frac{[H^+]_{sp}}{[H^+]_{ep}}$$

由上式得：

$$[H^+]_{ep} = \frac{[H^+]_{sp}}{10^{\Delta pH}} = \sqrt{K_w} \times 10^{-\Delta pH}$$

又由：

$$[OH^-]_{ep} = \frac{K_w}{\sqrt{K_w} \times 10^{-\Delta pH}}$$

代入式(4-48)得

$$E_t = \frac{\dfrac{K_w}{\sqrt{K_w} \times 10^{-\Delta pH}} - \sqrt{K_w} \times 10^{-\Delta pH}}{c_{HCl}^{sp}} \times 100\%$$

$$= \frac{\sqrt{K_w}(10^{\Delta pH} - 10^{-\Delta pH})}{c_{HCl}^{sp}} \times 100\%$$

$$= \frac{\sqrt{\dfrac{1}{K_t}}(10^{\Delta pH} - 10^{-\Delta pH})}{c_{HCl}^{sp}} \times 100\%$$

$$= \frac{10^{\Delta pH} - 10^{-\Delta pH}}{\sqrt{K_t}\, c_{HCl}^{sp}} \times 100\%$$

若终点在化学计量点之前，可证明上式仍成立，一般则有：

$$E_t = \frac{10^{\Delta pH} - 10^{-\Delta pH}}{\sqrt{K_t}\, c_{强酸}^{sp}} \times 100\% \tag{4-51}$$

需指出的是，式(4-51)为以林邦公式形式表示的计算强碱滴定强酸终点误差的公式，且 $E_t > 0$，为正误差，$E_t < 0$，为负误差。

【例 4-27】 计算用 $0.1000\,mol \cdot L^{-1}$ NaOH 滴定 $0.1000\,mol \cdot L^{-1}$ HCl 至酚酞变微红 (pH=9.00) 的终点误差。

解 (1) 依据误差定义求解：

$$pH_{ep} = 9.00, \quad pOH_{ep} = 5.00$$

由式(4-50)得：

$$E_t = \frac{[OH^-]_{ep} - [H^+]_{ep}}{c_{HCl}^{sp}} \times 100\% = \frac{10^{-5.00} - 10^{-9.00}}{0.05000} \times 100\% = 0.02\%$$

(2) 依据林邦公式求解：

$$pH_{ep} = 9.00, \quad pH_{sp} = 7.00$$
$$\Delta pH = pH_{ep} - pH_{sp} = 9.00 - 7.00 = 2.00$$

由式(4-51)得：

$$E_t = \frac{10^{\Delta pH} - 10^{-\Delta pH}}{\sqrt{K_t}\, c_{强酸}^{sp}} \times 100\% = \frac{10^{2.00} - 10^{-2.00}}{\sqrt{10^{14}} \times 0.05000} \times 100\% = 0.02\%$$

(2) 强酸滴定强碱

强酸滴定强碱的误差公式可依据上述方法推导，得到：

$$E_t = \frac{[H^+]_{ep} - [OH^-]_{ep}}{c_{NaOH}^{sp}} \times 100\% \tag{4-52}$$

同样，林邦公式形式为：

$$E_t = \frac{10^{-\Delta pH} - 10^{\Delta pH}}{\sqrt{K_t}\, c_{强碱}^{sp}} \times 100\% \tag{4-53}$$

【例 4-28】 计算用 $0.1000\text{mol}\cdot\text{L}^{-1}$ HCl 滴定 $0.1000\text{mol}\cdot\text{L}^{-1}$ NaOH 至甲基橙变黄 (pH=4.40) 的终点误差。

解 (1) 依据误差定义求解：

$$\text{pH}_{ep}=4.40, \quad \text{pOH}_{ep}=9.60$$

由式(4-52)得：

$$E_t=\frac{[\text{H}^+]_{ep}-[\text{OH}^-]_{ep}}{c_{\text{NaOH}}^{sp}}\times 100\%=\frac{10^{-4.40}-10^{-9.60}}{0.05000}\times 100\%=0.08\%$$

(2) 依据林邦公式求解：

$$\text{pH}_{ep}=4.40, \quad \text{pH}_{sp}=7.00$$
$$\Delta\text{pH}=\text{pH}_{ep}-\text{pH}_{sp}=4.40-7.00=-2.60$$

由式(4-53)得：

$$E_t=\frac{10^{-\Delta\text{pH}}-10^{\Delta\text{pH}}}{\sqrt{K_t}\,c_{\text{NaOH}}^{sp}}\times 100\%=\frac{10^{2.60}-10^{-2.60}}{\sqrt{10^{14}}\times 0.05000}\times 100\%=0.08\%$$

4.7.2 强碱（酸）滴定一元弱酸（碱）终点误差的计算

(1) 强碱滴定一元弱酸

以 NaOH 滴定一元弱酸 HA 为例，若终点在化学计量点之后，此时溶液由弱碱 A^- 和强碱 NaOH 组成，设其过量 c_b，则 PBE 为：

$$c_b+[\text{H}^+]_{ep}+[\text{HA}]_{ep}=[\text{OH}^-]_{ep}$$

由上式得：

$$c_b=[\text{OH}^-]_{ep}-[\text{H}^+]_{ep}-[\text{HA}]_{ep}$$

考虑到计算终点误差时对精确度要求不高，且滴定弱酸时的终点多呈碱性，$[\text{H}^+]_{ep}$ 可忽略，故：

$$E_t=\frac{[\text{OH}^-]_{ep}-[\text{HA}]_{ep}}{c_{\text{HA}}^{sp}}\times 100\%=\frac{\dfrac{K_w}{[\text{H}^+]_{ep}}-\dfrac{[\text{H}^+]_{ep}[\text{A}^-]_{ep}}{K_a}}{c_{\text{HA}}^{sp}}\times 100\% \quad (4\text{-}54)$$

知道了溶液的 pH 值和用分布分数计算出 $[\text{HA}]_{ep}$，可由式(4-54)直接计算误差。

令 $\Delta\text{pH}=\text{pH}_{ep}-\text{pH}_{sp}$，则：$[\text{H}^+]_{ep}=[\text{H}^+]_{sp}\times 10^{-\Delta\text{pH}}$

又由 $[\text{OH}^-]_{sp}=\sqrt{K_b c_{\text{A}^-}^{sp}}$，$\dfrac{K_w}{[\text{H}^+]_{sp}}=\sqrt{K_b c_{\text{A}^-}^{sp}}$ 可得：

$$[\text{H}^+]_{sp}=\frac{K_w}{\sqrt{K_b c_{\text{A}^-}^{sp}}}=\sqrt{\frac{K_w^2}{K_b c_{\text{A}^-}^{sp}}}=\sqrt{\frac{K_a K_w}{c_{\text{HA}}^{sp}}}$$

即：

$$[\text{H}^+]_{sp}=\sqrt{\frac{K_a K_w}{c_{\text{HA}}^{sp}}}$$

将上式代入 $[\text{H}^+]_{ep}=[\text{H}^+]_{sp}\times 10^{-\Delta\text{pH}}$ 可得：

$$[\text{H}^+]_{ep}=\sqrt{\frac{K_a K_w}{c_{\text{HA}}^{sp}}}\times 10^{-\Delta\text{pH}}$$

将 $[\text{A}^-]_{ep}\approx c_{\text{HA}}^{sp}$ 和上式代入式(4-54)得：

$$E_t = \frac{\dfrac{K_w}{\sqrt{\dfrac{K_a K_w}{c_{HA}^{sp}}} \times 10^{-\Delta pH}} - \dfrac{\sqrt{\dfrac{K_a K_w}{c_{HA}^{sp}}} \times 10^{-\Delta pH} c_{HA}^{sp}}{K_w}}{c_{HA}^{sp}} \times 100\%$$

$$= \frac{\sqrt{\dfrac{K_w c_{HA}^{sp}}{K_a}}(10^{\Delta pH} - 10^{-\Delta pH})}{c_{HA}^{sp}} \times 100\%$$

将 $K_t = \dfrac{K_a}{K_w}$ 代入上式整理得：

$$E_t = \frac{10^{\Delta pH} - 10^{-\Delta pH}}{\sqrt{K_t c_{HA}^{sp}}} \times 100\% \tag{4-55}$$

若终点在计量点之前，可证明上式仍成立。

式(4-55)为以林邦公式形式表示的计算强碱滴定一元弱酸终点误差的公式，$E_t > 0$，为正误差，$E_t < 0$，为负误差。

【例 4-29】 计算用 $0.1000\,\text{mol} \cdot \text{L}^{-1}$ NaOH 滴定 $0.1000\,\text{mol} \cdot \text{L}^{-1}$ HAc 至 pH 值为 9.00 时的终点误差。

解 （1）依据误差定义求解：

$$pH_{ep} = 9.00, \quad pOH_{ep} = 5.00$$

由式(4-52)得：

$$E_t = \frac{[OH^-]_{ep} - [HA]_{ep}}{c_{HAc}^{sp}} \times 100\%$$

$$= \left(\frac{[OH^-]_{ep}}{c_{HAc}^{sp}} - \frac{[HA]_{ep}}{c_{HAc}^{sp}}\right) \times 100\%$$

$$= \left(\frac{[OH^-]_{ep}}{c_{HAc}^{sp}} - \delta_{HAc}^{ep}\right) \times 100\%$$

$$= \left(\frac{10^{-5.00}}{0.05000} - \frac{10^{-9.00}}{10^{-9.00} + 1.8 \times 10^{-5}}\right) \times 100\%$$

$$= 0.02\%$$

（2）依据林邦公式求解：

$$pH_{ep} = 9.00$$

$$[OH^-]_{sp} = \sqrt{\frac{10^{-14}}{1.8 \times 10^{-5}} \times 0.05000} = 5.27 \times 10^{-6}\,(\text{mol} \cdot \text{L}^{-1})$$

$$pOH_{sp} = 5.28, \quad pH_{sp} = 8.72$$

$$\Delta pH = pH_{ep} - pH_{sp} = 9.00 - 8.72 = 0.28$$

$$K_t = \frac{K_a}{K_w} = \frac{1.8 \times 10^{-5}}{10^{-14}} = 1.8 \times 10^9$$

由式(4-55)得：

$$E_t = \frac{10^{0.28} - 10^{-0.28}}{\sqrt{1.8 \times 10^9 \times 0.05000}} \times 100\% \approx 0.02\%$$

【例 4-30】 设用指示剂指示终点时的 $\Delta pH=0.30$，若要求 $E_t=2\times10^{-3}$，试推导用强碱标准溶液准确滴定等浓度弱酸 HA 的条件。

由式(4-55)可得：

$$\sqrt{K_t c_{HA}^{sp}}=\frac{10^{\Delta pH}-10^{-\Delta pH}}{E_t}$$

即：

$$\sqrt{\frac{K_a}{K_w}c_{HA}^{sp}}=\frac{10^{\Delta pH}-10^{-\Delta pH}}{E_t}$$

故：

$$c_{HA}K_a=\left(\frac{10^{\Delta pH}-10^{-\Delta pH}}{E_t}\right)^2\times 2K_w$$

$$=\left(\frac{10^{\Delta pH}-10^{-\Delta pH}}{E_t}\right)^2\times 2\times 10^{-14}$$

$$=1.1\times 10^{-8}$$

由此例可知，若指示剂能指示化学计量点附近±0.3pH 且要求滴定误差为±0.2％，弱酸能被准确滴定的条件为 $c_{HA}K_a\geqslant 10^{-8}$，很好地印证了滴定条件。显然，当 ΔpH 和 E_t 改变时，准确滴定的条件也随着改变。

（2）强酸滴定一元弱碱

可依据上述思路推导强酸滴定一元弱碱的误差公式，得到：

$$E_t=\frac{[H^+]_{ep}-[A^-]_{ep}}{c_{A^-}^{sp}}\times 100\%$$

$$=\frac{[H^+]_{ep}-\dfrac{[HA]_{ep}[OH^-]_{ep}}{K_b}}{c_{A^-}^{sp}}\times 100\% \tag{4-56}$$

同样，林邦公式形式为：

$$E_t=\frac{10^{-\Delta pH}-10^{\Delta pH}}{\sqrt{K_t c_{A^-}^{sp}}}\times 100\% \tag{4-57}$$

若终点在化学计量点之前可证明上式仍成立。$E_t>0$，为正误差，$E_t<0$，为负误差。

【例 4-31】 计算用 $0.1000\text{mol}\cdot L^{-1}$ HCl 滴定 $0.1000\text{mol}\cdot L^{-1}$ NH_3 至甲基橙变黄（pH=4.40）时的终点误差。

解 （1）依据误差定义求解：

$$pH_{ep}=4.40,\quad pOH_{ep}=9.60$$

由式(4-56)得：

$$E_t=\frac{[H^+]_{ep}-[NH_3]_{ep}}{c_{NH_3}^{sp}}\times 100\%=\left(\frac{[H^+]_{ep}}{c_{NH_3}^{sp}}-\frac{[NH_3]_{ep}}{c_{NH_3}^{sp}}\right)\times 100\%$$

$$=\left(\frac{[H^+]_{ep}}{c_{NH_3}^{sp}}-\delta_{NH_3}^{ep}\right)\times 100\%=\left(\frac{10^{-4.40}}{0.05000}-\frac{10^{-9.60}}{10^{-9.60}+1.8\times 10^{-5}}\right)\times 100\%$$

$$=0.08\%$$

（2）依据林邦公式求解：

$$pH_{ep}=4.40$$

$$[H^+]_{sp}=\sqrt{K_a c_{NH_4^+}^{sp}}=\sqrt{\frac{K_w}{K_b}c_{NH_4^+}^{sp}}=\sqrt{\frac{10^{-14}}{1.8\times 10^{-5}}\times 0.05000}=5.27\times 10^{-6}(mol\cdot L^{-1})$$

$pH_{sp}=5.28$

$\Delta pH=pH_{ep}-pH_{sp}=4.40-5.28=-0.88$

$$K_t=\frac{K_b}{K_w}=\frac{1.8\times 10^{-5}}{10^{-14}}=1.8\times 10^9$$

由式(4-57)得：

$$E_t=\frac{10^{-(-0.88)}-10^{-0.88}}{\sqrt{1.8\times 10^9 \times 0.05000}}\times 100\% \approx 0.08\%$$

4.7.3 其他滴定体系的误差计算公式

由上面强酸（碱）滴定强碱（酸）、强酸（碱）滴定弱碱（酸）误差公式推导可见，误差公式计算过程如下：

① 根据实际情况写出终点时溶液的 PBE，据此求出过量或不足滴定剂的表达式；

② 写出误差表达式；

③ 合理近似，导出用 ΔpH、c、K_t、K_a、K_b 等表达的误差公式。

一般误差公式可以由定义或依据林邦公式求得。这些误差公式不仅具有形式简洁、易记易用特点，而且指出了产生终点误差的主要因素，从而为减小终点误差提供了理论指导。现据此讨论复杂体系的误差计算公式。

4.7.3.1 多元酸分步滴定终点误差的计算

以 NaOH 滴定三元弱酸 H_3A 为例，第一化学计量点产物为 H_2A^-，溶液的 PBE 为：

$$[H^+]+[H_3A]=[OH^-]+[HA^{2-}]+2[A^{3-}]$$

若终点在化学计量点之后，此时溶液的 PBE 为：

$$c_{过量NaOH}+[H^+]_{ep_1}+[H_3A]_{ep_1}=[OH^-]_{ep_1}+[HA^{2-}]_{ep_1}+2[A^{3-}]_{ep_1}$$

由上式得：

$$c_{过量NaOH}=[OH^-]_{ep_1}+[HA^{2-}]_{ep_1}+2[A^{3-}]_{ep_1}-[H^+]_{ep_1}-[H_3A]_{ep_1}$$

$$\approx [HA^{2-}]_{ep_1}-[H_3A]_{ep_1}$$

所以：

$$E_t=\frac{[HA^{2-}]_{ep_1}-[H_3A]_{ep_1}}{c_{H_3A}^{ep_1}}\times 100\%$$

$$=\frac{\dfrac{K_{a_2}[H_2A^-]_{ep_1}}{[H^+]_{ep_1}}-\dfrac{[H^+]_{ep_1}[H_2A^-]_{ep_1}}{K_{a_1}}}{c_{H_3A}^{ep_1}}\times 100\% \quad (4-58)$$

将 $[H_2A^-]\approx c_{H_3A}^{ep_1}$ 和 $[H^+]_{ep_1}=[H^+]_{sp_1}\times 10^{-\Delta pH}=\sqrt{K_{a_1}K_{a_2}}\times 10^{-\Delta pH}$ 代入式(4-58)整理得：

$$E_t=\frac{10^{\Delta pH}-10^{-\Delta pH}}{\sqrt{\dfrac{K_{a_1}}{K_{a_2}}}}\times 100\% \quad (4-59)$$

用相似的方法可推导出第二终点的误差公式为：

$$E_t = \frac{10^{\Delta pH} - 10^{-\Delta pH}}{2\sqrt{\dfrac{K_{a_2}}{K_{a_3}}}} \times 100\% \qquad (4-60)$$

若终点在化学计量点之前，可证明上两式仍成立。

式(4-59)、式(4-60)为以林邦公式形式表示的计算多元弱酸分布滴定第一终点和第二终点的误差公式。$E_t > 0$，为正误差；$E_t < 0$，为负误差。需指出的是，多元酸分布滴定的终点误差与溶液浓度无关。

【例 4-32】 用 $0.1000\,\text{mol}\cdot\text{L}^{-1}$ NaOH 滴定 $0.1000\,\text{mol}\cdot\text{L}^{-1}$ H_3PO_4。计算滴定至 (1) pH=4.40 和 (2) pH=10.00 时的终点误差。

解 (1) $pH_{sp_1} = 4.40$，第一化学计量点时产物为 $H_2PO_4^-$，$c_{H_3PO_4}^{sp_1} = 0.05000\,\text{mol}\cdot\text{L}^{-1}$。

$$[H^+]_{sp_1} = \sqrt{\frac{K_{a_1} K_{a_2} c_{H_3PO_4}^{sp_1}}{K_{a_1} + c_{H_3PO_4}^{sp_1}}} = \sqrt{\frac{7.5\times10^{-3} \times 6.3\times10^{-8} \times 0.05000}{7.5\times10^{-3} + 0.05000}}$$

$$= 2.0\times10^{-5}\,(\text{mol}\cdot\text{L}^{-1})$$

$$pH_{sp_1} = 4.70$$

$$\Delta pH = 4.40 - 4.70 = -0.30$$

$$E_t = \frac{10^{\Delta pH} - 10^{-\Delta pH}}{\sqrt{\dfrac{K_{a_1}}{K_{a_2}}}} \times 100\% = \frac{10^{-0.30} - 10^{0.30}}{\sqrt{\dfrac{7.5\times10^{-3}}{6.3\times10^{-8}}}} \times 100\% = -0.43\%$$

(2) $pH_{sp_2} = 10.00$，第二化学计量点时产物为 HPO_4^{2-}，$c_{H_3PO_4}^{sp_2} \approx 0.033\,\text{mol}\cdot\text{L}^{-1}$。

$$[H^+]_{sp_2} = \sqrt{\frac{K_{a_2}(K_{a_3} c_{H_3PO_4}^{sp_2} + K_w)}{K_{a_2} + c_{H_3PO_4}^{sp_2}}}$$

$$= \sqrt{\frac{6.3\times10^{-8} \times (4.4\times10^{-13} \times 0.033 + 1.0\times10^{-14})}{6.3\times10^{-8} + 0.033}}$$

$$= 2.2\times10^{-10}\,(\text{mol}\cdot\text{L}^{-1})$$

$$pH_{sp_2} = 9.66$$

$$\Delta pH = 10.00 - 9.66 = 0.34$$

$$E_t = \frac{10^{\Delta pH} - 10^{-\Delta pH}}{2\sqrt{\dfrac{K_{a_2}}{K_{a_3}}}} \times 100\% = \frac{10^{0.34} - 10^{-0.34}}{2\sqrt{\dfrac{6.3\times10^{-8}}{4.4\times10^{-13}}}} \times 100\% = 0.23\%$$

4.7.3.2 混合酸分别滴定终点误差的计算

(1) 两弱酸混合溶液

以 NaOH 滴定弱酸 HA（解离常数为 K_{HA}、浓度为 c_{HA}）和 HB（解离常数为 K_{HB}、浓度为 c_{HB}）的混合溶液为例，若 $\dfrac{c_{HA} K_{HA}}{c_{HB} K_{HB}} \geqslant 10^5$，滴定至 HA 的化学计量点时，溶液组成是 $A^- + HB$，PBE 为：

$$[HA] + [H^+] \rightleftharpoons [B^-] + [OH^-]$$

若终点在化学计量点之后，此时 NaOH 过量。溶液的 PBE 为：

$$c_{NaOH(过量)} + [HA]_{ep} + [H^+]_{ep} = [B^-]_{ep} + [OH^-]_{ep}$$

由上式得：

$$c_{NaOH(过量)} = [B^-]_{ep} + [OH^-]_{ep} - [HA]_{ep} - [H^+]_{ep}$$

若终点 pH 值不是太高或太低，$[H^+]_{ep}$ 和 $[OH^-]_{ep}$ 可忽略，则：

$$E_t = \frac{[B^-]_{ep} - [HA]_{ep}}{c_{HA}^{sp}} \times 100\%$$

$$[B^-]_{ep} = \frac{K_{HB}[HB]_{ep}}{[H^+]_{ep}} \approx \frac{K_{HB} c_{HB}^{sp}}{[H^+]_{ep}}$$

$$[HA]_{ep} = \frac{[H^+]_{ep}[A^-]_{ep}}{K_{HA}} \approx \frac{[H^+]_{ep} c_{HA}^{sp}}{K_{HA}}$$

将 $[H^+]_{ep} = [H^+]_{sp} \times 10^{-\Delta pH} = \sqrt{\dfrac{K_{HA} K_{HB} c_{HB}^{sp}}{c_{HA}^{sp}}} \times 10^{-\Delta pH}$ 和上两式代入上式 $E_t = \dfrac{[B^-]_{ep} - [HA]_{ep}}{c_{HA}^{sp}} \times 100\%$，整理得：

$$E_t = \frac{10^{\Delta pH} - 10^{-\Delta pH}}{\sqrt{\dfrac{c_{HA} K_{HA}}{c_{HB} K_{HB}}}} \times 100\% \tag{4-61}$$

若终点在化学计量点之前，可证明上式仍成立。

【例 4-33】 用 $0.2000 \text{mol} \cdot \text{L}^{-1}$ NaOH 滴定 $0.2000 \text{mol} \cdot \text{L}^{-1}$ 甲酸和 $0.5000 \text{mol} \cdot \text{L}^{-1}$ 硼酸混合溶液至 pH=6.50，计算终点误差。

解 $[H^+]_{sp} = \sqrt{1.8 \times 10^{-4} \times 5.8 \times 10^{-10} \times \dfrac{0.2500}{0.1000}}$

$= 5.1 \times 10^{-7} (\text{mol} \cdot \text{L}^{-1})$

$pH_{sp} = 6.29$

$\Delta pH = 6.50 - 6.29 = 0.21$

$E_t = \dfrac{10^{0.21} - 10^{-0.21}}{\sqrt{\dfrac{1.8 \times 10^{-4} \times 0.1000}{5.8 \times 10^{-10} \times 0.2500}}} \times 100\% = 0.35\%$

（2）强酸、弱酸混合溶液

以 NaOH 滴定强酸（H^+）和弱酸（HA）混合溶液为例，滴至强酸的化学计量点时，溶液组成为弱酸 HA，PBE 为：

$$[H^+] = [OH^-] + [A^-] \approx [A^-]$$

若终点在化学计量点之后，此时 NaOH 滴加多了。溶液的 PBE 为：

$$c_{\text{NaOH(过量)}} + [H^+]_{ep} = [A^-]_{ep}$$

由上式得：

$$c_{\text{NaOH(过量)}} = [A^-]_{ep} - [H^+]_{ep}$$

所以：

$$E_t = \frac{[A^-]_{ep} - [H^+]_{ep}}{c_{\text{强酸}}^{sp}} \times 100\%$$

将 $[H^+]_{ep} = [H^+]_{sp} \times 10^{-\Delta pH} = \sqrt{K_a c_{HA}^{sp}} \times 10^{-\Delta pH}$ 代入上式，得：

$$E_t = \frac{[A^-]_{ep} - [H^+]_{ep}}{c_{\text{强酸}}^{sp}} \times 100\%$$

$$\approx \frac{\left(\dfrac{c_{HA}^{sp} K_a}{\sqrt{K_a c_{HA}^{sp}} \times 10^{-\Delta pH}} - \sqrt{K_a c_{HA}^{sp}} \times 10^{-\Delta pH}\right)}{c_{强酸}^{sp}} \times 100\%$$

$$= \frac{(10^{\Delta pH} - 10^{-\Delta pH})\sqrt{K_a c_{HA}^{sp}}}{c_{强酸}^{sp}} \times 100\% \tag{4-62}$$

若终点在化学计量点之前，上式仍成立。

式(4-62)为以林邦公式形式表示的计算混合酸滴定至第一终点的误差公式。$E_t>0$，为正误差；$E_t<0$，为负误差。

【例 4-34】 用 $0.1000\text{mol}\cdot\text{L}^{-1}$ NaOH 滴定 $0.1000\text{mol}\cdot\text{L}^{-1}$ HCl 和 $0.1000\text{mol}\cdot\text{L}^{-1}$ NH$_4$Cl 混合溶液至溴百里酚蓝变蓝（pH=7.0）时的终点误差。

解 $c_{NH_4^+}=0.05000\text{mol}\cdot\text{L}^{-1}$，$K_a=5.5\times10^{-10}$。

$$E_t = \frac{(10^{\Delta pH} - 10^{-\Delta pH})\sqrt{K_a c_{NH_4^+}^{sp}}}{c_{HCl}^{sp}} \times 100\%$$

$$= \frac{(10^{1.72} - 10^{-1.72}) \times \sqrt{5.5\times10^{-10}\times0.05000}}{0.05000} \times 100\%$$

$$= 0.55\%$$

需要指出的是，将式(4-59)和式(4-60)中酸的解离常数和浓度换成相应碱的解离常数和浓度即可计算用强酸滴定强碱弱碱混合溶液的终点误差。

4.8 酸碱滴定法的应用

酸碱滴定法在生产实际中有非常广泛的应用。如果满足酸碱滴定的条件，酸碱滴定法能直接滴定一般的酸碱或间接滴定与酸碱起反应或不呈现酸碱性的物质。实践证明，酸碱滴定法既可用于无机物质的分析，又可用于有机物质的分析。例如许多无机工业品如烧碱、纯碱、硫酸铵和碳酸氢铵等，一般都采用酸碱滴定法测定其主要成分的含量。又如有机化合物如食用醋中乙酸含量，有机物中氮的含量和醛、酮含量都可通过酸碱滴定法测定。

4.8.1 酸碱标准溶液的配制和标定

（1）酸标准溶液

① 配制 最常用的酸标准溶液是 HCl 溶液，因为 HCl 溶液稳定。常用市售 HCl（$12\text{mol}\cdot\text{L}^{-1}$）配制成大致浓度的溶液，再用基准物质标定。

② 标定 标定 HCl 溶液常用的基准物质有无水 Na_2CO_3 和硼砂（$Na_2B_4O_7\cdot10H_2O$）。

Na_2CO_3 易提纯，价格便宜，但有强烈吸湿性，使用前需在 270～300℃加热烘干 1h，保存于干燥器中备用。硼砂（$Na_2B_4O_7\cdot10H_2O$）的摩尔质量大，称量误差小，且稳定，但在空气中易风化失去部分结晶水，因此保存在相对湿度为 70%（蔗糖和食盐的饱和溶液）的恒湿器中。对比 Na_2CO_3 和硼砂，后者的摩尔质量大，称量误差小，可直接称量。

（2）碱标准溶液

① 配制 最常用的碱标准溶液是 NaOH，它具有很强的吸湿性，也能吸收空气中的 CO_2，因此其标准溶液用间接法配制并在标定后使用。配制好的 NaOH 标准溶液储存于塑

料瓶中，并防止空气接触，才能使它的浓度不变。NaOH 标准溶液不能储存于玻璃瓶中，因为它可腐蚀玻璃，生成可溶性硅酸盐。

② 标定 标定 NaOH 常用邻苯二甲酸氢钾（$KHC_8H_4O_4$）和草酸。

邻苯二甲酸氢钾（$M_r=204.19$，$pK_{a_2}=5.4$），在空气中不吸水，易保存，摩尔质量大，称量误差小，在 135℃不分解。其标定的反应方程式为：

$$\text{邻苯二甲酸氢钾} + OH^- \longrightarrow \text{邻苯二甲酸根}^{2-} + H_2O$$

上述滴定时以酚酞作指示剂。

草酸（$H_2C_2O_4 \cdot 2H_2O$，$M_r=126.07$）是二元酸，$pK_{a_1}=1.25$，$pK_{a_2}=4.29$。K_{a_1} 与 K_{a_2} 相差不大，只能滴定到 $C_2O_4^{2-}$。草酸稳定，相对湿度在 5%～95%时不会风化失水，可保存在密闭容器中备用。由于其摩尔质量小，称量误差大，可称量大样配制后使用。

(3) 酸碱滴定中 CO_2 影响

① CO_2 的来源 酸碱滴定操作一般是在常温下，在空气中开放滴定的，空气中的 CO_2 对滴定的影响是不容忽略的。

CO_2 的来源主要有：标准碱溶液或配制标准碱溶液的试剂吸收了 CO_2；配制溶液的蒸馏水吸收了 CO_2；在滴定过程中吸收了空气中的 CO_2。酸碱滴定中 CO_2 影响的程度由滴定终点的 pH 值决定。表 4-11 给出了不同 pH 值下 H_2CO_3 各型体的分布分数。由表可见，在不同 pH 值下完成滴定，由于存在型体不同，CO_2 引起的误差是不同的。同样，当用含有 CO_3^{2-} 的标准碱溶液滴定酸时，终点时溶液的 pH 值不同，CO_3^{2-} 被滴定的情况也各异。很明显，终点时溶液的 pH 值越低，CO_2 的影响就越小，一般而言，若终点时溶液的 pH<5，CO_2 的影响可忽略不计。

表 4-11 不同 pH 值时 H_2CO_3 溶液中各型体的分布分数

pH 值	$\delta_{H_2CO_3}$	$\delta_{HCO_3^-}$	$\delta_{CO_3^{2-}}$
4	0.996	0.004	0.000
5	0.960	0.040	0.000
6	0.704	0.296	0.000
7	0.192	0.808	0.000
8	0.023	0.971	0.006
9	0.002	0.945	0.053

例如 NaOH 标准溶液在保存过程中吸收了 $x(mol)$ 的 CO_2，反应为：

$$2NaOH + CO_2 = Na_2CO_3 + H_2O$$

由上述反应可见溶液中有 $2x$ 的 NaOH 与空气中 x 的 CO_2 反应。若用 HCl 溶液滴定该 NaOH 溶液，用甲基橙或甲基红作指示剂，滴定终点 pH 值为 3.1～4.4，由表 4-11 知，此时，H_2CO_3 为主要存在型体，则吸收后溶液中的 Na_2CO_3 也会消耗 $2x$ HCl。

$$Na_2CO_3 + 2H^+ = H_2CO_3 + 2Na^+$$

消耗的 HCl 正好与 x 的 CO_2 消耗的 NaOH 相抵消，CO_2 的影响可忽略不计。若用酚酞作指示剂，滴定终点时 HCO_3^- 为主要存在型体，此时 CO_2 的影响就不能忽略。

$$Na_2CO_3 + H^+ = HCO_3^- + 2Na^+$$

② 配制不含 CO_3^{2-} 的 NaOH 溶液的方法

a. 饱和溶液法　配制 NaOH 饱和溶液（约 50%），取上层清液，用煮沸除去 CO_2 的蒸馏水稀释至所需浓度。

b. 沉淀法　在较浓的 NaOH 溶液中加入 $BaCl_2$ 沉淀 CO_3^{2-}，取上层清液配制成所需浓度。

c. 漂洗法　称取稍多于计算量的 NaOH，用水冲洗掉表层 Na_2CO_3。

4.8.2　酸碱滴定法的应用实例

4.8.2.1　碱及其混合碱的分析

碱和混合碱的分析一般是指 NaOH、Na_2CO_3 和 $NaHCO_3$ 三种物质中单一或混合组分的分析。需要注意的是 NaOH 和 $NaHCO_3$ 不能共存，因为会发生如下反应：

$$HCO_3^- + OH^- \rightleftharpoons CO_3^{2-} + H_2O$$

因此，有五种可能存在的情况：NaOH；Na_2CO_3；$NaHCO_3$；NaOH 和 Na_2CO_3；Na_2CO_3 和 $NaHCO_3$。测定混合碱中各组分的含量，通常有双指示剂法和氯化钡法。

(1) 双指示剂法　"双指示剂法"是指在一份被滴定溶液中先加入一种指示剂，用滴定剂滴定至第一个终点后，再加入另一种指示剂，继续滴定至第二个终点。分别根据各终点时所消耗滴定剂的体积和浓度，计算各组分的含量。

① 烧碱中 NaOH 和 Na_2CO_3 含量的测定　准确称取烧碱试样 m_s 溶解后，先以酚酞为指示剂，用 HCl 标准溶液滴定至红色恰好消失，用去 HCl 溶液 V_1，这时 NaOH 全部被滴定，Na_2CO_3 仅被滴定至 $NaHCO_3$，再向溶液中加入甲基橙指示剂，继续用该 HCl 标准溶液滴定至橙红色，又消耗的 HCl 体积为 V_2，这时 $NaHCO_3$ 被滴定至 H_2CO_3($CO_2 + H_2O$)。因为 Na_2CO_3 被滴定至 $NaHCO_3$ 和 $NaHCO_3$ 被滴定至 H_2CO_3 所消耗的 HCl 的体积相等，所以用于滴定 NaOH 的 HCl 的体积为 $V_1 - V_2$。

各组分含量计算如下：

$$w_{NaOH} = \frac{c_{HCl}(V_1 - V_2) \times 40.00}{m_s} \times 100\%$$

$$w_{Na_2CO_3} = \frac{c_{HCl} V_2 \times 106.0}{m_s} \times 100\%$$

② 纯碱中 Na_2CO_3 和 $NaHCO_3$ 含量的测定　具体滴定过程见表 4-12。

各组分含量计算如下：

$$w_{Na_2CO_3} = \frac{c_{HCl} V_1 \times 106.0}{m_s} \times 100\%$$

$$w_{NaHCO_3} = \frac{c_{HCl}(V_2 - V_1) \times 84.01}{m_s} \times 100\%$$

③ 根据双指示剂法滴定至两个终点时所消耗的 HCl 标准溶液的体积 V_1 和 V_2 的相对大小可判断混合碱试样的组成，详见表 4-12，表中也列出了各组分滴定曲线示意图。

【例 4-35】　某混合碱可能含有 Na_2CO_3 或 $NaHCO_3$ 或是它们的混合物，同时存在惰性杂质。称取该试样 0.3010g，以酚酞为指示剂用 0.1060mol·L^{-1} HCl 滴定至终点，消耗 HCl 20.10mL，再以甲基橙为指示剂滴定至终点，共消耗 HCl 47.70mL，问试样中有哪些组分？各种组分的含量是多少？

解　$V_1 = 20.10$mL，$V_2 = 47.70 - 20.10 = 27.60$(mL)；$V_1 < V_2$，试样组成为 $Na_2CO_3 + NaHCO_3$。

滴定 Na_2CO_3 消耗 HCl 体积为 $2V_1$，滴定 $NaHCO_3$ 消耗 HCl 体积为 $V_2 - V_1$。

表 4-12 双指示剂法分析混合碱组分

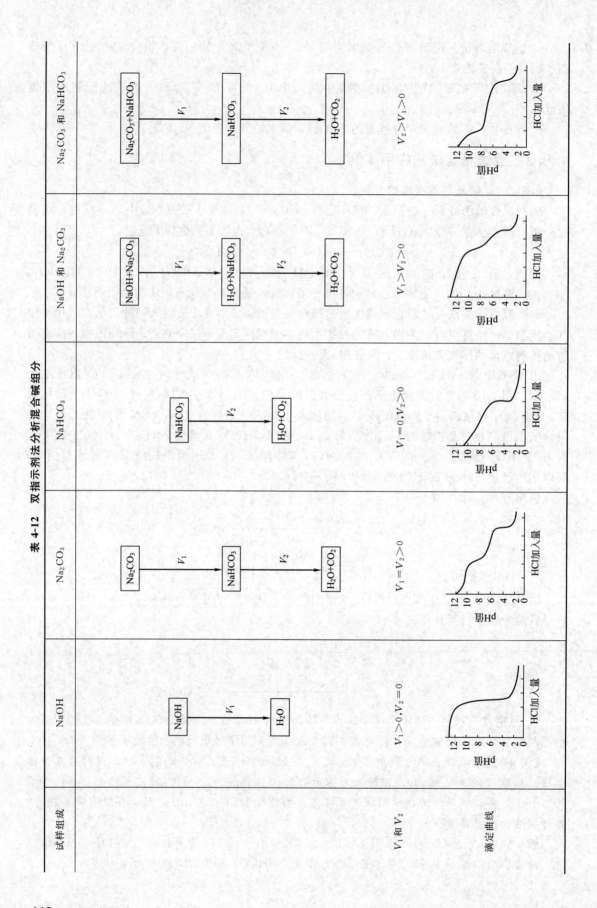

$$w_{Na_2CO_3} = \frac{c_{HCl}V_1 \times 106.0}{m_s} \times 100\% = \frac{0.1060 \times 20.10 \times 106.0}{0.3010 \times 1000} \times 100\%$$
$$= 75.03\%$$
$$w_{NaHCO_3} = \frac{c_{HCl}(V_2 - V_1) \times 84.01}{m_s} \times 100\%$$
$$= \frac{0.1060 \times (27.60 - 20.10) \times 84.01}{0.3010 \times 1000} \times 100\%$$
$$= 22.19\%$$

(2) 氯化钡法

① 烧碱中 NaOH 和 Na_2CO_3 含量的测定 准确称取烧碱试样 m_s 溶解于已除去 CO_2 的蒸馏水中,并稀释至一定体积 V_0。取两份等体积(V)试液,向其中一份试液中加入甲基橙指示剂,用 HCl 标准溶液滴定至溶液呈橙红色,消耗 HCl 的体积为 V_1,此时测定的是总碱量。

$$NaOH + HCl = NaCl + H_2O$$
$$Na_2CO_3 + 2HCl = 2NaCl + CO_2\uparrow + H_2O$$

于另一份试液中加入过量的 $BaCl_2$ 溶液,使 Na_2CO_3 转化为微溶的 $BaCO_3$ 沉淀:

$$BaCl_2 + Na_2CO_3 \longrightarrow BaCO_3\downarrow + 2NaCl$$

然后以酚酞作指示剂,用 HCl 标准溶液滴定到终点,消耗 HCl 的体积为 V_2。

各组分含量计算如下:

$$w_{NaOH} = \frac{c_{HCl}V_2 \times 40.00}{m_s \times \frac{V}{V_0}} \times 100\%$$

$$w_{Na_2CO_3} = \frac{c_{HCl}(V_1 - V_2) \times \frac{1}{2} \times 106.0}{m_s \times \frac{V}{V_0}} \times 100\%$$

② 纯碱中 Na_2CO_3 和 $NaHCO_3$ 含量的测定 用 $BaCl_2$ 法测定时,操作方法与烧碱试样的分析略有不同。仍取两份体积都为 V 的试液,第一份仍用甲基橙作指示剂,用 HCl 标准溶液滴定 Na_2CO_3 和 $NaHCO_3$,消耗 HCl 的体积为 V_1。第二份试样中先准确加入一定量过量的 NaOH 标准溶液,将试样中的 $NaHCO_3$ 转变为 Na_2CO_3,然后加入过量的 $BaCl_2$ 将 CO_3^{2-} 沉淀为 $BaCO_3$,再以酚酞作指示剂,用 HCl 标准溶液返滴定过量的 NaOH,消耗 HCl 的体积为 V_2。

各组分含量计算如下:

$$w_{NaHCO_3} = \frac{(c_{NaOH}V_{NaOH} - c_{HCl}V_2) \times 84.01}{m_s \times \frac{V}{V_0}} \times 100\%$$

$$w_{Na_2CO_3} = \frac{[c_{HCl}V_1 - (c_{NaOH}V_{NaOH} - c_{HCl}V_2)] \times \frac{1}{2} \times 106.0}{m_s \times \frac{V}{V_0}} \times 100\%$$

上述两种方法中,双指示剂法操作较为简便,但由于 Na_2CO_3 被滴定至 $NaHCO_3$ 的终点不明显,误差较大。氯化钡法虽操作较为复杂,但测定结果较准确。

4.8.2.2 铵盐和有机化合物中氮的分析

肥料、土壤、食品及许多有机化合物常常需要测定其中氮的含量。对于氮的测定,通常需将试样通过适当方法进行处理,使各种形式的氮转化为铵态氮,铵盐是很弱的酸(NH_4^+, $K_a = 5.6 \times 10^{-10}$),不能直接进行测定,常用的方法有蒸馏法和甲醛法。

(1) 蒸馏法

蒸馏法的具体步骤为:将 NH_4Cl、$(NH_4)_2SO_4$ 等铵盐试样溶液置于蒸馏瓶中,加入过量的浓 NaOH 溶液,加热将 NH_3 定量蒸馏出来:

$$NH_4^+ + NaOH \xrightarrow{\triangle} NH_3 \uparrow + Na^+ + H_2O$$

蒸馏出来的 NH_3 用过量的 H_3BO_3 溶液吸收:

$$NH_3 + H_3BO_3 \rightleftharpoons NH_4^+ + H_2BO_3^-$$

以甲基红作指示剂用 HCl 标准溶液滴定生成的 $H_2BO_3^-$:

$$H_2BO_3^- + H^+ \rightleftharpoons H_3BO_3$$

此法的优点是仅需一种标准溶液(HCl)。H_3BO_3 在整个过程中不被滴定,其浓度和体积不需很准确,只需过量即可。

蒸馏出来的 NH_3 也可以用一定量且过量的 HCl(或 H_2SO_4)标准溶液吸收,然后以甲基橙或甲基红作指示剂用 NaOH 标准溶液返滴过量的酸,氮的含量按下式计算:

$$w_N = \frac{(c_{HCl}V_{HCl} - c_{NaOH}V_{NaOH}) \times 14.00}{m_s} \times 100\%$$

蒸馏法也常用于粗蛋白的测定,称为凯氏(Kjeldahl)定氮法。蛋白质是食品的重要组分之一,构成蛋白质的基本物质是氨基酸。蛋白质经水解后的最终产物是氨基酸。食品中蛋白质的含量可由氨基酸中氮的含量推知。测定氨基酸中氮含量的方法是将食品试样与 H_2SO_4 消煮,通常还需加入硒(汞或铜盐)作催化剂,破坏有机质使其中的碳和氢完全被硫酸分解并氧化成二氧化碳和水而逸出,各种含氮有机化合物则定量转化为 NH_3,并与 H_2SO_4 结合为 $(NH_4)_2SO_4$ 留在溶液中。反应如下:

$$H_2SO_4 \xrightarrow{\triangle} SO_2 + H_2O + [O]$$
$$2CH_3CHNH_2COOH + 2[O] \longrightarrow 2CH_3CHOH-NH_2 + 2CO_2$$
$$2CH_3CHOH-NH_2 + 10[O] \longrightarrow 4CO_2 \uparrow + 2NH_3 \uparrow + 4H_2O$$
$$2NH_3 + H_2SO_4 \longrightarrow (NH_4)_2SO_4$$

用 NaOH 中和硫酸铵并蒸馏出 NH_3,用硼酸吸收,以甲基红或溴甲酚绿作指示剂,用 HCl 标准溶液(c_{HCl},单位为 $mol \cdot L^{-1}$)滴定。试样中的总氮量和蛋白质按下面两式计算:

$$w_N = \frac{c_{HCl}(V_2 - V_1) \times 14.00}{m_s} \times 100\%$$

$$w_{乙酸} = w_N K$$

式中,V_2 为滴定试样消耗 HCl 标准溶液的体积,mL;V_1 为滴定空白消耗的体积,mL;K 为换算因子,其值因试样含氮量不同而不同。一般食品(16%N),$K = 6.25$;乳制品(15%N),$K = 6.28$;小麦粉(7.3%N),$K = 5.7$;动物胶(18.0%N),$K = 5.55$;大豆制品(16.7%N),$K = 6.0$。需要说明的是卡达尔法适用于蛋白质、胺类、酰胺类及尿素等有机化合物中氮的测定,此法无法判断氮的来源。

(2) 甲醛法

甲醛与铵盐发生如下反应:

$$4NH_4^+ + 6HCHO = (CH_2)_6N_4H^+ + 3H^+ + 6H_2O$$

生成与 NH_4^+ 等量的质子化六亚甲基四胺（$K_a = 7.1 \times 10^{-6}$）和 H^+，以酚酞作指示剂，用 NaOH 标准溶液滴定，滴定的是 $(CH_2)_6N_4H^+$ 和 H^+ 的总量。所用甲醛应呈中性，试样中也不应含有游离酸或碱，否则，应预先中和，用甲基红作指示剂。

4.8.2.3 醛、酮的测定

醛、酮、醇和酯等含有羟基、羰基的有机物也可用酸碱滴定法测定。由于酸与有机物的反应速率较慢，常用返滴定法进行测定。测定醛和酮的常用方法有以下两种。

（1）亚硫酸钠法

亚硫酸钠与醛、酮等发生下述反应：

$$R-CHO + NaSO_3 + H_2O \longrightarrow R-CH(OH)SO_3 + NaOH$$
$$R-CO-R' + NaSO_3 + H_2O \longrightarrow R-CR'(OH)SO_3Na + NaOH$$

生成的 NaOH 以百里酚酞作指示剂，用盐酸标准溶液滴定。

（2）盐酸羟胺法

向醛、酮试样溶液中加入过量的盐酸羟胺，待反应完全后用氢氧化钠标准溶液滴定生成的 HCl。由于过量盐酸羟胺的存在，溶液显酸性，应选用溴酚蓝作指示剂。有关反应如下：

$$R-CHO + NH_2OH \cdot HCl \longrightarrow R-CH=NOH + H_2O + HCl$$
$$R-CO-R' + NH_2OH \cdot HCl \longrightarrow R-CH=NOH-R'' + H_2O + HCl$$

4.8.2.4 食用醋中乙酸的测定

食用醋是一种常用的调味品，其中所含乙酸的量可用 NaOH 标准溶液进行滴定。

准确吸取体积 V_s(mL) 食用醋试样溶液于 250mL 容量瓶中，用新沸冷却的蒸馏水稀释至刻度并充分摇匀，吸取此溶液 25.00mL 于锥形瓶中，以酚酞作指示剂，用 NaOH 标准溶液（c_{NaOH}）滴定至溶液呈微红色且 30s 内不褪色为终点，消耗 NaOH 标准溶液 V。由于食用醋试样的密度通常十分接近于 $1.000 g \cdot cm^{-3}$，故其中所含乙酸的质量分数可按下式计算：

$$w_{乙酸} = \frac{c_{NaOH} V_{NaOH} \times 60.052}{V_s \times \dfrac{25.00}{250.0}} \times 100\%$$

❋ 分析化学轶事

酸碱指示剂的发现

酸碱指示剂是检验溶液酸碱性的常用化学试剂，像科学上的许多其他发现一样，酸碱指示剂的发现是化学家善于观察、勤于思考、勇于探索的结果。

英国年轻的科学家罗伯特·波义耳(Robert Boyle, 1627—1691)在化学实验中偶然捕捉到一种奇特的实验现象，有一天清晨，波义耳正准备到实验室去做实验，一位花木工为他送来一篮非常鲜美的紫罗兰，喜爱鲜花的波义耳随手取下一朵带进了实验室，把鲜花放在实验桌上开始了实验。

当他从大瓶里倾倒出盐酸时，一股刺鼻的气体从瓶口涌出，倒出的淡黄色液体冒着白雾，还有少许酸沫飞溅到鲜花上。他想"真可惜，盐酸弄到花上了"。为洗掉花上的酸沫，他把花用水冲了一下，一会儿发现紫罗兰颜色变红了，当时波义耳感到既新奇又兴奋，他认为，可能是盐酸使紫罗兰颜色变为红色，为进一步验证这一现象，他立即返回住所，把那篮鲜花全部拿到实验室，取了当时已知的几种酸的稀溶液，把紫罗兰花瓣分别放入这些稀酸

Robert Boyle, 1627—1691

中，结果现象完全相同，紫罗兰都变为红色。由此他推断，不仅盐酸，其他各种酸都能使紫罗兰变为红色。他想，这太重要了，以后只要把紫罗兰花瓣放进溶液，看它是不是变为红色，就可判别这种溶液是不是酸。偶然的发现，激发了科学家的探索欲望，后来，他又用其他花瓣做试验，并制成花瓣的水或酒精的浸液，用来检验溶液是不是酸溶液，同时用它来检验一些碱溶液，也产生了一些变色现象。

他还采集了药草、牵牛花、苔藓、月季花、树皮和各种植物的根，泡出了多种颜色的不同浸液，有些浸液遇酸变色，有些浸液遇碱变色，不过有趣的是，他从石蕊苔藓中提取的紫色浸液，酸能使它变为红色，碱能使它变为蓝色，这就是最早的石蕊试液，波义耳把它称作指示剂。为使用方便，波义耳用一些浸液把纸浸透、烘干制成纸片，使用时只要将小纸片放入被检测的溶液，纸片上就会发生颜色变化，从而显示出溶液是酸性还是碱性。今天，我们使用的石蕊溶液、酚酞试纸、pH试纸，就是根据波义耳的发现原理研制而成的。

后来，随着科学技术的进步和发展，许多其他的指示剂也相继被另一些科学家所发现。

思考题

1. 根据酸碱质子理论，判断下面各对物质中哪个是酸，哪个是碱？并按酸碱强弱顺序将酸和碱排列。

HAc，Ac^-；NH_3，NH_4^+；HCN，CN^-；HF，F^-；$(CH_2)_6N_4H^+$，$(CH_2)_6N_4$；HCO_3^-，CO_3^{2-}；H_3PO_4，$H_2PO_4^-$。

2. 根据给定条件，填写下列溶液 [H^+] 或 [OH^-] 的计算公式。

(1) $0.10 mol \cdot L^{-1}$ NH_4Cl 溶液（$pK_a=9.26$）。_____

(2) $1.0 \times 10^{-4} mol \cdot L^{-1}$ H_3BO_3 溶液（$pK_a=9.24$）。_____

(3) $0.10 mol \cdot L^{-1}$ 氨基乙酸盐酸盐溶液。_____

(4) $0.1000 mol \cdot L^{-1}$ HCl 滴定 $0.1000 mol \cdot L^{-1}$ Na_2CO_3 至第一化学计量点。_____

(5) $0.1000 mol \cdot L^{-1}$ NaOH 滴定 $0.1000 mol \cdot L^{-1}$ H_3PO_4 至第二化学计量点。_____

(6) $0.1 mol \cdot L^{-1}$ $HCOONH_4$ 溶液。_____

(7) $0.10 mol \cdot L^{-1}$ NaAc 溶液（$pK_a=4.74$）。_____

(8) $0.10 mol \cdot L^{-1}$ Na_3PO_4 溶液。_____

3. 什么叫酸碱缓冲溶液，其组成和有效缓冲范围是什么？

4. 一元弱酸（碱）能被强碱（酸）直接准确滴定的依据是什么？指示剂如何选择，其依据是什么？

5. 判断多元酸（碱）能否分步滴定的依据是什么？

6. 影响指示剂变色范围的因素有哪些？

7. 为什么 NaOH 标准溶液能直接滴定乙酸，而不能直接滴定硼酸？

8. 在滴定分析中为什么一般都用强酸（碱）溶液作酸（碱）标准溶液？且酸（碱）标

准溶液的浓度不宜太浓或太稀？

9. 有一可能含有 NaOH、Na_2CO_3 或 $NaHCO_3$ 或其中两种混合物的碱液，用 HCl 溶液滴定，以酚酞为指示剂时，消耗 HCl 体积为 V_1；再加入甲基橙作指示剂，继续用 HCl 滴定至终点时，又消耗 HCl 体积为 V_2，当出现下列情况时，溶液各由哪些物质组成？

(1) $V_1 > V_2$，$V_2 > 0$；(2) $V_2 > V_1$，$V_1 > 0$；(3) $V_1 = V_2$；(4) $V_1 = 0$，$V_2 > 0$；
(5) $V_1 > 0$，$V_2 = 0$。

10. NaOH 标准溶液如果吸收了空气中的 CO_2，当以其测定某一强酸的浓度，分别用甲基橙或酚酞指示终点时，对测定结果的准确度各有何影响？

习 题

一、选择题

1. 在下列各组酸碱组分中，不属于共轭酸碱对的是（　　）。
   A. HAc-Ac^-
   B. H_3PO_4-$H_2PO_4^-$
   C. $^+NH_3CH_2COOH$-$NH_2CH_2COO^-$
   D. H_2CO_3-HCO_3^-

2. 浓度相同的下列物质水溶液的 pH 值最高的是（　　）。
   A. NaCl   B. NH_4Cl C. $NaHCO_3$ D. Na_2CO_3

3. 关于酸碱指示剂，下列说法错误的是（　　）。
   A. 指示剂本身是有机弱酸或弱碱
   B. 指示剂的变色范围越窄越好
   C. HIn 与 In^- 的颜色差异越大越好
   D. 指示剂的变色范围必须全部落在滴定突跃范围之内

4. $0.1000 \text{mol} \cdot \text{L}^{-1}$ NaOH 标准溶液滴定 20.00mL $0.1000 \text{mol} \cdot \text{L}^{-1}$ HAc，滴定突跃为 pH=7.73～9.70，可用于这类滴定的指示剂是（　　）。
   A. 甲基橙（pH=3.1～4.4）
   B. 溴酚蓝（pH=3.0～4.6）
   C. 甲基红（pH=4.0～6.2）
   D. 酚酞（pH=8.0～9.6）

5. 以下四种滴定反应，突跃范围最大的是（　　）。
   A. $0.1 \text{mol} \cdot \text{L}^{-1}$ NaOH 滴定 $0.1 \text{mol} \cdot \text{L}^{-1}$ HCl
   B. $1.0 \text{mol} \cdot \text{L}^{-1}$ NaOH 滴定 $1.0 \text{mol} \cdot \text{L}^{-1}$ HCl
   C. $0.1 \text{mol} \cdot \text{L}^{-1}$ NaOH 滴定 $0.1 \text{mol} \cdot \text{L}^{-1}$ HAc
   D. $0.1 \text{mol} \cdot \text{L}^{-1}$ NaOH 滴定 $0.1 \text{mol} \cdot \text{L}^{-1}$ HCOOH

6. Na_2CO_3 和 $NaHCO_3$ 混合物可用 HCl 标准溶液来测定，测定过程中用到的两种指示剂是（　　）。
   A. 酚酞、百里酚蓝
   B. 酚酞、百里酚酞
   C. 酚酞、中性红
   D. 酚酞、甲基橙

7. 强酸滴定弱碱时一般要求碱的解离常数与浓度的乘积（　　），才能选择指示剂指示滴定终点。
   A. $\geqslant 10^{-8}$ B. $< 10^{-8}$ C. $> 10^{-2}$ D. $> 10^{-9}$

8. 已知某酸 HA 的电离常数为 K_a，则在浓度为 $c \text{mol} \cdot \text{L}^{-1}$ 的该酸溶液中，HA 的分布

分数 δ_{HA} 表达式为(   )。

A. $\dfrac{[H^+]}{[H^+]+K_a}$ B. $\dfrac{K_a}{[H^+]+K_a}$

C. $\dfrac{[H^+]\times[A^-]}{K_a}$ D. $\dfrac{[H^+]+[A^-]}{K_a}$

9. $c_{NaCl}=0.2\,mol\cdot L^{-1}$ 的 NaCl 水溶液的质子平衡式是(   )。

A. $[Na^+]=[Cl^-]$ B. $[Na^+]+[Cl^-]=0.2\,mol\cdot L^{-1}$
C. $[H^+]=[OH^-]$ D. $[H^+]+[Na^+]=[OH^-]+[Cl^-]$

10. 今有一磷酸盐溶液的 pH=9.78,则其主要存在形式是(   )(已知 H_3PO_4 的解离常数 $pK_{a_1}=2.12$,$pK_{a_2}=7.20$,$pK_{a_3}=12.36$)。

A. HPO_4^{2-} B. $H_2PO_4^-$
C. $HPO_4^{2-}+H_2PO_4^-$ D. $H_2PO_4^-+H_3PO_4$

11. 欲配制 pH=9 的缓冲溶液,应选用(   )。

A. NH_2OH($pK_b=8.04$) B. $NH_3\cdot H_2O$($pK_b=4.74$)
C. CH_3COOH($pK_a=4.74$) D. $HCOOH$($pK_a=3.74$)

12. 用 NaOH 滴定某一元酸 HA,在化学计量点时,$[H^+]$ 的计算式是(   )。

A. $\sqrt{c_{HA}K_a}$ B. $K_a\dfrac{c_{HA}}{c_{B^-}}$

C. $\sqrt{\dfrac{K_w}{c_{A^-}K_a}}$ D. $\sqrt{\dfrac{K_aK_w}{c_{A^-}}}$

13. 六亚甲基四胺$[(CH_2)_6N_4,pK_b=8.85]$ 缓冲溶液的缓冲 pH 值范围约为(   )。

A. 4~6 B. 6~8 C. 8~10 D. 9~11

14. 以下溶液稀释 10 倍时 pH 值改变最小的是(   )。

A. $0.1\,mol\cdot L^{-1}$ NH_4Ac 溶液 B. $0.1\,mol\cdot L^{-1}$ NaAc 溶液
C. $0.1\,mol\cdot L^{-1}$ HAc 溶液 D. $0.1\,mol\cdot L^{-1}$ HCl 溶液

15. 二元酸能够分步滴定的条件是(   )。

A. $c_{sp_1}K_{a_1}\geqslant 10^{-8}$,$c_{sp_2}K_{a_2}\geqslant 10^{-8}$,且 $K_{a_1}/K_{a_2}\geqslant 10^5$
B. $c_{sp_1}K_{a_1}<10^{-8}$,$c_{sp_2}K_{a_2}>10^{-8}$,且 $K_{a_1}/K_{a_2}>10^{-8}$
C. $c_{sp_1}K_{a_1}>10^{-8}$,$c_{sp_2}K_{a_2}<10^{-8}$,且 $K_{a_1}/K_{a_2}>10^{-4}$
D. $c_{sp_1}K_{a_1}\leqslant 10^{-8}$,$c_{sp_2}K_{a_2}>10^{-8}$,且 $K_{a_1}/K_{a_2}\geqslant 10^5$

二、填空题

1. $H_2PO_4^-$ 的共轭碱是_____,共轭酸是_____;它是_____。

2. H_3PO_4 的 $pK_{a_1}=2.12$,$pK_{a_2}=7.20$,$pK_{a_3}=12.36$,则 PO_4^{3-} 的 $pK_{b_1}=$_____。

3. 指示剂的选择原则是:指示剂的变色范围全部处于或部分处于_____。

4. 二元酸能被准确滴定的条件是_____,能被分步滴定的条件是_____。

5. 已标定的氢氧化钠标准溶液,因保存不当,吸收了 CO_2,若以它测定盐酸时,选甲基橙指示终点,所得盐酸浓度_____;选酚酞作指示剂指示终点,所得盐酸浓度_____(填"偏高""偏低"或"不变")。

6. 酸碱指示剂的解离平衡可表示为:$HIn \rightleftharpoons H^+ + In^-$。则比值 $[In^-]/[HIn]$ 是_____的函数。一般来说,看到的是碱式色时,该比值为_____;看到的是

酸式色时，该比值为_____；看到混合色时，该比值为_____。

7. 影响水溶液中弱酸弱碱滴定突跃大小的主要因素是_____和_____。

8. 以 HCl 为滴定剂测定试样中 K_2CO_3 含量，若其中含有少量 Na_2CO_3，测定结果将_____（填"偏高""偏低"或"无影响"）。

9. 已知 HAc 的 $K_a = 1.8 \times 10^{-5}$，由 HAc-NaAc 组成的缓冲溶液的 pH 值缓冲范围是_____。

10. 用 $0.10 \text{mol} \cdot L^{-1}$ HCl 滴定同浓度的 NaOH 的 pH 值突跃范围为 9.7~4.3。若 HCl 和 NaOH 的浓度均减小 10 倍，则 pH 值突跃范围是_____。

三、判断题

1. $c_{酸}K_{酸} \leq 10^{-8}$ 时，则该酸的滴定可用指示剂指示终点。（   ）
2. 对二元弱酸，$pK_{a_1} + pK_{b_1} = pK_w$。（   ）
3. 衡量 KHC_2O_4 酸性的是 K_{a_2}，衡量 KHC_2O_4 碱性的是 K_{b_2}。（   ）
4. 配制 pH=4 的缓冲溶液选择 $HCOOH-HCOO^-$ 较为合适，配制 pH=7 的缓冲溶液选择 $H_2PO_4^- - HPO_4^{2-}$ 较为合适。（   ）
5. HAc 的分布分数仅与溶液的 pH 有关。（   ）
6. $0.1000 \text{mol} \cdot L^{-1}$ HCl 滴定等浓度的 NaOH，pH 值突跃范围为 4.30~9.70。（   ）
7. 酸碱指示剂在酸性溶液中呈现酸式色，在碱性溶液中呈现碱式色。（   ）
8. 能用 HCl 标准溶液准确滴定 $0.1 \text{mol} \cdot L^{-1}$ NaCN。已知 HCN 的 $K_a = 4.9 \times 10^{-10}$。（   ）
9. 各种类型的酸碱滴定，其化学计量点的位置均在突跃范围的中点。（   ）
10. 酸碱滴定中有时需要用颜色变化明显的变色范围较窄的指示剂即混合指示剂。（   ）

四、计算题

1. 写出下列各物质水溶液的质子条件式。

（1）HCOOH；（2）CH(OH)COOH（酒石酸，以 H_2A 表示）；（3）NH_4Cl；
　　　　　　　　　|
　　　　　　　　CH(OH)COOH

（4）$NH_4H_2PO_4$；（5）$HAc + H_2CO_3$；（6）A^-（大量）中有浓度为 c_a 的 HA；
（7）A^-（大量）中有浓度为 c_b 的 NaOH；（8）$NaHCO_3$（大量）中有浓度为 c_b 的 Na_2CO_3；
（9）NH_4HCO_3；（10）$(NH_4)_2HPO_4$。

2. 试写出 $0.05 \text{mol} \cdot L^{-1}$ 硼砂标定 $0.1 \text{mol} \cdot L^{-1}$ HCl 的滴定反应。计算其化学计量点时的 pH 值，并选择合适的指示剂（$K_a = 10^{-9.14}$）。

3. 讨论含有两种一元弱酸（分别为 HA_1 和 HA_2）混合溶液的酸碱平衡问题，推导其 H^+ 浓度计算公式，并计算 $0.10 \text{mol} \cdot L^{-1}$ NH_4Cl 和 $0.10 \text{mol} \cdot L^{-1}$ H_3BO_3 混合液的 pH 值。

4. 用 $0.1000 \text{mol} \cdot L^{-1}$ HCl 滴定 20.00mL $0.1000 \text{mol} \cdot L^{-1}$ $NH_3 \cdot H_2O$。

（1）计算下列情况时溶液的 pH 值：①滴定前；②加入 10.00mL $0.1000 \text{mol} \cdot L^{-1}$ HCl；③加入 19.98mL $0.1000 \text{mol} \cdot L^{-1}$ HCl；④加入 20.00mL $0.1000 \text{mol} \cdot L^{-1}$ HCl；⑤加入 20.02mL $0.1000 \text{mol} \cdot L^{-1}$ HCl。

（2）在此滴定中，化学计量点、滴定突跃的 pH 值各是多少？

（3）滴定时可选用哪种指示剂，滴定终点的 pH 值是多少？

5. 计算下列缓冲溶液的 pH 值。

（1）$0.10 \text{mol} \cdot L^{-1}$ 乳酸和 $0.10 \text{mol} \cdot L^{-1}$ 乳酸钠（$pK_a = 3.76$）；

(2) $0.01\text{mol}\cdot\text{L}^{-1}$ 邻硝基酚和 $0.012\text{mol}\cdot\text{L}^{-1}$ 邻硝基酚的钠盐（$pK_a=7.21$）。

6. 今欲配制 pH=7.50 的磷酸缓冲液 1L，要求在 50mL 此缓冲液中加入 5.0mL $0.10\text{mol}\cdot\text{L}^{-1}$ 的 HCl 后 pH=7.10，问应取浓度均为 $0.50\text{mol}\cdot\text{L}^{-1}$ 的 H_3PO_4 和 NaOH 溶液各多少毫升（H_3PO_4 的 pK_{a_1}、pK_{a_2}、pK_{a_3} 分别是 2.12、7.20、12.36）？

7. 假如有一邻苯二甲酸氢钾试样，其中邻苯二甲酸氢钾含量约为 90%，其余为不与碱作用的杂质，今用酸碱滴定法测定其含量。若采用浓度为 $1.000\text{mol}\cdot\text{L}^{-1}$ 的 NaOH 标准溶液滴定，欲控制滴定时碱溶液体积在 25mL 左右，则：

(1) 需称取上述试样多少克？

(2) 以浓度为 $0.0100\text{mol}\cdot\text{L}^{-1}$ 的碱溶液代替 $1.000\text{mol}\cdot\text{L}^{-1}$ 的碱溶液进行滴定，重复上述计算。

(3) 通过上述 (1) (2) 计算结果，试说明为什么在滴定分析中常采用的滴定剂浓度为 $0.1\sim0.2\text{mol}\cdot\text{L}^{-1}$。

8. 用 $0.1000\text{mol}\cdot\text{L}^{-1}$ NaOH 滴定 $0.1000\text{mol}\cdot\text{L}^{-1}$ HA（$K_a=10^{-6}$），计算：

(1) 化学计量点的 pH 值；(2) 如果滴定终点与化学计量点相差±0.5pH 单位，求终点误差。

9. 用 $0.100\text{mol}\cdot\text{L}^{-1}$ HCl 滴定 $0.100\text{mol}\cdot\text{L}^{-1}$ NH_3，计算用酚酞为指示剂（pH=8.5）和用甲基橙为指示剂（pH=4.0）时的终点误差。

10. 用 Na_2CO_3 作基准物质标定 HCl 溶液的浓度。若以甲基橙作指示剂，称取 Na_2CO_3 0.3524g，用去 HCl 溶液 25.49mL，求 HCl 溶液的浓度。

11. 称取仅含有 Na_2CO_3 和 K_2CO_3 的试样 1.000g，溶于水后，以甲基橙作指示剂，用 $0.5000\text{mol}\cdot\text{L}^{-1}$ HCl 标准溶液滴定，用去 HCl 溶液 30.00mL，分别计算试样中 Na_2CO_3 和 K_2CO_3 的含量。

12. 某试样可能含有 NaOH 或 Na_2CO_3，或是它们的混合物，同时还存在惰性杂质。称取试样 0.5895g，用 $0.3000\text{mol}\cdot\text{L}^{-1}$ HCl 溶液滴定到酚酞变色时，用去 HCl 溶液 24.08mL。加入甲基橙后继续滴定，又消耗 HCl 溶液 12.02mL。问试样中有哪些组分？各组分的含量是多少？

13. 以 $0.1348\text{mol}\cdot\text{L}^{-1}$ HCl 溶液滴定某一 Na_2CO_3 与 $NaHCO_3$ 的混合物 0.3729g，用酚酞指示终点时耗去 21.36mL HCl 溶液，再以甲基橙指示终点时，还需要多少毫升的 HCl 溶液？并求 Na_2CO_3 与 $NaHCO_3$ 的质量分数。

14. 用 $0.1\text{mol}\cdot\text{L}^{-1}$ NaOH 滴定 $0.1\text{mol}\cdot\text{L}^{-1}$ H_3PO_4。试判断有几个突跃？分别计算其各等当点时的 pH 值，并选择合适指示剂。（H_3PO_4 的 pK_{a_1}、pK_{a_2}、pK_{a_3} 分别是 2.12、7.20、12.36）。

15. 面粉和小麦中粗蛋白质含量是将氮含量乘以 5.7 而得到的（不同物质有不同系数），2.449g 面粉经消化后，用 NaOH 处理，蒸出的 NH_3 以 100.0mL $0.01086\text{mol}\cdot\text{L}^{-1}$ HCl 溶液吸收，需用 15.30mL $0.01228\text{mol}\cdot\text{L}^{-1}$ NaOH 溶液回滴，计算面粉中粗蛋白质的质量分数。

第 5 章 配位滴定法

利用形成配位化合物的反应（平衡）进行滴定分析的方法，称为配位滴定法（complexometric titration），又称络合滴定法。配位滴定法与酸碱滴定法有很多相似之处，但滴定体系考虑的因素更多，更为复杂。为了便于分析各种因素对配位平衡的影响，引入了副反应系数和条件稳定常数。

5.1 配位滴定法概述

配位滴定以配位反应为基础。瑞士的 G. K. 施瓦岑巴赫及其合作者详细研究了氨羧配体的化学性质，并于 1945 年首先提出用 EDTA 二钠盐滴定钙和镁，以测定水的硬度，奠定了配位滴定法的基础。配位反应除用于配位滴定外，还广泛应用于分析化学的各种分离与测定中，如许多显色剂、萃取剂、沉淀剂、掩蔽剂等都是配合剂。配位反应可表示为：

$$M + nL \rightleftharpoons ML_n$$

式中，M 是金属离子（中心离子），它提供空轨道；L 是配体（略去电荷），它可以是分子，也可以是带电的离子，它提供配位原子；ML_n 是配合物。

配体也称为络合剂，配体有无机配体和有机配体。无机配体的分子或离子大都是只含有一个配位原子的单齿配位体，它们与金属离子的配位反应是逐级进行的；配合物的稳定性多数不高，各级配合反应都进行得不够完全；由于各级形成的常数彼此相差不大，容易得到配合比不同的一系列配合物，产物没有固定的组成，从而难以确定反应的计量关系和滴定终点。由于以上限制，无机配体可以用于滴定分析的不多，主要有以下几种。

① 汞量法　汞量法主要用于测定 Cl^-、SCN^- 等。通常以 $Hg(NO_3)_2$ 或 $Hg(ClO_4)_2$ 溶液作滴定剂，二苯氨基脲作指示剂，其反应如下：

$$Hg^{2+} + 2Cl^- \rightleftharpoons HgCl_2$$
$$Hg^{2+} + 2SCN^- \rightleftharpoons Hg(SCN)_2$$

生成的 $HgCl_2$ 和 $Hg(SCN)_2$ 是溶解度很小的配合物，终点时过量 Hg^{2+} 与指示剂形成蓝紫色配合物指示终点。

若用 KSCN 标准溶液作滴定剂测定 Hg^{2+}，可用 Fe^{3+} 作指示剂，终点时过量的 SCN^- 与 Fe^{3+} 生成橙色配合物 $FeSCN^{2+}$ 指示终点。

② 氰量法　氰量法主要用于测定 Ag^+、Ni^{2+} 等，以 KCN 溶液作滴定剂，加入少量 AgI，其反应如下：

$$Ag^+ + 2CN^- \rightleftharpoons Ag(CN)_2^-$$
$$Ni^{2+} + 4CN^- \rightleftharpoons Ni(CN)_4^{2-}$$

终点时过量的 CN^- 与 AgI 中的 Ag^+ 形成配合物使沉淀消失。若要滴定 CN^-，以 $AgNO_3$ 作滴定剂，试银灵作指示剂，终点时过量的 Ag^+ 与试银灵生成橙红色配合物。

有机配体分子中常含有两个或两个以上的配位原子，称为多齿配位体，与金属离子配位时可以形成具有环状结构的螯合物，在一定的条件下配合比是固定的。生成的螯合物稳定，配位反应的完全程度高，能得到明显的滴定终点。因此，配位滴定法以有机配体为主。有机螯合物有很多类，其中氨羧配位剂是一类含有氨基二乙酸基团的配位剂，具有很强的配位能力，能直接同 50 多种金属元素形成稳定的螯合物。氨羧配位剂的种类很多（常用的有：EGTA、EDTP、DTPA、EDTA 等），以乙二胺四乙酸（EDTA）的应用最为广泛。下面对乙二胺四乙酸（EDTA）做一简要介绍。

(1) EDTA 在溶液中的存在型体

乙二胺四乙酸 (ethylene diamine tetraacetic acid) 是在分析化学中应用最广的氨羧配位剂，它除了用作配位滴定的滴定剂外，还在各种分离和测定方法中用作掩蔽剂。乙二胺四乙酸简称 EDTA，用 H_4Y 表示，其结构式为：

$$\begin{array}{c} HOOCCH_2 \\ HOOCCH_2 \end{array} \!\!\!\! N-CH_2-CH_2-N \!\!\!\! \begin{array}{c} CH_2COOH \\ CH_2COOH \end{array}$$

EDTA 是一种白色粉末，由于其在水中溶解度较小，常把它制成二钠盐，一般也简称为 EDTA，或称为 EDTA 二钠盐，用 $Na_2H_2Y \cdot 2H_2O$ 表示。EDTA 二钠盐的溶解度较大，22℃时每 100mL 水可溶解 11.1g。此溶液的浓度约为 $0.3 mol \cdot L^{-1}$，pH 值约为 4.4。

H_4Y 是一种四元酸，两个羧基上的 H 会与自身分子中的 N 原子发生质子自递作用而形成双偶极离子。在强酸性溶液中，羧基上还接受两个 H^+ 形成 H_6Y^{2+}，因此 EDTA 实际上相当于六元酸，其六级解离平衡（从左到右）和质子化反应（从右到左）为：

$$H_6Y^{2+} \underset{+H^+}{\overset{-H^+}{\rightleftharpoons}} H_5Y^+ \underset{+H^+}{\overset{-H^+}{\rightleftharpoons}} H_4Y \underset{+H^+}{\overset{-H^+}{\rightleftharpoons}} H_3Y^- \underset{+H^+}{\overset{-H^+}{\rightleftharpoons}} H_2Y^{2-} \underset{+H^+}{\overset{-H^+}{\rightleftharpoons}} HY^{3-} \underset{+H^+}{\overset{-H^+}{\rightleftharpoons}} Y^{4-}$$

相应的六级解离常数为：$K_{a_1} = 10^{-0.9}$；$K_{a_2} = 10^{-1.6}$；$K_{a_3} = 10^{-2.0}$；$K_{a_4} = 10^{-2.67}$；$K_{a_5} = 10^{-6.16}$；$K_{a_6} = 10^{-10.26}$。相应的质子化常数为 $K_1^H = \dfrac{1}{K_{a_6}} = 10^{10.26}$，$K_2^H = \dfrac{1}{K_{a_5}} = 10^{6.16}$ 等，质子化常数与解离常数互为倒数。

因此，在任何水溶液中，EDTA 总是以 H_6Y^{2+}、H_5Y^+、H_4Y、H_3Y^-、H_2Y^{2-}、HY^{3-} 和 Y^{4-} 七种形式同时存在。各形式的分布分数与 pH 值的关系如图 5-1 所示。

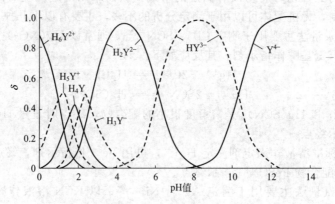

图 5-1 EDTA 各种型体的分布

由图 5-1 可见，不论 EDTA 的初始存在形式是 H_4Y 还是 $Na_2H_2Y \cdot 2H_2O$，当 pH<1 时，主要以 H_6Y^{2+} 存在；当 pH=2.6~6.16 时，主要以 H_2Y^{2-} 存在；当 pH>10.26 时，主要以 Y^{4-} 存在。

(2) EDTA 与金属离子形成配合物的特点

在 EDTA 分子中，2 个氨基氮和 4 个羧基氧均可给出电子对与金属离子形成配位键，其与 Ca^{2+} 配合形成的五元环物质结构式见图 5-2。

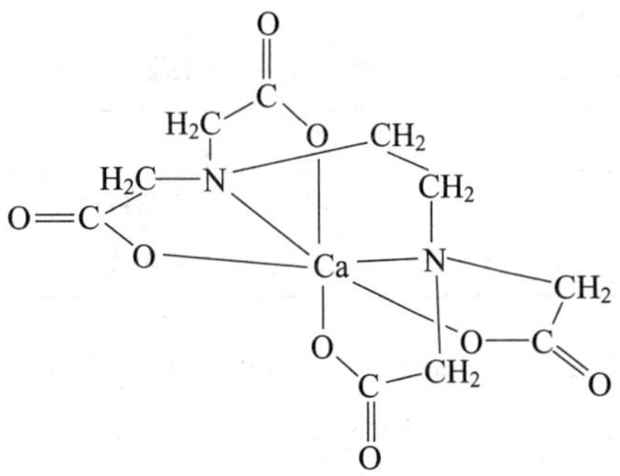

图 5-2 EDTA 与 Ca^{2+} 配合形成的五元环结构

EDTA 与金属离子形成的配合物具有如下特点：

① 普遍性 EDTA 能与许多金属离子配位形成配合物。

② 组成一定 除极少数的金属离子外，EDTA 与任何价态的金属离子均生成 1:1 的配合物。如：

$$Ca^{2+} + H_2Y^{2-} \Longrightarrow CaY^{2-} + 2H^+$$
$$Fe^{3+} + H_2Y^{2-} \Longrightarrow FeY^- + 2H^+$$
$$U^{4+} + H_2Y^{2-} \Longrightarrow UY + 2H^+$$

③ 稳定性强 EDTA 与金属离子形成的螯合物中包含了多个五元环，因此具有高度的稳定性。表 5-1 列出了一些金属离子和 EDTA 配位的稳定常数。

表 5-1 一些金属离子和 EDTA 配位的稳定常数

M 离子	$\lg K_{MY}$	M 离子	$\lg K_{MY}$	M 离子	$\lg K_{MY}$
Na^+	1.66	Ce^{3+}	15.98	Cu^{2+}	18.80
Li^+	2.79	Al^{3+}	16.3	Ti^{3+}	21.3
Ag^+	7.32	Co^{2+}	16.31	Hg^{2+}	21.8
Ba^{2+}	7.86	Pt^{3+}	16.4	Sn^{2+}	22.1
Sr^{2+}	8.73	Cd^{2+}	16.46	Th^{4+}	23.2
Mg^{2+}	8.69	Zn^{2+}	16.50	Cr^{3+}	23.4
Be^{2+}	9.20	Pb^{2+}	18.04	Fe^{3+}	25.1
Ca^{2+}	10.69	Y^{3+}	18.09	U^{4+}	25.8
Mn^{2+}	13.87	VO_2^+	18.1	Bi^{3+}	27.94
Fe^{2+}	14.33	Ni^{2+}	18.60	Co^{2+}	36.0
La^{3+}	15.50	VO^{2+}	18.8		

由表 5-1 可以看出，碱金属离子的配合物最不稳定，$\lg K_{MY} < 3$；碱土金属离子的 $\lg K_{MY} = 8 \sim 11$；过渡金属、稀土金属离子和 Al^{3+} 的 $\lg K_{MY} = 15 \sim 19$；三价、四价金属离子及 Hg^{2+} 的 $\lg K_{MY} > 20$。

④ 易溶性　EDTA 与金属离子形成的配合物大多易溶于水。由于这一特点才使配位滴定法在水溶液中进行，不至于形成沉淀干扰滴定。

⑤ 颜色特征　若金属离子无色，则 MY 无色，如 CaY^{2-}、PbY^{2-}、AgY^{3-}、AlY^{-} 等；若金属离子有色，则 MY 就在原来颜色的基础上加深，如表 5-2 所示。

表 5-2　几种金属离子与 EDTA 配合物的颜色

金属离子	Al^{3+}	Fe^{3+}	Cr^{3+}	Cu^{2+}	Co^{2+}	Ni^{2+}	Mn^{2+}	Zn^{2+}
离子颜色	无色	浅黄色	蓝紫色	浅蓝色	粉红色	绿色	肉色	无色
配合物颜色	无色	黄色	深紫色	蓝色	玫瑰红	蓝绿色	紫红色	无色

与无色离子形成无色配合物，有利于指示剂检测终点。与有色金属离子生成比金属离子颜色更深的配合物，滴定这些离子时，要控制金属离子的浓度，否则配合物的颜色将干扰终点颜色的观察。若配合物颜色太深，如 Cr^{3+} 的测定，只能用其他方法（例如电位法）来检测终点。

⑥ EDTA 与大多数金属离子反应很快，但某些金属离子，如 Cr^{3+}、Al^{3+} 与 EDTA 在室温反应很慢，需煮沸片刻方能反应完全。

由前所述，由于 EDTA 具有配位能力很强、能与大多数金属离子形成稳定配合物、易溶于水、组成 1:1 的螯合物、反应较迅速、无分级配位现象、溶液中体系简单、计算方便等优点，EDTA 滴定法已在实际分析工作中得到了广泛应用，本章将详细讨论其原理及应用。

5.2　配合物的稳定常数及分布分数

5.2.1　配合物的稳定常数

(1) 稳定常数

金属离子 M 和配体 L 反应大多数形成 1:1 的配合物：

$$M + L \rightleftharpoons ML$$

为简化，式中省去了离子电荷，该反应的平衡常数称为配合物 ML 的稳定常数（stability constant），又称形成常数（formation constant）：

$$K_{稳} = \frac{[ML]}{[M][L]}$$

$K_{稳}$ 的数值与溶液的温度和离子强度有关，通常以其对数值 $\lg K_{稳}$ 表示。$K_{稳}$ 可用来衡量配合物的稳定性，其值越大，配合物越稳定。

金属离子 M 和多个配体 L 形成 ML_n 型配合物时，会发生分级配位现象，每一级配位反应的平衡常数称为逐级稳定常数：

$$M + L \rightleftharpoons ML \qquad K_{稳_1} = \frac{[ML]}{[M][L]}$$

$$\mathrm{ML+L \rightleftharpoons ML_2} \qquad K_{稳_2}=\frac{[\mathrm{ML_2}]}{[\mathrm{ML}][\mathrm{L}]}$$

$$\cdots \qquad \cdots$$

$$\mathrm{ML_{n-1}+L \rightleftharpoons ML_n} \qquad K_{稳_n}=\frac{[\mathrm{ML_n}]}{[\mathrm{ML_{n-1}}][\mathrm{L}]}$$

配体 L 除与金属离子 M 配位外，也能与 H^+ 结合。在处理配位平衡时，常把酸也作为配合物处理，即把配体与 H^+ 的反应也写成配位反应的形式。由此，EDTA 的质子化常数如下：

$$\mathrm{H+L \rightleftharpoons HL} \qquad K_1^{\mathrm{H}}=\frac{[\mathrm{HL}]}{[\mathrm{H}][\mathrm{L}]}=\frac{1}{K_{a_6}}$$

$$\mathrm{HL+L \rightleftharpoons HL_2} \qquad K_2^{\mathrm{H}}=\frac{[\mathrm{HL_2}]}{[\mathrm{HL}][\mathrm{L}]}=\frac{1}{K_{a_5}}$$

$$\cdots \qquad \cdots$$

$$\mathrm{HL_{n-1}+L \rightleftharpoons HL_n} \qquad K_n^{\mathrm{H}}=\frac{[\mathrm{HL_n}]}{[\mathrm{HL_{n-1}}][\mathrm{L}]}=\frac{1}{K_{a_1}}$$

质子化常数与解离常数互为倒数。

(2) 累积稳定常数

对 $\mathrm{ML_n}$ 型配合物，也可用累积稳定常数（cumulative stability constants）表示其各级配合物的稳定性。

$$\mathrm{M+L \rightleftharpoons ML} \qquad \beta_1=\frac{[\mathrm{ML}]}{[\mathrm{M}][\mathrm{L}]}=K_{稳_1}$$

$$\mathrm{M+2L \rightleftharpoons ML_2} \qquad \beta_2=\frac{[\mathrm{ML_2}]}{[\mathrm{M}][\mathrm{L}]^2}=K_{稳_1}K_{稳_2}$$

$$\cdots \qquad \cdots$$

$$\mathrm{M}+n\mathrm{L \rightleftharpoons ML_n} \qquad \beta_n=\frac{[\mathrm{ML_n}]}{[\mathrm{M}][\mathrm{L}]^n}=K_{稳_1}K_{稳_2}\cdots K_{稳_n}$$

即：

$$\beta_n=\prod_{i=1}^{n}K_{稳_i} \tag{5-1}$$

取对数得：

$$\lg\beta_n=\sum_{i=1}^{n}\lg K_{稳_i} \tag{5-2}$$

最后一级累积稳定常数 β_n 称为总稳定常数（overall stability constants），同样也可以得到累积质子化常数。

(3) 不稳定常数

配合物的稳定性除用平衡常数表示外，也可用不稳定常数（又称解离常数）$K_{不}$ 表示，$K_{不}$ 越大，配合物越不稳定。

$$\mathrm{ML_n \rightleftharpoons ML_{n-1}+L} \qquad K_{不_1}=\frac{[\mathrm{ML_{n-1}}][\mathrm{L}]}{[\mathrm{ML_n}]}=\frac{1}{K_{稳_n}}$$

$$\mathrm{ML_{n-1} \rightleftharpoons ML_{n-2}+L} \qquad K_{不_2}=\frac{[\mathrm{ML_{n-2}}][\mathrm{L}]}{[\mathrm{ML_{n-1}}]}=\frac{1}{K_{稳_{n-1}}}$$

$$\cdots \qquad \cdots$$

$$ML \rightleftharpoons M+L \qquad K_{\text{不}_n} = \frac{[M][L]}{[ML]} = \frac{1}{K_{\text{稳}_1}}$$

逐级稳定常数和逐级不稳定常数的关系为：

$$K_{\text{不}_i} = \frac{1}{K_{\text{稳}_{n-i+1}}} \tag{5-3}$$

同样可定义累积不稳定常数 $\beta_{\text{不}_i}$：

$$\beta_{\text{不}_i} = K_{\text{不}_1} K_{\text{不}_2} \cdots K_{\text{不}_i} \tag{5-4}$$

最后一级累积不稳定常数 $\beta_{\text{不}_n}$ 称为总不稳定常数，它是总稳定常数 β_n 的倒数。

5.2.2 配合物的分布分数

在配位平衡处理中常涉及各级配合物的浓度，同处理酸碱平衡类似，在处理配位平衡时，也要考虑配体的浓度对配合物各级存在形式分布的影响。

设溶液中金属离子 M 的总浓度为 c_M，配体 L 的总浓度为 c_L，M 与 L 发生逐级配合反应：

$$M+L \rightleftharpoons ML \qquad [ML] = \beta_1[M][L]$$
$$M+2L \rightleftharpoons ML_2 \qquad [ML_2] = \beta_2[M][L]^2$$
$$\cdots \qquad \cdots$$
$$M+nL \rightleftharpoons ML_n \qquad [ML_n] = \beta_n[M][L]^n$$

由物料平衡：

$$\begin{aligned} c_M &= [M] + [ML] + [ML_2] + \cdots + [ML_n] \\ &= [M] + \beta_1[M][L] + \beta_2[M][L]^2 + \cdots + \beta_n[M][L]^n \\ &= [M](1 + \beta_1[L] + \beta_2[L]^2 + \cdots + \beta_n[L]^n) \\ &= [M]\left(1 + \sum_{i=1}^{n} \beta_i[L]^i\right) \end{aligned}$$

由分布分数 δ 的定义，可得：

$$\delta_M = \frac{[M]}{c_M} = \frac{[M]}{[M]\left(1 + \sum_{i=1}^{n} \beta_i[L]^i\right)} = \frac{1}{1 + \sum_{i=1}^{n} \beta_i[L]^i}$$

$$\delta_{ML} = \frac{[ML]}{c_M} = \frac{\beta_1[M][L]}{[M]\left(1 + \sum_{i=1}^{n} \beta_i[L]^i\right)} = \frac{\beta_1[L]}{1 + \sum_{i=1}^{n} \beta_i[L]^i}$$

$$\cdots \qquad \cdots$$

$$\delta_{ML_n} = \frac{[ML_n]}{c_M} = \frac{\beta_n[M][L]^n}{[M]\left(1 + \sum_{i=1}^{n} \beta_i[L]^i\right)} = \frac{\beta_n[L]^n}{1 + \sum_{i=1}^{n} \beta_i[L]^i} \tag{5-5}$$

由此可见，配合物各存在形式的分布分数 δ 仅仅是配体平衡浓度 [L] 的函数，与 c_M 无关。

【例 5-1】 在铜氨溶液中，当氨的平衡浓度为 $[NH_3] = 1.00 \times 10^{-3}$ mol·L^{-1} 时，计算配合物各级存在形式的分布分数。

解 铜氨配离子的累积稳定常数可由附录 9 中查得，$\lg\beta_1 \sim \lg\beta_5$ 分别为 4.31、7.98、11.02、13.32、12.86。则：

$$1+\sum_{i=1}^{5}\beta_i[L]^i = 1+10^{4.31}\times10^{-3.00}+10^{7.98}\times10^{-3.00\times2}+10^{11.02}\times10^{-3.00\times3}$$
$$+10^{13.32}\times10^{-3.00\times4}+10^{12.86}\times10^{-3.00\times5}$$
$$=1+20.4+95.5+105.0+20.9+0.007$$
$$=242.8$$

$$\delta_0 = \delta_{Cu^{2+}} = \frac{1}{1+\sum_{i=1}^{5}\beta_i[L]^i} = \frac{1}{242.8} = 0.4\%$$

同理得：

$$\delta_1 = \delta_{Cu(NH_3)^{2+}} = \frac{20.4}{242.8} = 8.4\%$$

$$\delta_2 = \delta_{Cu(NH_3)_2^{2+}} = \frac{95.5}{242.8} = 39.3\%$$

$$\delta_3 = \delta_{Cu(NH_3)_3^{2+}} = \frac{105}{242.8} = 43.2\%$$

$$\delta_4 = \delta_{Cu(NH_3)_4^{2+}} = \frac{20.9}{242.8} = 8.6\%$$

$$\delta_5 = \delta_{Cu(NH_3)_5^{2+}} = \frac{0.0072}{242.8} = 0.003\%$$

当 $[NH_3]$ 改变时，$\delta_{Cu^{2+}} \sim \delta_{Cu(NH_3)_5^{2+}}$ 也相应变化。若以 $\lg[NH_3]$ 为横坐标，δ 为纵坐标，二者之间的关系如图 5-3 所示。由图可知，随着 $[NH_3]$ 增大，Cu^{2+} 与 NH_3 逐级生成 1∶1，1∶2，…，1∶5 的配离子。但是，由于相邻两级配合物的稳定常数差别不大，故 $[NH_3]$ 在相当大范围内变化时，没有任何一种配合物的分布分数接近于 1。因此，无法用 NH_3 作滴定剂滴定 Cu^{2+}。

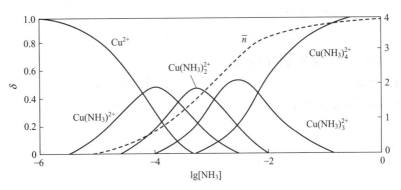

图 5-3 铜氨配合物分布曲线及 $\bar{n}$

Hg^{2+} 和 Cl^- 体系的 $\lg\beta_1 \sim \lg\beta_4$ 分别为 6.74、13.22、14.07、15.07。则同样可得到其 δ-$\lg[Cl^-]$ 的关系，见图 5-4。由图可知，当 $\lg[Cl^-]$ 在 $-5\sim-3$ 范围内变化时，$\delta_{HgCl_2}\approx 100\%$，故可以 $Hg(NO_3)_2$ 为滴定剂滴定 Cl^-。

5.2.3 配合物的平均配位数

平均配位数 $\bar{n}$（又称生成函数）表示金属离子结合配体的平均数。设金属离子的总浓度为 c_M，配体的总浓度为 c_L，配体的平衡浓度为 $[L]$，则：

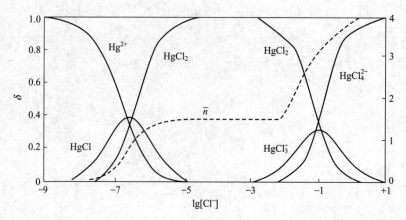

图 5-4 汞配合物分布曲线及 $\bar{n}$

$$\bar{n} = \frac{c_L - [L]}{c_M} \tag{5-6}$$

将 c_L 和 c_M 的物料平衡方程代入式(5-6) 可得：

$$\begin{aligned}
\bar{n} &= \frac{([L]+[ML]+2[ML_2]+\cdots+n[ML_n])-[L]}{[M]+[ML]+[ML_2]+\cdots+[ML_n]} \\
&= \frac{[ML]+2[ML_2]+\cdots+n[ML_n]}{[M]+[ML]+[ML_2]+\cdots+[ML_n]} \\
&= \frac{\beta_1[M][L]+2\beta_2[M][L]^2+\cdots+n\beta_n[M][L]^n}{[M]+\beta_1[M][L]+\beta_2[M][L]^2+\cdots+\beta_n[M][L]^n} \\
&= \frac{\sum_{i=1}^{n} i\beta_i[L]^i}{1+\sum_{i=1}^{n}\beta_i[L]^i}
\end{aligned} \tag{5-7}$$

由式(5-7) 可见，$\bar{n}$ 仅是 $[L]$ 的函数。

【例 5-2】 计算 $[Cl^-]=10^{-3.20}\,\mathrm{mol\cdot L^{-1}}$ 时，汞(Ⅱ)氯配离子的平均配位数。

解 已知 $\lg\beta_1 \sim \lg\beta_4$ 分别为 6.74、13.22、14.07、15.07。

$$\bar{n} = \frac{\sum_{i=1}^{4} i\beta_i[Cl^-]^i}{1+\sum_{i=1}^{4}\beta_i[Cl^-]^i}$$

$$=\frac{10^{6.74}\times 10^{-3.20}+2\times 10^{13.22}\times 10^{-3.20\times 2}+3\times 10^{14.07}\times 10^{-3.20\times 3}+4\times 10^{15.07}\times 10^{-3.20\times 4}}{1+10^{6.74}\times 10^{-3.20}+10^{13.22}\times 10^{-3.20\times 2}+10^{14.07}\times 10^{-3.20\times 3}+10^{15.07}\times 10^{-3.20\times 4}}$$

$$=2.004 \approx 2.0$$

这也与图 5-4 的讨论相一致。

5.3 副反应系数和条件稳定常数

在配位滴定中以金属离子和 EDTA 反应为例，所涉及的化学平衡如下：

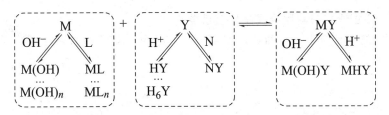

由上述平衡可见，在反应体系中除了金属离子与 EDTA 的配位反应之外，还有金属离子的水解，金属离子和其他配位剂的反应，也包含 EDTA 的酸解或与其他配位剂的反应，还包含生成配合物的酸效应或碱效应。在此复杂的体系中，通常把主要研究的一种反应看作主反应，其他与之有关的反应看作副反应。副反应的存在影响主反应的反应物或产物的平衡浓度。由化学平衡理论可知，M 和 Y 的各种副反应不利于主反应的进行，而生成物 MY 的各种副反应则有利于主反应的进行。为了解决复杂体系中各种副反应对主反应的影响，引入了副反应系数；为了衡量整个体系中主反应的反应程度，引入了条件稳定常数。

对于配位反应，如没有副反应发生：

$$K_{稳}=\frac{[MY]}{[M][Y]}$$

用 $K_{稳}$ 就可以衡量配位反应进行的程度，达到平衡时，未参与配位反应的 M 和 Y 的浓度越小，形成的配合物的浓度越大，反应进行得就越完全，配合物就越稳定。当有副反应发生时，例如，未与 Y 反应的 M 的金属离子不只是以 M 型体存在，还可以 $ML, ML_2, \cdots,$ ML_n 和 $MOH, M(OH)_2, \cdots, M(OH)_n$ 等形式存在，若它们的总浓度用 $[M']$ 表示，则：

$$[M']=[M]+[ML]+[ML_2]+\cdots+[ML_n]+[MOH]+[M(OH)_2]+\cdots+[M(OH)_n] \tag{5-8}$$

未与金属离子 M 反应的 Y 不只是以 Y 型体存在，还会与 H^+ 结合形成 $HY, H_2Y, \cdots,$ H_6Y，以及与其他金属离子 N 等结合形成 NY，若其总平衡浓度用 $[Y']$ 表示，则：

$$[Y']=[Y]+[HY]+[H_2Y]+\cdots+[H_6Y]+[NY] \tag{5-9}$$

在酸性溶液中若形成酸式配合物 MHY，则反应产物的总浓度：

$$[MY']=[MY]+[MHY] \tag{5-10}$$

在碱性溶液中若形成碱式配合物 M(OH)Y，则：

$$[MY']=[MY]+[M(OH)Y]$$

在这种情况下，反映配合稳定性的是：

$$K'_{稳}=\frac{[MY']}{[M'][Y']} \tag{5-11}$$

由于 $[M']$、$[Y']$、$[MY']$ 的大小与溶液中的氢离子、氢氧根离子、共存的其他金属离子和配体的浓度有关，因此 $K'_{稳}$ 随溶液条件的变化而变化，故 $K'_{稳}$ 在这种情况下便称为条件稳定常数（conditional stability constant）；因为 $[M']$、$[Y']$、$[MY']$ 又可称为表观浓度，所以 K'_{MY} 又称为表观稳定常数（apparent stability constant）。

为联系 $K'_{稳}$ 和 $K_{稳}$ 之间的关系，引入副反应系数（side-reaction coefficient）。下面介绍主要的副反应系数。

5.3.1 副反应系数

根据平衡关系可以计算副反应对主反应的影响，其影响程度可用副反应系数表示。

5.3.1.1 配位剂 Y 的副反应及副反应系数

Y 在溶液中的副反应主要有两种，即 H^+ 所引起的酸效应和共存金属离子 N 引起的共存（干扰）离子效应。

```
         M           +           Y              ⇌        MY
    OH⁻ ↙  ↘ L            H⁺ ↙  ↘ N                 OH⁻ ↙  ↘ H⁺
    M(OH)    ML            HY      NY               M(OH)Y    MHY
     ⋮        ⋮             ⋮
    M(OH)ₙ   MLₙ           H₆Y
```

（1）EDTA（Y）的酸效应与酸效应系数（acidic effect and acidic effect coefficient）

配位剂 Y 是一种碱，当 M 与 Y 发生配位反应时，若溶液中有 H^+ 存在时，Y 也会与 H^+ 结合形成 HY、H_2Y、…、H_6Y，这样会导致 [Y] 降低，使主反应的完全程度受到影响。这种由于 H^+ 存在使配体参加主反应能力降低的现象称为酸效应。H^+ 引起副反应时的副反应系数称为酸效应系数，用 $\alpha_{Y(H)}$ 表示。

$\alpha_{Y(H)}$ 定义为参与酸效应平衡体系的 EDTA 各种存在型体的总浓度与游离态浓度 [Y] 的比值。

$$\alpha_{Y(H)} = \frac{[Y']}{[Y]} = \frac{[Y] + [HY] + [H_2Y] + \cdots + [H_6Y]}{[Y]} \tag{5-12}$$

$\alpha_{Y(H)}$ 越大，[Y] 越小，酸效应越严重。若 $\alpha_{Y(H)} = 1$，则未配合的 EDTA 完全以 Y 的形式存在，无酸效应存在。由于 [Y'] 是参与酸碱平衡的 EDTA 的总浓度，根据酸碱存在型体分布分数的定义，则有：

$$\delta_Y = \frac{[Y]}{[Y']} = \frac{1}{\alpha_{Y(H)}}$$

因为 EDTA 为六元酸，因此：

$$\delta_Y = \frac{K_{a_1}K_{a_2}\cdots K_{a_6}}{[H^+]^6 + K_{a_1}[H^+]^5 + \cdots + K_{a_1}K_{a_2}\cdots K_{a_6}}$$

$$\alpha_{Y(H)} = \frac{1}{\delta_Y} = 1 + \frac{[H^+]}{K_{a_6}} + \frac{[H^+]^2}{K_{a_6}K_{a_5}} + \cdots + \frac{[H^+]^6}{K_{a_6}K_{a_5}\cdots K_{a_1}} \tag{5-13}$$

由此可知，根据溶液中 H^+ 浓度和 EDTA 的各级解离常数可以算出 $\alpha_{Y(H)}$。

同样，根据溶液中 H^+ 浓度和 EDTA 的质子化常数也可以计算 $\alpha_{Y(H)}$，公式如下：

$$\begin{aligned}\alpha_{Y(H)} &= 1 + K_1^H[H^+] + K_1^H K_2^H[H^+]^2 + \cdots + K_1^H K_2^H \cdots K_6^H[H^+]^6 \\ &= 1 + \beta_1^H[H^+] + \beta_2^H[H^+]^2 + \cdots + \beta_6^H[H^+]^6 \\ &= 1 + \sum_{i=1}^{6} \beta_i^H[H^+]^i\end{aligned} \tag{5-14}$$

其他有酸式解离的配体也可按上述类似方法计算其酸效应系数。设配体 L 可形成的最高级酸为 H_nL，其酸效应计算公式为：

$$\alpha_{L(H)} = 1 + \sum_{i=1}^{n} \beta_i^H[H^+]^i \tag{5-15}$$

【例 5-3】 计算 pH = 5 时，EDTA 的 $\alpha_{Y(H)}$ 值及 $\lg \alpha_{Y(H)}$（已知 $\lg\beta_1 \sim \lg\beta_6$ 为 10.34，16.58，19.33，21.40，23.0，23.9）。

解 $\alpha_{Y(H)} = 1 + \sum_{i=1}^{6} \beta_i^H [H^+]^i$

$= 1 + 10^{10.34} \times 10^{-5.00} + 10^{16.58} \times (10^{-5.00})^2 + 10^{19.33} \times (10^{-5.00})^3 +$
$10^{21.40} \times (10^{-5.00})^4 + 10^{23.0} \times (10^{-5.00})^5 + 10^{23.9} \times (10^{-5.00})^6$

$= 1 + 10^{5.34} + 10^{6.58} + 10^{4.33} + 10^{1.40} + 10^{-2.0} + 10^{-6.1}$

$= 10^{6.6}$

$\lg \alpha_{Y(H)} = 6.6$

由于 α 值的变化范围很大，将其值取对数后使用较方便。EDTA 在不同 pH 值时的 $\lg \alpha_{Y(H)}$ 见表 5-3。

表 5-3 不同 pH 值的 $\lg \alpha_{Y(H)}$

pH 值	$\lg \alpha_{Y(H)}$	pH 值	$\lg \alpha_{Y(H)}$	pH 值	$\lg \alpha_{Y(H)}$
0.0	23.64	2.8	11.09	8.0	2.27
0.4	21.32	3.0	10.60	8.4	1.87
0.8	19.08	3.4	9.70	8.8	1.48
1.0	18.01	3.8	8.85	9.0	1.28
1.4	16.02	4.0	8.44	9.5	0.83
1.8	14.27	4.4	7.64	10.0	0.45
2.0	13.51	4.8	6.84	11.0	0.07
2.4	12.19	5.0	6.45	12.0	0.01

由表可见，随着 pH 值的增大，$\lg \alpha_{Y(H)}$ 减小，也就是酸效应降低。当 pH 值为 12 时，$\lg \alpha_{Y(H)} = 0.00$，即 $\alpha_{Y(H)} = \dfrac{[Y']}{[Y]} = 1$，酸效应消失，MY 稳定性不受酸效应的影响。

在实际应用中，常将 EDTA 在不同 pH 值时的 $\lg \alpha_{Y(H)}$ 绘成 pH-$\lg \alpha_{Y(H)}$ 曲线使用，此曲线称为酸效应曲线（图 5-5）。

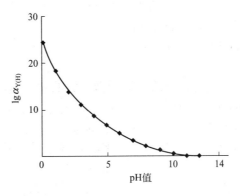

图 5-5 EDTA 的酸效应曲线

(2) 共存离子效应与共存离子效应系数

如果溶液中除了被测定金属离子 M 外，还有能与 EDTA 配位的共存离子 N，则 N 与 EDTA 的反应可看作 Y 的一种副反应，由该反应得：

$$K_{NY} = \frac{[NY]}{[N][Y]} \tag{5-16}$$

由于 N 的存在，降低了 Y 的平衡浓度，使主反应的完全程度受到影响。共存离子引起的副反应称为共存离子效应,其副反应系数称为共存离子效应系数 $\alpha_{Y(N)}$。$\alpha_{Y(N)}$ 表示参与干扰离子 N 平衡体系的 EDTA 各种存在型体的总浓度与游离态浓度 [Y] 的比值。

在这种情况下（不考虑酸效应），则未与 M 配位的 Y 的总浓度 [Y'] 为：

$$[Y'] = [Y] + [NY] = [Y] + K_{NY}[N][Y]$$

则：

$$\alpha_{Y(N)} = \frac{[Y']}{[Y]} = \frac{[NY]+[Y]}{[Y]} = 1 + K_{NY}[N] \tag{5-17}$$

由式(5-17)可知,当 [Y'] = [Y] 时,无副反应,$\alpha_{Y(N)} = 1$;[N] 和 K_{NY} 越大,$\alpha_{Y(N)}$ 就越大,共存离子效应就越严重。

若溶液中有多种共存离子 N_1、N_2、N_3、$\cdots$、N_n 存在,则：

$$\begin{aligned}\alpha_{Y(N_1,N_2,\cdots,N_n)} &= \frac{[Y']}{Y} = \frac{[Y]+[N_1Y]+[N_2Y]+\cdots+[N_nY]}{[Y]} \\ &= 1 + K_{N_1Y}[N_1] + K_{N_2Y}[N_2] + \cdots + K_{N_nY}[N_n] \\ &= 1 + \alpha_{Y(N_1)} + \alpha_{Y(N_2)} + \cdots + \alpha_{Y(N_n)} - n \\ &= \alpha_{Y(N_1)} + \alpha_{Y(N_2)} + \cdots + \alpha_{Y(N_n)} - (n-1) \end{aligned} \tag{5-18}$$

在实际分析工作中,若有多种共存离子共存时,$\alpha_{Y(N_1,N_2,\cdots,N_n)}$ 通常只取其中一种或少数几种影响较大的共存离子副反应系数之和,其他次要项可忽略不计。

(3) Y 的总副反应系数

在体系中,有时要同时考虑酸效应和共存离子效应,即溶液中 H^+ 和 N 同时存在的情况,它们对 Y 的总副反应系数用 α_Y 表示,它是指未与 M 配位的配位剂 Y 各种存在型体的总浓度 [Y'] 是游离态浓度 [Y] 的多少倍。考虑有一种共存离子存在的情况：

$$[Y'] = [Y] + [HY] + \cdots + [H_6Y] + [NY]$$

$$\begin{aligned}\alpha_Y &= \frac{[Y']}{[Y]} = \frac{[Y]+[HY]+\cdots+[H_6Y]+[NY]}{[Y]} \\ &= \frac{[Y]+[HY]+\cdots+[H_6Y]}{[Y]} + \frac{[NY]+[Y]}{[Y]} - \frac{[Y]}{[Y]} \\ &= \alpha_{Y(H)} + \alpha_{Y(N)} - 1 \end{aligned} \tag{5-19}$$

通常 $\alpha_{Y(H)}$ 或 $\alpha_{Y(N)}$ 都远大于 1,所以：

$$\alpha_Y \approx \alpha_{Y(H)} + \alpha_{Y(N)}$$

当酸效应为主时,$\alpha_Y \approx \alpha_{Y(H)}$;当共存离子效应为主时,$\alpha_Y \approx \alpha_{Y(N)}$。若溶液中有 N_1、N_2、N_3、$\cdots$、N_n 等 n 种共存离子存在时,$\alpha_Y \approx \alpha_{Y(H)} + \alpha_{Y(N_1,N_2,N_3,\cdots,N_n)}$。

【例 5-4】 某溶液中 EDTA、Zn^{2+} 和 Cu^{2+} 的浓度均为 $0.010 mol \cdot L^{-1}$,计算 pH=5.0 时的 $\alpha_{Y(Cu)}$ 及 α_Y。在该体系中,Y 的副反应以什么效应为主？已知 $K_{CuY} = 10^{18.80}$,pH=5.0 时,$\alpha_{Y(H)} = 10^{6.45}$。

解 $\alpha_{Y(Cu)} = 1 + K_{CuY}[Cu^{2+}]$
$= 1 + 10^{18.80} \times 0.010 = 10^{16.80}$

$\alpha_Y = \alpha_{Y(H)} + \alpha_{Y(Cu)} - 1$
$= 10^{6.45} + 10^{16.80} - 1$
$\approx 10^{16.80}$

可见 Y 的副反应以共存离子效应为主。

5.3.1.2 金属离子 M 的副反应及副反应系数

金属离子（M）在溶液中的副反应主要有两种,即 M 与其他配体 L 存在时的辅助配位

效应和 OH^- 存在时的羟基配位效应。

$$M + Y \rightleftharpoons MY$$

（以 OH⁻、L 作用于 M 生成 M(OH)、ML、M(OH)ₙ、MLₙ；H⁺、N 作用于 Y 生成 HY、NY、H₆Y；产物侧 OH⁻、H⁺ 作用于 MY 生成 M(OH)Y、MHY）

（1）辅助配位效应

当 M 与 Y 反应时，若有另一种能与 M 形成配合物的配体 L 存在，则此副反应会影响主反应。这种由于其他配合剂的存在使金属离子参加主反应能力降低的现象，称为辅助配位效应，用 $\alpha_{M(L)}$ 表示。它指配位效应平衡体系的 M 各种存在型体的总浓度与游离态浓度 $[M]$ 的比值。

当 L 存在时，设未与 Y 配位的 M 的总浓度用 $[M']$ 表示，则：

$$[M'] = [M] + [ML] + [ML_2] + \cdots + [ML_n]$$

$$\alpha_{M(L)} = \frac{[M']}{[M]} = \frac{[M] + [ML] + [ML_2] + \cdots + [ML_n]}{[M]} \quad (5-20)$$

当 $[M'] = [M]$ 时，$\alpha_{M(L)} = 1$，无副反应发生，$\alpha_{M(L)}$ 越大，辅助配位效应越严重。将 $[M'] = [M] + \beta_1[M][L] + \beta_2[M][L]^2 + \cdots + \beta_n[M][L]^n$ 代入式(5-20)整理得：

$$\alpha_{M(L)} = \frac{[M] + \beta_1[M][L] + \beta_2[M][L]^2 + \cdots + \beta_n[M][L]^n}{[M]}$$

$$= 1 + \sum_{i=1}^{n} \beta_i [L]^i \quad (5-21)$$

由此知，$[L]$、β_i 越大，$\alpha_{M(L)}$ 越大。

【例 5-5】 计算 $[NH_3] = 0.1 \text{mol} \cdot L^{-1}$ 时，$\lg\alpha_{Zn(NH_3)}$ 为多少？已知锌氨配合物的 $\lg\beta_1 \sim \lg\beta_4$ 为 2.37，4.81，7.31，9.46。

解 $\alpha_{Zn(NH_3)} = 1 + \beta_1[NH_3] + \beta_2[NH_3]^2 + \beta_3[NH_3]^3 + \beta_4[NH_3]^4$

$= 1 + 10^{2.37} \times 10^{-1} + 10^{4.81} \times (10^{-1})^2 + 10^{7.31} \times (10^{-1})^3 + 10^{9.46} \times (10^{-1})^4$

$= 1 + 10^{1.37} + 10^{2.81} + 10^{4.31} + 10^{5.46}$

$= 10^{5.5}$

$\lg\alpha_{Zn(NH_3)} = 5.5$

若溶液中同时存在能与 M 发生副反应的两种配体 L 和 A，其对主反应的影响可用 M 的总副反应系数 α_M 表示：

$$\alpha_M = \frac{[M']}{[M]} = \frac{[M] + [ML] + [ML_2] + \cdots + [ML_n] + [MA] + [MA_2] + \cdots + [MA_m]}{[M]}$$

$$= \frac{[M] + [ML] + \cdots + [ML_n]}{[M]} + \frac{[M] + [MA] + \cdots + [MA_m]}{[M]} - \frac{[M]}{[M]}$$

$$= \alpha_{M(L)} + \alpha_{M(A)} - 1 \quad (5-22)$$

同理，若溶液中有 n 种配体 L_1、L_2、L_3、$\cdots$、L_n，同时与金属离子 M 发生副反应，则 M 的总反应系数 α_M 为：

$$\alpha_M = \alpha_{M(L_1)} + \alpha_{M(L_2)} + \cdots + \alpha_{M(L_n)} - (n-1) \quad (5-23)$$

一般而言，在有多种配体共存的情况下，只有一种或少数几种配体的副反应是主要的，其他配体的影响可忽略不计。

(2) 羟基配位效应

溶液中存在的 OH^- 也是一种配体，它可与多种金属离子形成氢氧基配合物，在碱性溶液中，其影响往往不能忽略。这种影响通常也称为水解反应，用副反应系数 $\alpha_{M(OH)}$ 表示。它定义为参与羟基配位效应平衡体系的 M 各种存在型体的总浓度与游离态浓度 [M] 的比值。

$$\alpha_{Y(OH)} = \frac{[M]+[MOH]+\cdots+[M(OH)_n]}{[M]}$$
$$= 1+\beta_1[OH^-]+\beta_2[OH^-]^2+\cdots+\beta_n[OH^-]^n$$
$$= 1+\sum_{i=1}^{n}\beta_i^H[OH^-]^i \tag{5-24}$$

同酸效应类似，据以上公式可以计算不同 pH 值下的 $\alpha_{M(OH)}$。一些金属离子在不同 pH 值下的 $\lg\alpha_{M(OH)}$ 值见附录 12。

(3) M 的总副反应系数 α_M

在体系中，有时要同时考虑羟基配位效应和其他离子的配位效应，它们对 M 的总副反应系数用 α_M 表示，它是指未与 Y 配位的配位剂 M 各种存在型体的总浓度 [M'] 与游离态浓度 [M] 的比值。考虑有一种共存离子 L 存在的情况：

$$\alpha_M = \frac{[M']}{[M]} = \frac{[M]+[MOH]+\cdots+[M(OH)_n]+[ML]+\cdots+[ML_n]}{[M]}$$
$$= \frac{[M]+[MOH]+\cdots+[M(OH)_n]}{[M]} + \frac{[M]+[ML]+\cdots+[ML_n]}{[M]} - \frac{[M]}{[M]}$$
$$= \alpha_{M(OH)} + \alpha_{M(L)} - 1 \tag{5-25}$$

若 M 同时与 L_1、L_2、L_3、$\cdots$、L_n、OH^- 发生副反应，则：

$$\alpha_M = \alpha_{M(OH)} + \alpha_{M(L_1)} + \alpha_{M(L_2)} + \cdots + \alpha_{M(L_n)} - n \tag{5-26}$$

【例 5-6】 计算 pH=10、$c_{NH_3}=0.1\,mol \cdot L^{-1}$ 时的 $\lg\alpha_{Zn}$。已知：$\alpha_{Zn(OH)}=10^{2.4}$，锌氨配合物的 $\lg\beta_1 \sim \lg\beta_4$ 为 2.37、4.81、7.31、9.46。

解 查表得 $\alpha_{Zn(OH)}=10^{2.4}$。

$$[NH_3]=c_{NH_3}\delta_{NH_3}=\frac{c_{NH_3}[OH^-]}{[OH^-]+K_b}=\frac{0.1\times10^{-4}}{10^{-4}+10^{-4.75}}=0.08=10^{-1.1}$$

$$\alpha_{Zn(NH_3)}=1+\beta_1[NH_3]+\beta_2[NH_3]^2+\beta_3[NH_3]^3+\beta_4[NH_3]^4$$
$$=1+10^{2.37-1.1}+10^{4.81-1.1\times2}+10^{7.31-1.1\times3}+10^{9.46-1.1\times4}$$
$$=1+10^{1.3}+10^{2.6}+10^{4.0}+10^{5.1}\approx10^{5.1}$$

则 $\alpha_{Zn}=\alpha_{Zn(NH_3)}+\alpha_{Zn(OH)}-1=10^{5.1}+10^{2.4}-1\approx10^{5.1}$

$\lg\alpha_{Zn}=5.1$

5.3.1.3 配合物 MY 的副反应及副反应系数

在一定条件下，M 和 Y 配位形成 MY 的同时，也会形成酸式配合物、碱式配合物或多元配合物，它们也会影响主反应的进行。

(1) 酸式配合物

当溶液酸度较高时，可形成酸式配合物，反应如下：

$$MY+H^+ \rightleftharpoons MHY$$

$$K_{MHY}^H = \frac{[MHY]}{[MY][H^+]}$$

形成 MHY 时 MY 的副反应系数 $\alpha_{MY(H)}$ 为：

$$\alpha_{MY(H)} = \frac{[MY']}{[MY]} = \frac{[MY]+[MHY]}{[MY]} = 1 + K_{MHY}^{H}[H^+] \tag{5-27}$$

由此可见，溶液中 $[H^+]$ 越大，K_{MHY}^{H} 越大，$\alpha_{MY(H)}$ 也越大，对主反应越有利。

(2) 碱式配合物

同样，当溶液碱度较高时，可形成碱式配合物，反应如下：

$$MY + OH^- \rightleftharpoons M(OH)Y$$

$$K_{M(OH)Y}^{OH} = \frac{[M(OH)Y]}{[MY][OH^-]}$$

形成 M(OH)Y 时 MY 的副反应系数 $\alpha_{MY(OH)}$ 为：

$$\alpha_{MY(OH)} = \frac{[MY']}{[MY]} = \frac{[MY]+[M(OH)Y]}{[MY]} = 1 + K_{M(OH)Y}^{OH}[OH^-] \tag{5-28}$$

由此可见，溶液中 $[OH^-]$ 越大，$K_{M(OH)Y}^{OH}$ 越大，$\alpha_{MY(OH)}$ 也越大，对主反应越有利。

(3) 多元配合物

相类似，当溶液中有其他配体 L 存在时，有可能形成多元配合物，反应如下：

$$MY + L \rightleftharpoons MLY$$

$$K_{MLY}^{L} = \frac{[MLY]}{[MY][L]}$$

形成 MLY 时，MY 的副反应系数 $\alpha_{MY(L)}$ 为：

$$\alpha_{MY(L)} = \frac{[MY']}{[M]} = \frac{[MY]+[MLY]}{[MY]} = 1 + K_{MLY}^{L}[L] \tag{5-29}$$

由此可知，溶液中 $[L]$ 越大，K_{MLY}^{L} 越大，$\alpha_{MY(L)}$ 也越大，对主反应越有利。

由上述讨论可知，MY 的副反应均有利于主反应的进行，但需要指出的是，由于 MHY、M(OH)Y 和 MLY 的稳定性较差，这种影响通常可忽略不计。

5.3.2 条件稳定常数

由上述有关副反应系数的讨论可知：

$$[M'] = \alpha_M[M]$$
$$[Y'] = \alpha_Y[Y]$$
$$[MY'] = \alpha_{MY}[MY]$$

代入式(5-11) 可得：

$$K'_{MY} = \frac{[MY']}{[M'][Y']} = \frac{\alpha_{MY}[MY]}{\alpha_M[M]\alpha_Y[Y]} = K_{MY}\frac{\alpha_{MY}}{\alpha_M\alpha_Y}$$

取对数，得：

$$\lg K'_{MY} = \lg K_{MY} - \lg\alpha_M - \lg\alpha_Y + \lg\alpha_{MY} \tag{5-30}$$

由此可知，M 和 Y 的副反应会使条件稳定常数减小，而 MY 的副反应则使条件稳定常数增大。如前所述，MY 的副反应一般可忽略，则：

$$K'_{MY} = \frac{[MY]}{[M'][Y']} = \frac{[MY]}{\alpha_M[M]\alpha_Y[Y]} = K_{MY}\frac{1}{\alpha_M\alpha_Y}$$

取对数得：

$$\lg K'_{MY} = \lg K_{MY} - \lg\alpha_M - \lg\alpha_Y \tag{5-31}$$

若共存金属离子 N 对 Y 的影响和配体 L 对 M 的影响（包括水解效应）均可忽略，或不

存在共存离子和其他配体,即仅考虑 EDTA 的酸效应,则有:

$$K'_{MY} = \frac{[MY]}{[M][Y']} = \frac{[MY]}{[M]\alpha_{Y(H)}[Y]} = K_{MY}\frac{1}{\alpha_{Y(H)}}$$

取对数得:

$$\lg K'_{MY} = \lg K_{MY} - \lg \alpha_{Y(H)} \tag{5-32}$$

由上述讨论可知,配位平衡体系中条件稳定常数与各组分是否存在副反应有关。在实际应用中要根据某组分例如金属离子或配位剂是否有副反应而具体讨论。

【例 5-7】 计算 pH=2.0 和 pH=5.0 时的条件稳定常数 $\lg K'_{ZnY}$。

解 查表得:$\lg K_{ZnY} = 16.50$。

pH=2.0 时,$\lg \alpha_{Zn(OH)} = 0$,$\lg \alpha_{Y(H)} = 13.51$

pH=5.0 时,$\lg \alpha_{Zn(OH)} = 0$,$\lg \alpha_{Y(H)} = 6.45$

由式(5-32):$\lg K'_{MY} = \lg K_{MY} - \lg \alpha_{Y(H)}$

pH=2.0 时,$\lg K'_{ZnY} = 16.50 - 13.51 = 2.99$

pH=5.0 时,$\lg K'_{ZnY} = 16.50 - 6.45 = 10.05$

由上结果可见酸度升高,$\lg K'_{ZnY}$ 减小,ZnY 稳定性变差。

【例 5-8】 计算 pH=10、$c_{NH_3} = 0.1 \text{mol} \cdot L^{-1}$ 时的 $\lg K'_{ZnY}$。已知:pH=10 时,$\lg \alpha_{Y(H)} = 0.5$,$\lg \alpha_{Zn(OH)} = 2.4$。

解 体系平衡关系为:

$$\begin{array}{ccccc}
& & Zn^{2+} & + & Y & \Longleftrightarrow & ZnY \\
OH^- & \diagup & \vert & NH_3 & & \vert H^+ & \\
& Zn(OH)^+ & Zn(NH_3)^{2+} & & HY & \\
& \vdots & \vdots & & \vdots & \\
& Zn(OH)_2 & Zn(NH_3)_4^{2+} & & H_6Y & \\
& \alpha_{Zn(OH)} & \alpha_{Zn(NH_3)} & & \alpha_{Y(H)} &
\end{array}$$

(1) $\lg \alpha_Y$ 的求解

$$\text{pH} = 10,\ \lg \alpha_{Y(H)} = 0.5$$
$$\alpha_Y = \alpha_{Y(H)} + \alpha_{Y(N)} - 1$$

体系中无其他干扰离子,则:

$$\alpha_Y = \alpha_{Y(H)}$$
$$\lg \alpha_Y = 0.5$$

(2) $\lg \alpha_{Zn}$ 的求解

由【例 5-6】求得 $\lg \alpha_{Zn} = 5.1$

(3) $\lg K'_{ZnY}$ 的求解

已知:$\lg K_{Zn(Y)} = 16.5$

$$\lg K'_{ZnY} = \lg K_{Zn(Y)} - \lg \alpha_{Zn} - \lg \alpha_Y = 16.5 - 5.1 - 0.5 = 10.9$$

【例 5-9】 计算 pH=5.00、$[F^-] = 1.0 \times 10^{-3} \text{mol} \cdot L^{-1}$、$[Zn^{2+}] = 1.0 \times 10^{-2} \text{mol} \cdot L^{-1}$ 的溶液中 AlY 的条件稳定常数 $\lg K'_{AlY}$。

解 体系平衡关系为:

$$\begin{array}{ccccc}
\text{Al} & + & \text{Y} & \Longleftrightarrow & \text{AlY} \\
\text{OH}^- \swarrow \quad \searrow \text{F}^- & & \text{H}^+ \swarrow \quad \searrow \text{Zn} & & \\
\text{Al(OH)}^{2+} \quad \text{AlF} & & \text{HY} \quad \text{ZnY} & & \\
\text{Al(OH)}_2^+ \quad \vdots & & \vdots & & \\
\text{Al(OH)}_3 \quad \text{AlF}_6 & & \text{H}_6\text{Y} & &
\end{array}$$

若要求 $\lg K'_{\text{AlY}}$，则：$\lg K'_{\text{AlY}} = \lg K_{\text{AlY}} - \lg \alpha_{\text{Y}} - \lg \alpha_{\text{Al}}$

(1) $\lg \alpha_{\text{Y}}$ 的求解

pH=5.00 时，$\lg \alpha_{\text{Y(H)}} = 6.45$，$\lg K_{\text{ZnY}} = 16.50$

$$\alpha_{\text{Y(Zn)}} = 1 + K_{\text{ZnY}}[\text{Zn}^{2+}] = 1 + 10^{16.50} \times 1.0 \times 10^{-2} = 10^{14.50}$$

$$\alpha_{\text{Y}} = \alpha_{\text{Y(H)}} + \alpha_{\text{Y(Zn)}} - 1 = 10^{6.45} + 10^{14.50} - 1 \approx 10^{14.50}$$

(2) $\lg \alpha_{\text{Al}}$ 的求解

$$\lg \alpha_{\text{Al(OH)}} = 0.4，即\ \alpha_{\text{Al(OH)}} = 10^{0.4}$$

由于 F^- 的存在，会产生配位效应，Al^{3+}-F^- 各级配合物的 $\lg \beta_1 \sim \lg \beta_6$ 依次为 6.13、11.15、15.00、17.75、19.37、19.84，则：

$$\alpha_{\text{Al(F)}} = 1 + \sum_{i=1}^{6} \beta_i [\text{F}^-]^i$$

$$= 1 + 10^{6.13} \times 1.0 \times 10^{-3} + 10^{11.15} \times (1.0 \times 10^{-3})^2 + 10^{15.00} \times (1.0 \times 10^{-3})^3$$

$$+ 10^{17.75} \times (1.0 \times 10^{-3})^4 + 10^{19.37} \times (1.0 \times 10^{-3})^5 + 10^{19.84} \times (1.0 \times 10^{-3})^6$$

$$= 1 + 10^{3.13} + 10^{5.15} + 10^{6.00} + 10^{5.75} + 10^{4.37} + 10^{1.84}$$

$$= 10^{6.24}$$

$$\alpha_{\text{Al}} = \alpha_{\text{Al(F)}} + \alpha_{\text{Al(OH)}} - 1 = 10^{6.24} + 10^{0.4} - 1 \approx 10^{6.24}$$

$$\lg K'_{\text{AlY}} = \lg K_{\text{AlY}} - \lg \alpha_{\text{Y}} - \lg \alpha_{\text{Al}} = 16.3 - 14.50 - 6.24 = -4.4$$

5.4 配位滴定的基本原理

酸碱滴定中，随着滴定剂的加入，溶液的 $[H^+]$ 发生变化，在化学计量点附近，溶液的 $[H^+]$ 发生突变，形成滴定突跃，通过合适的指示剂，就能判断滴定终点，根据滴定剂加入的量不足或过量，可计算滴定误差。与酸碱滴定法相似，在配位滴定中，用配位剂滴定金属离子时，随着配位滴定剂的不断加入，金属离子被不断配合，其浓度逐渐降低。到达化学计量点附近时，溶液的 pM 发生突变，用合适的指示剂确定终点，并根据变色点和滴定计量点的差别计算滴定误差。

与酸碱滴定不同的是，配位滴定平衡体系复杂，由于 M 存在配位效应和水解效应，Y 存在酸效应和共存离子效应，这些效应使得体系的平衡常数在不同阶段不断变化（酸的 K_a 或碱的 K_b 是不变的），这将影响滴定反应的完全程度。因此，在配位滴定中常用酸碱缓冲体系控制溶液的酸度。酸碱滴定法和配位滴定法比较见表5-4。

表5-4 酸碱滴定法和配位滴定法的比较

滴定类型	滴定反应	溶液组成			
		开始	化学计量点前	化学计量点	化学计量点后
酸碱滴定	$H^+ + A^- \Longleftrightarrow HA$	A	HA+A(余)	HA	HA+H^+(过量)
配位滴定	$M + Y \Longleftrightarrow MY$	M	MY+M(余)	MY	MY+Y(过量)

5.4.1 滴定曲线

在配位滴定过程中 pM 的计算要考虑有、无副反应两种情况，若有副反应，计算比较复杂。下面以 $0.01000\text{mol}\cdot\text{L}^{-1}$ EDTA 滴定 20.00mL $0.01000\text{mol}\cdot\text{L}^{-1}$ 的 Ca^{2+} 为例进行讨论。首先讨论无副反应情况，再讨论副反应情况，且仅考虑酸效应和羟基配位效应情况，并比较。

① 设在滴定过程中始终保持溶液的 pH 值为 12.00，$\lg\alpha_{Ca(OH)}=0.00$，$\lg\alpha_{Y(H)}=0.00$，则：
$$\lg K'_{CaY}=\lg K_{CaY}=10.69$$

也就是在滴定过程中无副反应存在。整个滴定过程也分为四个阶段计算溶液的 pCa。

a. 滴定前　溶液的 pCa 由被滴定的 Ca^{2+} 溶液的初始浓度决定，与 pH 值无关。
$$[Ca^{2+}]=0.01000\text{mol}\cdot\text{L}^{-1}, \text{pCa}=2.00$$

b. 滴定开始至化学计量点前　由于 $\lg K'_{CaY}=10.69$，CaY 较稳定，其解离可忽略。溶液的 pCa 仅取决于剩余 Ca^{2+} 的浓度，其计算公式为：
$$[Ca^{2+}]=\frac{c_0V_0-cV}{V_0+V} \tag{5-33}$$

当滴入 19.98mL（也就是不足量 -0.1%）EDTA 时：
$$[Ca^{2+}]=\frac{c_0V_0-cV}{V_0+V}=0.01000\times\frac{20.00-19.98}{20.00+19.98}=5.00\times10^{-6}(\text{mol}\cdot\text{L}^{-1})$$
$$\text{pCa}=5.30$$

化学计量点之前溶液的 pCa 均可按此方法计算。

c. 化学计量点　在化学计量点时，对于一般配位滴定反应：
$$Ca+Y \Longrightarrow CaY$$
$$K_{CaY}=\frac{[CaY]_{sp}}{[Ca]_{sp}[Y]_{sp}}$$

式中，$[CaY]_{sp}$、$[Ca]_{sp}$ 和 $[Y]_{sp}$ 分别为化学计量点时各物质相应的浓度。CaY 比较稳定，所以有 $[CaY]_{sp}=c^{sp}_{CaY}=\frac{1}{2}c_0$。此时 $[Ca]_{sp}=[Y]_{sp}$，由此可得：
$$[Ca]_{sp}=\sqrt{\frac{[CaY]_{sp}}{K_{CaY}}} \tag{5-34}$$

即：
$$[Ca^{2+}]_{sp}=\sqrt{\frac{c^{sp}_{CaY}}{K_{CaY}}}=\sqrt{\frac{5.00\times10^{-3}}{10^{10.69}}}=3.20\times10^{-7}(\text{mol}\cdot\text{L}^{-1})$$
$$\text{pCa}=6.50$$

d. 化学计量点后　溶液的 pCa 取决于过量 Y 的浓度，此时按下式计算：
$$[Ca^{2+}]=\frac{[CaY]}{[Y]K_{CaY}}$$

当加入 20.02mL（也就是过量 $+0.1\%$）EDTA 时：
$$[Y]=0.01000\times\frac{0.02}{20.00+20.02}=5.00\times10^{-6}(\text{mol}\cdot\text{L}^{-1})$$
$$[CaY]\approx\frac{0.01000\times20.00}{20.00+20.02}=5.00\times10^{-3}(\text{mol}\cdot\text{L}^{-1})$$

$$[Ca^{2+}] = \frac{[CaY]}{[Y]K_{CaY}} = \frac{5.00 \times 10^{-3}}{5.00 \times 10^{-6} \times 10^{10.69}} = 10^{-7.70} (mol \cdot L^{-1})$$

$$pCa = 7.70$$

滴定过程中溶液的 pCa 可用类似的方法进行计算。上述所得数据列于表 5-5 中。

表 5-5 pH=10.00，12.00 时，0.01000mol·L^{-1} EDTA 滴定 20.00mL 0.01000mol·L^{-1} Ca^{2+}

EDTA 溶液		溶液组成	[Ca^{2+}]的计算公式		pCa	
滴定体积/mL	滴定分数/%		pH=10.00	pH=12.00	pH=10.00	pH=12.00
0.00	0.0	Ca^{2+}	$pCa = -\lg c_0$		2.00	2.00
18.00	90.0	CaY+Ca（剩余）	$[Ca^{2+}] = \dfrac{c_0 V_0 - cV}{V_0 + V}$		3.28	3.28
19.80	99.0				4.30	4.30
19.98	99.9				5.30	5.30
20.00	100.0	CaY	$[Ca]_{sp} = \sqrt{\dfrac{[CaY]_{sp}}{K'_{CaY}}}$	$[Ca]_{sp} = \sqrt{\dfrac{[CaY]_{sp}}{K_{CaY}}}$	6.27	6.50
20.02	100.1	CaY+Y（过量）	$[Ca^{2+}] = \dfrac{[CaY]}{[Y']K'_{CaY}}$	$[Ca^{2+}] = \dfrac{[CaY]}{[Y]K_{CaY}}$	7.24	7.70
20.20	101.0				8.24	8.70
40.00	200.0				10.24	10.70

② 设在滴定过程中始终保持溶液的 pH 值为 10.00，在此条件下，$\lg\alpha_{Ca(OH)} = 0.00$，$\lg\alpha_{Y(H)} = 0.45$，则：

$$\lg K'_{CaY} = \lg K_{CaY} - \lg\alpha_{Y(H)} = 10.69 - 0.45 = 10.24$$

整个滴定过程也可分为四个阶段计算溶液的 pCa。

a. 滴定前 溶液的 pCa 由被滴定的 Ca^{2+} 溶液的初始浓度决定，与 pH 值无关，计算与上述相同。

$$pCa = 2.00$$

b. 滴定开始至化学计量点前 由于 $\lg K'_{CaY} = 10.24$，CaY 较稳定，其解离可忽略。溶液的 pCa 仅取决于剩余 Ca^{2+} 的浓度。计算公式同式(5-33)。

当滴入 19.98mL（也就是不足量-0.1%）EDTA 时，pCa=5.30。化学计量点之前溶液的 pCa 均可按此方法计算。

c. 化学计量点

$$Ca + Y \rightleftharpoons CaY$$

由于仅有酸效应存在

$$K'_{CaY} = \frac{[CaY]_{sp}}{[Ca]_{sp}[Y']_{sp}}$$

式中，[CaY]$_{sp}$、[Ca]$_{sp}$ 和 [Y']$_{sp}$ 分别为化学计量点时各物质相应的浓度。其中忽略 CaY 的副反应，且 CaY 比较稳定，所以有 $[CaY]_{sp} = c^{sp}_{CaY} = \dfrac{1}{2}c_0$。此时 $[Ca]_{sp} = [Y']_{sp}$，由此可得：

$$[Ca]_{sp} = \sqrt{\frac{[CaY]_{sp}}{K'_{CaY}}} \tag{5-35}$$

$$[Ca^{2+}]_{sp} = \sqrt{\frac{c^{sp}_{Ca}}{K'_{CaY}}} = \sqrt{\frac{5.00 \times 10^{-3}}{10^{10.24}}} = 5.36 \times 10^{-7} (mol \cdot L^{-1})$$

$$pCa = 6.27$$

d. 化学计量点后 溶液的 pCa 取决于过量 Y 的浓度,此时按下面公式计算:

$$[Ca^{2+}] = \frac{[CaY]}{[Y']K'_{CaY}} \tag{5-36}$$

当加入 20.02mL(也就是过量+0.1%)EDTA 时:

$$[Y'] = 0.01000 \times \frac{0.02}{20.00+20.02} = 5.00 \times 10^{-6} (mol \cdot L^{-1})$$

$$[CaY] \approx \frac{0.01000 \times 20.00}{20.00+20.02} = 5.00 \times 10^{-3} (mol \cdot L^{-1})$$

$$[Ca^{2+}] = \frac{[CaY]}{[Y']K'_{CaY}} = \frac{5.00 \times 10^{-3}}{5.00 \times 10^{-6} \times 10^{10.24}} = 10^{-7.24} (mol \cdot L^{-1})$$

$$pCa = 7.24$$

滴定过程中溶液的 pCa 可用类似的方法进行计算,所得数据也列于表 5-5 中。

与酸碱滴定相似,在化学计量点附近,pCa 有一急剧变化。在化学计量点前后 0.1% 时,对于 pH 值为 12.00 时,pCa 由 5.30 急剧增加至 7.70。对于 pH 值为 10.00 时,pCa 由 5.30 急剧增加至 7.24,都形成了滴定突跃。可见,有酸效应和无酸效应影响的是化学计量点后的 pCa,且有酸效应的滴定突跃小于无酸效应的滴定突跃。

根据以上公式可以求得 pH=12 和 10 下的 pCa,以滴定分数为横坐标,pCa 为纵坐标绘出的滴定曲线如图 5-6 所示。

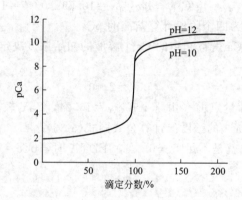

图 5-6 $0.01000 mol \cdot L^{-1}$ EDTA 滴定
$0.01000 mol \cdot L^{-1}$ 的 Ca^{2+} 的滴定曲线

从图中可以看出,在滴定的不同阶段中,金属离子的浓度与 pH 关系不同。化学计量点前,金属离子的浓度 pCa 与 pH 无关;化学计量点时和化学计量点之后,由于受 $\alpha_{Ca(OH)}$、$\alpha_{Y(H)}$ 的影响,pH 越大,K'_{CaY} 越大,配合物越稳定,滴定突跃越大;反之亦然。

5.4.2 影响配位滴定 pM 突跃的主要因素

酸碱滴定中,用强碱滴定弱酸,当浓度一定时,弱酸的 K_a 值越大,滴定突跃越大;当 K_a 一定时,酸的浓度越大,滴定突跃越大。与此类似,配位滴定时,K'_{MY} 和浓度是两个主要影响因素,现分别讨论如下。

(1) K'_{MY} 值一定时,浓度对 pM' 突跃的影响

当 $\lg K'_{MY} = 10$,c_M 为 $10^{-4} \sim 10^{-1} mol \cdot L^{-1}$,分别用等浓度的 EDTA 滴定 M 所得的数据见表 5-6,所得曲线见图 5-7。

表 5-6 不同浓度 EDTA 滴定相应 M 时 pM′ 的变化

pM′ \ 加入EDTA的百分数/%	M 的起始浓度/mol·L^{-1}			
	10^{-1}	10^{-2}	10^{-3}	10^{-4}
99.0	3.30	4.30	5.30	6.30
99.9	4.30	5.30	6.23	7.00
100.0	5.65	6.15	6.65	7.15
100.1	7.00	7.01	7.07	7.30
101.0	8.00	8.00	8.00	8.00

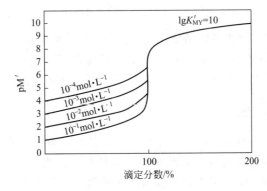

图 5-7 金属离子浓度对 pM′ 突跃大小的影响

图 5-7 表明，K'_{MY} 一定时，c_M 越大，滴定曲线的起点就越低，pM′ 突跃就越大；反之 c_M 越小，pM′ 突跃就越小。若 c_M 过小，则 pM′ 突跃不明显，无法进行准确滴定。

（2）浓度一定时，K'_{MY} 对 pM′ 突跃的影响

用浓度为 0.01000 mol·L^{-1} 的 EDTA 滴定等浓度的金属离子 M，若 $\lg K'_{MY}$ 分别为 4、6、8、10、12、14，所得 pM′ 变化数据见表 5-7，其滴定曲线如图 5-8 所示。

表 5-7 滴定过程化学计量点附近 pM′ 变化

pM′ \ 加入EDTA的百分数/%	$\lg K'_{MY}$					
	4	6	8	10	12	14
99.9	3.180	4.138	5.0	5.3	5.3	5.3
100.0	3.181	4.154	5.2	6.2	7.2	8.2
100.1	3.183	4.169	5.3	7.0	9.0	11.0
滴定突跃	0.003	0.031	0.3	1.7	3.7	5.7

图 5-8 表明，c_M 一定时，K'_{MY} 是影响 pM′ 突跃大小的主要因素之一，而 K'_{MY} 值取决于 K_{MY}、$\alpha_{Y(H)}$ 和 c_M 的值。其中，K_{MY} 值越大，K'_{MY} 值越大，pM′ 突跃也越大，反之越小；$\alpha_{Y(H)}$ 值越大，即滴定体系的酸度越大，K'_{MY} 值就越小，导致滴定曲线尾部平台下降，pM′

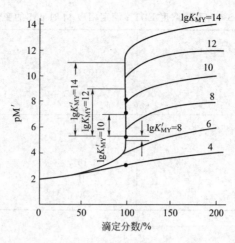

图 5-8　不同 K'_{MY} 的滴定曲线

突跃变小；缓冲溶液及其他辅助配位剂的配位作用，当缓冲剂对 M 有配位效应，或加入辅助配位剂防止 M 水解、沉淀析出时，OH^- 和加入的辅助配位剂对 M 有配位效应。$\alpha_{M(L)}$ 值越大，即缓冲剂或辅助配位剂的浓度越大，K'_{MY} 值越小，pM' 突跃越小。

5.4.3　金属离子指示剂

金属离子指示剂（metallochromic indicator）是在配位滴定中使用的一种指示剂，简称金属指示剂。金属指示剂是本身既具有酸碱性，又具有配合性的有机染料。它对金属离子浓度的改变很灵敏，在一定 pH 范围内，当金属离子浓度发生改变时，指示剂颜色改变，可用于确定滴定终点。

(1) 金属离子指示剂的作用原理

金属离子指示剂实际上是金属离子的显色剂，它能与金属离子形成有色配合物，这种有色配合物的颜色与指示剂本身的颜色不同，其稳定性也不如该金属离子与 EDTA 生成的配合物稳定。因此，在滴定开始时，由于溶液中有大量金属离子，它们与指示剂反应，生成有色配合物。随着 EDTA 的滴入，金属离子逐步被配合，当达到等当点时，已与指示剂配位的金属离子全被 EDTA 夺去，释放出指示剂，从而引起溶液颜色的变化。

例如常用指示剂铬黑 T(EBT) 及其与金属镁配合生成的铬黑 T-Mg 的结构及颜色变化如下：

铬黑 T 是三元酸的钠盐，作指示剂使用时主要涉及后两级解离，即：

$$H_2In^- \xrightleftharpoons{pK_{a_2}=6.3} HIn^{2-} \xrightleftharpoons{pK_{a_3}=11.6} In^{3-}$$

　　　紫红　　　　　　　蓝　　　　　　　橙

铬黑 T 在 pH＜6 时，呈红色，在 pH＞12 时，呈橙色，pH＝7～11，呈蓝色，而在此范围内它与许多金属离子形成红色配合物。可见，在 pH＜6 或 pH＞12 时铬黑 T 呈现紫红色或橙色，与配合物的颜色相近，无法作为指示剂使用。在 pH＝7～11 范围内，铬黑 T 为蓝色，与配合物的颜色差别明显。

例如，pH＝10，用 EDTA 滴定 Mg^{2+}：

滴定前： $Mg^{2+} + HIn^{2-} \rightleftharpoons MgIn^- + H^+$
蓝色　　　　　红色

滴定开始： $Mg^{2+} + H_2Y^{2-} \rightleftharpoons MgY^{2-} + 2H^+$

化学计量点附近： $H_2Y^{2-} + MgIn^- \rightleftharpoons MgY^{2-} + HIn^{2-} + H^+$
红色　　　　　蓝色

金属离子的显色剂很多，但其中只有一部分可用作金属离子指示剂。一般而言，金属离子指示剂应具备以下条件：

① 金属离子指示剂与金属离子形成的配合物（MIn）与指示剂（In）的颜色应明显不同，这样才能借助颜色变化确定滴定终点。

② 金属离子指示剂与离子之间的反应要灵敏、迅速、可逆。

③ 金属离子指示剂与金属离子所形成的配合物的稳定性应适当。它既要有足够的稳定性，但又要比该金属离子的 EDTA 配合物的稳定性小。若稳定性太低，则未到达化学计量点时 MIn 就会分解，变色不敏锐，从而影响滴定的准确度；若稳定性太高，在化学计量点附近，Y 不易与 MIn 中的 M 配合，使终点推迟甚至不变色。

④ 金属离子指示剂应比较稳定，易溶于水，便于保存和使用。

应当指出的是，由于金属离子指示剂可与被测金属离子形成配合物，对滴定反应也会产生配位效应，但因浓度很低，该影响可忽略。

(2) 金属离子指示剂的理论变色点

如果金属离子（M）与金属离子指示剂（In）形成 1∶1 配合物：

$$\begin{array}{ccc} M & + & In \rightleftharpoons MIn \\ \| L & & \| H \\ ML & & HIn \\ \vdots & & \vdots \\ ML_n & & H_nIn \end{array}$$

MIn 的稳定常数为：

$$K_{MIn} = \frac{[MIn]}{[M][In]}$$

若考虑 M 和 In 的副反应，则有：

$$K'_{MIn} = \frac{[MIn]}{[M'][In']} = \frac{[MIn]}{\alpha_M[M]\alpha_{In(H)}[In]} = \frac{K_{MIn}}{\alpha_M \alpha_{In(H)}} \tag{5-37}$$

式中，α_M 为 M 的副反应系数；$\alpha_{In(H)}$ 为金属离子指示剂的酸效应系数。取对数得：

$$\lg K'_{MIn} = pM' + \lg \frac{[MIn]}{[In']} = \lg K_{MIn} - \lg \alpha_{In(H)} - \lg \alpha_M \tag{5-38}$$

与酸碱指示剂类似，当 [MIn]＝[In'] 时，溶液呈现 MIn 和 In 的混合色，此时即是指示剂的变色点：

$$pM'_{ep} = \lg K'_{MIn} = \lg K_{MIn} - \lg \alpha_{In(H)} - \lg \alpha_M \tag{5-39}$$

忽略 M 的副反应：

$$pM'_{ep} = \lg K'_{MIn} = \lg K_{MIn} - \lg \alpha_{In(H)} \qquad (5\text{-}40)$$

配位滴定中所用的指示剂一般为有机弱酸，存在着酸效应。它与被滴定的金属离子 M 所形成的有色配合物的条件稳定常数 K'_{MIn} 将随 pH 的变化而变化，导致指示剂变色点的 pM_{ep} 也随 pH 的变化而变化。因此，与酸碱指示剂不同，金属离子指示剂不可能有一个确定的变色点。在选择配位指示剂时，必须考虑体系的酸度，使 pM_{sp} 与 pM_{ep} 尽可能一致，至少应在化学计量点附近的 pM 突跃范围内，以保证分析结果的准确性。如果 M 也存在副反应，则应使 pM'_{sp} 与 pM'_{ep} 尽量一致。

（3）常用的金属离子指示剂

① 铬黑 T（EBT）　铬黑 T 的化学名称为 1-(1-羟基-2-萘偶氮)-6-硝基-2-萘酚-4-磺酸，常用其钠盐，结构式如下。

铬黑 T 通常在 pH＝10 时用作直接滴定 Mg^{2+}、Pb^{2+}、Zn^{2+}、Cd^{2+}、Hg^{2+} 等的指示剂。Co^{2+}、Ni^{2+}、Cu^{2+}、Al^{3+}、Fe^{3+} 和 Ti^{4+} 等会封闭铬黑 T。另需注意，铬黑 T 的水溶液不稳定，会发生聚合反应和氧化还原反应，加入乙二胺或三乙醇胺可防止聚合，加入盐酸羟胺或抗坏血酸可防止氧化。分析实验中常用其与 NaCl 的比例为 1：100 的固体混合物，可长期稳定存在。

铬黑T　　　　　　　　　二甲酚橙

② 二甲酚橙（XO）　二甲酚橙的化学名称为 $3,3'$-双(二羟甲基氨甲基)邻甲酚磺酞。

二甲酚橙为六元酸，可表示为 H_6In，其解离产物中除 HIn^{5-} 和 In^{6-} 为红色外，其余均为黄色。在 pH＝5~6 时，二甲酚橙主要以 H_2In^{4-} 形式存在，它的酸碱解离平衡如下：

$$H_2In^{4-} \rightleftharpoons HIn^{5-} + H^+, \quad pK_{a_5} = 6.3$$
　　黄　　　　　红紫

二甲酚橙能与许多金属离子形成红紫色配合物，因此在 pH＜6 的酸性溶液中作为指示剂使用，pH＜1 时可用作测定 ZrO^{2+} 的指示剂，pH＝1~2 时可用作测定 Bi^{3+} 的指示剂，pH＝2.5~3.5 时可用作测定 Th^{4+} 的指示剂，pH＝3~3.2 时可用作测定 Tl^{3+} 的指示剂，pH＝5~6 时可用作测定 Zn^{2+}、Cd^{2+}、Hg^{2+}、Pb^{2+}、Sc^{3+}、Y^{3+} 的指示剂和稀土等离子的指示剂。Fe^{3+}、Al^{3+}、Cu^{2+}、Co^{2+}、Ni^{2+}、Ti^{4+} 和 Th^{4+}（pH＝5~6）对二甲酚橙有封闭作用。

二甲酚橙可配制成 0.5% 的水溶液使用，可稳定 2~3 周；也可制成与 KCl 比例为 1：100 的固体混合物使用。

③ PAN　PAN 的化学名称为 1-(2-吡啶偶氮)-2-萘酚，其结构式如下：

$$H_2In^+ \rightleftharpoons HIn \rightleftharpoons In^- \quad pK_{a_1} = 1.93, pK_{a_2} = 12.2$$
黄绿　　　　黄　　　　淡红

PAN 可与许多金属离子形成红色配合物，因此可在 pH 值为 2～12 范围内作为指示剂，用于滴定 Cu^{2+}、Zn^{2+}、Cd^{2+}、Hg^{2+}、Pb^{2+}、Bi^{3+}、Fe^{2+}、Mn^{2+}、In^{3+}、Th^{4+} 和稀土等离子。由于其金属配合物难溶于水，与 EDTA 反应缓慢，影响终点的确定。Ni^{2+}、Co^{2+} 对 PAN 有封闭作用。

用 PAN 作指示剂，除 Cu^{2+} 外直接滴定其他金属离子时，其颜色变化不够明显，如在溶液中加入少许 CuY 和 PAN 的混合液，则终点颜色变化十分敏锐。这是因为 CuY 呈蓝色，PAN 呈黄色，故混合液呈黄绿色，将它加到无色金属离子 M 的溶液中，将发生下述置换反应：

$$CuY + PAN + M \rightleftharpoons MY + Cu\text{-}PAN$$
　蓝　　　黄　　　　　　　　　　红

溶液呈红色。在此情况下，即使 $K_{MY} < K_{CuY}$，也会发生置换反应，因为 Cu^{2+} 与 PAN 的配合物十分稳定，由于配位效应，K'_{CuY} 减小。当滴入 EDTA 时，Y 先与游离的 M 配合，当刚滴至化学计量点后，过量的 EDTA 与 Cu-PAN 发生置换反应使 PAN 游离出来，发生颜色变化：

$$Cu\text{-}PAN + Y \rightleftharpoons CuY + PAN$$
　　红　　　　　　　蓝　　黄

由于生成的 CuY 的量与滴定前加入的 CuY 的量相等，不影响测定结果。

利用 CuY-PAN 指示剂可使 Ca^{2+}、Mg^{2+} 等许多不与 PAN 显色的金属离子也能被 EDTA 滴定，扩大了 PAN 的应用范围。另外由于 CuY-PAN 指示剂可在很宽的 pH 值范围（1.9～12.2）内使用，通过调节溶液的 pH 值，可在一份溶液中连续测定多种金属离子，避免了由于使用多种指示剂产生颜色干扰的问题。

④ 钙指示剂　钙指示剂的化学名称为 2-羟基-1-(2-羟基-4-磺酸基-1-萘偶氮基)-3-萘甲酸，其结构式如下：

钙指示剂与 Ca^{2+} 形成红色配合物，在 pH=12～13 条件下作指示剂滴定 Ca^{2+} 时，终点呈蓝色，Mg^{2+} 不干扰。Fe^{3+}、Al^{3+} 等对钙指示剂有封闭作用。钙指示剂的水溶液和乙醇溶液都不稳定，常使用其与 NaCl 的固体混合物。

(4) 指示剂的封闭和僵化

为了准确方便地确定终点，要求指示剂在化学计量点附近变色敏锐。但在实际工作中有时会发生 MIn 配合物颜色不变或变化非常缓慢的现象，前者称为指示剂的封闭现象，后者称为指示剂的僵化现象。

产生指示剂封闭现象的原因可能是溶液中共存的某些金属离子与指示剂形成的有色配合物的稳定性比该金属离子与 EDTA 形成的配合物的稳定性还要高，因而造成在化学计量点附近颜色不变的现象。指示剂封闭现象一般可使用适当的掩蔽剂或采用适当的滴定方式加以消除。例如，以铬黑 T 作指示利，用 EDTA 滴定 Ca^{2+}、Mg^{2+} 时，若溶液中同时存在 Fe^{3+}、Al^{3+} 等，由于它们与铬黑 T 形成的配合物比其与 EDTA 形成的配合物更稳定，因此在化学计量点附近不会变成铬黑 T 的颜色。又如以二甲酚橙作指示剂，用 EDTA 滴定 Al^{3+} 时，由于 Al^{3+} 与二甲酚橙形成的配合物与 EDTA 反应缓慢，在化学计量点附近时溶液颜色实际上没有改变，可以通过采用返滴定方式加以避免。

产生指示剂僵化现象的原因是金属离子与指示剂形成难溶于水的有色配合物，虽然其稳定性比该金属离子与 EDTA 生成的配合物差，但置换反应速率较慢，使终点拖长。一般通过加入有机溶剂或加热消除僵化现象。例如，用 PAN 作指示利时，很多金属离子与它形成的配合物难溶于水，这时就须向溶液中加入乙醇，或加热溶液，可使指示剂变色敏锐。

5.4.4 终点误差

配位滴定的误差是由滴定终点和化学计量点的不一致造成的。对于配位反应，在化学计量点时，应有 $[M']_{sp} = [Y']_{sp}$；在滴定终点时，由于过量或不足量的 Y 存在，则 $[M']_{ep}$ 与 $[Y']_{ep}$ 不一致，则表明存在终点误差。由此，终点误差的计算公式为：

$$E_t = \frac{[Y']_{ep} - [M']_{ep}}{c_M^{sp}} \times 100\% \tag{5-41}$$

设滴定终点（ep）与化学计量点（sp）的 pM′ 值之差为 ΔpM′，即：

$$\Delta pM' = pM'_{ep} - pM'_{sp} = \lg \frac{[M']_{sp}}{[M']_{ep}}$$

$$10^{\Delta pM'} = \frac{[M']_{sp}}{[M']_{ep}}$$

故：

$$[M']_{ep} = [M']_{sp} \times 10^{-\Delta pM'} \tag{5-42}$$

同理：

$$[Y']_{ep} = [Y']_{sp} \times 10^{-\Delta pY'} \tag{5-43}$$

由于终点和化学计量点通常相差很小，所以终点时的 K'_{MY} 与化学计量点的 K'_{MY} 非常相近，且 $[MY]_{sp} \approx [MY]_{ep}$，则：

$$\frac{[MY]_{sp}}{[M']_{sp}[Y']_{sp}} = \frac{[MY]_{ep}}{[M']_{ep}[Y']_{ep}}$$

变换为：

$$\frac{[M']_{ep}}{[M']_{sp}} = \frac{[Y']_{sp}}{[Y']_{ep}}$$

将上式取负对数，得：

$$pM'_{ep} - pM'_{sp} = pY'_{sp} - pY'_{ep}$$

$$\Delta pM' = -\Delta pY' \tag{5-44}$$

化学计量点时：

$$[M']_{sp} = [Y']_{sp} = \sqrt{\frac{c_M^{sp}}{K'_{MY}}} \tag{5-45}$$

将式(5-42)、式(5-43)、式(5-44) 和式(5-45) 代入式(5-41) 中整理得：

$$E_t = \frac{10^{\Delta pM'} - 10^{-\Delta pM'}}{\sqrt{K'_{MY} c_M^{sp}}} \times 100\% \qquad (5-46)$$

式(5-46)称为林邦终点误差公式。由此公式可知，终点误差不仅与 K'_{MY} 有关，还与 c_M^{sp}、$\Delta pM'$ 有关。K'_{MY} 越大、c_M^{sp} 越大，终点误差越小；$\Delta pM'$ 越小，终点误差越小。即 MY 的条件稳定常数越大，M 的初始浓度越大，终点与化学计量点越接近（$\Delta pM'$ 越小），终点误差越小。

【例 5-10】 在 pH=5.0 时，以二甲酚橙为指示剂用 2.00×10^{-4} mol·L^{-1} EDTA 滴定 2.00×10^{-4} mol·L^{-1} 的 Pb^{2+} 溶液，试计算调节 pH 时选用六亚甲基四胺或 HAc-NaAc 缓冲溶液的滴定误差各为多少？用哪种缓冲剂好？设终点时 [Ac$^-$]=0.10mol·L^{-1}。已知：$\lg K_{PbY}=18.0$，Pb(Ac)$_2$ 的 $\lg\beta_1=1.9$，$\lg\beta_2=3.3$，pH=5.0 时，$\lg\alpha_{Y(H)}=6.6$、pPb$_t$(二甲酚橙)=7.0。

解 （1）在六亚甲基四胺介质中：

$$\lg K'_{PbY} = \lg K_{PbY} - \lg\alpha_{Y(H)} = 18.0 - 6.6 = 11.4$$

$$[Pb']_{sp} = \sqrt{\frac{c_{Pb}^{sp}}{K'_{PbY}}} = \sqrt{\frac{1.00\times10^{-4}}{10^{11.4}}} = 10^{-7.7}$$

$$c_{Pb}^{sp} = \frac{2.00\times10^{-4}}{2} = 1.00\times10^{-4} (\text{mol·L}^{-1})$$

pPb$'_{sp}$=7.7，则 ΔpPb=7.0-7.7=-0.7，代入误差公式：

$$E_t = \frac{10^{\Delta pPb'} - 10^{-\Delta pPb'}}{\sqrt{K'_{PbY} c_{Pb}^{sp}}} \times 100\% = \frac{10^{-0.7} - 10^{0.7}}{\sqrt{10^{11.4}\times1.00\times10^{-4}}} \times 100\% = -0.1\%$$

（2）在 HAc-NaAc 介质中：

$$\alpha_{Pb(Ac)} = 1 + \beta_1[Ac^-] + \beta_2[Ac^-]^2 = 1 + 10^{1.9-1} + 10^{3.3-2} = 10^{1.5}$$

$$\lg K'_{PbY} = \lg K_{PbY} - \lg\alpha_{Y(H)} - \lg\alpha_{Pb(Ac)} = 18.0 - 6.6 - 1.5 = 9.9$$

$$[Pb']_{sp} = \sqrt{\frac{c_{Pb}^{sp}}{K'_{PbY}}} = \sqrt{\frac{1.00\times10^{-4}}{10^{9.9}}} = 10^{-7.0}$$

pPb$'_{sp}$=7.0，由于 Pb 在 HAc-NaAc 缓冲溶液中有副反应，则指示剂二甲酚橙：

$$pPb'_t = 7.0 - 1.5 = 5.5$$

ΔpPb=5.5-7.0=-1.5，代入误差公式：

$$E_t = \frac{10^{\Delta pPb'} - 10^{-\Delta pPb'}}{\sqrt{K'_{PbY} c_{Pb}^{sp}}} \times 100\% = \frac{10^{-1.5} - 10^{1.5}}{\sqrt{10^{9.9}\times1.00\times10^{-4}}} \times 100\% = -3.5\%$$

由误差大小可知，应选用六亚甲基四胺缓冲体系。

【例 5-11】 在 pH=5.0 的缓冲溶液中，以 0.0200mol·L^{-1} EDTA 滴定相同浓度的 Cu^{2+} 溶液，欲使终点误差在±0.1%以内。试通过计算说明选用 PAN 指示剂是否合适。已知：pH=5.0 时 PAN 的 pCu$_t$=8.8，$\lg\alpha_{Y(H)}=6.6$，$\lg K_{CuY}=18.8$。

解 $\lg K'_{CuY} = \lg K_{CuY} - \lg\alpha_{Y(H)} = 18.8 - 6.6 = 12.2$

化学计量点时：

$$[Cu']_{sp} = \sqrt{\frac{c_{Cu}^{sp}}{K'_{CuY}}} = \sqrt{\frac{0.02000/2}{10^{12.2}}} = 10^{-7.1}$$

pCu$'_{sp}$=7.1，pCu$_t$=8.8，ΔpCu=8.8-7.1=1.7

代入误差公式得：

$$E_t = \frac{10^{\Delta pM} - 10^{-\Delta pM}}{\sqrt{c_{Cu总} K'_{CuY}}} = \frac{10^{1.7} - 10^{-1.7}}{\sqrt{10^{-2.0+12.2}}} \times 100\% = 0.04\%$$

由计算结果可知，终点的相对误差为 $0.04\% < 0.1\%$，故选用 PAN 指示剂可行。

5.4.5 配位滴定的可行性判定

与酸碱滴定类似，配位滴定能否进行与 K'_{MY}、待滴定物和滴定剂的浓度、滴定的准确度要求有关。同时，在滴定中，通常用指示剂确定滴定终点，由于人眼判断颜色的局限性，即使指示剂的变色点与化学计量点完全一致，仍有可能造成 $\pm 0.2 \sim \pm 0.5 pM'$ 单位的不确定性。若 $\Delta pM' = \pm 0.2$，用等浓度的 EDTA 滴定初始浓度为 c 的金属离子 M，若要求终点误差 $|E_t| \leq 0.1\%$，由林邦公式可得：

$$|E_t| = \left| \frac{10^{\Delta pM'} - 10^{-\Delta pM'}}{\sqrt{K'_{MY} c_M^{sp}}} \right| \times 100\% \leq 0.1\%$$

变形得：

$$K'_{MY} c_M^{sp} \geq \left(\frac{10^{0.2} - 10^{-0.2}}{0.1\%} \right)^2$$

即：

$$K'_{MY} c_M^{sp} \geq 10^6$$

或

$$\lg(K'_{MY} c_M^{sp}) \geq 6 \tag{5-47}$$

若 $c_{M等} = 0.010 \text{mol} \cdot \text{L}^{-1}$，则 $\lg K'_{MY} \geq 8$。式(5-47)为能否准确滴定的条件。需注意的是，这种判断是有前提条件的。若降低分析准确度的要求，或改变检测终点的准确度，都会使得滴定条件改变。例如当 $E_t \leq \pm 0.5\%$ 时，$\Delta pM = \pm 0.2$，$\lg(K'_{MY} c_M^{sp}) \geq 5$ 便能满足滴定要求。

【例 5-12】 在 pH=8.0 的氨性缓冲溶液中，用 $1.0 \times 10^{-2} \text{mol} \cdot \text{L}^{-1}$ EDTA 溶液滴定等浓度的 Zn^{2+}，终点时游离氨的浓度为 $0.20 \text{mol} \cdot \text{L}^{-1}$，在此条件下能否准确滴定 Zn^{2+}？如果要求 $E_t < 0.3\%$，则要求 $\Delta pZn'$ 为多少？

解 pH=8.0 时，查表 5-3 知 $\lg \alpha_{Y(H)} = 2.27$。

$$\alpha_{Zn(NH_3)} = 1 + 10^{2.37} \times 0.20 + 10^{4.81} \times 0.20^2 + 10^{7.31} \times 0.20^3 + 10^{9.46} \times 0.20^4$$
$$= 4.78 \times 10^6 = 10^{6.68}$$

$$\lg K'_{ZnY} = \lg K_{ZnY} - \lg \alpha_{Y(H)} - \lg \alpha_{Zn(NH_3)}$$
$$= 16.50 - 2.27 - 6.68 = 7.55$$

$$c_{Zn}^{sp} = \frac{1.0 \times 10^{-2}}{2} = 5.0 \times 10^{-3} (\text{mol} \cdot \text{L}^{-1})$$

$$\lg c_{Zn}^{sp} = -2.31$$

$$\lg(K'_{ZnY} c_{Zn}^{sp}) = 7.55 - 2.31 = 5.24 < 6$$

故在此条件下不能准确滴定 Zn^{2+}。

若要求 $E_t < 0.3\%$，则有：

$$\frac{10^{\Delta pZn'} - 10^{-\Delta pZn'}}{\sqrt{10^{5.24}}} < 0.30\%$$

解得：

$$10^{\Delta pZn'} - 10^{-\Delta pZn'} < 1.25$$

$$\Delta pZn' > 0.26$$

5.4.6 溶液酸度（pH）的控制

配位滴定中酸度的控制十分重要，因为无论是 K'_{MY} 还是 K'_{MIn} 与溶液的 pH 都有关系，而 K'_{MY} 和 K'_{MIn} 是决定 pM'_{sp} 和 pM'_{ep} 的重要因素，pM'_{ep} 和 pM'_{sp} 决定了 $\Delta pM'$，进而会影响由林邦公式所得的误差。误差超过一定范围就不能准确滴定了，因此，为确保配位滴定结果的准确度，必须严格控制溶液的 pH。在滴定过程中通常用缓冲溶液控制溶液的 pH 在适宜的范围内，此范围由最低 pH（最高酸度）和最高 pH（最低酸度）决定。

由林邦公式可知，当 c_M^{sp}、$\Delta pM'$ 和 E_t 一定时，K'_{MY} 必须大于某一定数值，否则就无法满足 E_t 的要求。假设配位反应中除 EDTA 的酸效应和 M 的羟基配位效应外，没有其他副反应，则：

$$\lg K'_{MY} = \lg K_{MY} - \lg \alpha_{Y(H)} - \lg \alpha_{M(OH)}$$

变形得：

$$\lg \alpha_{Y(H)} = \lg K_{MY} - \lg K'_{MY} - \lg \alpha_{M(OH)} \tag{5-48}$$

在较高酸度下，$\lg \alpha_{M(OH)}$ 很小，可忽略不计，则上式为

$$\lg K'_{MY} = \lg K_{MY} - \lg \alpha_{Y(H)}$$

当 c_M^{sp}、$\Delta pM'$ 和 E_t 已知时，根据式（5-46）可求出 K'_{MY}，然后根据式（5-48）可得出 $\lg \alpha_{Y(H)}$ 值，进而可求出相应的 pH，此 pH 称为最低 pH 或最高酸度。当超过此酸度时，$\alpha_{Y(H)}$ 值变大，导致 K'_{MY} 值变小，E_t 增大，就不能满足滴定分析的要求。

不同金属与 EDTA 配合物的稳定性 $\lg K_{MY}$ 值不同，为了满足滴定分析的要求，K'_{MY} 要求大于 8（若 $\Delta pM' = \pm 0.2$，$|E_t| \leqslant 0.1\%$，$c_{M等} = 0.010 \text{mol} \cdot \text{L}^{-1}$，则 $\lg K'_{MY} \geqslant 8$）。此时，根据式（5-48）所得的最低 pH 也不同。若以不同金属离子的 K_{MY} 对相应的 pH 作图，得到如图 5-9 所示的曲线，称为酸效应曲线，也称林邦（Ringbom）曲线。

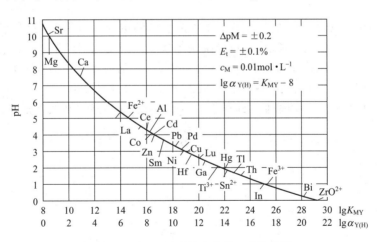

图 5-9　EDTA 的酸效应曲线（林邦曲线）

实际应用时，滴定某金属离子的最低 pH 可直接从图中查出，但需要注意的是应用条件，即 $\Delta pM' = \pm 0.2$，$|E_t| \leqslant 0.1\%$，$c_{M等} = 0.010 \text{mol} \cdot \text{L}^{-1}$ 且金属离子不水解。如果条件改变，要求的最低 pH 会改变。

当溶液 pH 升高时，K'_{MY} 随之增大，这对滴定分析是有利的一面。但如果 pH 大于金属离子的水解酸度时，金属离子就会发生水解甚至生成沉淀，这样会影响配位反应的速率和计算关系，使滴定难以进行。因此将金属离子刚生成沉淀时的 pH 作为配位滴定的最高 pH，它可由金属离子氢氧化物沉淀的 K_{sp} 求得。

设生成的沉淀为 $M(OH)_n$，则：

$$K_{sp}=[M^{n+}][OH^-]^n$$

由此得：

$$[OH^-]=\sqrt[n]{\frac{K_{sp}}{[M^{n+}]}} \tag{5-49}$$

或

$$pOH=\frac{1}{n}(pK_{sp}+\lg c_M) \tag{5-50}$$

$$pH=14.00-\frac{1}{n}(pK_{sp}+\lg c_M) \tag{5-51}$$

对于会发生水解或形成沉淀的金属离子，滴定应在低于由式(5-47)求得的 pH（即最高 pH）的溶液中进行。需要注意的是由于在推导式(5-51)时未考虑 OH^- 对 M 的配位效应和溶液离子强度的影响，也未考虑沉淀的再溶解现象，计算结果只能大致估计滴定允许的最高 pH。

为防止金属离子水解和沉淀对滴定的影响，可在溶液中加入某种辅助配位剂，如柠檬酸、酒石酸和氨水等，使之与金属离子形成配合物。但这样将使 $\alpha_{M(L)}$ 值增大，导致 K'_{MY} 减小，因此选择此类配位剂的种类及其浓度时应综合考虑这两种影响。

上述计算得到的被滴定溶液的最低 pH 到最高 pH 的范围，称为配位滴定的适宜 pH 范围。在此范围内，滴定金属离子可保证滴定的准确度，又不至于生成氢氧化物沉淀。

需注意的是在用缓冲溶液控制溶液的 pH 时，由于许多缓冲组分能与被滴定金属离子发生配位反应导致 K'_{MY} 减小，故选择缓冲体系时应避免这种现象发生。例如，HAc-NaAc 缓冲体系中的 Ac^- 可与 Pb^{2+}、Ti^{3+} 等形成稳定的配合物；NH_3-NH_4Cl 缓冲体系中 NH_3 与 Cu^{2+}、Co^{2+}、Ni^{2+}、Zn^{2+} 等形成稳定的配合物，在选用缓冲溶液时要注意它们可能产生的影响。

另外，需要注意的是实现准确滴定还涉及指示剂的选择，为使 E_t 尽可能小，就必须使 $\Delta pM'$ 尽可能小，即 pM'_{ep} 与 pM'_{sp} 应尽可能接近。适宜的酸度范围可帮助选择合适的指示剂，根据式(5-46)，可进一步计算和确定滴定误差 $\Delta pM'$ 最小的酸度，该酸度称为最佳酸度。

【例 5-13】 用 2.0×10^{-2} $mol \cdot L^{-1}$ EDTA 滴定等浓度的 Fe^{3+} 溶液，若 $\Delta pFe'=0.2$、$E_t=0.1\%$，计算滴定 Fe^{3+} 的最低 pH 和最高 pH，并指出其适宜的酸度范围。

解 (1) 最低 pH：$\Delta pFe'=0.2$，$E_t=0.1\%$，$c_{Fe}^{sp}=\dfrac{2.0\times10^{-2}}{2}=1.0\times10^{-2}$ $(mol \cdot L^{-1})$，由误差公式得：

$$0.1\%=\frac{10^{0.2}-10^{-0.2}}{\sqrt{K'_{FeY}\times1.0\times10^{-2}}}$$

解得： $K'_{FeY}=10^{7.96}$，即 $\lg K'_{FeY}=7.96$

由式(5-48)得：

$$\lg\alpha_{Y(H)}=\lg K_{FeY}-\lg K'_{FeY}=25.1-7.96=17.1$$

查表，得 $pH\approx1.0$，所以最高酸度 $pH=1.0$。

(2) 最高 pH，为防止生成 $Fe(OH)_3$ 沉淀：

$$[OH^-]=\sqrt[n]{\frac{K_{sp}}{[M^{n+}]}}=\sqrt[3]{\frac{K_{spFe(OH)_3}}{[Fe^{3+}]}}$$

$$=\sqrt[3]{\frac{10^{-35.96}}{2.0\times10^{-2}}}=10^{-11.4}$$

pOH=11.4；pH=14.00−11.4=2.6
所以最高酸度 pH=2.6
（3）适宜的酸度范围为 pH=1.0～2.6。

5.5 混合金属离子的选择性滴定

在实际工作中，分析对象常常比较复杂，在被滴定的溶液中可能存在多种金属离子，用 EDTA 滴定时可能互相干扰。因此，在混合离子中如何滴定某一种离子或分别滴定某几种离子是配位滴定中需要解决的重要问题。

5.5.1 选择性滴定可能性判别式

假设溶液中仅含有 M、N 两种金属离子，它们都和 EDTA 形成配合物，且 $K'_{MY} > K'_{NY}$，当用 EDTA 滴定时，首先滴定的是 M 离子，然后是 N 离子。在滴定中需要考虑：有 N 离子存在时能否准确滴定 M 离子；若能准确滴定 M 离子，剩余的 N 离子能否被准确滴定。关于剩余的 N 离子的滴定，可以用单个离子的滴定判别式判断。现在考虑 N 离子存在时，滴定 M 的情况：

为准确滴定 M（若 $\Delta pM' = \pm 0.2$）必须满足下式，才能达到 $|E_t| < 0.1\%$ 的要求：

$$\lg K'_{MY} c_M^{sp} \geqslant 6$$

$$\lg K'_{MY} = \lg K_{MY} - \lg \alpha_Y - \lg \alpha_M$$

当 N 共存时：

$$\alpha_Y = \alpha_{Y(H)} + \alpha_{Y(N)} - 1 \approx \alpha_{Y(H)} + \alpha_{Y(N)}$$
$$\alpha_{Y(N)} = 1 + K_{NY}[N] \approx K_{NY}[N]$$

依次计算出 $\alpha_{Y(N)}$、α_Y、$\lg K'_{MY}$，然后代入式(5-47)进行计算判断，就可得到 N 共存时，能否准确滴定 M。下面两种情况下，计算可以简化，讨论如下：

① 在高酸度下，当 $\alpha_{Y(H)} \gg \alpha_{Y(N)}$ 时，一般认为 $\dfrac{\alpha_{Y(H)}}{\alpha_{Y(N)}} \geqslant 20$ 时，$\alpha_{Y(N)}$ 可忽略，则 $\alpha_Y \approx \alpha_{Y(H)}$，酸效应为主，只要 N 不与指示剂显色，干扰终点确定，与滴定单一金属离子相似，用下式计算 $\lg K'_{MY}$ 并根据 $\lg(c_M^{sp} K'_{MY}) \geqslant 6$ 进行判断：

$$\lg K'_{MY} = \lg K_{MY} - \lg \alpha_{Y(H)} - \lg \alpha_M$$

② 在较低酸度下，当 $\alpha_{Y(H)} \ll \alpha_{Y(N)}$ 时，$\dfrac{\alpha_{Y(N)}}{\alpha_{Y(H)}} \geqslant 20$ 时，$\alpha_{Y(H)}$ 可忽略，则有 $\alpha_Y \approx \alpha_{Y(N)}$，$\lg K'_{MY}$ 按下式计算：

$$\lg K'_{MY} = \lg K_{MY} - \lg \alpha_{Y(N)} - \lg \alpha_M \tag{5-52}$$

若 M 的副反应可以忽略，则：

$$\lg K'_{MY} = \lg K_{MY} - \lg \alpha_{Y(N)} \approx \lg K_{MY} - \lg K_{NY} - \lg[N]$$

令 $\Delta \lg K = \lg K_{MY} - \lg K_{NY}$，则：

$$\lg K'_{MY} = \Delta \lg K - \lg[N] \tag{5-53}$$

通常是按滴定终点时溶液的情况判断 M 能否被准确滴定。因此，[N] 是化学计量点附近 N 的平衡浓度，如果 N 与 Y 生成 NY 浓度很低（一般 $\Delta \lg K \geqslant 6$ 即可满足此要求），而且溶液中无其他配体与 N 配合，则 $[N]_{sp} \approx c_N^{sp}$。此时，式(5-53)变为：

$$\lg K'_{MY} = \Delta \lg K - c_N^{sp} = \lg K_{MY} - \lg K_{NY} - \lg c_N^{sp} \tag{5-54}$$

上式两边各加上 $\lg c_M^{sp}$ 并整理得：

$$\lg(c_M^{sp}K'_{MY}) = \lg(c_M^{sp}K_{MY}) - \lg(c_N^{sp}K_{NY})$$
$$= \lg(c_M K_{MY}) - \lg(c_N K_{NY})$$
$$= \Delta\lg(cK)$$

设 $\Delta pM' = \pm 0.2$、$E_t = \pm 0.1\%$，由林邦公式可得：

$$\lg(c_M^{sp}K'_{MY}) = \Delta\lg(cK) \geqslant 6 \tag{5-55}$$

上面公式就是选择性滴定的条件。它包含两方面的内容：一是要满足单一离子滴定的条件 $[\lg(c_M^{sp}K'_{MY}) \geqslant 6]$；二是满足分别滴定的条件 $[\Delta\lg(cK) \geqslant 6]$。满足以上两个条件表明在 N 离子存在的情况下，M 就能滴定，至于 N 离子能否被滴定，还要看 N 离子能否满足滴定的条件 $[\lg(c_N K_{NY}) \geqslant 6]$。需指出的是，若 $\Delta pM'$、E_t 发生改变，则对 $\Delta\lg(cK)$ 的要求应相应改变。另外，若 M、N 在溶液中发生其他副反应，则要重新计算各自的条件稳定常数，并结合浓度判断。

【例 5-14】 pH = 5.60 时用 2.0×10^{-3} mol·L^{-1} EDTA 溶液滴定 2.0×10^{-3} mol·L^{-1} La^{3+} 溶液，在下面两种情况下，能否准确滴定 La^{3+}？

（1）溶液中含有 2.0×10^{-5} mol·L^{-1} Mg^{2+}；
（2）溶液中含有 5.0×10^{-2} mol·L^{-1} Mg^{2+}。

解 已知 $\lg K_{LaY} = 15.50$，$\lg K_{MgY} = 8.7$，$c_{La}^{sp} = 1.0 \times 10^{-3}$ mol·L^{-1}，pH = 5.60，$\lg\alpha_{Y(H)} = 5.33$。

当 $c_{Mg} = 2.0 \times 10^{-5}$ mol·L^{-1}，由于 Mg^{2+} 在溶液中无其他化学反应，因此在化学计量点附近：

$$\alpha_{Y(Mg)} = 1 + K_{MgY}[Mg^{2+}]_{sp} = 1 + K_{MgY}c_{Mg}^{sp}$$
$$= 1 + 10^{8.7} \times 1.0 \times 10^{-5} = 10^{3.7}$$

$$\frac{\alpha_{Y(H)}}{\alpha_{Y(Mg)}} = \frac{10^{5.33}}{10^{3.7}} = 43 \geqslant 20$$

可见，此时酸效应为主，与 La^{3+} 单独存在时情况相同：

$$\lg K'_{LaY} = \lg K_{LaY} - \lg\alpha_{Y(H)} = 15.50 - 5.33 = 10.17$$
$$\lg(c_{La}^{sp}K'_{LaY}) = \lg(1.0 \times 10^{-3} \times 10^{10.17}) = 7.17 > 6$$

故可以准确滴定 La^{3+}。

当 $c_{Mg} = 5.0 \times 10^{-2}$ mol·L^{-1}，$c_{Mg}^{sp} = 2.5 \times 10^{-2}$ mol·L^{-1}。

$$\alpha_{Y(Mg)} = 1 + 10^{8.7} \times 2.5 \times 10^{-2} = 10^{7.1}$$

$$\frac{\alpha_{Y(Mg)}}{\alpha_{Y(H)}} = \frac{10^{7.1}}{10^{5.33}} = 59 \geqslant 20$$

此时酸效应可忽略，可通过式(5-55) 进行判断：

$$\Delta\lg(cK) = \lg(c_{La}K_{LaY}) - \lg(c_{Mg}K_{MgY})$$
$$= \lg(1.0 \times 10^{-3} \times 10^{15.50}) - \lg(2.5 \times 10^{-2} \times 10^{8.7})$$
$$= 5.4 < 6$$

故此时不能准确滴定 La^{3+}。

5.5.2 实现选择性滴定的方法

通常采用以下方法实现选择性滴定。

5.5.2.1 控制溶液的酸度分别滴定

与滴定单一离子相似，通过控制酸度实现选择性滴定，需通过计算确定适宜的 pH 范围和最佳 pH 范围。

M，N 共存时，欲准确滴定 M，仍需要根据 $\lg(K'_{MY}c_M^{sp})\geqslant 6$ 和 c_M^{sp} 计算出 $\lg K'_{MY}$ 的最低值：

$$\lg K'_{MY}=\lg K_{MY}-\lg\alpha_Y-\lg\alpha_M$$

若 M 的副反应可忽略时，则：

$$\alpha_Y=\alpha_{Y(H)}+\alpha_{Y(N)}-1$$

若 $\alpha_Y\geqslant 20\alpha_{Y(N)}$，说明共存离子的影响可以忽略，与 M 单独存在时情况相同，此时 $\alpha_{Y(H)}=\alpha_Y$，对应的 pH 即为滴定允许的最低 pH。

若 $\alpha_{Y(N)}$ 大于或等于允许的 α_Y 最大值时，说明 N 与 Y 的副反应很严重（即 N 严重干扰 M 的准确滴定），无法找到符合准确滴定 M 所要求的 pH 范围。

若 $\alpha_{Y(N)}<\alpha_Y\leqslant 20\alpha_{Y(N)}$，在化学计量点时：

$$\alpha_{Y(H)}=\alpha_Y-\alpha_{Y(N)}+1=\alpha_Y-K_{NY}[N]_{sp} \tag{5-56}$$

其对应的 pH 即为准确滴定 M 允许的最低 pH。

与滴定单一离子相同，滴定允许的最高 pH 由 $M(OH)_n$ 的水解酸度决定，但应注意此时共存离子不应与所用指示剂显色。

与滴定单一金属离子相同，应用指示剂确定混合离子选择性滴定的终点时，$pM'_{ep}=pM'_{sp}$ 时溶液的 pH 称为最佳 pH，能满足准确要求的 pH 范围称为最佳 pH 范围。

【例 5-15】 设 $\Delta pM=\pm 0.2$，允许误差为 0.3%，能否用控制酸度的方法分步滴定浓度均为 0.0200 mol·L^{-1} 的 Bi^{3+} 和 Pb^{2+} 混合溶液。若能用浓度为 0.0200 mol·L^{-1} EDTA 滴定该混合溶液，以二甲酚橙为指示剂，计算分别滴定 Bi^{3+}、Pb^{2+} 的合适酸度范围。

解 查表得：$\lg K_{BiY}=27.94$，$\lg K_{PbY}=18.04$

$$\Delta\lg K+\lg\frac{c_M}{c_N}\geqslant 5 \quad (\Delta pM=\pm 0.2, 允许误差为 0.3\% 时，为 5)$$

$$\Delta(\lg K_{BiY}-\lg K_{PbY})+\lg\frac{c_{Bi}^{sp}}{c_{Pb}^{sp}}=27.94-18.04=9.90>5$$

故可利用控制酸度的方法分别滴定 Bi^{3+} 而 Pb^{2+} 不干扰。

(1) 先求滴定 Bi^{3+} 的酸度范围

① 最高酸度（最低 pH 值）：滴定 Bi^{3+} 的最高酸度，由单一离子滴定最高酸度求出。

$$\lg\alpha_{Y(H)}=\lg(c_{Bi}^{sp}K'_{BiY})-5=27.94-2.00-5=20.94$$

查 EDTA 的 $\lg\alpha_{Y(H)}$ 值表，得相对应的最低 pH 约为 0.5。

② 最低酸度（最高 pH 值）：由于 Pb^{2+} 与二甲酚橙配位显色，求在 $N(Pb^{2+})$ 存在下能准确滴定 $M(Bi^{3+})$ 而 $N(Pb^{2+})$ 不干扰的适宜酸度范围。

$$\lg\alpha_{Y(H)}=\lg(c_N^{sp}K_{NY})-1$$

对应的酸度：

$$\lg\alpha_{Y(H)}=\lg(c_{Pb}^{sp}K_{PbY})-1=18.04-2.00-1=15.04$$

查 EDTA 的 $\lg\alpha_{Y(H)}$ 值表，得相对应的最高 pH 约为 1.6。

故滴定 Bi^{3+} 的酸度范围是 pH=0.5～1.6。

(2) 求滴定 Pb^{2+} 的酸度范围

M 离子滴定后，滴定 N 离子的最高酸度、最低酸度及适宜酸度范围的计算与单一离子滴定相同。

① 最高酸度：滴定 Pb^{2+} 至终点时，溶液稀释了 3 倍，$c_{Pb}^{sp}=\dfrac{0.02}{3}=0.0067(mol·L^{-1})$。

$$\lg\alpha_{Y(H)}=\lg(c_{Pb}^{sp}K'_{PbY})-5=18.04-2.18-5=10.86$$

查 EDTA 的 $\lg\alpha_{Y(H)}$ 值表，得相对应的最高 pH=2.9。

② 最低酸度：即 Pb^{2+} 的水解酸度。

$$[OH^-]=\sqrt{\dfrac{K_{sp}}{[Pb^{2+}]}}=\sqrt{\dfrac{10^{-14.92}}{0.01}}=10^{-6.50}$$

$$pH=14.00-6.50=7.50$$

故滴定 Pb^{2+} 的酸度范围是 pH=2.9~6.0。

5.5.2.2 使用掩蔽剂

溶液中 M、N 共存时，如果被测离子 M 与共存离子 N 与滴定剂 Y 所形成配合物的稳定常数相差不大，甚至 N 所形成的配合物更稳定（$K'_{MY}<K'_{NY}$），无法满足 $\Delta\lg(cK')\geqslant 6$ 的条件，就无法通过控制酸度对 M 进行选择性滴定。此时可通过加入只与 N 发生配位反应的掩蔽剂，大大降低溶液中 N 的平衡浓度，实现对 M 的选择性滴定，这种方法就称为掩蔽法。按掩蔽所用类型的不同，掩蔽法分为以下几种。

(1) 配位掩蔽法

配位掩蔽法是指利用某种配体 L 与共存离子 N 形成稳定性足够大的配合物使 M 离子能够被准确滴定的掩蔽方法。平衡关系如下：

$$\begin{array}{c} M + Y \rightleftharpoons MY \\ \swarrow Y \quad \searrow N \xrightarrow{L} NL_1 \\ HY \quad NY \quad NL_2 \\ \vdots \quad \vdots \\ H_6Y \end{array}$$

可将 N 和 L 的配合反应看作是 N 和 Y 的副反应。假设溶液中 N 的总浓度为 c_N、游离浓度为 [N]，加入配位剂 L 后配位物为 NL_i。

掩蔽反应的配位效应系数 $\alpha_{N(L)}$ 可按下式计算：

$$\alpha_{N(L)}=\dfrac{[N']}{[N]}=\dfrac{[N]+[NL]+\cdots+[NL_n]}{[N]}=1+\beta_1[L]+\beta_2[L]^2+\cdots+\beta_n[L]^n$$

即：

$$\alpha_{N(L)}=\sum_{i=1}^{n}\beta_i[L]^i$$

溶液中 N 的总浓度为 c_N：

$$\alpha_{N(L)}=\dfrac{[N]'}{[N]}$$

$$[N]=\dfrac{[N]'}{\alpha_{N(L)}}\approx\dfrac{c_N}{\alpha_{N(L)}}$$

干扰离子 N 的副反应 $\alpha_{Y(N)}$ 由下面公式计算：

$$\alpha_{Y(N)}=1+K_{NY}[N]=1+K_{NY}\dfrac{c_N}{\alpha_{N(L)}}$$

当 $\alpha_{Y(N)}\geqslant\alpha_{Y(H)}$，在化学计量点附近，则有：

$$\lg K'_{MY} = \lg K_{MY} - \lg(\alpha_{Y(H)} + \alpha_{Y(N)} - 1)$$
$$\approx \lg K_{MY} - \lg \alpha_{Y(N)}$$
$$= \lg K_{MY} - \lg K_{NY} - \lg c_N^{sp} + \lg \alpha_{N(L)}$$

即：

$$\lg K'_{MY} = \lg K_{MY} - \lg K_{NY} - \lg c_N^{sp} + \lg \alpha_{N(L)} \tag{5-57}$$

据求得的 $\lg K'_{MY}$ 就可根据 $\lg(c_M^{sp} K'_{MY}) \geq 6$ 判断滴定 M 金属离子的可行性。

与式(5-54)相比，式(5-57)右边增加了一掩蔽指数 $\lg\alpha_{N(L)}$，即加入掩蔽剂后，使 K'_{MY} 增大，提高了滴定的选择性。需指出的是，$\lg\alpha_{N(L)}$ 越大，掩蔽效果越好。若 L 也可与 M 形成配合物，则将导致 K'_{MY} 减小。此时式(5-57)变为：

$$\lg K'_{MY} = \lg K_{MY} - \lg K_{NY} - \lg c_N^{sp} + \lg \alpha_{N(L)} - \lg \alpha_{M(L)} \tag{5-58}$$

由式(5-58)可知，为准确滴定 M，应选择 $\alpha_{N(L)}$ 尽可能大、$\alpha_{M(L)}$ 尽可能小的配体作掩蔽剂，同时要求形成的配合物不应显著改变溶液的 pH 并对终点颜色无干扰。

为了得到很好的掩蔽效果，掩蔽剂的选择需要满足如下条件：
① 掩蔽剂与干扰离子生成的配合物配位能力强。
② 掩蔽剂与待测离子配位倾向很小。
③ 掩蔽剂与干扰离子形成的配合物应当是无色或浅色的，这样才不影响终点的观察。
④ 掩蔽剂所需 pH 范围与待测离子 M 所需 pH 范围一致。

配位滴定中常用的掩蔽剂及适用 pH 见表 5-8。

表 5-8 一些常见的掩蔽剂

掩蔽剂	被掩蔽的金属离子	适用 pH
三乙醇胺	Al^{3+}、Bi^{3+}、Fe^{3+}、Mn^{2+}、Sn^{4+}、Ti^{4+}	10①
氟化物	Al^{3+}、Fe^{3+}、Sn^{4+}、Th^{4+}、Ti^{4+}、Zr^{4+}	>4
乙酰丙酮	Al^{3+}、Fe^{3+}	5~6
1,10-邻二氮菲	Cd^{2+}、Co^{2+}、Cu^{2+}、Hg^{2+}、Mn^{2+}、Ni^{2+}、Zn^{2+}	5~6
氰化物	Zn^{2+}、Cu^{2+}、Cd^{2+}、Co^{2+}、Ni^{2+}、Hg^{2+}、Fe^{3+}	10②
2,3-二巯丙醇	Zn^{2+}、Pb^{2+}、Bi^{3+}、Sb^{3+}、Sn^{4+}、Cd^{2+}、Cu^{2+}	10
硫脲	Hg^{2+}、Cu^{2+}、Ag^+、Bi^{3+}	弱酸性
磺基水杨酸	Al^{3+}、Fe^{3+}、Th^{4+}、Zr^{4+}	酸性
柠檬酸	Al^{3+}、Bi^{3+}、Cr^{3+}、Fe^{3+}、Sb^{3+}、Sn^{4+}、Th^{4+}、Ti^{4+}、Zr^{4+}	中性
氨水	Ag^+、Cd^{2+}、Co^{2+}、Cu^{2+}、Ni^{2+}、Zn^{2+}	氨性
酒石酸	Al^{3+}、Cr^{3+}、Fe^{3+}、Sb^{3+}、Sn^{4+}、Ti^{4+}、Zr^{4+}	氨性
草酸	Al^{3+}、Fe^{3+}、Mn^{2+}、Th^{4+}、Zr^{4+}	氨性
碘化物	Hg^{2+}	

① 应在溶液呈酸性时加入三乙醇胺，然后调节 pH=10，否则金属离子易水解而效果不佳。
② KCN 必须在碱性溶液中使用，否则会生成剧毒性气体 HCN；滴定后的溶液应加入过量 $FeSO_4$，使之转化为 $Fe(CN)_6^{4-}$，以防污染环境。

【例 5-16】 在 pH=5.5 时，以二甲酚橙为指示剂，用 0.02000 mol·L^{-1} EDTA 滴定浓度均为 0.02000 mol·L^{-1} Pb^{2+}、Al^{3+} 溶液中的 Pb^{2+}，若加入 NH$_4$F 掩蔽 Al^{3+}，并使终点时游离 F$^-$ 的浓度为 0.01 mol·L^{-1}，试评价 Al^{3+} 被掩蔽的效果及计算终点误差。已知：lgK_{AlY}=16.3，lgK_{PbY}=18.04；pH=5.51 时，lg$\alpha_{Y(H)}$=5.5，pPb$_t$（二甲酚橙）=7.6，lg$\alpha_{Al(OH)}$=0.4，lg$\alpha_{Pb(OH)}$=0，AlF$_6^{3-}$ 的 lgβ_1～lgβ_6 分别为 6.13、11.15、15.00、17.75、19.37、19.84。

解 用 EDTA 滴定 Pb^{2+} 时，存在各种反应：

$$Pb^{2+} + Y \rightleftharpoons PbY$$

$$\begin{array}{ccc} H^+ & Al^{3+} & F^- \\ \downarrow & \downarrow & \longrightarrow AlF_6^{3-} \\ HY & AlY & \\ \alpha_{Y(H)} & \alpha_{Y(Al)} & \alpha_{Al(F)} \end{array}$$

$\alpha_{Al(F)}=1+10^{-2.00+6.13}+10^{-4.00+11.15}+10^{-6.00+15.00}+10^{-8.00+17.75}+10^{-10.00+19.37}+10^{-12.00+19.84}=10^{9.95}$

$$[Al]=\frac{c_{Al}^{sp}}{\alpha_{Al(F)}}=\frac{10^{-2.0}}{10^{9.95}}=10^{-11.95}\,(\text{mol}\cdot\text{L}^{-1})$$

$\alpha_{Y(Al)}=1+[Al^{3+}]K_{AlY}=1+10^{-11.9+16.3}=10^{4.4}\ll\alpha_{Y(H)}\,(10^{5.51})$，掩蔽效果很好。

$$\alpha_Y=\alpha_{Y(H)}+\alpha_{Y(Al)}-1=10^{4.4}+10^{5.5}-1=10^{5.5}$$

$$\lg K'_{PbY}=\lg K_{PbY}-\lg\alpha_Y=18.04-5.51=12.53$$

$$[Pb']=\sqrt{\frac{c_{Pb}^{sp}}{K'_{PbY}}}=\sqrt{\frac{10^{-2}}{10^{12.53}}}=10^{-7.3}$$

$$pPb_{sp}=7.3$$

$$\Delta pPb=7.6-7.3=0.3$$

$$E_t=\frac{10^{\Delta pM}-10^{-\Delta pM}}{\sqrt{c_{Pb}K'_{PbY}}}=\frac{10^{-0.3}-10^{0.3}}{\sqrt{10^{-2.0+12.53}}}\times 100\%=-8\times 10^{-4}\%$$

如果需要测定被掩蔽的 N 离子，可以在滴定 M 后，加入另一种试剂（解蔽剂），破坏 N 与掩蔽剂的配合物，把 N 离子释放出来，这种方法称为解蔽法。例如欲连续测定某铜合金试液中的 Pb^{2+}、Zn^{2+} 时，可在氨性试液中加入 KCN 掩蔽 Zn^{2+}，以铬黑 T 作指示剂，用 EDTA 滴定 Pb^{2+}。然后在滴定 Pb^{2+} 后的溶液中加入甲醛解蔽 Zn^{2+}，继续用 EDTA 滴定解蔽出的 Zn^{2+}。

$$4HCHO + Zn(CN)_4^{2-} + 4H_2O \rightleftharpoons Zn^{2+} + 4H_2C\begin{array}{c}OH\\CN\end{array} + 4OH^-$$

羟基乙腈

（2）沉淀掩蔽法

向溶液中加沉淀剂，利用沉淀反应使干扰离子 N 形成难溶化合物，其平衡浓度 [N] 降低，如此在不分离沉淀的情况下直接滴定 M，这种消除干扰的方法称为沉淀掩蔽法。例如，Ca^{2+}、Mg^{2+} 的 EDTA 的配合物稳定性相近（lgK_{CaY}=10.7，lgK_{MgY}=8.6），不能用控制酸度的方法分别滴定，但它们的氢氧化物的溶解度相差较大 [p$K_{sp,Ca(OH)_2}$=4.9，p$K_{sp,Mg(OH)_2}$=10.9]，在 pH=12 时，向其中加入 NaOH，然后用 EDTA 滴定，由于形成了 Mg(OH)$_2$ 沉淀，可以滴定 Ca^{2+}，在自来水总硬度和 Ca^{2+} 硬度的测定中就用到了此方法。配位滴定中常见的沉淀掩蔽剂如表 5-9 所示。

表 5-9 常见的沉淀掩蔽剂

掩蔽剂	被掩蔽离子	被滴定离子	适用 pH	指示剂
H_2SO_4	Pb^{2+}	Bi^{3+}	1	二甲酚橙
KI	Cu^{2+}	Zn^{2+}	5~6	PAN
NH_4F	Ba^{2+}、Sr^{2+}、Ca^{2+}、Mg^{2+}、稀土	Zn^{2+}、Cd^{2+}、Mn^{2+}	10	铬黑 T
NH_4F	Ba^{2+}、Sr^{2+}、Ca^{2+}、Mg^{2+}	Cu^{2+}、Co^{2+}、Ni^{2+}	10	紫脲酸铵
Na_2SO_4	Ba^{2+}、Sr^{2+}	Ca^{2+}、Mg^{2+}	10	铬黑 T
K_2CrO_4	Ba^{2+}	Sr^{2+}	10	MgY+铬黑 T
Na_2S 或铜试剂	Hg^{2+}、Pb^{2+}、Bi^{3+}、Cu^{2+}、Cd^{2+} 等	Ca^{2+}、Mg^{2+}	10	铬黑 T
NaOH	Mg^{2+}、Al^{3+}（转化为 AlO_2^-）	Ca^{2+}	12	钙指示剂
$K_4[Fe(CN)_6]$	微量 Zn^{2+}	Pb^{2+}	5~6	二甲酚橙
Ag_2MoO_4	Pb^{2+}	Cu^{2+}	8	紫脲酸铵

需要指出的是沉淀法存在下列缺点：

① 某些沉淀反应不够完全，沉淀掩蔽不够完全。
② 沉淀形成时，通常伴随共沉淀现象，影响滴定的准确度。
③ 有时沉淀对指示剂吸附时，会影响终点观察。
④ 某些沉淀颜色较深或体积较大，妨碍终点观察。

因此，沉淀掩蔽法不是一种理想的掩蔽方法，在配位滴定中应用不够广泛。

(3) 氧化还原掩蔽法

利用氧化还原反应消除干扰的方法称为氧化还原掩蔽法。这种方法是通过改变金属离子的价态，使其与 EDTA 配合的稳定常数减小，以达到增大其与共存离子之间（$\Delta \lg K$）的作用，来满足滴定分析的要求。

例如，$\lg K_{Fe(III)Y} = 25.1$，$\lg K_{Fe(II)Y} = 14.33$，根据这一特性，当 Fe^{3+} 与 ZrO^{2+}、Bi^{3+}、Th^{4+}、Sc^{3+}、In^{3+}、Sn^{4+}、Hg^{2+} 等 $\lg K_{MY}$ 相近的离子共存时，可用抗坏血酸或盐酸羟胺将 Fe^{3+} 还原为 Fe^{2+}，达到选择性滴定上述离子的目的。此外，将 Tl^{3+} 还原为 Tl^{+}，将 Hg^{2+} 还原为金属汞，都属于还原掩蔽。

有些氧化还原掩蔽剂同时兼有配位作用。例如，$Na_2S_2O_3$ 既可将 Cu^{2+} 还原为 Cu^{+}，又可与 Cu^{+} 配位，反应如下：

$$2Cu^{2+} + 2S_2O_3^{2-} = 2Cu^{+} + S_4O_6^{2-}$$
$$Cu^{+} + 2S_2O_3^{2-} = [Cu(S_2O_3)_2]^{3-}$$

与降低价态相反的是，有些金属离子如果把它们氧化为较高价态的酸根离子，如 $2Cr^{3+} \longrightarrow Cr_2O_7^{2-}$，$Mn^{2+} \longrightarrow MnO_4^-$ 等，这些酸根离子就不和 EDTA 配位，因而也可消除干扰。

常用的还原剂有抗坏血酸、盐酸羟胺、$Na_2S_2O_3$、联氨等，常用的氧化剂有 H_2O_2、$(NH_4)_2S_2O_8$ 等。

(4) 使用其他配位滴定剂

以 EDTA 为滴定剂时，若不能满足滴定的要求，还可通过使用其他的氨羧配位剂实现选择性滴定。下面介绍几种别的氨羧配位剂及其应用。

① 乙二醇二乙醚二胺四乙酸（EGTA）：

EDTA、EGTA 与 Ca^{2+}、Mg^{2+} 的稳定常数比较如下：

	Ca^{2+}	Mg^{2+}
$\lg K_{M\text{-}EDTA}$	10.69	8.7
$\lg K_{M\text{-}EGTA}$	10.97	5.21

由此可知，两者的 $\Delta \lg K$ 值由 M-EDTA 的 1.99 增加到 M-EGTA 的 5.76。用 EGTA 作滴定剂时，Mg^{2+} 基本上不干扰 Ca^{2+} 的滴定。

② 乙二胺四丙酸（EDTP）：

M-EDTP 的稳定性一般比相应的 M-EDTA 差，但 Cu-EDTP 的稳定性仍较高：

	Cu^{2+}	Zn^{2+}	Cd^{2+}	Mn^{2+}
$\lg K_{M\text{-}EDTA}$	18.80	16.50	16.46	13.87
$\lg K_{M\text{-}EGTP}$	15.4	7.8	6.0	4.7

所以用 EDTP 滴定 Cu^{2+} 时，Zn^{2+}、Cd^{2+}、Mn^{2+} 等均不干扰。

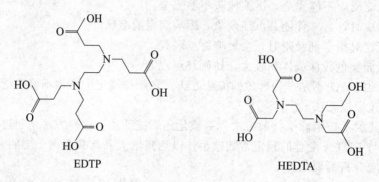

③ 2-羟乙基乙二胺三乙酸（HEDTA）：

M-HEDTA 稳定性通常较相应的 M-EDTA 差，但滴定稳定常数较大的金属离子时，其选择性有时优于 EDTA：

	Cu^{2+}	Zn^{2+}	Mn^{2+}
$\lg K_{M\text{-}EDTA}$	18.80	18.62	13.87
$\lg K_{M\text{-}HEDTA}$	17.6	17.3	10.9

由此知，以 EDTA 作滴定剂时，Cu^{2+} 或 Ni^{2+} 与 Mn^{2+} 的 $\Delta \lg K < 6$，难以选择性滴定；而以 HEDTA 作滴定剂时，$\Delta \lg K > 6$，Mn^{2+} 对 Cu^{2+} 或 Ni^{2+} 的滴定无干扰。

5.6 配位滴定方式及其应用

5.6.1 EDTA 标准溶液的配制与标定

EDTA 的标准溶液常用 EDTA 二钠盐配制。EDTA 二钠盐是白色微晶粉末，易溶于水，但需要提纯后才能作为基准物质，实验室常用间接法配制并标定。

标定 EDTA 的基准物质有纯金属 Cu、Zn、Pb、Cd、Fe 等，金属氧化物 ZnO、Bi_2O_3、MgO 等，某些盐类 $CaCO_3$、$ZnSO_4 \cdot 7H_2O$、$MgSO_4 \cdot 7H_2O$ 等。为了减少误差，提高测定的准确度，标定条件和测定条件应尽可能接近，一般选用待测元素的纯金属或其化合物作为基准物质。这是由于不同金属离子与 EDTA 反应的完全程度不同；不同指示剂的变色点不同；不同条件下溶液中存在的杂质离子的干扰不同。另外，在标定不同金属离子时，酸度往往不同，因此要根据实际情况选择合适的指示剂，如标定 Ca^{2+}、Mg^{2+} 要在碱性条件下，而标定 Zn^{2+}、Ni^{2+}、Cu^{2+} 等要在酸性条件下。故要根据滴定时不同的酸度范围选择不同的金属离子指示剂，以便减小误差。

标定后的 EDTA 存放于聚乙烯塑料瓶或硬质玻璃瓶中，若储存在软质玻璃瓶中，EDTA 会溶解玻璃中的 Ca^{2+} 形成 CaY，使溶液浓度降低。标定 EDTA 常用基准物质见表 5-10。

表 5-10 标定 EDTA 常用基准物质

基准试剂	测定方法	滴定条件 pH 值	指示剂	终点颜色变化
Cu	1:1 HNO_3 溶解，加 H_2SO_4 蒸发，除去 NO_2	4.3(HAc-NaAc)	PAN	红变黄绿
Pb	1:1 HNO_3 溶解，加 H_2SO_4 蒸发，除去 NO_2	10(NH_3-NH_4Cl) 5~6(六亚甲基四胺)	铬黑 T 二甲酚橙	红变蓝 红变黄
Zn $CaCO_3$ MgO	1:1 HCl 溶解	>12(KOH) 10(NH_3-NH_4Cl)	钙指示剂 铬黑 T	酒红变蓝 红变蓝

5.6.2 配位滴定方式及应用

配位滴定可采用直接滴定、返滴定、置换滴定和间接滴定四种方式进行。配位滴定可以直接或间接地测定周期表中大多数元素，图 5-10 为配位滴定能测定的元素。

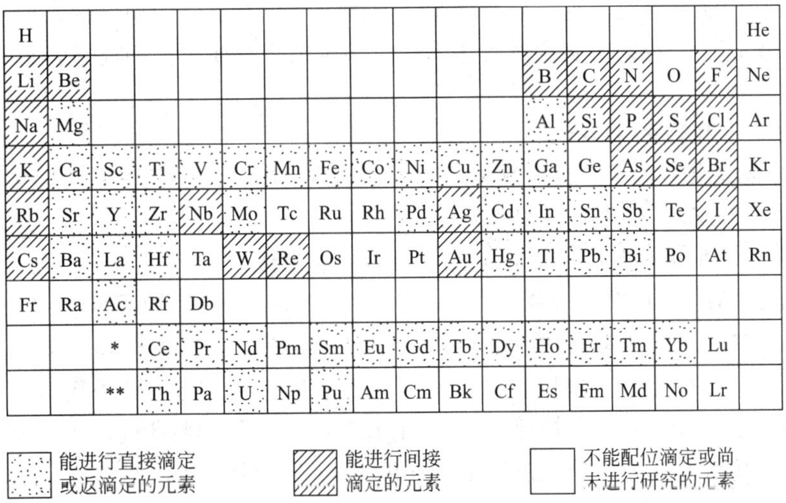

图 5-10 配位滴定法能测定的元素

(1) 直接滴定法

直接滴定法（直接法）是配位滴定法中最常用的滴定方式。这种方法是将试样制备成溶液后，用适宜的缓冲体系调节至所需 pH 值，加入其他必要的试剂和指示剂，直接用 EDTA 滴定。一些元素常用的 EDTA 直接滴定法列于表 5-11。

表 5-11　一些元素常用的 EDTA 直接滴定法

金属离子	pH 值	指示剂	其他主要滴定条件	终点颜色变化
Bi^{3+}	1	二甲酚橙(XO)	硝酸介质	紫红变黄
Ca^{2+}	12~13	钙指示剂(NN)	NaOH	酒红变蓝
Pb^{2+}, Zn^{2+}, Cd^{2+}, Fe^{2+}	5~6	二甲酚橙(XO)	六亚甲基四胺	紫红变黄
Mg^{2+}, Zn^{2+}, Cd^{2+}	9~10	铬黑 T(EBT)	氨性缓冲液	红变蓝
Cu^{2+}	2.5~10	过氧乙酰硝酸酯(PAN)	加热或加乙醇	红变黄绿

直接滴定法操作简单、快速、误差较小，如果条件允许，应尽可能地采用直接滴定法，但必须符合以下条件：

① 被测离子的浓度 c_M 与 M-EDTA 的条件稳定常数 K'_{MY} 必须满足 $\lg(K'_{MY} c_M^{sp}) \geqslant 6$ 的要求，至少应大于 5；

② 应有适宜的指示剂，且无指示剂僵化和封闭现象；

③ 配合物的形成速率应足够快；

④ 被测离子在选用的条件下不发生水解和沉淀，或者其水解和沉淀可通过加入适当化合物加以防止。

若不符合上述条件，应尽量通过适当方法使某些离子可以采用直接法滴定。例如，在 pH≈10 滴定 Pb^{2+} 时，由于 Pb^{2+} 的水解难于采用直接法。为了防止 Pb^{2+} 水解，可先在酸性溶液中加入酒石酸盐将 Pb^{2+} 配合，再调节 pH≈10，然后就可用直接法滴定 Pb^{2+}。

(2) 返滴定法

返滴定法是先在试液中加入一定量且过量的 EDTA 标准溶液，然后用另一金属离子的标准溶液（返滴定剂）滴定过量的 EDTA，根据两种标准溶液的浓度和用量，即可求得被测物质的含量。应注意的是，返滴定剂所形成的配合物应有足够的稳定性，但不能超过被测离子配合物的稳定性，否则在滴定过程中不仅返滴定剂会置换出被测离子，造成误差，而且会使终点不敏锐。

返滴定法主要用于下列情况：

① 缺乏符合要求的指示剂或被测离子对指示剂有封闭作用，无法采用直接滴定法；

② 被测离子与 EDTA 的配合速率太慢；

③ 被测离子发生水解等副反应，无法采用直接滴定法。

例如，由于 Al^{3+} 与 EDTA 配合速率太慢，溶液 pH 值较低时会发生水解形成 $[Al_2(H_2O)_6(OH)_3]^{3+}$、$[Al_3(H_2O)_6(OH)_6]^{3+}$ 等多核氢氧基配合物，而且 Al^{3+} 对二甲酚橙等指示剂有封闭作用，无法用直接法滴定。为避免这些问题，可采用返滴定法。为此，可先加入一定量过量的 EDTA 标准溶液，在 pH≈3.5 时煮沸溶液。由于此时酸度较高 (pH<4.1)，多核氢氧基配合物无法形成；又因 EDTA 过量较多，使 Al^{3+} 与 EDTA 完全配合。配合完全后，调节溶液 pH=5~6（此时 AlY 稳定，不会重新水解形成多核配合物），加入二甲酚橙（AlY 对其无封闭作用），即可顺利地用 Zn^{2+} 标准溶液进行返滴定。表 5-12 列出了常用的返滴定剂和滴定条件。

(3) 置换滴定法

利用置换反应，置换出另一金属离子或 EDTA，然后进行滴定的方法称为置换滴定法。根据置换反应的类型，可分为以下几种。

表 5-12　常用的返滴定剂和滴定条件

金属离子	pH 值	返滴定剂	指示剂	终点颜色变化
Al^{3+}, Ni^{2+}	5~6	Zn^{2+}	二甲酚橙	黄色变紫红色
Al^{3+}	5~6	Cu^{2+}	PAN	黄色变紫红色
Fe^{2+}	9	Zn^{2+}	铬黑 T	蓝色变红色
Hg^{2+}	10	Mg^{2+}, Zn^{2+}	铬黑 T	蓝色变红色
Sn^{4+}	2	Th^{4+}	二甲酚橙	黄色变红色

① 置换出金属离子　若被测金属离子 M 与 EDTA 配合不完全或 M-EDTA 不稳定，可让 M 置换出另一配合物 NL 中的 N，再用 EDTA 滴定 N，进而求出 M 的含量。

$$M + NL \rightleftharpoons ML + N$$

例如，Ag-EDTA 不稳定，无法用 EDTA 直接滴定，但可将 Ag^+ 加入 $Ni(CN)_4^{2-}$ 溶液中，则：

$$2Ag^+ + Ni(CN)_4^{2-} \rightleftharpoons 2Ag(CN)_2^- + Ni^{2+}$$

在 pH=10 的氨性溶液中以紫脲酸铵作指示剂，用 EDTA 标准溶液滴定置换出的 Ni^{2+}，即可求得试样中 Ag^+ 的含量

② 置换出 EDTA　若与被测离子 M 共存的其他金属离子种类较多或难以掩蔽时，可先加入一定量过量的 EDTA，使所有金属离子与 EDTA 配合，再用另一金属离子与过量的 EDTA 配合，然后加入高选择性的配位剂 L，夺取 M 以释放出 EDTA：

$$MY + L \rightleftharpoons ML + Y$$

用金属盐类标准溶液滴定置换出的 EDTA 即可求得 M 的含量：

例如，测定锡合金中的 Sn 时，试样处理成试液后加入一定量过量的 EDTA，将 Sn(Ⅳ)及可能存在的 Pb^{2+}、Zn^{2+}、Cd^{2+}、Bi^{3+} 等一起配合。用 Zn^{2+} 标准溶液滴定过量的 EDTA，然后用 NH_4F 选择性地从 SnY 中置换 EDTA，再用 Zn^{2+} 标准溶液滴定置换出的 EDTA，即可求得 Sn(Ⅳ) 的含量。

③ 间接金属离子指示剂　利用置换滴定法还可以改善指示剂变色的敏锐性，以准确指示终点。如铬黑 T(EBT) 与 Ca^{2+} 显色的灵敏度较差，但与 Mg^{2+} 显色很灵敏。利用此现象可解决测定 Ca^{2+} 时终点难以准确指示的问题。为此，在 pH=10 的试液中加入少量 MgY，使下述置换反应发生：

$$Ca^{2+} + MgY + EBT \rightleftharpoons CaY + Mg\text{-}EBT$$

滴定前溶液显示 Mg-EBT 的深红色。滴定时，EDTA 先配合游离的 Ca^{2+}，在到达终点时，滴入的 EDTA 置换出 Mg-EBT 中的 EBT：

$$Mg\text{-}EBT + Y \rightleftharpoons MgY + EBT$$

此反应又产生了与原来等量的 MgY，置换出铬黑 T，使溶液呈现蓝色。以 Mg^{2+} 的终点代替了 Ca^{2+} 的终点，由于 $K'_{Mg\text{-}EBT}$ 较大，因此终点变色敏锐。

(4) 间接滴定法

有时某一金属离子或非金属离子不与 EDTA 发生配位反应或生成的配合物不稳定，这时可采用间接滴定法。通常是加入过量的能与 EDTA 形成稳定配合物的金属离子作沉淀剂，以沉淀待测离子，过量沉淀剂用 EDTA 滴定，或将沉淀分离溶解后，再用 EDTA 滴定其中的金属离子。例如，Na^+ 不与 EDTA 反应，但可使其沉淀为 $NaAc·Zn(Ac)_2·3UO_2(Ac)_2·9H_2O$，分离沉淀并洗净后将其溶解，用 EDTA 滴定锌，即可求得 Na^+ 的含量。再如，生物体中磷的测定，可将磷通过一定的化学反应转化为阴离子 PO_4^{3-}，然后加入过量的 Mg^{2+}，

在 pH=10 的缓冲溶液中将其沉淀为 $MgNH_4PO_4 \cdot 6H_2O$，过滤、洗涤后用盐酸溶解，再加入一定量过量的 EDTA 标准溶液与 Mg^{2+} 作用，最后用 Mg^{2+} 标准溶液返滴定过量的 EDTA，进而推算出 PO_4^{3-} 的量。间接滴定过程烦琐，引入误差的机会也较多，故不是一种理想的方法。表 5-13 列出了常用的间接滴定法。

表 5-13　常用的间接滴定法

待测离子	主要步骤
K^+	沉淀为 $K_2Na[Co(NO_2)_6] \cdot 6H_2O$，沉淀经过滤、洗涤后测定其中 Co^{3+}
Na^+	沉淀为 $NaAc \cdot Zn(Ac)_2 \cdot 3UO_2(Ac)_2 \cdot 9H_2O$，沉淀经过滤、洗涤后测定其中 Zn^{2+}
PO_4^{3-}	沉淀为 $MgNH_4PO_4 \cdot 6H_2O$，过滤、洗涤后用盐酸溶解，测定其中 Mg^{2+}
S^{2-}	沉淀为 CuS，过滤，测定滤液中过量 Cu^{2+}
SO_4^{2-}	沉淀为 $BaSO_4$，过滤，测定滤液中过量 Ba^{2+}
CN^-	沉淀为 $NiCN_4^{2-}$，过滤，测定滤液中过量 Ni^{2+}
Cl^-,Br^-,I^-	沉淀为卤化银，过滤，滤液中过量的 Ag^+ 与 $NiCN_4^{2-}$ 反应，测定置换出的 Ni^{2+}

✱ 分析化学轶事

pH 计的产生

Arnold Beckman，
1900—2004

在 20 世纪早期，大多数化学分析仅仅涉及重量分析法或滴定分析法。随着仪器技术的引入，在 20 世纪 30 年代，这一现状开始发生变化，其中之一是阿诺德·贝克曼（Arnold Beckman，1900—2004）在 1935 开发的 pH 计。

为了帮助美国加州柑橘产业的分析者们快速、方便地测量柠檬汁的酸度，贝克曼建造了他的第一台 pH 计，并在同年成立了著名的贝克曼公司。

pH 计是利用原电池的原理工作的，原电池的两个电极间的电动势依据能斯特定律，既与电极的自身属性有关，又与溶液中的氢离子浓度有关。原电池的电动势和氢离子浓度之间存在对应关系，氢离子浓度的负对数即为 pH 值。pH 计也称为酸度计，一般用来测量溶液中氢离子的活度。

目前，pH 计已经是一种常见的分析仪器了，它广泛应用在科研、工业、农业、医药和环保等领域。通过 pH 计，可以在几秒内测量样品的 pH 值，并且设备不会以任何方式影响样品。

━━━━━━━━ 思考题 ━━━━━━━━

1. 配合物的稳定常数与条件稳定常数有何不同，为什么要引入条件稳定常数？
2. 在配位滴定中，何谓酸效应？试以 EDTA 为例，列出计算酸效应 $\alpha_{Y(H)}$ 的数学表达式。
3. 在配位滴定中，为什么要加入缓冲溶液控制滴定体系保持一定的 pH？
4. 已知 Fe^{3+} 与 EDTA 配合物的 $\lg K_{Fe(III)Y}=25.1$，若在 pH=6.0 时，以 $0.010 mol \cdot L^{-1}$ EDTA 滴定同浓度的 Fe^{3+}，考虑 $\alpha_{Y(H)}$ 和 $\alpha_{Fe(OH)}$ 后，$\lg K'_{FeY}=14.8$，据此判断完全可以准

确滴定。但实际上一般是在 pH=1.5 时进行滴定，为什么？

5．什么是金属指示剂的封闭和僵化？如何避免？

6．若配制 EDTA 溶液的水中含 Ca^{2+}，判断下列情况对测定结果的影响：

（1）以 $CaCO_3$ 为基准物质标定 EDTA 标准溶液，并用该标准溶液滴定试液中的 Zn^{2+}，以二甲酚橙为指示剂；

（2）以金属锌为基准物质，以二甲酚橙为指示剂标定 EDTA 标准溶液，并用该标准溶液滴定试液中的 Ca^{2+}、Mg^{2+} 合量；

（3）以 $CaCO_3$ 为基准物质，铬黑 T 为指示剂标定 EDTA 标准溶液，并用该标准溶液滴定试液中 Ca^{2+}、Mg^{2+} 合量。

7．已知 $\lg K_{CaY}=10.69$，$\lg K_{MgY}=8.7$，$\lg K_{Ca\text{-}EBT}=5.4$，$\lg K_{Mg\text{-}EBT}=7.0$。试说明为何在 pH=10 的溶液中用 EDTA 滴定 Ca^{2+} 时，常于溶液中先加入少量的 MgY？能否直接加入 Mg^{2+}，为什么？

8．如何利用掩蔽和解蔽作用来测定 Ni^{2+}、Zn^{2+}、Mg^{2+} 混合溶液中各组分的含量？

9．今欲不经分离用配位滴定法测定下列混合溶液中各组分的含量，试设计简要方案（包括滴定剂、酸度、指示剂、所需其他试剂以及滴定方式）。

（1）Zn^{2+}、Mg^{2+} 混合液中两者含量的测定；

（2）含有 Fe^{3+} 的试液中测定 Bi^{3+}；

（3）Fe^{3+}、Cu^{2+}、Ni^{2+} 混合液中各含量的测定；

（4）水泥中 Fe^{3+}、Al^{3+}、Ca^{2+} 和 Mg^{2+} 的分别测定。

习 题

一、选择题

1．EDTA 与金属离子生成螯合物时，其配位数和配位比一般为（　　）。
　　A．1，6　　　　　　B．2，6　　　　　　C．6，1　　　　　　D．6，2

2．以 EDTA 作为滴定剂时，下列叙述中错误的是（　　）。
　　A．在酸度高的溶液中，可能形成酸式配合物 MHY
　　B．在碱度高的溶液中，可能形成碱式配合物 MOHY
　　C．不论形成酸式配合物或碱式配合物均有利于配合滴定反应
　　D．不论溶液 pH 值的大小，在任何情况下只形成 MY 一种形式的配合物

3．用 EDTA 直接滴定有色金属离子，终点所呈现的颜色是（　　）。
　　A．EDTA-金属离子配合物的颜色　　　B．指示剂-金属离子配合物的颜色
　　C．游离指示剂的颜色　　　　　　　　D．上述 A 与 C 的混合颜色

4．当 M 与 Y 反应时，溶液中有另一配合物 L 存在，若 $\alpha_{M(L)}>1$，则表示（　　）。
　　A．M 与 Y 没有副反应　　　　　　　B．可以忽略 M 与 Y 的副反应
　　C．M 与 Y 有副反应　　　　　　　　D．[M]=[M′]

5．pH=7～11 时，铬黑 T(In) 与金属离子 Ca^{2+} 结合后，$CaIn^-$ 呈现（　　）。
　　A．红色　　　　　　B．蓝色　　　　　　C．黄色　　　　　　D．黑色

6．在六亚甲基四胺缓冲体系中，用 ZnO 标定 EDTA 时，采用的指示剂为（　　）。
　　A．铬黑 T　　　　　B．二甲酚橙　　　　C．淀粉　　　　　　D．PAN

7. 若不使用缓冲溶液，用 EDTA 滴定金属离子时溶液的 pH 值将（　　）。
   A. 降低　　　　　B. 升高　　　　　C. 不变　　　　　D. 不确定

8. 在 pH＝12.0 时，0.01000 mol·L^{-1} EDTA 溶液滴定 20.00mL 0.01000 mol·L^{-1} Ca^{2+} 溶液，已知 lgK_{CaY}＝10.7，lg$\alpha_{Y(H)}$＝0，则化学计量点的 pCa 为（　　）。
   A. 8.0　　　　　B. 5.5　　　　　C. 6.5　　　　　D. 4.0

9. 在 pH＝10 含酒石酸（A）的氨性缓冲溶液中，用 EDTA 滴定同浓度的 Pb^{2+}，已计算得到此条件下 lg$\alpha_{Pb(A)}$＝2.8，lg$\alpha_{Pb(OH)}$＝2.7，则 lgα_{Pb} 为（　　）。
   A. 2.7　　　　　B. 2.8　　　　　C. 3.1　　　　　D. 5.5

10. pH＝10 时，用铬黑 T 作指示剂滴定 Mg^{2+}，pMg$_t$＝（　　）。已知 lgK_{MgIn}＝7.0，铬黑 T 的质子化累积常数的对数值 lgβ_1＝11.6，lgβ_2＝17.8。
    A. 6.4　　　　　B. 7.2　　　　　C. 5.4　　　　　D. 10.8

11. 用配位滴定法测定 M 离子的浓度时，若 E_t≤0.1%，ΔpM＝±0.2，且 M 浓度为干扰离子 N 浓度的 1/10，欲用控制酸度滴定 M，则要求 lgK_{MY}－lgK_{NY} 应大于（　　）。
    A. 5　　　　　B. 6　　　　　C. 7　　　　　D. 8

12. 用 EDTA 滴定 Zn^{2+} 时，消除 Al^{3+} 干扰宜采用（　　）。
    A. 加 NaOH　　B. 加抗坏血酸　　C. 加氟离子　　D. 加氰化钾

13. 在 pH＝5.0 时，用 EDTA 溶液滴定含有 Al^{3+}、Zn^{2+}、Mg^{2+} 和大量 F$^-$ 等的溶液，已知 lgK_{AlY}＝16.1，lgK_{ZnY}＝16.5，lgK_{MgY}＝8.6，lg$\alpha_{Y(H)}$＝6.5，则测得的是（　　）。
    A. Al，Zn，Mg 总量　　　　　B. Zn 和 Mg 的总量
    C. Zn 的量　　　　　　　　　D. Mg 的量

14. 在 pH＝10 的氨性缓冲液中，以 0.01 mol·L^{-1} EDTA 滴定两份同浓度的 Cu^{2+} 溶液。其中一份游离 NH$_3$ 为 0.1 mol·L^{-1}，另一份游离 NH$_3$ 为 0.3 mol·L^{-1}。此两种情况，对 pCu′ 叙述正确的是（　　）。
    A. 滴定至化学计量点前，滴定百分数相同时，pCu′ 相等
    B. 在化学计量点时的 pCu′ 相等
    C. 在化学计量点后的 pCu′ 相等
    D. 在上述三种情况下 pCu′ 均不相等

15. 已知 lgK_{ZnY}＝16.5，pH 值与 lg$\alpha_{Y(H)}$ 的相应关系如下表，若用 0.02 mol·L^{-1} EDTA 滴定 0.02 mol·L^{-1} Zn^{2+} 溶液，要求 ΔpM＝0.2，E_t＝0.1%，则滴定时最高允许酸度是（　　）。

pH	4	5	6	7
lg$\alpha_{Y(H)}$	8.44	6.45	4.65	3.32

   A. pH≈4　　　　B. pH≈5　　　　C. pH≈6　　　　D. pH≈7

二、填空题

1. 已知 EDTA 的累积稳定常数 lgβ_1～lgβ_6 分别为 10.34、16.58、19.33、21.40、23.0 和 23.9，求 EDTA 的稳定常数 K_3＝＿＿＿＿＿。

2. 在配位滴定过程中，随着配合物的生成，溶液的酸度不断＿＿＿＿。配合物的条件稳定常数不断＿＿＿＿，使滴定突跃＿＿＿＿。

3. 不能用 EDTA 直接测 Al^{3+} 的三个原因是＿＿＿＿，＿＿＿＿，＿＿＿＿。

4. 于蒸馏水中,加入_____缓冲液控制溶液的酸度,加少许_____指示剂,若溶液呈_____色,则蒸馏水中含 Ca^{2+} 和 Mg^{2+}。

5. 含 Ni^{2+}、Zn^{2+} 的混合溶液中测定锌,先在氨性缓冲溶液中加入试剂_____,使金属离子掩蔽,再以_____试剂解蔽,用 EDTA 测定。控制 pH _____,指示剂选_____。

6. 用 EDTA 测定某试液中的 Pb^{2+},若该试液中含有杂质离子 Zn^{2+} 和 Mg^{2+}。
(1) pH=5~6,用二甲酚橙作指示剂时,_____干扰测定,_____不干扰测定。
(2) pH=10,用铬黑 T 作指示剂时,Zn^{2+}、Mg^{2+} 都_____。

7. 在 pH=5 的六亚甲基四胺缓冲溶液中,用 $0.02000 mol \cdot L^{-1}$ 的 EDTA 滴定同浓度的 Pb^{2+},已知 pH=5 时,$\lg \alpha_{Y(H)}=6.5$,$\lg K_{PbY}=18.0$,化学计量点时,pY 是_____。

8. 在 pH 值为 10.0 的氨性溶液中,已知 $\lg K_{ZnY}=16.5$,$\alpha_{Zn(NH_3)}=10^{4.7}$,$\lg \alpha_{Zn(OH)}=2.4$,$\lg \alpha_{Y(H)}=0.5$。则在此条件下 $\lg K'_{ZnY}$ 为_____。

9. 在 pH=10 的氨性缓冲溶液中,以铬黑 T 为指示剂,用 EDTA 溶液滴定 Ca^{2+} 时,终点变色不敏锐,此时可加入少量_____作为间接金属指示剂,在终点前溶液呈现_____色,终点时溶液呈现_____色。

三、判断题

1. EDTA 的最强酸为六元酸,其在水溶液中有七种存在型体。(　　)
2. 以 EDTA 为滴定剂,不论溶液 pH 值的大小,只形成 MY 一种配合物。(　　)
3. 无副反应时,K_{MY} 值越大,配合物越稳定。(　　)
4. 指示剂在化学计量点附近颜色不变称为指示剂的僵化,颜色变化非常缓慢称为指示剂的封闭。(　　)
5. 已知 EDTA 的 $pK_{a_1} \sim pK_{a_6}$ 分别为:0.9、1.6、2.0、2.7、6.2、10.3。今在 pH=13 时,以 EDTA 滴定同浓度的 Ca^{2+},滴定至 50% 时,pCa=pY。(　　)
6. 测定水中 Ca^{2+}、Mg^{2+} 含量,为消除少量 Fe^{3+}、Al^{3+} 干扰,于酸性溶液中加入三乙醇胺,将溶液变为 pH=10 的氨性溶液,然后测定。(　　)
7. 返滴定法测 Al^{3+} 的含量,是在 pH=5.5 条件下以 Pb^{2+} 标准溶液返滴定过量的 EDTA。(　　)
8. 若以含有少量 Ca^{2+} 和 Mg^{2+} 的水配制了 EDTA 溶液。
(1) pH=5~6,以金属 Zn 为基准,以 XO 为指示剂标定此 EDTA 溶液,以测定试液中 Ca^{2+} 和 Mg^{2+} 合量。(　　)
(2) pH=10,以 $CaCO_3$ 为基准,EBT 为指示剂标定此 EDTA 溶液,以测定试液中 Ca^{2+} 和 Mg^{2+} 合量。(　　)

四、计算题

1. 计算 pH=5.5 时,EDTA 的 $\lg \alpha_{Y(H)}$。已知 EDTA 的各级累积常数 $\beta_1 \sim \beta_6$ 依次为 $10^{10.34}$、$10^{16.58}$、$10^{19.33}$、$10^{21.40}$、$10^{23.0}$、$10^{23.9}$。

2. 在 $0.010 mol \cdot L^{-1}$ Al^{3+} 溶液中,加氟化铵至溶液中游离 F^- 的浓度为 $0.10 mol \cdot L^{-1}$,问溶液中铝的主要型体是哪一种?浓度为多少?

3. 计算 $[Cl^-]=6.3 \times 10^{-4} mol \cdot L^{-1}$ 时,汞(Ⅱ)氯配位离子的平均配位数 $\bar{n}$。

4. 计算 pH=11,$[NH_3]=0.1 mol \cdot L^{-1}$ 时的 $\lg K'_{ZnY}$。

5. pH=9 时,在 $c_{NH_3}=0.1 mol \cdot L^{-1}$,$c_{H_2C_2O_4}=0.1 mol \cdot L^{-1}$ 溶液中,计算:

(1) $\lg\alpha_{Cu(NH_3)}$ 值。

(2) $\lg\alpha_{Cu}$ [已知 $\lg\alpha_{Cu(OH)}=0.8$，$\lg\alpha_{Cu(H_2C_2O_4)}=6.9$]。

(3) $\lg K'_{CuY}$。

6. 当溶液中 Mg^{2+} 浓度为 2×10^{-2} mol·L^{-1} 时，问在 pH=5 时能否用同浓度的 EDTA 滴定 Mg^{2+}？在 pH=10 时情况如何？如果继续降低酸度至 pH=12，情况又如何？

7. 计算 pH=10 时，以 0.0200 mol·L^{-1} EDTA 溶液滴定同浓度的 Zn^{2+}，计算滴定到 99.9%、100.0%、100.1% 时溶液的 pZn 值。

8. 在 0.1000 mol·L^{-1} NH_3-NH_4Cl 溶液中，能否用 EDTA 准确滴定 0.1000 mol·L^{-1} 的 Zn^{2+} 溶液？

9. 已知下列指示剂的质子化累积常数 $\lg\beta_1$、$\lg\beta_2$ 和 Mg^{2+} 配合物的稳定常数 $\lg K_{MgIn}$：

项目	$\lg\beta_1$	$\lg\beta_2$	$\lg K_{MgIn}$
埃铬黑 R′	13.5	20.5	7.6
铬黑 T	11.6	17.8	7.0

如果在 pH=10 时，以 1×10^{-2} mol·L^{-1} EDTA 滴定同浓度的 Mg^{2+}，分别用这两种指示剂，计算化学计量点和滴定终点的 pMg 值，求误差各是多少？根据以上计算说明选用哪一种指示剂较好。

10. pH=10 的氨性溶液中，以 2×10^{-2} mol·L^{-1} EDTA 滴定同浓度的 Ca^{2+}，用铬黑 T 作指示剂，计算：(1) $\lg K'_{CaY}$；(2) $pCa_{等}$；(3) $\lg K'_{CaIn}$（$\lg K_{CaIn}=5.4$）；(4) $pCa_{终}$；(5) 终点误差。

11. 某试液含 Fe^{3+} 和 Co^{2+}，浓度均为 2×10^{-2} mol·L^{-1}，今欲用同浓度的 EDTA 分别滴定。问：

(1) 有无可能分别滴定？

(2) 滴定 Fe^{3+} 的合适酸度范围。

(3) 滴定 Fe^{3+} 后，是否有可能滴定 Co^{2+}，求滴定 Co^{2+} 的合适酸度范围 [$pK_{sp,Co(OH)_2}=14.7$]。

12. Hg^{2+} 和 Zn^{2+} 混合溶液，浓度均为 2×10^{-2} mol·L^{-1}。今以 KI 掩蔽 Hg^{2+}，若终点时溶液中游离的 $[I^-]$ 为 10^{-2} mol·L^{-1}。在 pH=5 时，以 2×10^{-2} mol·L^{-1} EDTA 溶液滴定 Zn^{2+}，如果 $\Delta pZn=\pm0.5$，计算终点误差。

13. 已知 Cd^{2+}-I^- 配合物的 $\lg\beta_1\sim\lg\beta_4$ 分别为 2.4、3.4、5.0、6.15；pH=5.5 时，$\lg\alpha_{Y(H)}=5.5$，用浓度为 2×10^{-2} mol·L^{-1} 的 EDTA 滴定浓度均为 2×10^{-2} mol·L^{-1} 的 Zn^{2+} 和 Cd^{2+} 的混合溶液中的 Zn^{2+}，已知 Cd^{2+} 有干扰，故加入 KI 掩蔽 Cd^{2+}，当终点时 $[I^-]=0.5$ mol·L^{-1}，Cd^{2+} 的干扰能否消除？Zn^{2+} 能否被准确滴定？如用二甲酚橙（XO）为指示剂，$pZn_{终(XO)}=4.8$，求终点误差（$\lg K_{CdY}=16.5$）。

14. 用配位滴定法连续滴定某试液中的 Fe^{3+} 和 Al^{3+}。取 50.00 mL 试液，调节溶液 pH=2，以磺基水杨酸为指示剂，加热至约 50℃，用 0.04852 mol·L^{-1} EDTA 标准溶液滴定到紫红色恰好消失，用去 20.45 mL EDTA 标准溶液。在滴定 Fe^{3+} 后的溶液中加入上述 EDTA 标准溶液 50.00 mL，煮沸片刻，使 Al^{3+} 和 EDTA 充分配位，冷却后，调节 pH=5，用二甲酚橙作指示剂，用 0.05069 mol·L^{-1} Zn^{2+} 标准溶液回滴过量的 EDTA，用去 14.96 mL Zn^{2+} 标准溶液，计算试液中 Fe^{3+} 和 Al^{3+} 的含量（以 g·L^{-1} 表示）。

15. 分析铜-锌-镁合金。称取试样 0.5000g，溶解后，用容量瓶配成 250.0mL 溶液。吸取 25.00mL 溶液，调节溶液的 pH=6，用 PAN 作指示剂，用 0.02000mol·L^{-1} EDTA 标准溶液滴定 Cu^{2+} 和 Zn^{2+}，用去 37.30mL。另外吸取试液 25.00mL，调节 pH=10，用 KCN 掩蔽 Cu^{2+} 和 Zn^{2+}，用 0.01000mol·L^{-1} EDTA 标准溶液滴定 Mg^{2+}，用去 4.10mL。然后用甲醛解蔽 Zn^{2+}，再用 0.02000mol·L^{-1} EDTA 标准溶液滴定，用去 13.40mL。计算试样中 Cu、Zn、Mg 的含量。

第 6 章

氧化还原滴定法

氧化还原滴定法（redox titration）是以氧化还原反应为基础的一种滴定方法。

从反应机理来讲，氧化还原反应是一种电子由还原剂转移到氧化剂的反应，有些反应除了氧化剂和还原剂外还有其他组分（如 H^+、H_2O 等）参加。一般来说，氧化还原反应机理都比较复杂、反应过程分多步完成。反应速率慢、常伴有副反应发生是氧化还原反应常见的两个特性。因此，在应用氧化还原滴定法时必须综合考虑有关平衡、反应机理、反应速率等因素，严格控制适宜的条件，才能保证反应按确定的化学计量关系定量、快速地进行。因此，在理解氧化还原滴定原理时应注意考虑酸碱反应、配位反应、沉淀反应和反应条件对氧化还原反应程度和速率的影响。

从应用范围来讲，与酸碱滴定法和配位滴定法相比较，氧化还原滴定法的方法多，应用范围广，不仅能测定本身具有氧化还原性质的物质，也能间接地测定本身不具有氧化还原性质，但能与某种氧化剂或还原剂发生有确定化学计量关系的反应的物质；不仅能测定无机物，也能测定有机物，是滴定分析中重要的分析方法。此外，在分析化学中，氧化还原反应除了广泛应用于滴定分析外，还经常用于试样的预处理过程中。

6.1 氧化还原平衡

6.1.1 氧化还原电对

氧化还原反应的实质是电子的转移。在氧化还原反应中，氧化剂获得电子由氧化型变为还原型，还原剂失去电子由还原型变为氧化型。每一个电对对应的氧化还原反应，称为半反应。任何一个氧化还原反应都可以看成是两个半反应之和。由物质本身的氧化型和还原型组成的体系称为氧化还原电对。要注意：电对都应写成"氧化型/还原型"：

$$氧化态 + ne^- \rightleftharpoons 还原态 \quad (或\ Ox + ne^- \rightleftharpoons Red)$$

例如氧化还原反应： $Ce^{4+} + Fe^{2+} \rightleftharpoons Ce^{3+} + Fe^{3+}$

氧化半反应： $Fe^{3+} + e^- \longrightarrow Fe^{2+}$ （电对为 Fe^{3+}/Fe^{2+}）

还原半反应： $Ce^{4+} + e^- \longrightarrow Ce^{3+}$ （电对为 Ce^{4+}/Ce^{3+}）

各电对给出和接受电子的能力是不同的。氧化型和还原型是相对而言的，例如电对

MnO_4^-/MnO_2 和电对 MnO_2/Mn^{2+}，在前一个电对中 MnO_2 是还原型，在后一个电对中 MnO_2 是氧化型。

电对的组成常见的有：

金属及其离子：Cu^{2+}/Cu、Ag^+/Ag。

同一金属的不同价态离子：Fe^{3+}/Fe^{2+}、Sn^{4+}/Sn^{2+}、MnO_4^-/Mn^{2+}。

非金属及其离子：Cl_2/Cl^-、H^+/H_2。

同一非金属的不同价态离子：NO_3^-/NO_2^-、$CO_2/C_2O_4^{2-}$。

氧化还原电对常粗略分为可逆与不可逆两大类。可逆氧化还原电对是指在氧化还原反应的任一瞬间，能按氧化还原半反应迅速建立起氧化还原平衡，其实测电位与按能斯特（Nernst）方程计算所得的理论电位一致或相差甚微的电对，如 Fe^{3+}/Fe^{2+}、$[Fe(CN)_6]^{3-}/[Fe(CN)_6]^{4-}$、$I_2/I^-$ 等。

不可逆氧化还原电对是指在氧化还原反应的任一瞬间，不能按氧化还原半反应迅速建立起氧化还原平衡，其实测电位与按能斯特方程计算所得的理论电位不一致或相差很大的电对，如 MnO_4^-/Mn^{2+}、$Cr_2O_7^{2-}/Cr^{3+}$、$S_4O_6^{2-}/S_2O_3^{2-}$、$CO_2/C_2O_4^{2-}$、SO_4^{2-}/SO_3^{2-}、O_2/H_2O_2、H_2O_2/H_2O 等。应当指出的是，虽然由能斯特方程计算出的电位与不可逆电对的实际电位差别较大（通常相差 100mV 或 200mV 以上），但其结果作为初步判断仍具有一定的实际意义。

在处理氧化还原平衡时，还应注意区分对称电对和不对称电对。氧化态和还原态化学计量数相同的电对称为对称电对，如 $Fe^{3+} + e^- \rightleftharpoons Fe^{2+}$、$MnO_4^- + 8H^+ + 5e^- \rightleftharpoons Mn^{2+} + 4H_2O$ 等。氧化态和还原态化学计量数不相同的电对称为不对称电对，如 $Cr_2O_7^{2-} + 14H^+ + 6e^- \rightleftharpoons 2Cr^{3+} + 7H_2O$、$I_2 + 2e^- \rightleftharpoons 2I^-$ 等。涉及不对称电对的有关计算时，情况相对复杂一些，应予以注意。

6.1.2 标准电极电位

标准电极电位 $\varphi^\ominus$ 是在 25℃，有关离子浓度（严格讲应该是活度）均为 $1mol \cdot L^{-1}$（或其比值为 1），气体压力为 $1.0 \times 10^5 Pa$ 的条件下测得的电位。如果反应条件（主要是离子浓度和酸度）改变时，电位就会发生相应的变化。非标态下的标准电极电位可由能斯特方程导出。

对于氧化还原反应：

$$Ox_1 + Red_2 \rightleftharpoons Red_1 + Ox_2$$

$$Ox_1 + ne^- \longrightarrow Red_1 \quad \varphi^\ominus_{Ox_1/Red_1}$$

$$Ox_2 + ne^- \longrightarrow Red_2 \quad \varphi^\ominus_{Ox_2/Red_2}$$

$\varphi^\ominus_{Ox/Red}$ 的作用有以下几个方面：

① 判断电对中 Ox 和 Red 的氧化性和还原性的强弱，$\varphi^\ominus_{Ox/Red}$ 越大，Ox 的氧化性越强，例如：

$$2Fe^{3+} + Sn^{2+} \longrightarrow 2Fe^{2+} + Sn^{4+}$$

$\varphi^\ominus_{Sn^{4+}/Sn^{2+}} = 0.14V$，$\varphi^\ominus_{Fe^{3+}/Fe^{2+}} = 0.77V$，氧化性：$Sn^{4+} < Fe^{3+}$，还原性：$Sn^{2+} > Fe^{2+}$。

② 判断氧化还原反应发生的方向　例如上述氧化还原反应是较强的氧化剂（Fe^{3+}）和较强的还原剂（Sn^{2+}）自发反应生成相对应还原剂（Fe^{2+}）和氧化剂（Sn^{4+}）的过程，反应正向进行。

③ 判断氧化还原反应发生的次序，例如：$\varphi^\ominus_{Cl_2/Cl^-} = 1.36V$，$\varphi^\ominus_{Br_2/Br^-} = 1.09V$，$\varphi^\ominus_{I_2/I^-} = $

0.54V。当 Cl_2 通入 NaBr 和 KI 的混合液中时,首先被氧化的是 I^-,然后是 Br^-。

④ 判断氧化还原反应进行的完全程度,例如,标准电极电位相差越大,反应进行得越完全。

注意:

① $\varphi^\ominus$ 值由物质本性决定,不因物质的量的多少而改变;$\varphi^\ominus$ 值与电极反应中物质的系数无关。

例如: $Ag^+ + e^- \longrightarrow Ag$ $\varphi^\ominus_{Ag^+/Ag} = 0.7995V$

$2Ag^+ + 2e^- \longrightarrow 2Ag$ $\varphi^\ominus_{Ag^+/Ag} = 0.7995V$

② $\varphi^\ominus$ 值与电极反应的书写方向无关。

$$Ag - e^- \longrightarrow Ag^+ \quad \varphi^\ominus_{Ag^+/Ag} = 0.7995V$$

③ 对于同一价态元素,由于其存在形式不同,与其有关的氧化还原电对可能有若干个,它们各自的标准电极电位也不同。

例如: $Ag^+ + e^- \longrightarrow Ag$ $\varphi^\ominus_{Ag^+/Ag} = 0.7995V$

$AgCl + e^- \longrightarrow Ag + Cl^-$ $\varphi^\ominus_{AgCl/Ag} = 0.2223V$

$AgBr + e^- \longrightarrow Ag + Br^-$ $\varphi^\ominus_{AgBr/Ag} = 0.071V$

$AgI + e^- \longrightarrow Ag + I^-$ $\varphi^\ominus_{AgI/Ag} = -0.152V$

同一价态元素的不同电对的标准电极电位,可以根据有关的平衡常数,用能斯特方程求出它们之间的关系;反之,也可根据它们的电位,求出有关的平衡常数。常用电对的标准电极电位列于附录 14 中。

6.1.3 条件电极电位

6.1.3.1 能斯特方程与条件电极电位

可逆氧化还原电对的电极电位可用能斯特方程求得。电对的电极电位 φ 可用如下方程表示:

$$\varphi = \varphi^\ominus + \frac{RT}{nF} \ln \frac{a_{Ox}}{a_{Red}} \tag{6-1}$$

式中,$\varphi^\ominus$ 为标准电极电位;a_{Ox}、a_{Red} 分别为氧化态和还原态的活度;R 为摩尔气体常数,$R = 8.314 J \cdot K^{-1} \cdot mol^{-1}$;$T$ 为热力学温度,K;F 为法拉第常数,$F = 96487 C \cdot mol^{-1}$。

式(6-1)是由能斯特(1889年)和比德斯(1898年)先后提出的,故称为能斯特-比德斯方程式,通常称为能斯特方程(Nernst equation)。

将常数代入方程(6-1),取常用对数得:

$$\varphi = \varphi^\ominus + \frac{2.303RT}{nF} \lg \frac{a_{Ox}}{a_{Red}} = \varphi^\ominus + \frac{0.059}{n} \lg \frac{a_{Ox}}{a_{Red}} \tag{6-2}$$

对于更复杂的氧化还原半反应,能斯特方程中还应包括有关反应物和生成物的活度。金属、纯固体的活度为1,溶剂的活度为常数,它们的影响已反映在 $\varphi^\ominus$ 中。

然而在实际工作中,通常知道的是物质的浓度而不是活度。为方便起见,常常忽略溶液中离子强度的影响,用浓度值代替活度值进行计算。但是这种处理方法只适用于极稀溶液。当浓度较大尤其是高价离子参与电极反应时,或其他强电解质存在时,计算结果会与实际测定值存在较大差别。因此,若欲以浓度代替活度,必须引入活度系数 γ,即:

$$a_{Ox} = \gamma_{Ox}[Ox], \quad a_{Red} = \gamma_{Red}[Red]$$

此外，当溶液介质不同时，电对的氧化态和还原态还会发生某些副反应。如 pH 的影响、沉淀与配合物的形成等，都会使电对发生变化。为校正这些影响，引入副反应系数 α。

$$a_{Ox}=\gamma_{Ox}[Ox]=\gamma_{Ox}c_{Ox}/\alpha_{Ox},\ a_{Red}=\gamma_{Red}[Red]=\gamma_{Red}c_{Red}/\alpha_{Red}$$

将上述关系式代入式(6-2)得：

$$\varphi=\varphi^{\ominus}+\frac{0.059}{n}\lg\frac{\gamma_{Ox}\alpha_{Red}}{\gamma_{Red}\alpha_{Ox}}+\frac{0.059}{n}\lg\frac{c_{Ox}}{c_{Red}} \tag{6-3}$$

式中，c_{Ox}、c_{Red} 分别为氧化态和还原态的分析浓度。当 $c_{Ox}=c_{Red}=1\text{mol}\cdot\text{L}^{-1}$ 或 $c_{Ox}:c_{Red}=1$ 时，则有：

$$\varphi^{\ominus\prime}=\varphi^{\ominus}+\frac{0.059}{n}\lg\frac{\gamma_{Ox}\alpha_{Red}}{\gamma_{Red}\alpha_{Ox}} \tag{6-4}$$

$\varphi^{\ominus\prime}$ 称为条件电极电位（conditional potential 或 formal potential）。它是在特定条件下，氧化态与还原态的分析浓度都为 $1\text{mol}\cdot\text{L}^{-1}$ 时的实际电位。条件电位 $\varphi^{\ominus\prime}$ 与标准电位 $\varphi^{\ominus}$ 不同，它不是热力学常数，它的数值与溶液中电解质的组成和浓度，特别是能与电对发生副反应的物质的组成和浓度有关。也可以这样理解 $\varphi^{\ominus}$ 与 $\varphi^{\ominus\prime}$ 的关系，它们类似于配位反应中的稳定常数 K 与条件稳定常数 K' 之间的关系。条件电极电位反映了离子强度和各种副反应影响的总结果，用它处理问题，既简便又比较符合实际情况。不过，目前尚缺乏各种条件下的条件电极电位数据，实际应用受到一定限制。

附录 15 给出了部分氧化还原电对在不同介质中的条件电极电位。当缺乏相同条件下的条件电极电位时，可采用相近条件下的条件电极电位。例如，未查到 $1.5\text{mol}\cdot\text{L}^{-1}\ H_2SO_4$ 溶液中 Fe^{3+}/Fe^{2+} 电对的条件电极电位，可用较低浓度 $1.0\text{mol}\cdot\text{L}^{-1}\ H_2SO_4$ 溶液中该电对的条件电极电位（0.68V）代替。若采用标准电极电位（0.77V），误差会变大。若相近条件的电极电位也查不到，那就只能用标准电极电位，但误差可能较大。

6.1.3.2 影响条件电极电位的因素

根据式(6-4)可知，凡影响电对物质活度系数和副反应系数的因素都会导致条件电极电位发生改变从而改变氧化还原反应的方向。这些因素主要包括盐效应、生成难溶沉淀物效应、酸效应和配位效应等。

(1) 盐效应

盐效应是指溶液中电解质浓度对条件电极电位的影响作用。电解质浓度的变化会改变溶液中的离子强度，从而改变电对氧化态和还原态的活度系数。在常用的氧化还原滴定体系中，电解质浓度较高，离子强度较大；电对氧化态和还原态又常为多价离子，故盐效应较为明显。但因离子活度系数值不易得到，而各种副反应对电位的影响远比离子强度对电位的影响大，因此往往忽略离子强度的影响，利用下式进行近似计算，即用平衡浓度代替活度：

$$\varphi^{\ominus\prime}=\varphi^{\ominus}+\frac{0.059}{n}\lg\frac{[Ox]}{[Red]}\quad(25℃) \tag{6-5}$$

(2) 生成难溶沉淀物效应

在溶液体系中，若有与电对氧化态或还原态生成难溶沉淀的沉淀剂存在，将会改变电对的条件电极电位。若氧化态生成难溶沉淀，条件电极电位将降低；若还原态生成难溶沉淀，条件电极电位将增高。例如，在用间接碘量法测定铜时，便用到了利用产物生成沉淀来改变电对氧化还原能力的方法。反应如下：

$$2Cu^{2+}+4I^-\rightleftharpoons 2CuI\downarrow+I_2$$

若依据标准电极电位 $\varphi^{\ominus}_{Cu^{2+}/Cu^+}=0.17V$，$\varphi^{\ominus}_{I_2/I^-}=0.54V$ 判断，应当是 I_2 氧化 Cu^{2+}，实

际上，由于难溶沉淀（CuI）的生成，导致 Cu^{2+}/Cu^+ 电对条件电极电位增高，故 Cu^{2+} 氧化 I^- 的反应可进行得很完全。

【例 6-1】 忽略离子强度的影响，计算 $[I^-]=1.0\text{mol}\cdot L^{-1}$ 时的 Cu^{2+}/Cu^+ 电对条件电极电位。

解 $\varphi^{\ominus}_{Cu^{2+}/Cu^+}=0.17\text{V}$，$K_{sp(CuI)}=1.1\times10^{-12}$。

由能斯特方程：$\varphi=\varphi^{\ominus}_{Cu^{2+}/Cu^+}+0.059\lg\dfrac{[Cu^{2+}]}{[Cu^+]}$

$$=\varphi^{\ominus}_{Cu^{2+}/Cu^+}+0.059\lg\dfrac{[Cu^{2+}]}{K_{sp(CuI)}/[I^-]}$$

设 Cu^{2+} 没有发生副反应，$[Cu^{2+}]=c_{Cu^{2+}}=1.0\text{mol}\cdot L^{-1}$，且 $[I^-]=1.0\text{mol}\cdot L^{-1}$，则：

$$\varphi^{\ominus\prime}_{Cu^{2+}/Cu^+}=\varphi^{\ominus}_{Cu^{2+}/Cu^+}-0.059\lg K_{sp(CuI)}$$
$$=0.17-0.059\times\lg(1.1\times10^{-12})$$
$$=0.87(\text{V})$$

计算结果表明，由于生成 CuI 沉淀，使 Cu^{2+}/Cu^+ 电对的电位从 0.17V 升高至 0.87V，故上述反应可定量向右进行。

【例 6-2】 Ag^+ 溶液中加入 I^-，生成 AgI 沉淀。若 (1) $[I^-]=1\text{mol}\cdot L^{-1}$ 时，(2) $[I^-]=0.1\text{mol}\cdot L^{-1}$ 时，求 Ag^+/Ag 电对的电位（忽略离子强度的影响，已知 $\varphi^{\ominus}_{Ag^+/Ag}=0.80\text{V}$，$K_{sp(AgI)}=10^{-16.03}$）。

解 $Ag^++e^-\longrightarrow Ag$，$[I^-][Ag^+]=K_{sp(AgI)}$

由能斯特方程：$\varphi_{Ag^+/Ag}=\varphi^{\ominus}_{Ag^+/Ag}+0.059\lg[Ag^+]$

$$=\varphi^{\ominus}_{Ag^+/Ag}+0.059\lg\dfrac{K_{sp(AgI)}}{[I^-]}$$

(1) 当 $[I^-]=1\text{mol}\cdot L^{-1}$ 时：

$$\varphi^{\ominus\prime}_{Ag^+/Ag}=\varphi^{\ominus}_{Ag^+/Ag}+0.059\lg K_{sp(AgI)}$$
$$=0.80+0.059\times\lg10^{-16.03}=-0.15(\text{V})$$

(2) 同理求得 $[I^-]=0.1\text{mol}\cdot L^{-1}$ 时：

$$\varphi_{Ag^+/Ag}=-0.087\text{V}$$

由于 Ag^+ 与 I^- 生成 AgI 沉淀，极大地降低了 $[Ag^+]$，Ag^+/Ag 电对电极电位降低，Ag 的还原性增强，不同浓度的 $[I^-]$ 对 Ag^+ 氧化性影响不同。

(3) 配合物生成效应

同样，如果在氧化还原反应中，加入能与氧化态或还原态生成稳定配合物的配位剂时，由于氧化态与还原态的浓度比值发生变化也将导致电对电位改变。根据式(6-4)，若氧化态生成的配合物比还原态生成的配合物稳定性高，条件电极电位降低，反之，条件电极电位将增高。

在氧化还原滴定中，常利用这种效应消除干扰，提高测定结果的准确度。例如，间接碘量法测矿石中的铜时，样品中有 Fe^{3+} 时，由于 $\varphi^{\ominus}_{Fe^{3+}/Fe^{2+}}>\varphi^{\ominus}_{I_2/I^-}$，$Fe^{3+}$ 也能氧化 I^-，影响 Cu^{2+} 的测定。若加入 NaF 使 F^- 与 Fe^{3+} 形成稳定的配合物 FeF_6^{3-}，使 Fe^{3+}/Fe^{2+} 电对的电位降低，即可消除 Fe^{3+} 的干扰。

【例 6-3】 忽略离子强度影响，计算 $[F^-]=0.10\text{mol}\cdot L^{-1}$ 时 Fe^{3+}/Fe^{2+} 电对的条件电极电位。

解

$$Fe^{3+} + e^- \longrightarrow Fe^{2+}$$

$$\downarrow \qquad\qquad\qquad \downarrow$$

$$\alpha_{Fe^{3+}(F)} \qquad\qquad \alpha_{Fe^{2+}(F)}$$

$\varphi^{\ominus}_{Fe^{3+}/Fe^{2+}} = 0.77V$，铁(Ⅲ)氟配合物的 $\lg\beta_1 \sim \lg\beta_3$、$\lg\beta_5$ 为 5.28、9.30、12.06、15.77。

$$\varphi = \varphi^{\ominus}_{Fe^{3+}/Fe^{2+}} + 0.059\lg\frac{[Fe^{3+}]}{[Fe^{2+}]}$$

$$= \varphi^{\ominus}_{Fe^{3+}/Fe^{2+}} + 0.059\lg\frac{\alpha_{Fe^{2+}(F)}}{\alpha_{Fe^{3+}(F)}} + 0.059\lg\frac{c_{Fe^{3+}}}{c_{Fe^{2+}}}$$

当 $[F^-] = 0.10 \text{mol·L}^{-1}$ 时：

$$\alpha_{Fe^{3+}(F)} = 1 + \beta_1[F^-] + \beta_2[F^-]^2 + \beta_3[F^-]^3$$

$$= 1 + 10^{5.28} \times 10^{-1.00} + 10^{9.30} \times 10^{-2.00} + 10^{11.86} \times 10^{-3.00} + 10^{15.77-5.00}$$

$$\approx 10^{10.78}$$

由于铁(Ⅱ)氟配合物很不稳定，故：

$$\alpha_{Fe^{2+}(F)} = 1$$

当 $\dfrac{c_{Fe^{3+}}}{c_{Fe^{2+}}} = 1$ 时，得条件电位：

$$\varphi^{\ominus\prime}_{Fe^{3+}/Fe^{2+}} = \varphi^{\ominus}_{Fe^{3+}/Fe^{2+}} + 0.059\lg\frac{\alpha_{Fe^{2+}(F)}}{\alpha_{Fe^{3+}(F)}}$$

$$= 0.77 + 0.059 \times \lg\frac{1}{10^{10.78}}$$

$$= 0.13(V)$$

由此可见，在有 F^- 存在时，由于 Fe^{3+} 能与 F^- 生成稳定配合物，使得 Fe^{3+}/Fe^{2+} 电对的条件电极电位大大降低，低于 I_2/I^- 电对的电位（$\varphi^{\ominus}_{I_2/I^-} = 0.54V$），导致此时 Fe^{3+} 的氧化能力减弱，无法氧化 I^-。

无 F^- 存在时发生的反应为：$Fe^{3+} + I^- \Longrightarrow \dfrac{1}{2}I_2 + Fe^{2+}$

有 F^- 存在时发生的反应为：$Fe^{2+} + \dfrac{1}{2}I_2 \Longrightarrow I^- + Fe^{3+}$

在氧化还原滴定中，经常向溶液中加入辅助配合剂，借助辅助配合剂与干扰离子生成稳定配合物的反应消除它们对测定的干扰。

(4) 酸效应

酸效应对条件电极电位的影响表现在以下两个方面：一是某些物质的氧化态或还原态是弱酸或弱碱，酸度的变化影响其存在形式，进而影响电对的电极电位；二是 H^+（或 OH^-）参与氧化还原反应时，pH 值变化对电极电位有影响。

【例 6-4】 忽略离子强度影响，分别计算 $[H^+] = 5.0 \text{mol·L}^{-1}$ 和 pH = 8.00 时，As(Ⅴ)/As(Ⅲ) 电对的条件电极电位，并判断与 I_3^-/I^- 电对发生反应的情况。

解 已知电对半反应为：

$$H_3AsO_4 + 2H^+ + 2e^- \longrightarrow HAsO_2 + 2H_2O \qquad \varphi^{\ominus}_{As(Ⅴ)/As(Ⅲ)} = 0.56V$$

$$I_3^- + 2e^- \longrightarrow 3I^- \qquad \varphi^{\ominus}_{I_3^-/I^-} = 0.54V$$

由能斯特方程：$\varphi = \varphi^{\ominus}_{As(Ⅴ)/As(Ⅲ)} + \dfrac{0.059}{2}\lg\dfrac{[H_3AsO_4][H^+]^2}{[HAsO_2]}$

$$[H_3AsO_4] = \delta_{H_3AsO_4} c_{As(V)} = \frac{[H^+]^3 c_{As(V)}}{[H^+]^3 + K_{a_1}[H^+]^2 + K_{a_1}K_{a_2}[H^+] + K_{a_1}K_{a_2}K_{a_3}}$$

$$[HAsO_2] = \delta_{HAsO_2} c_{As(III)} = \frac{[H^+]}{[H^+] + K_a} c_{As(III)}$$

$$\varphi^{\ominus\prime}_{As(V)/As(III)} = \varphi^{\ominus}_{As(V)/As(III)} + \frac{0.059}{2} \lg \frac{\delta_{H_3AsO_4}[H^+]^2}{\delta_{HAsO_2}}$$

当 $[H^+] = 5.0 \text{ mol·L}^{-1}$,$\delta_{H_3AsO_4} = 1$,$\delta_{HAsO_2} = 1$:

$$\varphi^{\ominus\prime}_{As(V)/As(III)} = \varphi^{\ominus}_{As(V)/As(III)} + \frac{0.059}{2} \lg[H^+]^2$$

$$= 0.56 + \frac{0.059}{2} \times \lg 5.0^2 = 0.60 \text{ (V)}$$

$pH = 8.00$ 时:$\delta_{H_3AsO_4} = \dfrac{10^{-24.00}}{10^{-24.00} + 10^{-2.24} \times 10^{-16.00} + 10^{-9.20} \times 10^{-8.00} + 10^{-20.70}} = 10^{-6.84}$

$$\delta_{HAsO_2} = \frac{[H^+]}{[H^+] + K_a} = 10^{-0.03}$$

$$\varphi^{\ominus\prime}_{As(V)/As(III)} = \varphi^{\ominus}_{As(V)/As(III)} + \frac{0.059}{2} \lg \frac{\delta_{H_3AsO_4}[H^+]^2}{\delta_{HAsO_2}}$$

$$= 0.56 + \frac{0.059}{2} \times \lg \frac{10^{-6.84} \times 10^{-2 \times 8.00}}{10^{-0.03}} = -0.11 \text{ (V)}$$

由此例可知,As(V)/As(III) 电对的条件电极电位随 pH 值的变化而变化,但 I_3^-/I^- 电对的条件电极电位基本不受 $[H^+]$ 的影响。

因此,在强酸性溶液中发生的反应为:

$$H_3AsO_4 + 2H^+ + 3I^- \rightleftharpoons HAsO_2 + I_3^- + 2H_2O$$

而在 pH≈8 的弱碱性溶液中发生的反应为:

$$HAsO_2 + I_3^- + 2H_2O \rightleftharpoons H_3AsO_4 + 2H^+ + 3I^-$$

这两个方向相反的反应在本章介绍的碘量法中都将得到应用。前者用于在强酸性溶液中用间接碘量法测定 H_3AsO_4 的含量;后者用于 As_2O_3 作基准物来标定 I_2 标准溶液的浓度。由此可见酸度不仅会影响反应进行的程度,甚至可能影响反应进行的方向。在复杂物质的分析测定中,利用各种因素改变电对的电位,可以提高反应的选择性。

由以上讨论可知,当电对发生副反应时,氧化型和还原型的副反应程度决定了条件电极电位。因此,在实际中要计算条件电极电位,才能准确地判断反应的方向。

6.1.4 氧化还原反应进行的程度

滴定分析法要求反应定量、完全地进行。氧化还原反应进行的程度可以通过反应的平衡常数 K 或条件平衡常数 K' 判断,而对应的 K 或 K' 可以从有关电对的标准电位 $\varphi^{\ominus}$ 或条件电位 $\varphi^{\ominus\prime}$ 求得。

6.1.4.1 氧化还原反应平衡常数

平衡常数(equilibrium constant,K)的大小可以衡量氧化还原反应进行的完全程度。对于下述氧化还原反应:

$$n_2 Ox_1 + n_1 Red_2 \rightleftharpoons n_2 Red_1 + n_1 Ox_2 \quad (n_1、n_2 \text{ 不能约分})$$

由平衡常数定义:

$$K = \frac{a_{Red_1}^{n_2} a_{Ox_2}^{n_1}}{a_{Ox_1}^{n_2} a_{Red_2}^{n_1}}$$

有关电对为：$Ox_1 + n_1 e^- \longrightarrow Red_1$ $\varphi_1 = \varphi_1^{\ominus} + \dfrac{0.059}{n_1} \lg \dfrac{a_{Ox_1}}{a_{Red_1}}$

$Ox_2 + n_2 e^- \longrightarrow Red_2$ $\varphi_2 = \varphi_2^{\ominus} + \dfrac{0.059}{n_2} \lg \dfrac{a_{Ox_2}}{a_{Red_2}}$

当反应达到平衡时，两电对电位相等，即 $\varphi_1 = \varphi_2$：

$$\varphi_1^{\ominus} + \frac{0.059}{n_1} \lg \frac{a_{Ox_1}}{a_{Red_1}} = \varphi_2^{\ominus} + \frac{0.059}{n_2} \lg \frac{a_{Ox_2}}{a_{Red_2}}$$

两边同乘 n_1、n_2 的最小公倍数 n，整理得：

$$\lg K = \frac{n}{0.059}(\varphi_1^{\ominus} - \varphi_2^{\ominus}) \tag{6-6}$$

式中，K 为反应平衡常数；$\varphi_1^{\ominus}$ 为给定氧化还原反应中氧化剂的标准电极电位；$\varphi_2^{\ominus}$ 为给定氧化还原反应中还原剂的标准电极电位。式(6-6)表明氧化还原反应的平衡常数与两电对的标准电极电位和电子转移数有关，标准电极电位相差越大，电子转移数的最小公倍数越大，反应越完全。

6.1.4.2 氧化还原反应条件平衡常数

如果考虑溶液中各种副反应的影响，则应以相应的条件电极电位代替上式中的标准电极电位，相应的活度应以总浓度代替，求得的平衡常数为条件平衡常数 K'（conditional equilibrium constant）。

$$\lg K' = \frac{n}{0.059}(\varphi_1^{\ominus\prime} - \varphi_2^{\ominus\prime}) \tag{6-7}$$

【例 6-5】 计算在 $1 mol \cdot L^{-1}$ HCl 溶液中下述反应的平衡常数。

$2Fe^{3+} + Sn^{2+} \Longleftrightarrow 2Fe^{2+} + Sn^{4+}$ （已知 $\varphi_{Fe^{3+}/Fe^{2+}}^{\ominus\prime} = 0.68V$，$\varphi_{Sn^{4+}/Sn^{2+}}^{\ominus\prime} = 0.14V$）

解 反应中两电对电子转移数的最小公倍数 $n = 2$：

$$\lg K' = \frac{n}{0.059}(\varphi_1^{\ominus\prime} - \varphi_2^{\ominus\prime}) = \frac{2 \times (0.68 - 0.14)}{0.059} = 18.30$$

$$K' = 2.0 \times 10^{18}$$

从上例和式(6-7)可知，两电对的条件电极电位相差越大，氧化还原反应的条件平衡常数 K' 就越大，反应进行就越完全。对于滴定分析而言，反应的完全程度必须大于 99.9%。若以氧化剂 Ox_1 标准溶液滴定还原剂 Red_2，终点时允许还原剂 Red_2 残留 0.1%，或氧化剂 Ox_1 过量 0.1%，即：

$$\frac{c_{Ox_2}}{c_{Red_2}} \geqslant 10^3 \quad 或 \quad \frac{c_{Red_1}}{c_{Ox_1}} \geqslant 10^3$$

则：

$$\lg K' = \lg\left[\left(\frac{c_{Red_1}}{c_{Ox_1}}\right)^{n_2}\left(\frac{c_{Ox_2}}{c_{Red_2}}\right)^{n_1}\right] \geqslant \lg[(10^3)^{n_2}(10^3)^{n_1}] = 3(n_2 + n_1) \tag{6-8}$$

由式(6-7)可得：

$$\varphi_1^{\ominus\prime} - \varphi_2^{\ominus\prime} = \frac{0.059}{n} \lg K' \tag{6-9}$$

讨论：

① 若两个电对转移的电子数相等，且为 1，即 $n_1 = n_2 = 1$，则 $\lg K' \geqslant 6$，要求 $\varphi_1^{\ominus\prime} - \varphi_2^{\ominus\prime} =$

$\dfrac{0.059}{n}\lg K' \geqslant 0.059 \times 6 = 0.35(\text{V})$。

② 若两个电对转移的电子数不相等，例如 $n_1=1$，$n_2=2$，则 $\lg K' \geqslant 9$，要求 $\varphi_1^{\ominus\prime} - \varphi_2^{\ominus\prime} = \dfrac{0.059}{n}\lg K' \geqslant \dfrac{0.059 \times 9}{2} = 0.27(\text{V})$。

上述讨论表明，若使各种氧化还原反应达到完全，对其平衡常数及两电对电位差的要求不同，但一般情况下，两电对的条件电极电位（或标准电极电位）相差 0.3～0.4V 以上，可认为该反应的完全程度能满足定量分析的要求。

需指出的是，有些氧化还原反应所涉及的电对的电位差虽然大于 0.4V，但由于氧化剂与还原剂之间的反应没有确定的化学计量关系，导致无法直接用于滴定分析中。例如 $K_2Cr_2O_7$ 不仅能将 $Na_2S_2O_3$ 氧化为 $S_4O_6^{2-}$，还能将其部分氧化至 SO_4^{2-}，反应无确定的计量关系，故不能用 $K_2Cr_2O_7$ 标准溶液直接标定 $Na_2S_2O_3$ 溶液。

6.2 氧化还原反应的速率

在氧化还原反应中，氧化还原反应方程式只表示反应的最初状态和最终状态以及它们之间的化学计量关系，并不说明反应过程的真实情况和反应速率的快慢，虽然可以根据有关电对的标准电极电位或条件电极电位判断反应进行的方向和程度，但这只能表明反应进行的可能性，并不能指出反应进行的速率。实际上反应也并不全是一步完成的，有的是经历一系列的中间步骤完成的，其中每步的速率有快有慢，而整个反应的速率是由最慢的步骤决定的。对于氧化还原反应，通常不能仅从平衡的观点考虑反应的可能性，还需从其速率考虑反应的现实性。作为一个滴定反应，反应速率必须足够快，否则不可行。

影响氧化还原反应速率的因素，除了参加反应的氧化还原电对本身的性质外，还有反应物浓度、反应温度、催化剂等条件。

6.2.1 反应物浓度对反应速率的影响

根据质量作用定律，反应速率与反应物的浓度乘积成正比。但是多数氧化还原反应是分步进行的，整个反应的速率取决于最慢一步反应的速率。总的氧化还原反应方程式仅反映了反应的初态和终态而未涉及反应历程，故不能简单地按总的反应方程式中各反应物的化学计量数来判断其浓度对反应速率的影响程度。但通常情况是反应物浓度越大，反应速率越快。例如，$K_2Cr_2O_7$ 在酸性溶液中氧化 I^- 的反应为：

$$Cr_2O_7^{2-} + 14H^+ + 6I^- = 3I_2 + 2Cr^{3+} + 7H_2O$$

该反应的速率较慢，通过增大 I^- 与 H^+ 的浓度会使反应加速。实验证明 H^+ 的浓度在 0.4mol·L^{-1}，KI 过量约 5 倍时，反应在 3～5min 即可定量完成。

6.2.2 温度对反应速率的影响

对大多数反应来说，升高溶液温度可以提高反应速率。通常温度每升高 10℃，反应速率约可提高 2～3 倍。例如，$KMnO_4$ 与 $Na_2C_2O_4$ 在酸性溶液中的反应为：

$$2MnO_4^- + 5C_2O_4^{2-} + 16H^+ = 2Mn^{2+} + 10CO_2\uparrow + 8H_2O$$

在室温下，该反应速率很慢。如将溶液加热，反应速率会显著提高，通常用 $KMnO_4$ 滴

定 $Na_2C_2O_4$ 时温度需控制在 70~80℃。

需指出的是，并不是在所有的情况下都可以用升高溶液温度的办法来加快反应速率。有些物质（如 I_2）具有挥发性，如将溶液加热，则会引起挥发损失；有些物质（如 Sn^{2+}、Fe^{2+} 等）很容易被空气中的氧所氧化，如将溶液加热，会促进它们的氧化，从而引起误差。在这些情况下，如果要提高反应的速率，就只能采用别的方法。

6.2.3 催化剂对反应速率的影响

催化剂可从根本上改变反应的具体过程（即反应机理），故具有从根本上改变反应速率的特性。加快反应速率的催化剂称为正催化剂，减慢反应速率的催化剂称为负催化剂。

在分析化学中主要是利用正催化剂的作用使反应加速进行。例如 MnO_4^- 滴定 $C_2O_4^{2-}$ 的实验，发现即使在强酸溶液中升高温度至 80℃，在滴定的最初阶段反应速率仍相当慢。而且在滴定开始时高锰酸钾的颜色褪去得很慢，而再加入 MnO_4^- 却可迅速褪色。这是因为最初生成的 Mn^{2+} 起到催化剂的作用，这种由生成物本身起催化作用的反应，叫作自动催化反应。如果先加入一些 Mn^{2+} 作催化剂，然后进行滴定，则反应一开始便会快速进行。此反应的过程可能如下：

$$Mn(VII) \xrightarrow{Mn(II)} Mn(VI) \xrightarrow{Mn(II)} Mn(IV) \xrightarrow{Mn(II)} Mn(III) \left. \begin{array}{c} + Mn(III) \\ \\ \end{array} \right\} \xrightarrow{nC_2O_4^{2-}} Mn(C_2O_4)_n^{(3-2n)} \downarrow \\ Mn(II) + nCO_2$$

由此可知，增加 $Mn(II)$ 的浓度可加速 $Mn(III)$ 的生成，从而使整个反应加速。催化剂 $Mn(II)$ 参与了中间反应，加速了反应的进行，但在最后又生成 $Mn(II)$。

6.2.4 诱导反应

有些氧化还原反应在一般情况下并不发生或速率极慢，但在另一反应进行时会促进这一反应的发生，这种称为诱导反应。例如，$KMnO_4$ 氧化 Cl^- 的速率很慢，但是，当溶液中同时存在 Fe^{2+} 时，$KMnO_4$ 与 Fe^{2+} 的反应可以加速 $KMnO_4$ 氧化 Cl^- 的反应。前者称为诱导反应，后者称为受诱反应。

$$MnO_4^- + 5Fe^{2+} + 8H^+ = Mn^{2+} + 5Fe^{3+} + 4H_2O \quad \text{（诱导反应）}$$
$$2MnO_4^- + 10Cl^- + 16H^+ = 2Mn^{2+} + 5Cl_2\uparrow + 8H_2O \quad \text{（受诱反应）}$$

其中 MnO_4^- 称为作用体，Fe^{2+} 称为诱导体，Cl^- 称为受诱体。$KMnO_4$ 上述氧化 Fe^{2+} 的反应诱导了 $KMnO_4$ 氧化 Cl^- 的反应，据推断可能是由于 $KMnO_4$ 氧化 Fe^{2+} 过程中生成了 $Mn(VI)$、$Mn(IV)$ 等不稳定的中间价态离子，引起诱导反应。若此时溶液中有大量 Mn^{2+} 存在，不仅可使中间价态离子迅速转变为 $Mn(III)$，还可降低 $Mn(III)/Mn(II)$ 电对的电位，从而使 $Mn(III)$ 基本上只与 Fe^{2+} 反应，而不与 Cl^- 反应。所以在 HCl 介质中用 $KMnO_4$ 滴定 Fe^{2+} 时，需要加入 $MnSO_4$-H_3PO_4-H_2SO_4 混合溶液来防止诱导反应的发生。

诱导反应和催化反应不同。在催化反应中，催化剂参加反应后又恢复到原来的状态；在诱导反应中，诱导体参加反应后变为其他物质，同时因为消耗作用体会使测定结果产生误差。

6.3 氧化还原滴定原理

6.3.1 滴定曲线

与酸碱、配位滴定相似，氧化还原滴定也可以绘制一条以加入滴定剂的体积或体积分数为横坐标，电对的电位为纵坐标的滴定曲线。由于电对条件电位数据不全，且滴定反应过程复杂，所以氧化还原滴定曲线多通过实验获得。若对于可逆氧化还原电对，可根据能斯特方程计算。

以在 $1 mol·L^{-1}$ 硫酸介质中，用 $0.1000 mol·L^{-1}$ $Ce(SO_4)_2$ 标准溶液滴定 20.00mL $0.1000 mol·L^{-1}$ $FeSO_4$ 溶液为例。滴定反应为：

$$Ce^{4+} + Fe^{2+} \rightleftharpoons Ce^{3+} + Fe^{3+}$$

在 $1 mol·L^{-1}$ 硫酸介质中，$\varphi^{\ominus'}_{Ce^{4+}/Ce^{3+}} = 1.44V$，$\varphi^{\ominus'}_{Fe^{3+}/Fe^{2+}} = 0.68V$。

在氧化还原滴定的过程中，根据氧化还原反应平衡的性质可知，一旦滴定开始，体系中将同时存在两个电对。在滴定的任何时刻，反应达平衡后，两个电对的电位相等，即：

$$\varphi = \varphi^{\ominus'}_{Fe^{3+}/Fe^{2+}} + 0.059 \lg \frac{c_{Fe^{3+}}}{c_{Fe^{2+}}} = \varphi^{\ominus'}_{Ce^{4+}/Ce^{3+}} + 0.059 \lg \frac{c_{Ce^{4+}}}{c_{Ce^{3+}}}$$

和酸碱、配位滴定曲线绘制相似，下面分滴定前、滴定开始至化学计量点前、化学计量点、化学计量点后四个阶段计算体系电位。

(1) 滴定前

滴定开始前溶液组成为 $c_{Fe^{2+}}$ 溶液，由于空气中氧的氧化作用，导致溶液中存在极少量 Fe^{3+}，体系可组成 Fe^{3+}/Fe^{2+} 电对，但由于 Fe^{3+} 浓度不知道，故起始点的电位无法计算，这是与酸碱、配位滴定曲线不同之处。

(2) 滴定开始至化学计量点前

在此阶段，滴入的 Ce^{4+} 几乎全部反应生成 Ce^{3+}，而未反应的 Ce^{4+} 浓度极小且不易直接求得。此时的溶液组成为 Fe^{3+}、Fe^{2+}、Ce^{3+} 和很少量的 Ce^{4+}。由于可逆氧化还原电对在氧化还原反应的任一瞬间，能按氧化还原半反应迅速建立起氧化还原平衡。故可通过滴定百分数确定的 Fe^{3+}/Fe^{2+} 电对计算 φ 值。

当加入 $a(\%) Ce^{4+}$ 时，就有 $a(\%)$ 的 Fe^{2+} 被氧化生成 Fe^{3+}。

$$\varphi = \varphi^{\ominus'}_{Fe^{3+}/Fe^{2+}} + 0.059 \lg \frac{c_{Fe^{3+}}}{c_{Fe^{2+}}} = \varphi^{\ominus'}_{Fe^{3+}/Fe^{2+}} + 0.059 \lg \frac{a}{1-a}$$

例如，当滴入 19.98mL (99.9%) Ce^{4+} 溶液时：

$$\varphi = \varphi^{\ominus'}_{Fe^{3+}/Fe^{2+}} + 0.059 \lg \frac{a}{1-a} = 0.68 + 0.059 \times \lg \frac{99.9\%}{0.1\%} = 0.86(V)$$

通过上式可计算化学计量点前任一滴定百分数的电位。

(3) 化学计量点

化学计量点时，滴定百分数 100.0%，Ce^{4+} 和 Fe^{2+} 都定量转变为 Ce^{3+} 和 Fe^{3+}，此时的溶液组成为 Fe^{3+}、Ce^{3+} 和极少量的 Fe^{2+} 和 Ce^{4+}。

化学计量点电位可依据此时溶液中各有关组分的浓度由能斯特方程进行计算。下面做一般推导。

对于下述氧化还原反应：$n_2 \text{Ox}_1 + n_1 \text{Red}_2 \rightleftharpoons n_2 \text{Red}_1 + n_1 \text{Ox}_2$

有关电对为：$\text{Ox}_1 + n_1 e^- \longrightarrow \text{Red}_1 \qquad \varphi_1 = \varphi_1^{\ominus \prime} + \dfrac{0.059}{n_1} \lg \dfrac{c_{\text{Ox}_1}}{c_{\text{Red}_1}}$

$\text{Ox}_2 + n_2 e^- \longrightarrow \text{Red}_2 \qquad \varphi_2 = \varphi_2^{\ominus \prime} + \dfrac{0.059}{n_2} \lg \dfrac{c_{\text{Ox}_2}}{c_{\text{Red}_2}}$

当反应达到化学计量点时，$\dfrac{c_{\text{Red}_1}}{c_{\text{Ox}_1}} = \dfrac{c_{\text{Ox}_2}}{c_{\text{Red}_2}}$，两电对电位相等且等于化学计量点电位（$\varphi_{\text{sp}}$），即 $\varphi_1 = \varphi_2 = \varphi_{\text{sp}}$。

将 φ_1 两边同乘以 n_1：

$$n_1 \varphi_{\text{sp}} = n_1 \varphi_1 = n_1 \varphi_1^{\ominus \prime} + 0.059 \lg \dfrac{c_{\text{Ox}_1}}{c_{\text{Red}_1}}$$

将 φ_2 两边同乘以 n_2：

$$n_2 \varphi_{\text{sp}} = n_2 \varphi_2 = n_2 \varphi_2^{\ominus \prime} + 0.059 \lg \dfrac{c_{\text{Ox}_2}}{c_{\text{Red}_2}}$$

两式相加并整理得：

$$\begin{aligned}(n_1 + n_2)\varphi_{\text{sp}} &= n_1 \varphi_1 + n_2 \varphi_2 \\ &= n_1 \varphi_1^{\ominus \prime} + 0.059 \lg \dfrac{c_{\text{Ox}_1}}{c_{\text{Red}_1}} + n_2 \varphi_2^{\ominus \prime} + 0.059 \lg \dfrac{c_{\text{Ox}_2}}{c_{\text{Red}_2}} \\ &= n_1 \varphi_1^{\ominus \prime} + n_2 \varphi_2^{\ominus \prime}\end{aligned}$$

整理可得化学计量点电位计算公式：

$$\varphi_{\text{sp}} = \dfrac{n_1 \varphi_1^{\ominus \prime} + n_2 \varphi_2^{\ominus \prime}}{n_1 + n_2} \tag{6-10}$$

对于其他类型的氧化还原反应，也可用类似的方法推导出计算其化学计量点电位的公式。

在本例中，$n_1 = n_2 = 1$，代入式(6-10)得到：

$$\varphi_{\text{sp}} = \dfrac{n_1 \varphi_1^{\ominus \prime} + n_2 \varphi_2^{\ominus \prime}}{n_1 + n_2} = \dfrac{1.44 + 0.68}{1 + 1} = 1.06 (\text{V})$$

（4）化学计量点后

在此阶段，Fe^{2+} 几乎全部氧化成 Fe^{3+}，此时的溶液组成为 Fe^{3+}，Ce^{3+}，Ce^{4+}（过量）和极少量的 Fe^{2+}。$c_{Fe^{2+}}$ 不易直接求得，但根据加入过量滴定剂 Ce^{4+} 的百分数即可确定 $c_{Ce^{4+}}/c_{Ce^{3+}}$ 的数值。故该阶段应利用 Ce^{4+}/Ce^{3+} 电对计算 φ。

当加入 $b(\%) Ce^{4+}$ 时，就有 $b-1$ 的 Ce^{4+} 过量，此时溶液的电位为：

$$\varphi = \varphi_{Ce^{4+}/Ce^{3+}}^{\ominus \prime} + 0.059 \lg \dfrac{c_{Ce^{4+}}}{c_{Ce^{3+}}} = \varphi_{Ce^{4+}/Ce^{3+}}^{\ominus \prime} + 0.059 \lg \dfrac{b-1}{1}$$

例如，当加入 20.02 mL（100.1%）Ce^{4+} 溶液时，则：

$$\varphi = \varphi_{Ce^{4+}/Ce^{3+}}^{\ominus \prime} + 0.059 \lg \dfrac{b-1}{1} = 1.44 - 0.059 \times 3 = 1.26 (\text{V})$$

通过上式可计算化学计量点后任一滴定百分数的电位。

综上，计算得到的 φ 值如表 6-1 所示，绘制的滴定曲线如图 6-1 所示。

表 6-1 在 $1mol \cdot L^{-1}$ 硫酸介质中，用 $0.1000mol \cdot L^{-1}$ $Ce(SO_4)_2$ 标准溶液滴定 $20.00mL$ $0.1000mol \cdot L^{-1}$ $FeSO_4$

滴入 Ce^{4+} 溶液的体积/mL	滴定分数 $a/\%$	φ/V	
1.00	0.050	0.60	
2.00	0.100	0.62	
4.00	0.200	0.64	
8.00	0.400	0.67	
10.00	0.500	0.68	
12.00	0.600	0.69	
18.00	0.900	0.74	
19.80	0.990	0.80	
19.98	0.999	0.86	⎫
20.00	1.000	化学计量点 1.06	⎬ 突跃范围
20.02	1.001	1.26	⎭
22.00	1.100	1.38	
30.00	1.500	1.42	
40.00	2.000	1.44	

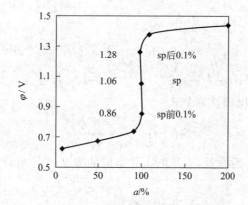

图 6-1 在 $1mol \cdot L^{-1}$ 硫酸介质中，用 $0.1000mol \cdot L^{-1}$ $Ce(SO_4)_2$ 标准溶液滴定 $20.00mL$ $0.1000mol \cdot L^{-1}$ $FeSO_4$

从表 6-1 和图 6-1 均可看出，该滴定的突跃范围为 0.86~1.26V；滴定百分数为 50% 时的电位是还原剂电对的条件电位 $\varphi^{\ominus'}_{Fe^{3+}/Fe^{2+}}$，而滴定百分数为 200% 时的电位是氧化剂电对的条件电位 $\varphi^{\ominus'}_{Ce^{4+}/Ce^{3+}}$。由于此滴定反应中两电对的电子转移数相等（均为 1），φ_{sp} 正好位于突跃范围（0.86~1.26V）的中点，滴定曲线在化学计量点前后基本对称。

6.3.2 滴定突跃及影响滴定突跃的因素

（1）滴定突跃

对于滴定反应：

$$n_2 Ox_1 + n_1 Red_2 \rightleftharpoons n_2 Red_1 + n_1 Ox_2$$

化学计量点电位：

$$\varphi_{sp} = \frac{n_1 \varphi^{\ominus'}_1 + n_2 \varphi^{\ominus'}_2}{n_1 + n_2}$$

若要求定量分析的误差小于 0.1%，则滴定突跃范围为：

$$\left(\varphi_2^{\ominus\prime}+\frac{3\times0.059}{n_2}\right)\sim\left(\varphi_1^{\ominus\prime}-\frac{3\times0.059}{n_1}\right)$$

当 $n_1=n_2$，φ_{sp} 在滴定突跃中间，当 $n_1\neq n_2$ 时，在化学计量点前后滴定曲线是不对称的，化学计量点电位不在滴定突跃范围中心，而是偏向电子转移数较大的电对一方。例如，在 $1mol\cdot L^{-1}$ HCl 介质用 Fe^{3+} 滴定 Sn^{2+}：

$$2Fe^{3+}+Sn^{2+}\rightleftharpoons 2Fe^{2+}+Sn^{4+} \qquad \varphi_{Fe^{3+}/Fe^{2+}}^{\ominus\prime}=0.68V,\varphi_{Sn^{4+}/Sn^{2+}}^{\ominus\prime}=0.14V$$

化学计量点电位为：

$$\varphi_{sp}=\frac{1\times0.68+2\times0.14}{1+2}=0.32(V)$$

滴定突跃范围为 0.23~0.50V，化学计量点电位偏向电子转移数多的 Sn^{4+}/Sn^{2+} 电对一方。

值得注意的是当氧化还原体系中不可逆氧化还原电对参加反应时，实测的滴定曲线与理论计算所得的滴定曲线常存在较大差别。这种差别通常出现在电位主要由不可逆氧化还原电对控制的情况。例如在 H_2SO_4 溶液中用 $KMnO_4$ 滴定 Fe^{2+}，MnO_4^-/Mn^{2+} 为不可逆氧化还原电对，Fe^{3+}/Fe^{2+} 为可逆氧化还原电对。在计量点前，电位主要由 Fe^{3+}/Fe^{2+} 控制，实测滴定曲线与理论滴定曲线并无明显的差别。但是，在计量点后，电位主要由 MnO_4^-/Mn^{2+} 电对控制，实测滴定曲线与理论滴定曲线在形状和数值上均有较明显的差别（图 6-2）。

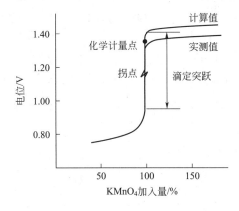

图 6-2　$KMnO_4$ 滴定 Fe^{2+} 的滴定曲线

（2）影响滴定突跃的因素

电位突跃范围的大小与反应电对的条件电极电位差有关，条件电极电位差越大，滴定突跃范围越大，越容易准确滴定。可根据影响条件电位的因素，如形成沉淀、配合物，调整溶液酸度等来改变滴定突跃的大小。条件电极电位差应当在 0.2~0.3V 之间。条件电极电位差小于 0.2V 的情况，由于没有明显的滴定电位突跃，此类反应就不能用于常规滴定分析了。

由滴定突跃范围 $\left(\varphi_2^{\ominus\prime}+\frac{3\times0.059}{n_2}\right)\sim\left(\varphi_1^{\ominus\prime}-\frac{3\times0.059}{n_1}\right)$ 可看出，对称电对参与的氧化还原反应，浓度改变对突跃范围影响不大。

6.3.3　氧化还原滴定终点误差

同酸碱滴定和配位滴定相似，氧化还原滴定也要考虑滴定终点误差。氧化还原滴定中的终点误差是指由指示剂变色点电位与化学计量点电位不一致所引起的误差。在酸碱滴定和配位滴定中已广泛应用的林邦误差公式同样可用于氧化还原滴定终点误差的计算。

设用氧化剂 Ox_1 滴定还原剂 Red_2，滴定产物为 Red_1 和 Ox_2，其滴定反应为：

$$n_2 Ox_1 + n_1 Red_2 \rightleftharpoons n_2 Red_1 + n_1 Ox_2$$

若两个半反应的电子转移数 $n_1 = n_2 = 1$，且两个电对均为对称电对，由终点误差定义，则有：

$$E_t = \frac{[Ox_1]_{ep} - [Red_2]_{ep}}{c_{Red_2}^{sp}} \times 100\% \tag{6-11}$$

对于 Ox_1/Red_1 电对，终点与化学计量点的电位按下述公式计算：

$$\varphi_{ep} = \varphi_1^\ominus + 0.059 \lg \frac{[Ox_1]_{ep}}{[Red_1]_{ep}} \tag{6-12}$$

$$\varphi_{sp} = \varphi_1^\ominus + 0.059 \lg \frac{[Ox_1]_{sp}}{[Red_1]_{sp}} \tag{6-13}$$

当终点与化学计量点接近时，$[Red_1]_{ep} \approx [Red_1]_{sp}$，式(6-12)与式(6-13)相减，整理得：

$$\Delta\varphi = \varphi_{ep} - \varphi_{sp} = 0.059 \lg \frac{[Ox_1]_{ep}}{[Ox_1]_{sp}} \tag{6-14}$$

即：

$$[Ox_1]_{ep} = [Ox_1]_{sp} \times 10^{\Delta\varphi_{ep}/0.059} \tag{6-15}$$

同理，可导出：

$$[Red_2]_{ep} = [Red_2]_{sp} \times 10^{-\Delta\varphi_{ep}/0.059} \tag{6-16}$$

将式(6-14)、式(6-15) 代入式(6-11)，且由于在计量点时 $[Ox_1]_{sp} = [Red_2]_{sp}$，可得：

$$E_t = \frac{[Red_2]_{sp}(10^{\Delta\varphi/0.059} - 10^{-\Delta\varphi/0.059})}{c_{Red_2}^{sp}} \times 100\% \tag{6-17}$$

对于 Ox_2/Red_2 电对：

$$\varphi_{sp} = \varphi_2^\ominus + 0.059 \lg \frac{[Ox_2]_{sp}}{[Red_2]_{sp}} \tag{6-18}$$

又化学计量点电位为：

$$\varphi_{sp} = \frac{n_1 \varphi_1^\ominus + n_2 \varphi_2^\ominus}{n_1 + n_2} \tag{6-19}$$

当 $n_1 = n_2 = 1$，则：

$$\varphi_{sp} = \frac{\varphi_1^\ominus + \varphi_2^\ominus}{2}$$

代入式(6-18)，整理后得：

$$\frac{[Ox_2]_{sp}}{[Red_2]_{sp}} = 10^{\Delta\varphi^\ominus/(2 \times 0.059)} \tag{6-20}$$

化学计量点时：

$$c_{Red_2}^{sp} = [Ox_2]_{sp} \tag{6-21}$$

将式(6-20)、式(6-21) 两式代入式(6-17) 得：

$$E_t = \frac{10^{\Delta\varphi/0.059} - 10^{-\Delta\varphi/0.059}}{10^{\Delta\varphi^\ominus/(2 \times 0.059)}} \times 100\% \tag{6-22}$$

当 $n_1 \neq n_2$，但两电对仍为对称电对，其终点误差公式为：

$$E_t = \frac{10^{n_1 \Delta\varphi/0.059} - 10^{-n_2 \Delta\varphi/0.059}}{10^{n_1 n_2 \Delta\varphi^{\ominus}/[0.059(n_1+n_2)]}} \times 100\% \qquad (6-23)$$

式(6-23)是计算对称电对参与的氧化还原滴定的误差公式。由此式可知，终点误差不仅与 $\Delta\varphi^{\ominus}$（$\Delta\varphi^{\ominus\prime}$）、$n_1$、$n_2$ 有关，还与 $\Delta\varphi$ 有关。$\Delta\varphi^{\ominus}$（$\Delta\varphi^{\ominus\prime}$）越大，误差越小。$\Delta\varphi$ 越小，即终点离化学计量点越近，终点误差越小。

【例 6-6】 在 $1 mol \cdot L^{-1}$ HCl 介质中，以亚甲基蓝作指示剂，以 $0.1000 mol \cdot L^{-1}$ Fe^{3+} 滴定 $0.05000 mol \cdot L^{-1}$ Sn^{2+}，计算终点误差。

解 $\varphi^{\ominus\prime}_{Fe^{3+}/Fe^{2+}} = 0.68V$，$\varphi^{\ominus\prime}_{Sn^{4+}/Sn^{2+}} = 0.14V$，亚甲基蓝的条件电极电位 $\varphi^{\ominus\prime}_{In} = 0.53V$，故：

$$\Delta\varphi^{\ominus} = \varphi^{\ominus\prime}_{Fe^{3+}/Fe^{2+}} - \varphi^{\ominus\prime}_{Sn^{4+}/Sn^{2+}} = 0.68 - 0.14 = 0.54(V)$$

$$\varphi_{sp} = \frac{n_1 \varphi^{\ominus\prime}_1 + n_2 \varphi^{\ominus\prime}_2}{n_1 + n_2} = \frac{1 \times 0.68 + 2 \times 0.14}{1+2} = 0.32(V)$$

$$\varphi_{ep} = 0.53V$$

$$\Delta\varphi = \varphi_{ep} - \varphi_{sp} = 0.53 - 0.32 = 0.21(V)$$

代入式(6-23)得：

$$E_t = \frac{10^{1 \times 0.21/0.059} - 10^{-2 \times 0.21/0.059}}{10^{1 \times 2 \times 0.54/[0.059 \times (1+2)]}} \times 100\%$$

$$= \frac{10^{3.56} - 10^{-7.12}}{10^{6.10}} \times 100\%$$

$$= 0.29\%$$

6.3.4 氧化还原滴定的指示剂

氧化还原滴定中常用的指示剂有下述三种类型。

(1) 氧化还原指示剂

氧化还原指示剂（redox indicator）本身是一种弱氧化剂或弱还原剂，其氧化态和还原态具有不同的颜色。在滴定过程中，根据指示剂被氧化或被还原而引起的颜色改变来指示终点。例如，用 $K_2Cr_2O_7$ 溶液滴定 Fe^{2+}，常用二苯胺磺酸钠作指示剂。二苯胺磺酸钠的还原态为无色，氧化态为紫色。滴定至化学计量点时，稍过量的 $K_2Cr_2O_7$ 使二苯胺磺酸钠由还原态变为氧化态，整个溶液显紫红色即指示到达终点。

用 $In(Ox)$ 和 $In(Red)$ 分别表示指示剂的氧化态和还原态，其氧化还原电对和相应的能斯特方程分别为：

$$In(Ox) + ne^- \longrightarrow In(Red)$$

$$\varphi = \varphi^{\ominus\prime}_{In} + \frac{0.059}{n} \lg \frac{c_{In(Ox)}}{c_{In(Red)}}$$

式中，$\varphi^{\ominus\prime}_{In}$ 为指示剂的条件电极电位。随着滴定过程中溶液电位值的变化，指示剂的 $\frac{c_{In(Ox)}}{c_{In(Red)}} \geq 10$ 时，溶液呈现氧化态的颜色，此时 $\varphi \geq \varphi^{\ominus\prime}_{In} + \frac{0.059}{n} \times \lg 10 = \varphi^{\ominus\prime}_{In} + \frac{0.059}{n}$；当 $\frac{c_{In(Ox)}}{c_{In(Red)}} \leq \frac{1}{10}$ 时，溶液呈现还原态的颜色，此时 $\varphi \leq \varphi^{\ominus\prime}_{In} + \frac{0.059}{n} \times \lg \frac{1}{10} = \varphi^{\ominus\prime}_{In} - \frac{0.059}{n}$。故指示剂变色的电位范围为 $\varphi^{\ominus\prime}_{In} \pm \frac{0.059}{n}$。

常用氧化还原指示剂的性质列于表 6-2。在选择指示剂时，应使指示剂的条件电极电位尽量与反应的化学计量点电位一致，以减少终点误差。

表 6-2 几种常用的氧化还原指示剂

指示剂	$\varphi_{In}^{\ominus\prime}$ ([H$^+$]=1mol·L^{-1}) /V	颜色变化	
		氧化态	还原态
亚甲基蓝	0.53	蓝	无色
二苯胺	0.76	紫	无色
二苯胺磺酸钠	0.85	紫红	无色
邻苯氨基苯甲酸	0.89	紫红	无色
1,10-邻二氮菲-亚铁	1.06	浅蓝	红
硝基邻二氮菲-亚铁	1.25	浅蓝	紫红

氧化还原指示剂不只对某种特定的反应适用，而是对各种氧化还原反应普遍适用，属于通用指示剂。与酸碱指示剂的选择原则类似，选择氧化还原指示剂的原则也是指示剂的变色电位范围应在滴定突跃范围内，且变色明显。例如用 Ce^{4+} 滴定 Fe^{2+} 时已计算出滴定的电位突跃范围为 0.86～1.26V，可选择邻苯氨基苯甲酸、1,10-邻二氮菲-亚铁等作指示剂。若选择二苯胺磺酸钠（$\varphi_{In}^{\ominus\prime}=0.85V$），变色电位范围为 0.82～0.88V，与滴定的电位突跃范围只有很少一部分重合，终点误差可能会大于 0.1%。若向溶液中加入 0.5mol·L^{-1} H_3PO_4，由于 H_3PO_4 与 Fe^{3+} 的配位作用，使得 $\varphi_{Fe^{3+}/Fe^{2+}}^{\ominus\prime}$ 降低至 0.61V，滴定突跃范围拉长，变为 0.79～1.26V，此时二苯胺磺酸钠就成为合适的指示剂了。

另外，滴定过程中指示剂本身要消耗少量滴定剂，如果滴定剂的浓度较大（约 0.1mol·L^{-1}），指示剂所消耗的滴定剂的量很小，对分析结果影响不大，如果滴定剂的浓度较小约 0.01mol·L^{-1}），则应做指示剂空白校正。

（2）自身指示剂

氧化还原滴定中，有些滴定剂或被滴定剂本身有很深的颜色，而滴定产物为无色或浅色物质，这种借助本身颜色变化指示终点的滴定剂或被滴定剂称为自身指示剂（self indicator）。例如，在高锰酸钾法中，滴定剂 MnO_4^- 为紫红色。在酸性介质中用 MnO_4^- 滴定无色或浅色的还原剂时，其还原产物 Mn^{2+} 几乎无色。化学计量点前，整个溶液保持无色或浅色；化学计量点时，还原剂已被完全氧化，稍微过量的 MnO_4^- 即可使整个溶液显示稳定的粉红色而指示终点。$KMnO_4$ 作为一种自身指示剂，灵敏度很高，计量点后过量的 MnO_4^- 浓度达到 2.0×10^{-6} mol·L^{-1}，就能观察到明显的粉红色，过量 $KMnO_4$ 引起的误差可忽略不计。

（3）专属指示剂

有些指示剂本身不具有氧化还原性，但能与滴定剂或被测物反应产生与其本身明显不同的颜色而指示终点，这类指示剂称为专属指示剂（specific indicator）。例如可溶性淀粉溶液遇 I_3^- 生成深蓝色的吸附化合物，反应极为灵敏，且反应具有可逆性，当 I_2 被还原为 I^- 时，深蓝色又会消失。在室温下，即使在约 0.5×10^{-5} mol·L^{-1} 的 I_3^- 溶液中亦能明显看出颜色变化，是直接碘量法和间接碘量法最常用的终点指示剂。又如，SCN^- 和 Fe^{3+} 反应生成深红色配合物，用 $TiCl_3$ 滴定 Fe^{3+} 时，SCN^- 是最适宜的指示剂。当 Fe^{3+} 全部被还原时，SCN^- 与 Fe^{3+} 配合物的红色消失，指示终点到达。

6.4 氧化还原滴定的预氧化或预还原处理

在氧化还原滴定时，待测定的组分的价态通常不是滴定反应所需要的价态，因此，需将被测组分氧化为高价态后用还原剂滴定；或将被测组分还原为低价态后用氧化剂滴定。滴定前使被测组分转变为一定价态的步骤称为预氧化或预还原处理，所用的氧化剂或还原剂称为预氧化剂或预还原剂。例如用酸分解试样测定钢铁中锰、铬的含量时，锰、铬主要以 Mn^{2+}、Cr^{3+} 的形式存在，由于 $\varphi^{\ominus}_{MnO_4^-/Mn^{2+}}=1.491V$，$\varphi^{\ominus}_{Cr_2O_7^{2-}/Cr^{3+}}=1.33V$，二者条件电极电位都很高，很难找到氧化能力更强的氧化性滴定剂，所以通常先用过量的过硫酸铵将 Mn^{2+} 和 Cr^{3+} 分别氧化为 MnO_4^- 和 $Cr_2O_7^{2-}$，再加热破坏掉多余的过硫酸铵，然后选用合适的还原性滴定剂如硫酸亚铁铵标准溶液滴定。又如测定铁矿中总铁量时，将 Fe^{3+} 还原为 Fe^{2+}，然后用 $KMnO_4$ 和 $K_2Cr_2O_7$ 滴定。

一般来说，滴定前所选用的预氧化剂或预还原剂应满足下列条件：

① 可将被测组分定量转变为所需价态，反应速率尽可能快。

② 反应具有一定的选择性。例如，钛铁矿中铁的测定，若用金属 Zn 为预还原剂，则不仅会还原 Fe^{3+} 也会还原 Ti^{4+}，用 $K_2Cr_2O_7$ 测定时测得的是两者的总量。若选用 $SnCl_2$ 为预还原剂，则仅还原 Fe^{3+} 不还原 Ti^{4+}，提高了滴定的选择性。

③ 过量的预氧化剂或还原剂易于除去。

④ 常用的除去方法有加热分解、过滤和发生化学反应等。

常用的预氧化剂和预还原剂分别列于表 6-3 和表 6-4 中。

表 6-3 常用的预氧化剂

预氧化剂	反应条件	主要应用	过量预氧化剂除去方法
$(NH_4)_2S_2O_8$	酸性 (HNO_3 或 H_2SO_4) 催化剂 $AgNO_3$	$Mn^{2+} \longrightarrow MnO_4^-$ $Ce^{3+} \longrightarrow Ce^{4+}$ $Cr^{3+} \longrightarrow Cr_2O_7^{2-}$ $VO^{2+} \longrightarrow VO_3^-$	煮沸分解
$NaBiO_3$	酸性	$Mn^{2+} \longrightarrow MnO_4^-$	过滤
$HClO_4$	浓热 (注意遇有机物易爆炸)	$Cr^{3+} \longrightarrow Cr_2O_7^{2-}$ $VO^{2+} \longrightarrow VO_3^-$ $I^- \longrightarrow IO_3^-$	放冷并稀释
氯气(Cl_2)、溴水(Br_2)	酸性或中性	$I^- \longrightarrow IO_3^-$	煮沸或通空气流
H_2O_2	$2mol \cdot L^{-1}$ NaOH	$Cr^{3+} \longrightarrow CrO_4^{2-}$	煮沸分解(加入少量 Ni^{2+} 或 I^- 可加速分解)
KIO_4	酸性、加热	$Mn^{2+} \longrightarrow MnO_4^-$	与 Hg^{2+} 生成 $Hg(IO_4)_2$ 沉淀，过滤除去
Na_2O_2	熔融	$Fe(CrO_2)_2 \longrightarrow CrO_4^{2-}$	碱性溶液中煮沸

表 6-4 常用的预还原剂

预还原剂	反应条件	主要应用	过量预还原剂除去方法
$SnCl_2$	HCl 溶液，加热	$Fe^{3+} \longrightarrow Fe^{2+}$ $Mo(Ⅵ) \longrightarrow Mo(Ⅴ)$ $As(Ⅴ) \longrightarrow As(Ⅲ)$	加 $HgCl_2$ 氧化

续表

预还原剂	反应条件	主要应用	过量预还原剂除去方法
SO_2	H_2SO_4 ($1mol·L^{-1}$ SCN^- 催化,加热)	$Fe^{3+} \longrightarrow Fe^{2+}$ $As(V) \longrightarrow As(III)$ $Sb(V) \longrightarrow Sb(III)$ $V(V) \longrightarrow V(IV)$	煮沸或通 CO_2
$TiCl_3$	酸性	$Fe^{3+} \longrightarrow Fe^{2+}$	加入稀释试液,$TiCl_3$ 被水中溶解的 O_2 氧化(Cu^{2+} 催化)
联氨	碱性	$As(V) \longrightarrow As(III)$ $Sb(V) \longrightarrow Sb(III)$	在浓 H_2SO_4 溶液中煮沸
Al	HCl 溶液	$Sn(IV) \longrightarrow Sn(II)$ $Ti(IV) \longrightarrow Ti(III)$	过滤或加酸溶解
锌汞齐还原柱	H_2SO_4 介质	$Fe^{3+} \longrightarrow Fe^{2+}$ $Cr^{3+} \longrightarrow Cr^{2+}$ $Ti(IV) \longrightarrow Ti(III)$ $V(V) \longrightarrow V(II)$ $Cu^{2+} \longrightarrow Cu$ $Mo(VI) \longrightarrow Mo(III)$	过滤或加酸溶解

6.5 氧化还原滴定法的应用

氧化还原滴定法应用广泛,通常依据滴定剂的名称命名氧化还原滴定法,如高锰酸钾法(potassium permanganate titration)、重铬酸钾法(potassium dichromate titration)、碘量法(iodimetric method)、铈量法(cerimetry)、溴量法(bromimetry)等。下面介绍几种常用的方法。

6.5.1 高锰酸钾法

6.5.1.1 基本原理

高锰酸钾法是以高锰酸钾为滴定剂的氧化还原滴定法。$KMnO_4$ 是一种强氧化剂,其氧化能力与还原产物与溶液的酸度有很大关系。

① 在强酸性溶液中与还原剂作用,MnO_4^- 被还原为 Mn^{2+}:

$$MnO_4^- + 8H^+ + 5e^- \rightleftharpoons Mn^{2+} + 4H_2O, \quad \varphi^{\ominus}_{MnO_4^-/Mn^{2+}} = 1.51V$$

② 在微酸性、中性或弱碱性溶液中,MnO_4^- 被还原为 MnO_2:

$$MnO_4^- + 2H_2O + 3e^- \rightleftharpoons MnO_2 + 4OH^-, \quad \varphi^{\ominus}_{MnO_4^-/MnO_2} = 0.59V$$

③ 在强碱性溶液中,MnO_4^- 被还原为 MnO_4^{2-}:

$$MnO_4^- + e^- \rightleftharpoons MnO_4^{2-}, \quad \varphi^{\ominus}_{MnO_4^-/MnO_4^{2-}} = 0.564V$$

在强酸性溶液中,高锰酸钾是强氧化剂,这是高锰酸钾法的优点。另外,高锰酸钾法的指示剂可用 $KMnO_4$ 自身,因为其本身呈深紫色,用它滴定无色或浅色溶液时,出现粉红色且 30s 不褪为终点。若标准溶液的浓度较低($0.002mol·L^{-1}$ 以下),可选用二苯胺磺酸钠等氧化还原指示剂指示终点。

高锰酸钾法的缺点是 $KMnO_4$ 常含有少量杂质,使溶液不够稳定;又由于 $KMnO_4$ 的氧化能力强,可以和很多还原性物质发生作用,所以选择性较差。但若标准溶液配制、保存得当,滴定时严格控制条件,基本可以克服这些缺点。

6.5.1.2 $KMnO_4$ 溶液的配制和标定

纯的 $KMnO_4$ 是相当稳定的,市售高锰酸钾试剂纯度一般为 99%~99.5%,在制备和储存的过程中,常常混入少量的二氧化锰以及其他杂质。同时,高锰酸钾的氧化性很强,能与水中的还原性物质缓慢发生反应,生成 $MnO(OH)_2$ 沉淀;MnO_2 和 $MnO(OH)_2$ 等生成物以及热、光、酸、碱等外界条件的改变均可促进 $KMnO_4$ 的分解,因此 $KMnO_4$ 标准溶液不能直接配制。为了配制较稳定的 $KMnO_4$ 溶液,常采用下列措施:

① 称取稍多于理论量的 $KMnO_4$ 溶解在规定体积的蒸馏水中;

② 将配好的 $KMnO_4$ 溶液加热至沸,并保持微沸约 1h,然后放置 2~3 天,使溶液中可能存在的还原性物质完全氧化;

③ 用微孔玻璃漏斗过滤除去析出的沉淀(不能用滤纸过滤);

④ 将过滤后的 $KMnO_4$ 溶液储存于棕色试剂瓶中,并于暗处存放,以待标定。

如需要浓度较稀的 $KMnO_4$ 溶液,可用蒸馏水将 $KMnO_4$ 溶液临时稀释和标定后使用,但不宜长期储存。

标定 $KMnO_4$ 溶液的基准物质很多,如 $Na_2C_2O_4$、As_2O_3、$H_2C_2O_4 \cdot H_2O$ 和纯铁丝等。其中 $Na_2C_2O_4$ 较为常用,$Na_2C_2O_4$ 容易提纯、性质稳定、不含结晶水,在 105~110℃ 烘干约 2h 后冷却,就可以使用。

在 H_2SO_4 溶液中,MnO_4^- 与 $C_2O_4^{2-}$ 的反应如下:

$$2MnO_4^- + 5C_2O_4^{2-} + 16H^+ = 2Mn^{2+} + 10CO_2\uparrow + 8H_2O$$

为了使这个反应能够定量、较快地进行,应该注意如下条件:

① 温度 室温下上述反应速率缓慢,因此常将溶液加热至 70~85℃ 时进行滴定。滴定完毕,溶液的温度不应低于 60℃。但温度也不宜过高,若高于 90℃,会发生部分分解:

$$H_2C_2O_4 = CO_2\uparrow + CO\uparrow + H_2O$$

② 酸度 酸度过低,$KMnO_4$ 易分解为 MnO_2;酸度过高,会促使 $H_2C_2O_4$ 分解。一般在开始滴定时,溶液的酸度约为 0.5~1mol·L^{-1},滴定结束时,酸度为 0.2~0.5mol·L^{-1}。

③ 滴定速度 开始滴定时的速度不宜太快,否则加入的 $KMnO_4$ 溶液来不及与 $C_2O_4^{2-}$ 反应,即在热的酸性溶液中发生分解:

$$4MnO_4^- + 12H^+ = 4Mn^{2+} + 5O_2\uparrow + 6H_2O$$

④ 催化剂 开始加入的几滴 $KMnO_4$ 溶液褪色较慢,随着滴定产物 Mn^{2+} 的生成,反应速率逐渐加快。因此,可在滴定前加入几滴 $MnSO_4$ 作催化剂。

⑤ 指示剂 $KMnO_4$ 自身可作为滴定时的指示剂。实验表明,$KMnO_4$ 的浓度约为 2×10^{-6}mol·L^{-1} 时,就可以看到溶液呈粉红色,一般不需另加指示剂。但 $KMnO_4$ 溶液使用浓度低至 0.002mol·L^{-1},作为滴定剂时,应加入二苯胺磺酸钠或 1,10-邻二氮菲-亚铁等指示剂来确定终点。

⑥ 滴定终点 用 $KMnO_4$ 溶液滴定至终点后,溶液中出现的粉红色不能持久,这是因为空气中的还原性气体和灰尘都能与 MnO_4^- 反应而使其还原,溶液的粉红色逐渐消失。所以,滴定时溶液中出现的粉红色如在 0.5~1min 内不褪色,即可认为已经到达滴定终点。

6.5.1.3 滴定方法及应用

应用高锰酸钾法时,可根据待测物质的性质采用不同的滴定方法。

(1) 直接滴定法

许多还原性物质，如 Fe^{2+}、As(Ⅲ)、Sb(Ⅲ)、Ti(Ⅲ)、Sn^{2+}、H_2O_2、$C_2O_4^{2-}$、NO_2^- 等，可用 $KMnO_4$ 标准溶液直接滴定。例如，H_2O_2 的测定是在酸性溶液中利用 H_2O_2 能还原 MnO_4^- 并释放出 O_2 来对其含量进行测定，其反应为：

$$5H_2O_2 + 2MnO_4^- + 6H^+ \rightleftharpoons 5O_2\uparrow + 2Mn^{2+} + 8H_2O$$

此滴定反应在室温时可在 H_2SO_4 或 HCl 介质中顺利进行，开始时反应较慢，待反应生成 Mn^{2+} 后，其催化作用使反应加快。因此，H_2O_2 可用 $KMnO_4$ 标准溶液直接滴定。

H_2O_2 不稳定，在其工业品中一般加入某些有机物如乙酰苯胺作稳定剂，这些有机物大多能与 MnO_4^- 反应而干扰 H_2O_2 的测定。此时过氧化氢宜采用铈量法或碘量法测定。碱金属及碱土金属的过氧化物，可采用同样的方法进行测定。

（2）间接滴定法

某些非氧化还原性物质，不能用 $KMnO_4$ 标准溶液直接滴定或返滴定，此时可以用间接滴定法进行测定。例如，测定钙盐中的钙时，可首先将 Ca^{2+} 沉淀为 CaC_2O_4，过滤，再用稀 H_2SO_4 将所得 CaC_2O_4 沉淀溶解，然后用 $KMnO_4$ 标准溶液滴定溶液中的 $C_2O_4^{2-}$，从而间接求得 Ca^{2+} 的含量。

为保证 Ca^{2+} 与 $C_2O_4^{2-}$ 之间的 1:1 计量关系，以及为了便于过滤和洗涤而获得颗粒较大的 CaC_2O_4 沉淀，需采取相应的措施：在酸性试液中先加入过量的 $(NH_4)_2C_2O_4$，再用稀氨水慢慢中和试液至 $pH = 4 \sim 5$，使沉淀缓慢生成；沉淀完全后需放置陈化。将沉淀过滤、洗净后，再将其溶于稀 H_2SO_4 中，加热至 $75 \sim 85 ℃$，用 $KMnO_4$ 标准溶液滴定。

若在中性或弱碱性溶液中沉淀，则会有部分 $Ca(OH)_2$ 或碱式草酸钙生成，使分析结果偏低。过滤后，沉淀表面吸附的 $C_2O_4^{2-}$ 必须洗净，否则分析结果将偏高。为了减少洗涤时沉淀溶解的损失，应当用尽可能少的冷水洗涤沉淀。凡是能与 $C_2O_4^{2-}$ 定量地生成沉淀的金属离子，都可用上述间接法测定，例如 Th^{4+} 和稀土元素的测定。

（3）返滴定法

① 有些氧化性物质不能用 $KMnO_4$ 溶液直接滴定，可用返滴定法。

例如，测定软锰矿中的 MnO_2 的含量时，在试液中加入一定量过量的 $Na_2C_2O_4$ 标准溶液或固体，加入 H_2SO_4 并加热，待 MnO_2 与 $C_2O_4^{2-}$ 反应完毕后，用 $KMnO_4$ 标准溶液滴定剩余的 $C_2O_4^{2-}$，由 $Na_2C_2O_4$ 的总量减去过量的 $C_2O_4^{2-}$，可得到与 MnO_2 反应所消耗 $Na_2C_2O_4$ 的量，从而求得软锰矿中的 MnO_2 的含量。

用返滴定法进行分析时，只有被测定物质的还原产物与 $KMnO_4$ 不发生反应时，才有使用价值。此法也可用于测定 $Cr_2O_7^{2-}$、MnO_3O_4、Ce^{4+}、PbO_2、Pb_3O_4 等的含量。

② 在强碱性溶液中，$KMnO_4$ 与有机物质反应后还原成绿色的 MnO_4^{2-}。利用这一反应，可用高锰酸钾法测定某些有机化合物。

例如，将甘油、甲酸或甲醇等加入到一定量过量的碱性 $KMnO_4$ 标准溶液中：

$$HCOO^- + 2MnO_4^- + 3OH^- \rightleftharpoons CO_3^{2-} + 2MnO_4^{2-} + 2H_2O$$

$$CH_3OH + 6MnO_4^- + 8OH^- \rightleftharpoons CO_3^{2-} + 6MnO_4^{2-} + 6H_2O$$

待反应完成后，将溶液酸化，此时 MnO_4^{2-} 将发生歧化：

$$3MnO_4^{2-} + 4H^+ \rightleftharpoons 2MnO_4^- + MnO_2 + 2H_2O$$

准确加入一定量过量 $FeSO_4$ 标准溶液，将所有高价锰离子全部还原为 Mn^{2+}，再用 $KMnO_4$ 标准溶液滴定过量的 Fe^{2+}，由两次加入 $KMnO_4$ 的量及 $FeSO_4$ 的量计算有机物的含量。

此法还可用于测定甘醇酸（羟基乙酸）、酒石酸、柠檬酸、苯酚、水杨酸、甲醛和葡萄糖等的含量。

③ 高锰酸盐指数（化学需氧量 COD_{Mn}）的测定　COD 是度量水体受还原性物质（主要是有机物）污染程度的综合性指标。它是指水体中还原性物质所消耗的氧化剂的量，换算成氧的质量浓度（以 $mg \cdot L^{-1}$ 计）。测定时，在水样中加入 H_2SO_4 及一定量的 $KMnO_4$ 溶液，置于沸水浴中加热 30min，使其中的还原性物质氧化。剩余的 $KMnO_4$ 用一定量过量的 $Na_2C_2O_4$ 还原，再以 $KMnO_4$ 标准溶液返滴定过量的 $C_2O_4^{2-}$，即可计算出水样的高锰酸盐指数。国际标准化组织（ISO）建议高锰酸钾法仅限于测定地表水、饮用水和生活污水。对于工业废水中 COD 的测定，要采用重铬酸钾法。

6.5.2　重铬酸钾法

6.5.2.1　基本原理

重铬酸钾滴定法是用重铬酸钾作滴定剂的一种氧化还原滴定法。重铬酸钾是一种常用的氧化剂，在酸性溶液中与还原剂作用时，$Cr_2O_7^{2-}$ 被还原为 Cr^{3+}：

$$Cr_2O_7^{2-} + 14H^+ + 6e^- \rightleftharpoons 2Cr^{3+} + 7H_2O, \quad \varphi^{\ominus}_{Cr_2O_7^{2-}/Cr^{3+}} = 1.33V$$

重铬酸钾法具有如下优点：

① $K_2Cr_2O_7$ 容易提纯，在 140～180℃干燥后，可以直接称量配制标准溶液；

② $K_2Cr_2O_7$ 标准溶液非常稳定，可以长期保存；

③ $K_2Cr_2O_7$ 的氧化能力没有 $KMnO_4$ 强，但选择性较高。

与高锰酸钾法比较，在室温和 $1mol \cdot L^{-1}$ 盐酸条件下，重铬酸钾不与 Cl^- 反应，故该法主要应用于在盐酸介质中测定铁矿石的含铁量，该方法快速、准确。但当 HCl 的浓度太大或将溶液煮沸时，$K_2Cr_2O_7$ 也能部分地被 Cl^- 还原。

$K_2Cr_2O_7$ 溶液为橘黄色，$K_2Cr_2O_7$ 的还原产物 Cr^{3+} 呈绿色，终点时无法辨别出过量的 $K_2Cr_2O_7$ 的黄色，因而需要加入氧化还原指示剂，常用二苯胺磺酸钠指示剂。

6.5.2.2　重铬酸钾法应用实例

重铬酸钾法主要用于测定 Fe^{2+}，是铁矿中全铁含量测定的标准方法。另外，通过 $Cr_2O_7^{2-}$ 与 Fe^{2+} 的反应还可以测定其他氧化性物质或还原性物质。例如，土壤中有机质的测定，可先用一定量过量的 $K_2Cr_2O_7$ 将有机质氧化，然后再以 Fe^{2+} 标准溶液回滴剩余量的 $K_2Cr_2O_7$。

(1) 铁矿石中全铁的测定

试样一般用热的浓 HCl 分解，加 $SnCl_2$ 将 Fe(Ⅲ) 还原为 Fe(Ⅱ)。过量的 $SnCl_2$ 用 $HgCl_2$ 氧化，此时溶液中析出丝状的白色沉淀（Hg_2Cl_2）。然后在 1～$2mol \cdot L^{-1}$ H_2SO_4-H_3PO_4 混合酸介质中，以二苯胺磺酸钠作指示剂，用 $K_2Cr_2O_7$ 标准溶液滴定 Fe(Ⅱ)，至溶液由绿色变为紫红色为终点。在试液中加入 H_3PO_4 的目的是降低 Fe^{3+}/Fe^{2+} 电对的电位，使二苯胺磺酸钠变色点电位落在滴定突跃范围之内以减小终点误差；此外，由于 Fe^{3+} 使生成稳定无色的 $Fe(HPO_4)_2^-$，消除了溶剂化 Fe^{3+} 的黄色，有利于终点的观察。

此法虽简便准确、应用广泛，但由于预还原过程中使用了 $HgCl_2$ 会造成环境污染。为了保护环境，近年来提倡采用无汞测铁法。试样溶解后，用 $SnCl_2$ 将大部分 Fe^{3+} 还原，再以钨酸钠为指示剂，用 $TiCl_3$ 还原剩余的 Fe^{3+}（"钨蓝"的出现表示 Fe^{3+} 已被还原完全），稍过量的 $TiCl_3$ 还原 W(Ⅵ) 至 W(Ⅴ)，滴加 $K_2Cr_2O_7$ 溶液至蓝色刚好消失，最后在

H_3PO_4 存在下，用二苯胺磺酸钠为指示剂，以 $K_2Cr_2O_7$ 标准溶液滴定。

（2）利用 $Cr_2O_7^{2-}$ 和 Fe^{2+} 的反应测定其他氧化性或还原性的物质

$Cr_2O_7^{2-}$ 和 Fe^{2+} 的反应速率快、无副反应、计量关系明确、指示剂变色明显，除了直接用于测铁外，还可利用此反应间接测定许多物质。

① 测定氧化剂　如 NO_3^- 在一定条件下可定量氧化 Fe^{2+}：

$$NO_3^- + 3Fe^{2+} + 4H^+ \rightleftharpoons 3Fe^{3+} + NO + 2H_2O$$

在试液中加入一定量过量的 Fe^{2+} 标准溶液，待反应完全后，用 $K_2Cr_2O_7$ 溶液返滴定剩余的 Fe^{2+}，即可求得 NO_3^- 的含量。

再如将 UO_2^{2+} 还原为 UO^{2+} 后，以 Fe^{3+} 为催化剂，二苯胺磺酸钠为指示剂，可直接用 $K_2Cr_2O_7$ 标准溶液滴定：

$$Cr_2O_7^{2-} + 3UO^{2+} + 8H^+ \rightleftharpoons 2Cr^{3+} + 3UO_2^{2+} + 4H_2O$$

② 测定还原剂　测定还原剂典型的例子是 COD 的测定。在酸性介质中以重铬酸钾为氧化剂，测定化学需氧量的方法记作 COD_{Cr}，这是目前应用最广泛的方法（见 HJ 828—2017）。具体分析步骤如下：于水样中加入 $HgSO_4$ 消除 Cl^- 的干扰，加入一定量过量的 $K_2Cr_2O_7$ 标准溶液，在强酸介质中，以 Ag_2SO_4 作为催化剂，回流加热，待氧化作用完全后，以 1,10-邻二氮菲-亚铁为指示剂，用 Fe^{2+} 标准溶液滴定过量的 $K_2Cr_2O_7$。该法适用范围广泛，可用于污水中化学需氧量的测定，缺点是测定过程中带来 $Cr(Ⅵ)$、Hg^{2+} 等有害物质的污染。

③ 测定非氧化还原性物质　例如 Pb^{2+}、Ba^{2+} 等的测定，先在一定条件下将试液中的 Pb^{2+} 或 Ba^{2+} 定量沉淀为 $PbCrO_4$ 或 $BaCrO_4$ 沉淀，然后将沉淀过滤、洗涤后用酸溶解，再用 Fe^{2+} 标准溶液滴定 $Cr_2O_7^{2-}$，由此可间接求得 Pb 或 Ba 的含量。能与 CrO_4^{2-} 生成难溶化合物的离子都可用此法间接测定。

6.5.3　碘量法

6.5.3.1　基本原理

碘量法是以碘作为氧化剂，或以碘化物（如碘化钾）作为还原剂进行滴定的方法。因固体 I_2 在水中的溶解度很小（$0.00133 mol·L^{-1}$）且容易挥发，故通常将 I_2 溶解在 KI 溶液中使其以 I_3^- 存在，其氧化还原半反应为：

$$I_3^- + 2e^- \rightleftharpoons 3I^-, \quad \varphi^{\ominus}_{I_3^-/I^-} = 0.545V$$

可见，I_2-I^- 的标准电位既不高，也不低，碘可作为氧化剂而被中等强度的还原剂（如 Sn^{2+}、H_2S 等）所还原；碘离子也可作为还原剂而被中等强度或强的氧化剂（如 H_2SO_4、IO_3^-、$Cr_2O_7^{2-}$、MnO_4^- 等）所氧化。因此，碘量法可用直接和间接两种方式进行。

（1）直接碘量法

在酸性或中性溶液中，用 I_2 标准溶液直接滴定较强的还原性物质，如 S^{2-}、SO_3^{2-}、$S_2O_3^{2-}$、$Sn(Ⅱ)$、$Sb(Ⅲ)$、$As(Ⅲ)$、维生素 C 等。

由于 I_2 的氧化能力较弱，可氧化的物质有限，且直接碘量法不能在 pH>9 的碱性介质中进行，否则会发生歧化反应：

$$3I_2 + 6OH^- \rightleftharpoons IO_3^- + 5I^- + 3H_2O$$

歧化反应会导致分析结果产生误差，使直接碘量法的应用受到一定限制。

直接碘量法可用指示剂：

① 淀粉　淀粉遇碘显蓝色，反应极为灵敏。化学计量点稍后，溶液中有过量的碘，碘与淀粉结合显蓝色而指示终点到达。

② 碘　碘自身的颜色指示终点，化学计量点后，溶液中稍过量的碘显黄色而指示终点。

(2) 间接碘量法

利用 I^- 的还原作用，使其与待测的氧化性物质定量反应生成 I_2，然后用 $Na_2S_2O_3$ 标准溶液滴定析出的 I_2，从而可间接测定 MnO_4^-、$Cr_2O_4^{2-}$、$Cr_2O_7^{2-}$、IO_3^-、BrO_3^-、AsO_4^{3-}、SbO_4^{3-}、ClO^-、NO_2^-、H_2O_2、Cu^{2+}、Fe^{3+} 等氧化性物质，这种方法称为间接碘量法，其应用较直接碘量法更为广泛。

间接碘量法中必须注意以下两点。

① 控制溶液的酸度　滴定必须在中性或弱酸性溶液中进行，因为在碱性溶液中，I_2 与 $S_2O_3^{2-}$ 发生如下副反应：

$$S_2O_3^{2-}+4I_2+10OH^- \Longrightarrow 2SO_4^{2-}+8I^-+5H_2O$$

② 防止 I_2 的挥发和空气中的 O_2 氧化 I^-。

防止 I_2 的挥发可采取下述措施：

a. 加入过量（通常为理论值的 2~3 倍）的 KI，使 I_2 形成 I_3^- 配离子；

b. 溶液温度不宜太高，反应应在室温下进行；

c. 析出 I_2 的反应最好在带有玻璃塞的碘量瓶中进行；

d. 滴定时不要剧烈摇动溶液。

防止 I^- 被空气中的 O_2 氧化的措施为：

a. 溶液酸度不宜太大，酸度增大会加快 O_2 氧化 I^- 的速率；

b. 日光及 Cu^{2+}、NO_2^- 等杂质会催化 O_2 氧化 I^-，故应事先除去以上杂质并将析出 I_2 的反应瓶置于暗处；

c. 滴定前调节好酸度，析出 I_2 的反应完全后立即进行滴定；

d. 滴定速度应适当快些。

间接碘量法所用指示剂为淀粉，淀粉指示剂应在近终点时加入，因为当溶液中有大量碘存在时，碘易吸附在淀粉表面，影响终点的正确判断。

6.5.3.2 标准溶液的配制和标定

碘量法中经常使用 $Na_2S_2O_3$ 和 I_2 两种标准溶液，现将其配制和标定方法介绍如下。

(1) $Na_2S_2O_3$ 溶液的配制和标定

$Na_2S_2O_3$ 不是基准物质，不能用直接法配制标准溶液。配制好的 $Na_2S_2O_3$ 溶液不稳定，容易分解，这是由于在水中的微生物、CO_2、空气中 O_2 作用下，发生下列反应：

$$Na_2S_2O_3 \Longrightarrow Na_2SO_3+S\downarrow$$

$$S_2O_3^{2-}+CO_2+H_2O \Longrightarrow HSO_3^-+HCO_3^-+S\downarrow$$

$$S_2O_3^{2-}+1/2O_2 \Longrightarrow SO_4^{2-}+S\downarrow$$

此外，水中微量的 Cu^{2+} 或 Fe^{3+} 等也能促进 $Na_2S_2O_3$ 溶液分解。因此，配制 $Na_2S_2O_3$ 溶液时，需要用新煮沸（为了除去 O_2、CO_2 和杀死细菌）并冷却了的蒸馏水，加入少量 Na_2CO_3 使溶液呈弱碱性，以抑制细菌生长。这样配制的溶液也不宜长期保存，使用一段时间后要重新标定。如果发现溶液变浑或析出硫，应该过滤后再标定，或者另配溶液。

标定 $Na_2S_2O_3$ 溶液的浓度常用 $K_2Cr_2O_7$、KIO_3 等基准物质。

称取一定量基准物质，在酸性溶液中与过量 KI 作用，有关反应式如下：

$$Cr_2O_7^{2-} + 14H^+ + 6I^- \rightleftharpoons 2Cr^{3+} + 3I_2 + 7H_2O$$

或

$$IO_3^- + 5I^- + 6H^+ \rightleftharpoons 3I_2\downarrow + 3H_2O$$

析出的 I_2 以淀粉为指示剂，用 $Na_2S_2O_3$ 溶液滴定。

$Na_2S_2O_3$（或 KIO_3）与 KI 的反应条件如下：

① 溶液的酸度愈大，反应速率愈快，但酸度太大时，I^- 容易被空气中的 O_2 氧化，所以酸度一般以 $0.2 \sim 0.4 mol \cdot L^{-1}$ 为宜。

② $K_2Cr_2O_7$ 与 KI 作用时，应将溶液储于碘量瓶或锥形瓶中（盖好表面皿），在暗处放置一定时间，待反应完全后，再进行滴定。KIO_3 与 KI 作用时，不需要放置，宜及时进行滴定。

③ 所用 KI 溶液中不应含有 KIO_3 或 I_2。如果 KI 溶液显黄色，则应事先用 $Na_2S_2O_3$ 溶液滴定至无色后再使用。若滴至终点后，很快又转变为 I_3^--淀粉的蓝色，表示 KI 与 $K_2Cr_2O_7$ 的反应未进行完全，应另取溶液重新标定。若过了 5min 以上，溶液又转为蓝色，这是由于空气中的 O_2 氧化 I^-，不影响分析结果。

(2) I_2 溶液的配制和标定

用升华法可以制得纯碘。I_2 挥发性强，准确称量比较困难，通常先配制成大致浓度的溶液后再标定。配制 I_2 溶液，先用天平称取一定量碘，置于研钵中，加入过量 KI 固体，再加少量水研磨使 I_2 全部溶解，然后将溶液稀释，倾入棕色瓶中于暗处保存，待标定。应避免 I_2 溶液与橡皮等有机物接触，也要防止 I_2 溶液见光、遇热，否则浓度将发生变化。

可用 As_2O_3 标定 I_2 溶液，也可用已标定好的 $Na_2S_2O_3$ 标准溶液标定。

As_2O_3 难溶于水，但可溶于碱溶液中：

$$As_2O_3 + 6OH^- \rightleftharpoons 2AsO_3^{3-} + 3H_2O$$

标定时先酸化溶液，再加 $NaHCO_3$ 调节 pH 值约为 8，用 I_2 溶液滴定 $HAsO_2$，反应按下式定量迅速进行：

$$HAsO_2 + I_2 + 2H_2O \rightleftharpoons HAsO_4^{2-} + 2I^- + 4H^+$$

(3) 淀粉指示剂的配制

碘量法用淀粉作指示剂，灵敏度高，$[I_2] = 1 \times 10^{-5} mol \cdot L^{-1}$，即显蓝色。直接碘量法中溶液呈现蓝色即为终点，间接碘量法中溶液的蓝色消失即为终点。淀粉指示剂使用需注意以下问题：

① 适用于 pH=2~9 的情况 淀粉指示剂在弱酸介质中最灵敏，pH>9 时，I_2 易发生歧化反应，生成 IO、IO_3，而 IO、IO_3 不与淀粉发生显色反应；当 pH<2 时，淀粉易水解成糊精，糊精遇 I_2 显红色，该显色反应可逆性差。

② 使用直链淀粉 直链淀粉必须有 I^- 的存在，才能遇碘变蓝色；支链淀粉遇碘显紫色，且颜色变化不敏锐。

③ 50%乙醇存在时不变色 醇类的存在会降低指示剂的灵敏度，在 50%以上的乙醇中，淀粉甚至不与碘发生显色反应。

④ 随着温度的升高，淀粉指示剂变色的灵敏度降低。

⑤ 大量电解质存在的情况下，也会使其灵敏度降低甚至失效。

⑥ 淀粉指示剂最好在用前配制，不宜久存，若在淀粉指示剂中加入少量碘化汞或氯化锌、甘油、甲酰胺等防腐剂，可延长储存时间。配制时将淀粉混悬液煮至半透明，且加热时间不宜过长，并应迅速冷却至室温。

6.5.3.3 碘量法应用实例

碘量法应用广泛，例如可以测定 S^{2-} 或 H_2S、钢铁中硫、铜合金中铜等无机物质，也可测定某些有机物，举例如下。

(1) 铜合金中铜的测定

试样可以用 HNO_3 分解，但低价氮的氧化物能氧化 I^- 而干扰测定，故需用浓 H_2SO_4 蒸发或加入尿素加热将它们除去。

试样也可用 H_2O_2 和 HCl 分解：

$$Cu + 2HCl + H_2O_2 \Longrightarrow CuCl_2 + 2H_2O$$

煮沸可以除尽过量的 H_2O_2，调节溶液的酸度（通常用 $HAc\text{-}NH_4Ac$ 或 NH_4HF_2 等缓冲溶液将溶液的酸度控制为 $pH = 3.2 \sim 4.0$），加入过量 KI 使 I_2 析出：

$$2Cu^{2+} + 4I^- \Longrightarrow 2CuI \downarrow + I_2 \downarrow$$

此反应中，KI 既是还原剂，又是沉淀剂，还是配合剂。生成的 I_2 以淀粉为指示剂，用 $Na_2S_2O_3$ 标准溶液滴定。由于 CuI 沉淀表面吸附 I_2，导致分析结果偏低。为减少 CuI 对 I_2 的吸附，保证分析结果的准确度，可在大部分 I_2 被 $Na_2S_2O_3$ 溶液滴定后，加入 NH_4SCN 使 CuI 转化为溶解度更小、对 I_2 吸附能力小的 CuSCN：

$$CuI + SCN^- \Longrightarrow CuSCN \downarrow + I^-$$

试样中有铁存在时，Fe^{3+} 亦能氧化 I^- 为 I_2

$$2Fe^{3+} + 2I^- \Longrightarrow 2Fe^{2+} + I_2 \downarrow$$

干扰铜的测定，可加入 NH_4HF_2，使 Fe^{3+} 生成稳定的 FeF_6^{3-} 以降低 Fe^{3+}/Fe^{2+} 电对的电位，使 Fe^{3+} 不能将 I^- 氧化为 I_2。

用碘量法测定铜时，最好用纯铜标定 $Na_2S_2O_3$ 溶液，以抵消方法的系统误差。此法也适用于测定铜矿、炉渣、电镀液及胆矾（$CuSO_4 \cdot 5H_2O$）等试样中的铜。

(2) 某些有机物的测定

碘量法在有机分析中应用广泛。对于能被碘直接氧化的物质，只要反应速率足够快，就可用直接碘量法进行测定。例如巯基乙酸、四乙基铅 $[Pb(C_2H_5)_4]$、抗坏血酸（维生素 C）及安乃近药物等。

间接碘量法的应用更为广泛。例如，在葡萄糖、甲醛、丙酮及硫脲等碱性试液中，加入一定量过量的 I_2 标准溶液，使有机物被氧化。如葡萄糖分子与 I_2 的反应过程：

$$I_2 + 2OH^- \Longrightarrow IO^- + I^- + H_2O$$

$$CH_2OH(CHOH)_4CHO + IO^- + OH^- \longrightarrow CH_2OH(CHOH)_4COO^- + I^- + H_2O$$

碱液中剩余的 IO^-，歧化为 I_3^- 及 I^-：

$$3IO^- \Longrightarrow IO_3^- + 2I^-$$

溶液酸化后又析出 I_2：

$$IO_3^- + 5I^- + 6H^+ \Longrightarrow 3I_2 \downarrow + 3H_2O$$

最后用 $Na_2S_2O_3$ 滴定析出 I_2。

在上述一系列反应中，1mol I_2 产生 1mol IO^-，而 1mol IO^- 与 1mol 葡萄糖反应。因此，1mol 葡萄糖与 1mol I_2 相当。由于与葡萄糖反应后剩余的 IO^- 经由歧化和酸化过程又恢复为等量的 I_2，所以从 I_2 标准溶液的加入量和滴定时消耗 $Na_2S_2O_3$ 的量即可求得葡萄糖的含量。

(3) 卡尔·费休(Karl Fischer) 法测定水

卡尔·费休法的基本原理是 I_2 氧化 SO_2 时，需要消耗定量的 H_2O：

$$I_2 + SO_2 + 2H_2O \Longrightarrow 2HI + H_2SO_4$$

利用此反应，可以测定很多有机物或无机物中的 H_2O。但上述反应是可逆的，要使反应向右进行，需要加入适当的碱性物质，以中和反应后生成的酸。采用吡啶可满足此要求，其反应如下：

$$C_5H_5N \cdot I_2 + C_5H_5N \cdot SO_2 + C_5H_5N + H_2O \rightleftharpoons 2C_5H_5N \cdot HI + C_5H_5N \cdot SO_3$$

生成的 $C_5H_5N \cdot SO_3$ 亦可与水反应消耗部分水而干扰测定：

$$C_5H_5N \cdot SO_3 + H_2O \rightleftharpoons C_5H_5N \cdot HOSO_2OH$$

加入甲醇避免发生副反应：

$$C_5H_5N \cdot SO_3 + CH_3OH \rightleftharpoons C_5H_5NHOSO_2OCH_3$$

由上述讨论可知，滴定时的标准溶液是含有 I_2、SO_2、C_5H_5N 及 CH_3OH 的混合溶液，称为费休试剂。费休试剂具有 I_2 的棕色，与 H_2O 反应时，棕色立即褪去。用此标准溶液滴定时，待测溶液中出现棕色即为滴定终点。应特别指出的是，卡尔·费休法属于非水滴定法，所有容器都需干燥，否则将造成误差。1L 费休试剂在配制和保存过程中，若混入 6g 水，试剂就会失效。

卡尔·费休法不仅可以测定很多有机物或无机物中的水分含量，而且根据有关反应中生成水或消耗水的量，可间接测定某些有机官能团。

6.5.4 其他氧化还原滴定法

（1）硫酸铈法

硫酸铈法（铈量法）是以硫酸铈 $Ce(SO_4)_2$ 作为滴定液，在酸性条件下测定还原性物质的滴定方法。其氧化还原半反应如下：

$$Ce^{4+} + e^- \rightleftharpoons Ce^{3+}, \quad \varphi^{\ominus}_{Ce^{4+}/Ce^{3+}} = 1.61V$$

Ce^{4+}/Ce^{3+} 电对的条件电极电位与酸的种类和浓度有关。在 $0.5 \sim 4 mol \cdot L^{-1} H_2SO_4$ 溶液中，$\varphi = 1.44 \sim 1.42V$；在 $1 mol \cdot L^{-1} HCl$ 溶液中，$\varphi = 1.28V$，此时 Cl^- 可使 Ce^{4+} 缓慢地还原为 Ce^{3+}，因此用 Ce^{4+} 作滴定剂时，常采用 $Ce(SO_4)_2$ 溶液；在 $1 \sim 8 mol \cdot L^{-1} HClO_4$ 溶液中，$\varphi = 1.70 \sim 1.87V$。由于其在 H_2SO_4 介质中的电位介于 MnO_4^- 与 $Cr_2O_7^{2-}$ 之间，所以，能用 MnO_4^- 滴定的物质，一般也能用 $Ce(SO_4)_2$ 滴定。

$Ce(SO_4)_2$ 溶液具有下列优点：

① 可由容易提纯的 $Ce(SO_4)_2 \cdot 2(NH_4)SO_4 \cdot 2H_2O$ 直接配制标准溶液，不必进行标定。

② 稳定，放置较长时间或加热煮沸也不易分解。

③ 可在 HCl 溶液中直接用 Ce^{4+} 滴定 Fe^{2+}（与 MnO_4^- 不同）。

④ Ce^{4+} 还原为 Ce^{3+} 时，只有一个电子的转移，不生成中间价态的产物，反应简单，副反应少。有机物（如乙醇、甘油、糖等）存在时，用 Ce^{4+} 滴定 Fe^{2+} 仍可得到准确的结果。

用 Ce^{4+} 作滴定剂时，因为 Ce^{4+} 为黄色，而 Ce^{3+} 无色，若以 Ce^{3+} 指示终点，灵敏度较差，故常用 1,10-邻二氮菲-亚铁作指示剂。Ce^{4+} 易水解，生成碱式盐沉淀，所以 Ce^{4+} 不适用于在碱性或中性溶液中滴定。由于铈盐较贵，硫酸铈法在应用上受到一定限制。

（2）溴酸钾法

溴酸钾法是以溴酸钾为标准溶液的氧化还原滴定法。$KBrO_3$ 是强氧化剂，在酸性溶液中，$KBrO_3$ 与还原物质反应被还原为 Br^-，其氧化还原半反应如下：

$$BrO_3^- + 6H^+ + 6e^- \longrightarrow Br^- + 3H_2O, \quad \varphi^{\ominus}_{BrO_3^-/Br^-} = 1.44V$$

$KBrO_3$ 容易提纯，在 180℃烘干后，可以直接配制标准溶液。$KBrO_3$ 溶液的浓度也可以用碘量法进行标定。在酸性溶液中，一定量的 $KBrO_3$ 与过量的 KI 反应析出 I_2，其反应如下：
$$BrO_3^- + 6I^+ + 6e^- \longrightarrow Br^- + 3I_2 + 3H_2O$$

析出的 I_2 可用 $Na_2S_2O_3$ 标准溶液滴定。

溴酸钾法主要用于测定苯酚。通常在苯酚的酸性溶液中加入过量的 $KBrO_3$-KBr 标准溶液，反应如下：
$$BrO_3^- + 5Br^- + 6H^+ \rightleftharpoons 3Br_2 + 3H_2O$$

生成的 Br_2 可取代苯酚中的氢：

<chemical reaction: 苯酚 + 3Br₂ ⇌ 2,4,6-三溴苯酚 + 3HBr>

过量的 Br_2 用 KI 还原：$Br_2 + 2I^- \rightleftharpoons 2Br^- + I_2$

析出的 I_2 用 $Na_2S_2O_3$ 标准溶液滴定。

溴酸钾法也可应用于 Sb^{3+} 的测定。在酸性溶液中，以甲基橙作为指示剂，可用 $KBrO_3$ 标准溶液滴定 Sb^{3+}：
$$3Sb^{3+} + BrO_3^- + 6H^+ \rightleftharpoons 3Sb^{5+} + Br^- + 3H_2O$$

过量的 $KBrO_3$ 使甲基橙褪色指示终点。此法也可直接测定 AsO_3^{3-} 及 Tl^+ 等。

（3）亚砷酸钠-亚硝酸钠法

亚砷酸钠-亚硝酸钠法可以利用混合溶液和单独的亚硝酸钠溶液进行滴定。

① 使用 Na_3AsO_3-$NaNaO_2$ 混合溶液作标准溶液进行滴定，可用于普通钢和低合金钢中锰的测定。

试样用酸分解，锰转化为 Mn^{2+}，以 $AgNO_3$ 作催化剂，用 $(NH_4)S_2O_8$ 将 Mn^{2+} 氧化为 MnO_4^-，然后用 Na_3AsO_3-$NaNO_2$ 标准溶液滴定。

$$2MnO_4^- + 5AsO_3^{3-} + 6H^+ \rightleftharpoons 2Mn^{2+} + 5AsO_4^{3-} + 3H_2O$$
$$2MnO_4^- + 5NO_2^- + 6H^+ \rightleftharpoons 2Mn^{2+} + 5NO_3^- + 3H_2O$$

在 H_2SO_4 介质中，单独用 Na_3AsO_3 溶液滴定 MnO_4^-，Mn(Ⅶ) 只被还原为平均氧化数为 +3.3 的 Mn。在酸性溶液中，单独用 $NaNO_2$ 溶液滴定 MnO_4^-，虽然 Mn(Ⅶ) 可定量地还原为 Mn(Ⅱ)，但 HNO_2 和 MnO_4^- 作用缓慢且 HNO_2 不稳定。因此，采用 Na_3AsO_3-$NaNO_2$ 混合溶液来滴定 MnO_4^-。此时，NO_2^- 能使 MnO_4^- 定量还原为 Mn^{2+}，也可将 Mn(Ⅲ) 和 Mn(Ⅳ) 还原为 Mn(Ⅱ)，AsO_3^{3-} 能加速反应。所以，MnO_4^- 几乎全部被还原为 Mn(Ⅱ)，溶液从紫色褪为无色指示终点，测量的结果较准确。即使如此，仍不能按理论值计算，需用已知含锰量的标准试样来确定 Na_3AsO_3-$NaNO_2$ 混合溶液对锰的滴定度。

② 亚硝酸钠滴定法是利用亚硝酸钠滴定液在盐酸溶液中与有机胺类化合物发生重氮化反应或者亚硝基化反应进行的氧化还原滴定法。其中，利用重氮化反应进行滴定的方法通常称为重氮化滴定法，而利用亚硝基化反应进行滴定的叫亚硝基化滴定法，以示区别。重氮化滴定法主要适用于芳伯胺类药物（如磺胺类药物）、盐酸普鲁卡因等的测定；亚硝基化滴定法主要适用于芳仲胺类如盐酸丁卡因等药物的测定；此外，某些化合物如芳香族硝基化合物、芳酰胺等经化学处理能转化为芳伯胺，也可用重氮化滴定法进行测定。

在盐酸存在下，芳伯胺类药物能定量地与亚硝酸钠产生重氮化反应：
$$ArNH_2 + NaNO_2 + 2HCl \longrightarrow [Ar-N^+\equiv N]Cl^- + NaCl + 2H_2O$$

芳仲胺类化合物,也可用 $NaNO_2$ 滴定液滴定,但并不发生重氮化反应,而是亚硝基化反应:

$$ArNHR + NaNO_2 + HCl \longrightarrow Ar\text{—}N(NO)\text{—}R + NaCl + H_2O$$

反应的定量关系都是 1:1。亚硝酸钠法常用的指示剂有外指示剂和内指示剂。外指示剂是含氯化锌的碘化钾-淀粉糊或者试纸,其中氯化锌起到防腐作用。在滴定反应中,随着滴定剂的加入,稍过量的亚硝酸钠将 KI 氧化为碘单质。生成的碘单质与淀粉作用显蓝色。需要注意的是,滴定时,不能直接把指示剂加到被滴定的溶液里,否则,滴入的亚硝酸钠先与 KI 作用,不能指示终点。因此,只能在临近终点时,用玻璃棒蘸取少许被滴定的溶液,在溶液外与指示剂作用,依据是否出现蓝色判断反应终点。外指示剂使用时较烦琐,变色不明显,可用内指示剂。其中应用较多是橙黄Ⅳ-亚甲蓝中性红、亮甲酚蓝及二苯胺。使用内指示剂操作虽然简便,但有时候终点不敏锐,尤其重氮盐有色时更难观察。

亚硝酸钠水溶液不稳定,放置时浓度明显下降,可用间接法配制,置于具玻璃塞的棕色玻瓶中,密闭保存。可向溶液中加入 Na_2CO_3,维持 pH 值在 10 左右,则浓度稳定。标定亚硝酸钠溶液可采用氨基苯磺酸作基准物质,标定反应为:

$$H_2N\text{—}\langle\text{—}\rangle\text{—}SO_3H + NaNO_2 + 2HCl \longrightarrow [N\equiv\overset{+}{N}\text{—}\langle\text{—}\rangle\text{—}SO_3H]Cl^- + NaCl + 2H_2O$$

在滴定过程中注意以下问题:将滴定管尖端插入液面 2/3 处进行滴定,快速滴定;重氮化温度应在 15~30℃,以防重氮盐分解和亚硝酸逸出;重氮化反应须以盐酸为介质,因在盐酸中反应速率快,且芳伯胺的盐酸盐溶解度大;在酸度为 1~2mol·L^{-1} 下滴定为宜;近终点时,芳伯胺浓度较稀,反应速率减慢,应缓缓滴定,并不断搅拌。

✲ 分析化学轶事

能斯特方程

W. H. Nernst (1864—1941)

能斯特方程是电化学领域最著名的方程,该方程是由物理化学领域的德国物理学家、物理化学家和化学史学家瓦尔特·赫尔曼·能斯特(W. H. Nernst, 1864—1941)首次提出。这一方程把化学能和原电池电极电位联系起来,在电化学方面有重大贡献,故以其发现者名字命名,能斯特曾因热力学第三定律的发现获 1920 年诺贝尔化学奖。

能斯特方程是定量描述某种离子在 A、B 两体系间形成的扩散电位的方程表达式。在电化学中,能斯特方程用来计算电极上相对于标准电势而言的指定氧化还原电对的平衡电压。能斯特方程只有在氧化还原电对中两种物质同时存在时才有意义。它指出了电池的电动势与电池本性(E)和电解质浓度之间的定量关系。方程表示如下:

$$\varphi = \varphi^{\ominus} + \frac{RT}{nF}\ln\frac{a_{Ox}}{a_{Red}}$$

式中,$\varphi^{\ominus}$ 为标准电极电位;a_{Ox}、a_{Red} 分别为氧化态和还原态的活度;R 为摩尔气体常数,$R=8.314J·K^{-1}·mol^{-1}$;T 为热力学温度,K;F 为法拉第常数,$F=96487C·mol^{-1}$。

将常数代入方程,取常用对数得:

$$\varphi = \varphi^{\ominus} + \frac{0.059}{n} \lg \frac{a_{Ox}}{a_{Red}}$$

对于更复杂的氧化还原半反应，能斯特方程中还应包括有关反应物和生成物的活度。金属、纯固体的活度为1，溶剂的活度为常数，它们的影响已反应在 $\varphi^{\ominus}$ 中。

根据能斯特方程可以求出离子浓度改变时电极电势变化的数值，了解离子浓度改变对氧化还原反应方向的影响和介质酸度对氧化还原反应的影响及得到 pH 电势图。

思考题

1. 处理氧化还原平衡时，为什么引入条件电极电位？影响条件电极电位的因素有哪些？
2. 如何判断氧化还原反应进行的完全程度？是否平衡常数大的氧化还原反应都能用于氧化还原滴定中？为什么？
3. 影响氧化还原反应速率的主要因素有哪些？如何加速反应的进行？
4. 哪些因素影响氧化还原滴定的突跃范围的大小？如何确定化学计量点时的电极电位？
5. 氧化还原滴定中，如何确定终点？氧化还原指示剂指示滴定终点的原理是什么？
6. 氧化还原滴定之前，为什么要进行预处理？对预处理所用的氧化剂或还原剂有哪些要求？
7. 某同学按如下方法配制 $0.02 mol \cdot L^{-1}$ $KMnO_4$ 溶液，请指出其错误。

准确称取 1.581g 固体 $KMnO_4$，用煮沸过的蒸馏水溶解，转移至 500mL 容量瓶，稀释至刻度，然后用干燥的滤纸过滤。

8. 碘量法的主要误差来源有哪些？为什么碘量法要在适宜的 pH 条件下进行？
9. 请回答 $K_2Cr_2O_7$ 标定 $Na_2S_2O_3$ 时实验中的有关问题。
（1）为何不采用直接法标定，而采用间接碘量法标定？
（2）$Cr_2O_7^{2-}$ 氧化 I^- 反应为何要加酸，并加盖在暗处放置 5min，而用 $Na_2S_2O_3$ 滴定前又要加蒸馏水稀释？若到达终点后蓝色又很快出现说明什么？应如何处理？
（3）测定时为什么要用碘量瓶？
10. 在碘量法测定铜的过程中，加入 KI、NH_4HF_2 和 KSCN 的作用分别是什么？

习 题

一、选择题

1. 对 Ox-Red 电对，25℃时条件电位 $\varphi^{\ominus\prime}$ 等于（ ）。

    A. $\varphi^{\ominus} + \frac{0.059}{n} \lg \frac{a_{Ox}}{a_{Red}}$ B. $\varphi^{\ominus} + \frac{0.059}{n} \lg \frac{c_{Ox}}{c_{Red}}$

    C. $\varphi^{\ominus} + \frac{0.059}{n} \lg \frac{\gamma_{Ox} a_{Ox}}{\gamma_{Red} a_{Red}}$ D. $\varphi^{\ominus} + \frac{0.059}{n} \lg \frac{\gamma_{Ox} a_{Red}}{\gamma_{Red} a_{Ox}}$

2. 氧化还原滴定中，为使反应进行完全（反应程度>99.9%），必要条件为 $\varphi^{\ominus\prime}_1 - \varphi^{\ominus\prime}_2$

≥( )。

A. $\dfrac{2(n_1+n_2)\times 0.059}{n_1 n_2}$ B. $\dfrac{3(n_1+n_2)\times 0.059}{n_1 n_2}$

C. $\dfrac{3(n_1+n_2)\times 0.059}{n_1+n_2}$ D. $\dfrac{4(n_1+n_2)\times 0.059}{n_1+n_2}$

3. 某铁矿试样含铁约 50%，现以 0.01667mol·L^{-1} K$_2$Cr$_2$O$_7$ 溶液滴定，欲使滴定时，标准溶液消耗的体积为 20～30mL，应称取试样的质量范围是（M_{Fe}=55.85g·mol^{-1}）( )。

     A. 0.22～0.34g   B. 0.037～0.055g
     C. 0.074～0.11g   D. 0.66～0.99g

4. 在间接碘量法的测定中，淀粉指示剂应在何时加入（ ）？

     A. 滴定开始前   B. 溶液中的红棕色完全褪尽呈无色时
     C. 滴定至近终点时   D. 滴定进行到 50%时

5. 用 Ce^{4+} 滴定 Fe^{2+}，当体系电位为 0.68V 时，滴定分数为（ ）（已知 $\varphi^{\ominus'}_{Ce^{4+}/Ce^{3+}}$=1.44V，$\varphi^{\ominus'}_{Fe^{3+}/Fe^{2+}}$=0.68V）。

     A. 0   B. 50%   C. 100%   D. 200%

6. 已知在 1mol·L^{-1} HCl 中 $\varphi^{\ominus'}_{Cr_2O_7^{2-}/Cr^{3+}}$=1.00V，$\varphi^{\ominus'}_{Fe^{3+}/Fe^{2+}}$=0.68V。以 K$_2Cr_2O_7$ 滴定 Fe^{2+} 时，下列指示剂中最合适的是（ ）。

     A. 二苯胺（$\varphi^{\ominus}$=0.76V）   B. 二甲基邻二氮菲-Fe^{2+} （$\varphi^{\ominus}$=0.97V）
     C. 亚甲基蓝（$\varphi^{\ominus}$=0.53V）   D. 中性红（$\varphi^{\ominus}$=0.24V）

7. 当两电对的电子转移数均为 2 时，为使反应完全程度达到 99.9%，两电对的条件电极电位差至少应大于（ ）。

     A. 0.09V   B. 0.18V   C. 0.27V   D. 0.36V

8. 移取一定体积钙溶液，用 0.02000mol·L^{-1} EDTA 溶液滴定时，消耗 25.00mL；另取相同体积的钙溶液，将钙定量沉淀为 CaC$_2$O$_4$，过滤，洗净后溶于稀 H$_2$SO$_4$ 中，以 0.02000mol·L^{-1} KMnO$_4$ 溶液滴定至终点，应消耗 KMnO$_4$ 溶液体积（mL）为（ ）。

     A. 10.00   B. 20.00   C. 25.00   D. 30.00

9. 对于反应：BrO$_3^-$ +6I$^-$ +6H$^+$ ══ Br$^-$ +3I$_2$+3H$_2$O。已知 $\varphi^{\ominus}_{BrO_3^-/Br^-}$=1.44V，$\varphi^{\ominus}_{I_2/I^-}$=0.55V，则此反应平衡常数（25℃）的对数（lgK）为（ ）。

     A. (1.44－0.55)/0.059   B. 3×(1.44－0.55)/0.059
     C. 2×6×(1.44－0.55)/0.059   D. 6×(1.44－0.55)/0.059

10. 溴酸盐法测定苯酚的反应如下：

$$BrO_3^- + 5Br^- + 6H^+ \Longrightarrow 3Br_2 + 3H_2O$$

<chemical reaction: phenol + 3Br$_2$ → 2,4,6-tribromophenol + 3HBr>

$$Br_2 + 2I^- \Longrightarrow 2Br^- + I_2$$
$$I_2 + 2S_2O_3^{2-} \Longrightarrow 2I^- + S_4O_6^{2-}$$

在此测定中，苯酚与 $Na_2S_2O_3$ 的物质的量之比为（　　）。

  A. 1∶2   B. 1∶3   C. 1∶4   D. 1∶6

二、填空题

1. 根据下表的数据，判断用 $0.1mol·L^{-1}$ Fe^{3+} 滴定 $0.05mol·L^{-1}$ Sn^{2+} 时，化学计量点后 0.1% 的 φ 值（V）。

化学计量点前0.1%	化学计量点	化学计量点后0.1%
0.23	0.32	

2. 将 97.31mL $0.05480\ mol·L^{-1}$ I_2 溶液和 97.27mL $0.1098mol·L^{-1}$ $Na_2S_2O_3$ 溶液混合，加几滴淀粉溶液，混合液是_____色，因为_____。

3. 配制 $Na_2S_2O_3$ 溶液时，要用_____水，原因是_____。

4. 为配制 $T_{Fe/K_2Cr_2O_7}=0.005000g·mL^{-1}$ 的 $K_2Cr_2O_7$ 标准溶液 0.1L，需称取纯 $K_2Cr_2O_7$ _____ g（已知 $M_{K_2Cr_2O_7}=294.2g·mol^{-1}$，$M_{Fe}=55.85g·mol^{-1}$）。

5. 用 $KMnO_4$ 法可间接测定 Ca^{2+}。先将 Ca^{2+} 沉淀为 CaC_2O_4，再经过滤，洗涤后将沉淀溶于热的稀 H_2SO_4 溶液中，最后用 $KMnO_4$ 标准溶液滴定 $H_2C_2O_4$。若此时溶液的酸度过高，使结果_____；若溶液的酸度过低，则结果_____（偏低、偏高或无影响）。

6. 间接碘量法的主要误差来源为_____和_____。

7. 碘量法中所需 $Na_2S_2O_3$ 标准溶液在保存中吸收了 CO_2 而发生下述反应：$S_2O_3^{2-}+H_2CO_3 \rightleftharpoons HSO_3^-+HCO_3^-+S\downarrow$。若用该 $Na_2S_2O_3$ 滴定 I_2 溶液则消耗 $Na_2S_2O_3$ 的量将_____，使得 I_2 的浓度_____（偏高或偏低）。

三、判断题

1. 用 $Ce(SO_4)_2$ 溶液滴定 $FeSO_4$ 溶液的滴定突跃范围的大小与浓度关系不大。（　　）

2. 条件电极电位就是某条件下电对的氧化型和还原型的活度都等于 $1mol·L^{-1}$ 时的电极电位。（　　）

3. 碘量法中加入过量 KI 的作用之一是与 I_2 形成 I_3^-，以增大 I_2 的溶解度，降低 I_2 的挥发性。（　　）

4. $H_2C_2O_4·2H_2O$ 可作为标定 NaOH 溶液的基准物，也可作为标定 $KMnO_4$ 溶液的基准物。（　　）

5. 在 HCl 介质中用 $KMnO_4$ 滴定 Fe^{2+} 时，将产生正误差。（　　）

6. 在用 $K_2Cr_2O_7$ 法测定 Fe 时，加入 H_3PO_4 的主要目的是提高化学计量点前 Fe^{3+}/Fe^{2+} 电对的电位，使二苯胺磺酸钠不致提前变色。（　　）

7. 氧化还原指示剂本身参加氧化还原反应，且其氧化态和还原态颜色不同。（　　）

四、计算题

1. 计算 pH=8.0 时，As(Ⅴ)/As(Ⅲ) 电对的条件电极电位（忽略离子强度的影响），并从计算结果判断以下反应的方向：$H_3AsO_4+2H^++3I^- \rightleftharpoons HAsO_2+I_3^-+2H_2O$。已知：$\varphi_{As(Ⅴ)/As(Ⅲ)}=0.58V$；$\varphi^{\ominus}_{I_3^-/I^-}=0.54V$。pH=8 时，$\delta_{H_3AsO_4}=10^{-7.0}$，$\delta_{HAsO_2}=1$。

2. 忽略离子强度影响，计算 pH=4.00，$c_{F^-}=0.10mol·L^{-1}$ 时 Fe^{3+}/Fe^{2+} 电对的条件电极电位。

3. 计算 pH=10 的氨性缓冲溶液（$c_{NH_3}=0.1mol·L^{-1}$）中 Zn^{2+}/Zn 电对的条件电极电

位（忽略离子强度的影响）。已知：NH_3 的 $K_b=1.79\times10^{-5}$，Zn^{2+} 和 NH_3 配合物的 $\beta_1 \sim \beta_4$ 分别为 $10^{2.27}$、$10^{4.61}$、$10^{7.01}$、$10^{9.06}$。

4. 在 $1mol\cdot L^{-1}$ HCl 溶液中用 Fe^{3+} 溶液滴定 Sn^{2+} 时，计算：
（1）此氧化还原反应的平衡常数及化学计量点时反应进行的程度。
（2）滴定的电位突跃范围。
（3）在此滴定中应选用什么指示剂？用所选指示剂时滴定终点是否和化学计量点一致？

5. 计算在 pH=3.0 时，$c_{EDTA}=0.01mol\cdot L^{-1}$ 时 Fe^{3+}/Fe^{2+} 电对的条件电位。

6. 在 $1mol\cdot L^{-1}$ H_2SO_4 介质中，以 $0.1000mol\cdot L^{-1}$ Cs^{4+} 溶液滴定 $0.1000mol\cdot L^{-1}$ Fe^{2+} 溶液，选用硝基邻二氮菲-亚铁为指示剂（$\varphi_{In}^{\ominus'}=1.25V$），计算终点误差。

7. 称取铜矿试样 0.6000g，用酸溶解后，控制溶液的 pH 值为 $3\sim4$，用 20.00mL $Na_2S_2O_3$ 溶液滴定至终点。1mL $Na_2S_2O_3$ 溶液相当于 0.004175g $KBrO_3$。计算 $Na_2S_2O_3$ 溶液的准确浓度及试样中 Cu_2O 的质量分数。

8. 分析某试样中 Na_2S 含量。称取试样 0.5000g，溶于水后，加入 NaOH 至碱性，加入过量 $0.02000mol\cdot L^{-1}$ $KMnO_4$ 标准溶液 25.00mL，将 S^{2-} 氧化成 SO_4^{2-}。此时 $KMnO_4$ 被还原成 MnO_2，过滤除去，将滤液酸化，加入过量 KI，再用 $0.1000mol\cdot L^{-1}$ $Na_2S_2O_3$ 标准溶液滴定析出的 I_2，消耗 $Na_2S_2O_3$ 溶液 7.50mL，求试样中 Na_2S 的含量。

9. 化学耗氧量（COD）测定。今取废水样 100.0mL 用 H_2SO_4 酸化后，加入 25.00mL $0.01667mol\cdot L^{-1}$ $K_2Cr_2O_7$ 溶液，以 Ag_2SO_4 为催化剂，煮沸一定时间，待水样中还原性物质较完全地氧化后，以邻二氮杂菲-亚铁为指示剂，用 $0.1000mol\cdot L^{-1}$ $FeSO_4$ 溶液滴定剩余的 $K_2Cr_2O_7$，用去 15.00mL。计算废水样中化学耗氧量，以 $mg\cdot L^{-1}$ 表示。

10. 称取软锰矿试样 0.100g，经碱熔后得到 MnO_4^{2-}。煮沸溶液以除去过氧化物。酸化溶液时 MnO_4^{2-} 歧化为 MnO_4^- 和 MnO_2。滤去 MnO_2 后 $0.1020mol\cdot L^{-1}Fe^{2+}$ 标准溶液滴定 MnO_4^-，耗去 24.50mL。计算试样中 MnO_2 的含量。

11. 称取苯酚试样 0.5000g。用 NaOH 溶液溶解后，用水准确稀释至 250.00mL。移取 25.00mL 试液于碘量瓶中，加入 $KBrO_3$-KBr 标准溶液 25.00mL 及 HCl 使苯酚溴化为三溴苯酚。加入 KI 溶液使未起反应的 Br_2 还原并析出定量的 I_2，然后用 $0.1100mol\cdot L^{-1}$ $Na_2S_2O_3$ 标准溶液滴定，用去 16.50mL。另取 25.00mL $KBrO_3$-KBr 标准溶液，加入 HCl 及 KI 溶液，析出的 I_2 用 $0.1100mol\cdot L^{-1}$ $Na_2S_2O_3$ 标准溶液滴定，用去 24.80mL。计算苯酚试样中苯酚的含量。

12. 移取 20.00mL 乙二醇溶液，加入 50.00mL $0.02000mol\cdot L^{-1}$ $KMnO_4$ 碱性溶液，反应完全后，酸化溶液，加入 20.00mL $0.1010mol\cdot L^{-1}$ $Na_2C_2O_4$ 还原过剩的 MnO_4^- 及 MnO_4^{2-} 的歧化产物 MnO_2 和 MnO_4^-；再以 $0.02000mol\cdot L^{-1}$ $KMnO_4$ 溶液滴定过量的 $Na_2C_2O_4$，消耗了 15.20mL $KMnO_4$ 溶液。试计算乙二醇溶液的度。

第7章 沉淀滴定法

沉淀滴定法（precipitation titration）是以沉淀反应为基础的滴定分析法，是滴定分析的组成部分。虽然沉淀反应很多，但能用于沉淀滴定的反应并不多，这是因为很多沉淀反应无法满足滴定分析的基本要求。本章仅介绍银量法。

另外，沉淀滴定法基于沉淀反应，下章中将介绍重量分析法，它也是基于沉淀反应，二者关系密切。两章内容可以交互学习，本书为与其他滴定方法连贯，故先介绍沉淀滴定法。

7.1 沉淀滴定法概述

7.1.1 概述

要实现沉淀滴定，沉淀反应必须满足一定的要求：
① 反应能定量进行，沉淀剂与被测组分之间有确定的化学计量关系。
② 沉淀的组成恒定，且溶解度要足够小。
③ 沉淀反应必须迅速、完全。
④ 有适当的检测终点的方法。

以上条件也是能进行滴定对反应的要求，然而实际上能用于沉淀滴定的反应并不多。目前应用较多的是生成难溶银盐沉淀的沉淀反应。如

$$Ag^+ + Cl^- \rightleftharpoons AgCl \downarrow$$
$$Ag^+ + SCN^- \rightleftharpoons AgSCN \downarrow$$

以这类反应为基础的滴定分析法称为银量法。银量法主要用于 Cl^-、Br^-、I^-、Ag^+ 和 SCN^- 等离子的测定。银量法根据所用指示剂的不同，按创立者的名字命名。

7.1.2 沉淀滴定法原理

(1) 滴定曲线

沉淀滴定的滴定曲线是以滴定过程溶液中金属离子浓度的负对数（pM）或阴离子的负对数（pX）为纵坐标，以滴入的沉淀剂的量为横坐标绘制的曲线。pM 或 pX 可由滴定过程中加入的沉淀剂标准溶液的量和形成的沉淀的溶度积求得。

以 $0.1000 \text{mol} \cdot \text{L}^{-1}$ $AgNO_3$ 标准溶液滴定 20.00mL $0.1000 \text{mol} \cdot \text{L}^{-1}$ NaCl 溶液为例进行

讨论。滴定反应为：

$$Ag^+ + Cl^- \rightleftharpoons AgCl\downarrow, \quad K_{sp} = 1.8 \times 10^{-10}$$

滴定分为四个过程

① 滴定前，溶液中只含有 NaCl，$[Cl^-] = 0.1000 \text{mol} \cdot L^{-1}$，pCl = 1.00。

② 滴定开始至化学计量点前，pCl 由溶液中剩余的 Cl^- 决定：

$$[Cl^-] = \frac{c_0(V_0 - V)}{V_0 + V}$$

当加入 18.00mL $AgNO_3$ 溶液时：

$$[Cl^-] = \frac{c_0(V_0 - V)}{V_0 + V} = \frac{0.1000 \times (20.00 - 18.00)}{20.00 + 18.00} = 5.3 \times 10^{-3} (\text{mol} \cdot L^{-1})$$

$$\text{pCl} = 2.28$$

加入 19.98mL $AgNO_3$ 溶液时，由于此时溶液中剩余的 Cl^- 很少，计算 $[Cl^-]$ 时应考虑 AgCl 溶解所产生的 Cl^-，故：

$$[Cl^-] = \frac{c_0(V_0 - V)}{V_0 + V} + \frac{K_{sp,AgCl}}{[Cl^-]} = \frac{0.1000 \times (20.00 - 19.98)}{20.00 + 19.98} + \frac{1.8 \times 10^{-10}}{[Cl^-]}$$

$$[Cl^-] = 5.4 \times 10^{-5} \text{mol} \cdot L^{-1}$$

$$\text{pCl} = 4.27$$

③ 滴定至化学计量点时：

$$[Cl^-] = [Ag^+] = \sqrt{K_{sp,AgCl}} = \sqrt{1.8 \times 10^{-10}} = 1.34 \times 10^{-5} (\text{mol} \cdot L^{-1})$$

$$\text{pCl} = 4.87$$

④ 化学计量点后，pCl 由过量的 Ag^+ 决定，在化学计量点附近应考虑 AgCl 溶解产生的 Cl^-。

$$[Ag^+] = \frac{K_{sp,AgCl}}{[Cl^-]} = \frac{c_0(V - V_0)}{V_0 + V} + [Cl^-]$$

加入 20.02mL $AgNO_3$ 溶液时：

$$[Ag^+] = \frac{c_0(V - V_0)}{V_0 + V} + [Cl^-] = \frac{0.1000 \times (20.02 - 20.00)}{20.00 + 20.02} + [Cl^-] = \frac{1.8 \times 10^{-10}}{[Cl^-]}$$

$$[Cl^-] = 3.4 \times 10^{-6} \text{mol} \cdot L^{-1}$$

$$\text{pCl} = 5.47$$

加入 22.00mL $AgNO_3$ 溶液时：

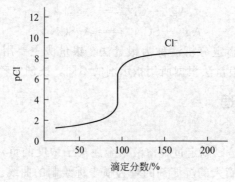

图 7-1　$0.1000 \text{mol} \cdot L^{-1}$ $AgNO_3$ 溶液滴定 20.00mL $0.1000 \text{mol} \cdot L^{-1}$ NaCl 溶液的滴定曲线

$$[Ag^+] = \frac{c_0(V-V_0)}{V_0+V} = \frac{0.1000 \times (22.00-20.00)}{20.00+22.00} = 4.8 \times 10^{-3} (\text{mol} \cdot \text{L}^{-1})$$

$$[Cl^-] = \frac{K_{sp,AgCl}}{[Ag^+]} = \frac{1.8 \times 10^{-10}}{4.8 \times 10^{-3}} = 3.8 \times 10^{-8} (\text{mol} \cdot \text{L}^{-1})$$

$$pCl = 7.42$$

加入不同量 $AgNO_3$ 溶液时 pCl 列于表 7-1,据此绘出的滴定曲线见图 7-1。

表 7-1 0.1000mol·L^{-1} $AgNO_3$ 溶液滴定 20.00mL 0.1000mol·L^{-1} NaCl 溶液

滴入 $AgNO_3$ 溶液的体积/mL	滴定分数 a	pCl
0.00	0.000	1.00
5.00	0.250	1.22
10.00	0.500	1.47
15.00	0.750	1.85
18.00	0.900	2.28
19.80	0.990	3.30
19.98	0.999	4.27
20.00	1.000	4.87 (化学计量点)
20.02	1.001	5.47
20.20	1.010	6.44
22.00	1.100	7.42
25.00	1.250	7.79
30.00	1.500	8.05
35.00	1.750	8.18
40.00	2.000	8.27

（2）影响沉淀突跃因素

沉淀滴定的突跃范围与反应物的浓度及所生成的沉淀溶解度有关,见图 7-2 和图 7-3。

图 7-2 为 $AgNO_3$ 分别滴定 0.1000mol·L^{-1} 和 1.0000mol·L^{-1} NaCl 溶液的滴定曲线,由图可见,反应物浓度越大,沉淀滴定突跃范围就越大。浓度增大 10 倍,突跃增加 2 个 pAg 单位,与强酸强碱互滴类似。

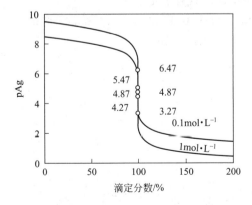

图 7-2 $AgNO_3$ 分别滴定 0.1000mol·L^{-1} 和 1.0000mol·L^{-1} NaCl 溶液的滴定曲线

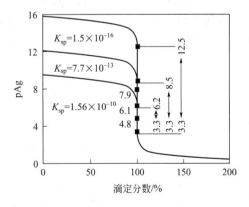

图 7-3 $AgNO_3$ 分别滴定 1.0000mol·L^{-1} NaCl、NaBr 和 NaI 溶液的滴定曲线

图 7-3 为 $AgNO_3$ 分别滴定 $1.0000 mol\cdot L^{-1}$ NaCl、NaBr 和 NaI 溶液的滴定曲线,可见生成沉淀的溶解度越小,沉淀滴定突跃范围就越大。由于 AgI 的 K_{sp} 最小,用 $AgNO_3$ 滴定 I^- 时的突跃范围最大。

(3) 终点误差

同酸碱滴定、配位滴定、氧化还原滴定相似,沉淀滴定也要考虑滴定终点误差。沉淀滴定中的终点误差是滴定终点时 M 和 X 的不一致引起的误差。

沉淀滴定的反应通式为:

$$M^+ + X^- \rightleftharpoons MX\downarrow$$

设在滴定终点与化学计量点时,M 和 X 的分析浓度分别为 c_M^{ep}、c_X^{ep} 和 c_M^{sp}、c_X^{sp},其平衡浓度分别为 $[M]_{ep}$、$[X]_{ep}$ 和 $[M]_{sp}$、$[X]_{sp}$,根据终点误差的定义则有:

$$E_t = \frac{[M]_{ep} - [X]_{ep}}{c_X^{sp}} \times 100\% \tag{7-1}$$

在酸碱滴定、配位滴定和氧化还原滴定中所用的林邦误差公式同样可用于沉淀滴定终点误差的计算。这里仅列出公式:

$$E_t = \frac{10^{\Delta pX} - 10^{-\Delta pX}}{\frac{1}{\sqrt{K_{sp,MX}}} c_X^{sp}} \times 100\% \tag{7-2}$$

其中:

$$\Delta pX = p\frac{K_{sp,MX}[In]_{ep}}{K_{sp,MIn}} - p\sqrt{K_{sp,MX}} \tag{7-3}$$

或:

$$\Delta pX = p\frac{K_{sp,MX}\sqrt{[In]_{ep}}}{\sqrt{K_{sp,MIn}}} - p\sqrt{K_{sp,MX}} \tag{7-4}$$

式 (7-2) 即为以林邦公式表示的计算沉淀滴定终点误差的公式。由此式可知,终点误差与 $K_{sp,MX}$ 和 ΔpX 有关,$K_{sp,MX}$ 和 ΔpX 越小,误差越小。另外终点误差与 c_X^{sp} 有关,被测离子浓度越大,终点误差越小。在沉淀滴定中,通常采用指示剂来指示终点,因此在选择指示剂时应使 ΔpX 尽可能小以确保滴定的准确性。用林邦误差公式处理沉淀滴定的终点误差,将各种滴定的终点误差统一起来,对于深刻理解滴定误差具有一定意义。

【例 7-1】 计算以 $0.1000 mol\cdot L^{-1}$ $AgNO_3$ 溶液滴定 $0.1000 mol\cdot L^{-1}$ NaCl 溶液,用 K_2CrO_4 作指示剂的终点误差。已知 $[CrO_4^{2-}]_{ep} = 5.0\times 10^{-3} mol\cdot L^{-1}$。

解

$$\Delta pCl = p\frac{K_{sp,AgCl}\sqrt{[CrO_4^{2-}]_{ep}}}{\sqrt{K_{sp,Ag_2CrO_4}}} - p\sqrt{K_{sp,AgCl}}$$

$$= -\lg\frac{1.8\times 10^{-10}\times\sqrt{5.0\times 10^{-3}}}{\sqrt{2.0\times 10^{-12}}} + \lg\sqrt{1.8\times 10^{-10}} = 0.17$$

$$E_t = \frac{10^{0.17} - 10^{-0.17}}{\frac{1}{\sqrt{1.8\times 10^{-10}}}\times 0.05000} \times 100\% = 0.02\%$$

(4) 混合离子的分步滴定

在沉淀滴定中,两种混合离子能否准确分别进行滴定取决于滴定过程中生成的两种沉淀的溶度积比值大小。例如，用 $AgNO_3$ 滴定 I^- 和 Cl^- 混合溶液时，首先达到较难溶 AgI 的溶度积，析出 AgI 沉淀，随着 Ag^+ 浓度的升高，再达到 AgCl 的溶度积，析出 AgCl 沉淀，在滴定曲线上出现两个明显的突跃。当 Cl^- 开始沉淀时，I^- 和 Cl^- 浓度的比值为：

$$\frac{[I^-]}{[Cl^-]} = \frac{K_{sp,AgI}}{K_{sp,AgCl}} \approx 5 \times 10^{-7}$$

即当 I^- 浓度降低至 Cl^- 的约千万分之五时开始析出 AgCl 沉淀。因此从理论上讲，I^- 和 Cl^- 可分别准确进行滴定，但由于 I^- 被 AgI 沉淀吸附，会产生一定的误差。若用 $AgNO_3$ 滴定 Br^- 和 Cl^- 的混合溶液时：

$$\frac{[Br^-]}{[Cl^-]} = \frac{K_{sp,AgBr}}{K_{sp,AgCl}} \approx 3 \times 10^{-3}$$

由此知当 Br^- 浓度降低至 Cl^- 的约千分之三时，AgBr 沉淀和 AgCl 沉淀同时析出，无法进行分别滴定，只能滴定它们的总量。

7.2 常用的沉淀滴定法

常用的沉淀滴定法有如下几种。

7.2.1 莫尔(Mohr)法

用 K_2CrO_4 作指示剂的银量法称为莫尔法。

(1) 原理

以 K_2CrO_4 作指示剂，用 $AgNO_3$ 标准溶液滴定中性溶液中的 Cl^- 时，滴定反应和指示剂的反应为：

$$Ag^+ + Cl^- \rightleftharpoons AgCl\downarrow, \quad K_{sp,AgCl} = 1.8 \times 10^{-10}$$
白色

$$2Ag^+ + CrO_4^{2-} \rightleftharpoons Ag_2CrO_4\downarrow, \quad K_{sp,Ag_2CrO_4} = 2.0 \times 10^{-12}$$
砖红色

由于 AgCl 的溶解度小于 Ag_2CrO_4 的溶解度，根据分步沉淀原理，在滴定过程中，随着 $AgNO_3$ 溶液的加入，首先析出 AgCl 沉淀。当 AgCl 定量沉淀后，过量的 $AgNO_3$ 与 CrO_4^{2-} 生成砖红色 Ag_2CrO_4 沉淀，借此指示滴定的终点。

(2) 滴定条件

指示剂的用量和溶液的酸度是莫尔法中的两个主要问题。

① 指示剂的用量 以 K_2CrO_4 作指示剂，用 $AgNO_3$ 标准溶液滴定 Cl^-，在终点时应有：

$$[Ag^+][Cl^-] = K_{sp,AgCl} = 1.8 \times 10^{-10}$$

$$[Ag^+]^2[CrO_4^{2-}] = K_{sp,Ag_2CrO_4} = 2.0 \times 10^{-12}$$

由此得 $[Cl^-] = \dfrac{K_{sp,AgCl}}{\sqrt{K_{sp,Ag_2CrO_4}}}\sqrt{[CrO_4^{2-}]} = \dfrac{1.8 \times 10^{-10}}{\sqrt{2.0 \times 10^{-12}}}\sqrt{[CrO_4^{2-}]} = 1.3 \times 10^{-4}\sqrt{[CrO_4^{2-}]}$

这表明在终点时，溶液中的 $[Cl^-]$ 由 $[CrO_4^{2-}]$ 决定。

在化学计量点时：

$$[Ag^+]=[Cl^-]=\sqrt{K_{sp,AgCl}}=\sqrt{1.8\times10^{-10}}=1.3\times10^{-5}(mol\cdot L^{-1})$$

此时要形成 Ag_2CrO_4 所需的最小 $[CrO_4^{2-}]$ 为：

$$[CrO_4^{2-}]=\frac{2.0\times10^{-12}}{(1.3\times10^{-5})^2}=1.2\times10^{-2}(mol\cdot L^{-1})$$

在实际滴定中，由于 K_2CrO_4 本身显黄色，高浓度的指示剂将严重影响终点的确定。因此，一般要使用比 1.2×10^{-2} mol·L^{-1} 浓度更低的指示剂。显然，此时需加入更多的 $AgNO_3$ 才能达到终点。实验证明，实际上应控制 CrO_4^{2-} 的浓度为 5.0×10^{-3} mol·L^{-1}。

② 溶液的酸度　H_2CrO_4 是二元酸，$K_{a_2}=3.2\times10^{-7}$，故 Ag_2CrO_4 可溶于酸：

$$Ag_2CrO_4+H^+ \Longleftrightarrow 2Ag^++HCrO_4^-$$

导致终点过迟出现甚至难以出现，因此滴定不能在强酸性条件下进行。但若溶液的碱性太强，则发生下述反应：

$$2Ag^++2OH^- \Longleftrightarrow 2AgOH$$
$$2AgOH \Longleftrightarrow Ag_2O\downarrow+H_2O$$

滴定将无法进行，通常，莫尔法最适宜的 pH 值范围为 6.5～10.5。

当溶液中存在铵盐时，滴定时的 pH 值应控制在 6.5～7.2 之间。若溶液的 pH 值过高，将导致溶液中 NH_3 的浓度增大，而 NH_3 与 Ag^+ 可生成 $[Ag(NH_3)]^+$ 和 $[Ag(NH_3)_2]^+$，影响反应的定量进行。

凡是能与 Ag^+ 生成沉淀的阴离子（如 PO_4^{3-}、AsO_4^{3-}、SO_3^{2-}、S^{2-}、CO_3^{2-}、$C_2O_4^{2-}$ 等），与 CrO_4^{2-} 生成沉淀的阳离子（如 Ba^{2+}、Pb^{2+} 等），以及在中性、弱碱性溶液中易水解的离子（如 Fe^{2+}、Al^{3+} 等）均干扰滴定，应预先分离。S^{2-} 可在酸性溶液加热除去，SO_3^{2-} 可氧化成 SO_4^{2-}，Ba^{2+} 可加入大量 Na_2SO_4 消除干扰。Cu^{2+}、Co^{2+}、Ni^{2+} 等有色离子影响终点的观察。

(3) 应用范围

莫尔法适用于 Cl^- 或 Br^- 的测定。若要用此法测定试样中的 Ag^+，则应先在试液中加入一定量过量的 NaCl 标准溶液，然后用 $AgNO_3$ 标准溶液滴定过量的 Cl^-。原则上，此法也可用于 I^- 或 SCN^- 的测定，但由于 AgI 和 AgSCN 沉淀会强烈地吸附 I^- 和 SCN^-，此吸附作用即使剧烈摇动也不能消除，导致终点变色不明显，误差较大。因此，本法不适用于 I^- 或 SCN^- 的测定。

7.2.2　佛尔哈德(Volhard)法

用 $NH_4[Fe(SO_4)_2]$ 作指示剂的银量法称为佛尔哈德法。它可分为直接滴定法和返滴定法。

(1) 原理

直接滴定法是在酸性溶液中用硫氰酸盐标准溶液滴定 Ag^+，反应为：

$$Ag^++SCN^- \Longleftrightarrow AgSCN\downarrow,\ K_{sp,AgSCN}=1.0\times10^{-12}$$
白色

当滴定至化学计量点附近时，稍微过量的 SCN^- 与 $NH_4[Fe(SO_4)_2]$ 中 Fe^{3+} 反应生成

红色的 $FeSCN^{2+}$ 配合物,从而指示终点:

$$Fe^{3+} + SCN^- \rightleftharpoons FeSCN^{2+}, \quad K_1 = 1.38 \times 10^2$$
红色

滴定过程中不断形成的 AgSCN 沉淀强烈吸附溶液中未被滴定的 Ag^+,使终点提前出现,造成较大的终点误差。为获得准确的分析结果,滴定过程中必须剧烈摇动溶液使被吸附的 Ag^+ 尽量释放出来。

返滴定法测定 Cl^- 时,由于 AgCl 的溶度积(1.8×10^{-10})大于 AgSCN 的溶度积(1.0×10^{-12})。稍过量的 SCN^- 会使 AgCl 沉淀转化为 AgSCN 沉淀:

$$AgCl + SCN^- \rightleftharpoons AgSCN \downarrow + Cl^-$$

由于转化反应不断进行直至达到平衡,无法得到正确的终点,造成较大的终点误差。为避免此现象,可先将 AgCl 沉淀滤去再进行滴定;或者滴定前在试液中加入硝基苯或 1,2-二氯乙烷等有机溶剂将 AgCl 沉淀表面覆盖,避免其与 SCN^- 接触。

测定溴化物和碘化物时,由于 AgBr 和 AgI 的溶度积均小于 AgSCN 的溶度积,上述转化反应不会发生,终点十分明显。但在滴定碘化物时,为防止 Fe^{3+} 氧化 I^-,指示剂应在加入过量 $AgNO_3$ 溶液且 AgI 沉淀完全析出后再加入。

(2) 滴定条件

指示剂 $NH_4[Fe(SO_4)_2]$ 的用量会影响滴定终点,从而影响结果的准确度。若指示剂浓度过高,不仅终点提前出现,而且 Fe^{3+} 的深黄色将影响终点的观察。实验证明,溶液中 Fe^{3+} 的浓度为 $0.015 mol \cdot L^{-1}$ 时,终点误差很小,可满足定量分析要求。

佛尔哈德法滴定时的酸度应控制在 $0.1 \sim 1 mol \cdot L^{-1}$ 范围内,这是该方法的最大优点,因为在强酸性溶液中,PO_4^{3-}、AsO_4^{3-}、$C_2O_4^{2-}$ 等弱酸性离子无法与 Ag^+ 形成沉淀,不会干扰测定。若溶液酸度过低,Fe^{3+} 容易水解形成深棕色的 $Fe(H_2O)_5OH^{2+}$ 或 $Fe_2(H_2O)_4(OH)_2^{4+}$,影响终点的观察。强氧化剂、氮的低价氧化物和汞盐能与 SCN^- 反应,对滴定有干扰,应预先除去。

7.2.3 法扬司法

用吸附指示剂确定终点的银量法称为法扬司(Fajans)法。

(1) 原理

卤化银是一种胶状沉淀,能选择性地吸附溶液中的某些离子,首先是构晶离子,以 AgCl 沉淀为例,若溶液中 Cl^- 过量,则沉淀表面吸附 Cl^-,使胶粒带负电荷。吸附层中的 Cl^- 又疏松地吸附溶液中过量的阳离子(抗衡离子)组成扩散层。如果溶液中 Ag^+ 过量则沉淀表面吸附 Ag^+,使胶粒带正电荷,而溶液中的阴离子则作为抗衡离子,主要存在于扩散层中。

吸附指示剂是一类有机染料,当它吸附在胶粒表面之后,结构发生变化从而导致颜色变化,这种性质可用来确定沉淀滴定的终点。吸附指示剂可分为酸性染料和碱性染料两类。荧光黄及其衍生物属于酸性染料,可解离出指示剂阴离子;甲基紫、罗丹明 6G 等属于碱性染料,可解离出指示剂阳离子。现以荧光黄(HFI)为例讨论吸附指示剂的作用原理。HFI 是一种有机弱酸,可用作 $AgNO_3$ 滴定 Cl^-,它在水溶液中的解离如下:

$$HFI \rightleftharpoons H^+ + FI^-, \quad K_a = 1 \times 10^{-7}$$

其阴离子 FI^- 为黄绿色。在化学计量点前，AgCl 沉淀表面带负电荷，不会吸附阴离子 FI^-，溶液显黄绿色。在化学计量点后，过量的 Ag^+ 使 AgCl 沉淀表面带正电荷导致其吸附 FI^-。FI^- 被吸附后，结构发生了变化，使溶液变为粉红色，从而指示终点的到达。

（2）滴定条件

从上述吸附指示剂的原理可知，为了使终点变色敏锐，必须使沉淀有较大的表面积和吸附能力。为此，滴定时通常要在溶液中加入糊精和淀粉等胶体保护剂，以防止胶体凝聚。

被滴定溶液的浓度不能太稀，因为浓度太稀时，沉淀很少，不易观察终点，以 HFI 为指示剂，用 $AgNO_3$ 滴定 Cl^- 时，Cl^- 的浓度应大于 $0.05 \text{mol} \cdot L^{-1}$，当滴定 Br^-、I^-、SCN^- 等时，灵敏度较高，浓度低至 $0.001 \text{mol} \cdot L^{-1}$ 仍可准确滴定。

由于卤化银对光非常敏感，容易转变为灰黑色，因此应避免在强光下进行滴定。

要在合适的酸度下进行滴定，吸附指示剂的吸附性能要适当。各种指示剂对滴定的酸度要求不同，要根据使用的吸附指示剂控制合适的滴定酸度。如 HFI 的 $K_a = 1.0 \times 10^{-7}$，若溶液的 pH 值小于 7，HFI 主要以分子形式存在，不能被吸附，无法指示终点。其使用的 pH 值范围为 7～10。二氯荧光黄的 $K_a \approx 10^{-4}$，使用的 pH 值范围为 4～10。曙红（四溴荧光黄）的 $K_a \approx 10^{-2}$，酸性更强，溶液的 pH 值低至 2 时，仍可以指示终点。

此外，指示剂的吸附性能要适当，不能太大或太小。吸附性能太大，会导致终点提前出现；反之则导致终点拖后，变色不敏锐。例如，曙红虽然是滴定 Br^-、I^-、SCN^- 等的良好指示剂，但不适用于 Cl^- 的滴定，因为 Cl^- 的吸附性较差，在化学计量点前，就有一部分指示剂的阴离子取代 Cl^- 进入到吸附层，导致无法指示终点。应注意，指示剂的性能是否良好需根据实验结果确定。表 7-2 给出了一些重要的吸附指示剂。

表 7-2 一些重要的吸附指示剂

指示剂	被滴定离子	滴定剂	滴定条件
荧光黄	Cl^-	Ag^+	pH 7～10（一般为 7～8）
二氯荧光黄	Cl^-	Ag^+	pH 4～10（一般为 5～8）
曙红	Br^-、I^-、SCN^-	Ag^+	pH 2～10（一般为 3～8）
溴甲酚绿	SCN^-	Ag^+	pH 4～5
甲基紫	Ag^+	Cl^-	酸性溶液
罗丹明 6G	Ag^+	Br^-	酸性溶液
钍试剂	SO_4^{2-}	Ba^{2+}	pH 1.5～3.5
溴酚蓝	Hg_2^{2+}	Cl^-、Br^-	酸性溶液

（3）应用范围

法扬司法可用于 Cl^-、Br^-、I^-、SCN^-、SO_4^{2-} 和 Ag^+ 等的测定。

7.3 沉淀滴定法的应用

（1）标准溶液的配制与标定

银量法所用的滴定液是硝酸银和硫氰酸铵（或硫氰酸钾）溶液。

AgNO₃ 滴定液的配制既可以用直接配制法，也可以用间接配制法。配制好的溶液于棕色瓶中保存备用。

配制 NH₄SCN 滴定液只能用间接配制法。先配制成近似浓度的溶液，然后以铁铵矾作指示剂，用基准 AgNO₃（已经过 110℃ 干燥至恒重）标定，或者用 AgNO₃ 滴定液比较法标定。

（2）应用

沉淀滴定法可用于无机卤素化合物和有机氢卤酸盐的测定如许多可溶性的无机卤化物及某些有机碱的氢卤酸盐如盐酸麻黄碱，均可用银量法测定。

沉淀滴定法也可以测定有机卤化物如粮食中有机氯农药。但由于有机卤化物中的卤素原子与碳原子结合得较牢固，一般不能直接采用银量法进行测定，必须经过适当的处理，再用银量法测定。下面介绍常用的氢氧化钠水解法和氧瓶燃烧法。

① 氢氧化钠水解法　该法是将样品（如脂肪族卤化物或卤素结合在苯环侧链上类似脂肪族卤化物）与氢氧化钠水溶液加热回流煮沸，使有机卤素原子以卤离子的形式进入溶液中，待溶液冷却后，再用稀 HNO₃ 酸化，然后用铁铵矾指示剂法测定释放出来的卤离子。水解反应如下：

$$RCH_2-X + NaOH \xrightarrow{加热} RCH_2-OH + NaX$$

例如溴米索伐（2-溴-N-氨基甲酰基-3-甲基丁酰胺）的测定如下：精密称取本品约 0.3g，置入 250mL 的锥形瓶中，加 1mol·L⁻¹ 的 NaOH 溶液 40mL，沸石 2～3 块，用小火慢慢加热至沸腾维持约 20min。冷却至室温后，加入 6mol·L⁻¹ 的 HNO₃ 10mL，AgNO₃ 滴定液（0.1mol·L⁻¹）25.00mL，振摇使 Br⁻ 反应完全后，加入铁铵矾指示剂 2mL，用 NH₄SCN 滴定液（0.1mol·L⁻¹）滴定至溶液为淡棕红色即为终点。

溴米索伐　　　　二氯酚

② 氧瓶燃烧法　本法是分解有机化合物比较通用的方法。其做法是：将样品用滤纸包好，放入燃烧瓶中，夹在燃烧瓶的铂金丝下部，瓶内加入适当的吸收液（如 NaOH、H₂O₂ 或二者的混合液），而后充入氧气，点燃，待燃烧完全后，充分振摇至燃烧瓶内白色烟雾完全被吸收为止。然后用银量法测定其含量。

例如二氯酚的含量测定：精密称取本品 20mg，用氧瓶燃烧法破坏，用 10mL 1mol·L⁻¹ 的 NaOH 溶液与 2mL H₂O₂ 组成的混合液作为吸收液，待反应完全后，微微煮沸 10min，除去多余的 H₂O₂，冷却至室温后，再加稀 HNO₃ 5mL，AgNO₃ 滴定液（0.02mol·L⁻¹）25.00mL，振摇使 Cl⁻ 沉淀完全后过滤，用纯化水洗涤沉淀，合并滤液，以铁铵矾为指示剂，用 NH₄SCN 滴定液（0.02mol·L⁻¹）滴定滤液。计算时注意每 1 分子二氯酚经氧瓶燃烧法破坏后能产生 2 个 Cl⁻。

银量法还可用于测定生成难溶性银盐的有机化合物，如巴比妥类药物的含量。用银量法测定巴比妥类药物的含量，是利用生成难溶性的二银盐白色沉淀，以此指示滴定终点。此法虽然操作简便，专属性强，但不易观察出现浑浊的终点，为了减小目测带来的误差和温度变化的影响，经试验采用甲醇和3%的无水碳酸钠作为滴定溶剂，采用银-玻璃电极系统，以电位法指示终点，可提高测定结果的准确度。

✳ 分析化学轶事

查理十世的困惑

Joseph Louis Gay-Lussac（1778—1850）

白银和黄金一样，是一种应用历史悠久的贵金属，至今已有4000多年的历史。由于银独有的优良特性，人们曾赋予它货币和装饰双重价值，英国的英镑和新中国成立前用的银圆，就是以银为主的银铜合金。银如此贵重，银的纯度检测就是一个重要的问题。

在法国查理十世（Charles X）在位的六年时间里，法国社会动荡，经济混乱。由于各种战事，国库也被掏空。在此时，任何人都可以到法国的铸币厂买卖白银。白银的纯度，此时用的是经典的火试金法来检测。该方法操作程序较长，并需要测试工人的一定技巧，不同地方具有不同结果且误差大小不一。因此，在一个地方购买的白银到另一个地方可能会卖出好的价钱，被不法商人用来牟利。

为了解决这个问题，查理十世向社会征集一个合适的分析方法，这种方法，要求在几分钟内完成且结果准确，如果合适将会给予一定的奖励。恰好此时，法国化学家和物理学家约瑟夫·路易斯·盖·吕萨克(Joseph Louis Gay-Lussac，1778—1850）在研究滴定分析，很快他发展了一种方法并获得了奖励。该方法是先溶解一部分银，使其成为Ag^+溶液，并用NaCl滴定所得溶液，进而得到银的含量。1830年6月，查理十世发布公告，要求所有铸币厂采用这种新方法。吕萨克也因这种方法而闻名，随后他继续将滴定分析法扩展到其他物质的分析。

思考题

1. 欲用莫尔法测定Ag^+，其滴定方式与测定Cl^-有何不同？为什么？
2. 用佛尔哈德法测定Cl^-、Br^-、I^-时的条件是否一致，为什么？
3. 说明以下测定中，分析结果是偏高、偏低还是没影响？为什么？
   (1) 在pH=4或pH=11时，以铬酸钾指示剂法测定Cl^-。
   (2) 采用铁铵矾指示剂法测定Cl^-或Br^-，未加硝基苯。
   (3) 用吸附指示剂法测定Cl^-，选曙红为指示剂。
   (4) 用铬酸钾指示剂法测定NaCl、Na_2SO_4混合液中的NaCl。
4. 试述银量法指示剂的作用原理，并与酸碱滴定法比较。
5. 试讨论莫尔法的局限性。
6. 为什么用佛尔哈德法测定Cl^-时，引入误差的概率比测定Br^-或I^-时大？
7. 为了使终点颜色变化明显，使用吸附指示剂应注意哪些问题？

习 题

一、选择题

1. 沉淀滴定中，与滴定突跃的大小无关的是（　　）。
   A. Ag^+ 的浓度　　B. Cl^- 的浓度　　C. 沉淀的溶解度　　D. 指示剂的浓度

2. 法扬司法测定 Cl^-，常加入糊精，目的是（　　）。
   A. 掩蔽干扰离子　　　　　　　　　B. 防止 AgCl 凝聚
   C. 防止 AgCl 沉淀转化　　　　　　D. 防止 AgCl 感光

3. 莫尔法测定 Cl^- 时，要求介质 pH 值为 6.5～10.0，若酸度过高，则会产生（　　）。
   A. AgCl 沉淀不完全　　　　　　　B. AgCl 吸附 Cl^- 的作用增强
   C. Ag_2CrO_4 的沉淀不易形成　　　D. AgCl 的沉淀易胶溶

4. 用莫尔法测定 Cl^-，控制 pH=4.0，其滴定终点将（　　）。
   A. 不受影响　　　　　　　　　　　B. 提前到达
   C. 推迟到达　　　　　　　　　　　D. 刚好等于化学计量点

5. 用铬酸钾作指示剂的莫尔法，依据的原理是（　　）。
   A. 生成沉淀颜色不同　　　　　　　B. AgCl 和 Ag_2CrO_4 溶解度不同
   C. AgCl 和 Ag_2CrO_4 溶度积不同　D. 分步沉淀

6. 佛尔哈德法是用铁铵矾 $NH_4Fe(SO_4)_2 \cdot 12H_2O$ 作指示剂，根据 Fe^{3+} 的特性，此滴定要求溶液必须是（　　）。
   A. 酸性　　　　B. 中性　　　　C. 弱碱性　　　　D. 碱性

7. 在滴定时，$AgNO_3$ 滴定液应用（　　）装。
   A. 白色容量瓶　　B. 棕色试剂瓶　　C. 白色试剂瓶　　D. 棕色滴定管

8. 铬酸钾指示剂法测定 NaCl 含量时，其滴定终点的现象是（　　）。
   A. 黄色沉淀　　B. 绿色沉淀　　C. 淡紫色沉淀　　D. 浅的砖红色沉淀

9. 测定银时为了保证使 AgCl 沉淀完全，应采取的沉淀条件是（　　）。
   A. 加入浓 HCl　　　　　　　　　B. 加入饱和的 NaCl
   C. 加入适当过量的稀 HCl　　　　D. 在冷却条件下加入 NH_4Cl+NH_3

10. 下列各沉淀反应，不属于银量法的是（　　）。
    A. $Ag^+ + Cl^- \rightleftharpoons AgCl\downarrow$　　　　B. $Ag^+ + I^- \rightleftharpoons AgI\downarrow$
    C. $Ag^+ + SCN^- \rightleftharpoons AgSCN\downarrow$　　D. $2Ag^+ + S^{2-} \rightleftharpoons Ag_2S\downarrow$

11. $AgNO_3$ 滴定 NaCl 时，若浓度均增加 10 倍，则突跃 pAg 增加（　　）。
    A. 1 个单位　　B. 2 个单位　　C. 10 个单位　　D. 不变化

12. 莫尔法测定 Cl^- 含量时，要求介质的 pH=6.5～10.0 范围内，若 pH 值过高，则（　　）。
    A. AgCl 沉淀溶解　　　　　　　　B. Ag_2CrO_4 沉淀减少
    C. AgCl 沉淀完全　　　　　　　　D. 形成 Ag_2O 沉淀

二、填空题

1. 沉淀滴定法中，法扬司法、莫尔法、佛尔哈德法的指示剂是_____、_____、_____。

2. 以铬酸钾为指示剂测定 NH_4Cl 时，若 pH>7.5，会生成 $Ag(NH_3)_2^+$，使测定结果

_____。

3. 法扬司法测定 Cl^- 时，溶液中常加入淀粉，其目的是_____，减少凝聚，增加_____。

4. 沉淀滴定法中，以铁铵矾为指示剂测定 Cl^- 时，为防止 AgCl 沉淀的转化，需加入_____，否则分析结果会_____。

5. 荧光黄指示剂变色是因为它的_____离子被_____的沉淀颗粒吸附。

6. 佛尔哈德法测定 Ag^+ 时，滴定剂是_____，指示剂是_____，应在_____（酸性、中性或碱性）介质中，终点颜色改变是_____。

三、判断题

1. 银量法测定 $BaCl_2$ 中的 Cl^- 时，宜选用 K_2CrO_4 来指示终点。（ ）
2. 莫尔法可用于测定 Cl^-、Br^-、I^-、SCN^- 等能与 Ag^+ 生成沉淀的离子。（ ）
3. 莫尔法测定 Cl^- 时，溶液酸度过高，则结果产生负误差。（ ）
4. 用佛尔哈德法测定 I^- 时，也需要加入硝基苯防止沉淀转化。（ ）
5. 用佛尔哈德法测定 Ag^+ 时，为避免滴定终点的提前到达，滴定时应剧烈振荡。（ ）
6. 用法扬司法滴定时，应避免强光照射。（ ）

四、计算题

1. 称取氯化物 2.066g。溶解后，加入 $0.1000 mol·L^{-1}$ $AgNO_3$ 标准溶液 30.00mL，过量的 $AgNO_3$ 用 $0.0500 mol·L^{-1}$ NH_4SCN 标准溶液滴定，用去 NH_4SCN 标准溶液 18.00mL，计算此氯化物中氯的含量。

2. 称取某种银合金 0.2500g，用 HNO_3 溶解，除去氮的氧化物，以铁铵矾作指示剂，用 $0.1000 mol·L^{-1}$ NH_4SCN 标准溶液滴定，用去 NH_4SCN 标准溶液 21.94mL。求银合金中银的含量。

3. 0.2600g 农药"六六六"（$C_6H_6Cl_6$），与 KOH 乙醇溶液一起加热回流煮沸，发生以下反应：$C_6H_6Cl_6 + 3OH^- \longrightarrow C_6H_3Cl_3 + 3Cl^- + 3H_2O$。溶液冷却后，用 HNO_3 调至酸性，加入 $0.10000 mol·L^{-1}$ $AgNO_3$ 标准溶液 30.00mL，以铁铵矾作指示剂，用 10.25mL $0.1000 mol·L^{-1}$ NH_4SCN 标准溶液回滴过量 $AgNO_3$。求"六六六"的纯度。

4. 称取一定量含 60% NaCl 和 37% KCl 的试样，溶于水后，加入 $0.1000 mol·L^{-1}$ $AgNO_3$ 标准溶液 30.00mL。过量的 $AgNO_3$ 需用 10.00mL NH_4SCN 标准溶液滴定，且 1mL NH_4SCN 标准溶液相当于 1.10mL $AgNO_3$ 溶液，问应称取试样多少克？

5. 将 30.00mL $AgNO_3$ 溶液作用于 0.1357g NaCl，过量的银离子需用 2.50mL NH_4SCN 溶液滴定至终点。预先知道滴定 20.00mL $AgNO_3$ 溶液需要 19.85mL NH_4SCN 溶液。试计算：(1) $AgNO_3$ 溶液的浓度；(2) NH_4SCN 溶液的浓度（已知：$M_{NaCl} = 58.44 g·mol^{-1}$）。

6. 取某含 Cl^- 废水样 100mL，加入 20.00mL $0.1120 mol·L^{-1}$ $AgNO_3$ 溶液，然后用 $0.1160 mol·L^{-1}$ NH_4SCN 溶液滴定过量的 $AgNO_3$ 溶液，用去 10.00mL NH_4SCN 溶液，求该水样中 Cl^- 的含量（用 $mg·L^{-1}$ 表示）。

7. 在含有等浓度的 Cl^- 和 I^- 的溶液中，逐滴加入 $AgNO_3$ 溶液，哪一种离子先沉淀？第二种离子开始沉淀时，I^- 与 Cl^- 的浓度比为多少？

第 8 章

重量分析法

重量分析方法（重量法）是化学分析法的主要方法之一。在重量分析法中，通常根据试样的组成、被测组分的性质选择合适的方法将其从试样溶液中分离出来，并转化为一定的称量形式，然后用称量方法测定该组分的含量。

因为重量分析法是直接用天平称量而获得分析结果，不需要标准试样或基准物质进行比较，所以其准确度较高，相对误差为 0.1%～0.2%。但此法操作烦琐、耗时较长，也不适用于微量和痕量组分的测定，目前已逐渐被其他分析方法所代替。作为经典的分析方法，在校对其他分析方法时，常用重量法的测定结果作为标准，且重量法与沉淀滴定方法关系密切，本章仅对重量分析法经典理论做简要介绍。

8.1 重量分析法概述

8.1.1 重量分析法的分类和特点

根据分离方法的不同，重量分析法通常分为以下三种。

（1）沉淀法

沉淀法是重量分析法中最主要、应用最广泛的方法。该方法先将试样制成溶液，再根据溶液的组成、被测组分的性质选择合适的沉淀剂将其以微溶化合物形式沉淀出来。得到的沉淀经过滤、洗涤、烘干或灼烧后称量，然后计算被测组分的含量。该方法是本章的重点，将进行详细讨论。

（2）气化（挥发）法

气化（挥发）法一般通过加热或其他方法使被测组分从试样中挥发逸出，然后根据试样减少的质量计算该组分含量；或者将逸出组分用吸收剂吸收，然后根据吸收剂增加的质量计算该组分的含量。

例如，测定土壤中 SiO_2 的含量时，用 HF 处理含有 Fe、Al 杂质的 SiO_2：
$$SiO_2 + 4HF \Longrightarrow SiF_4\uparrow + 2H_2O$$

SiF_4 挥发掉后，称量残渣的质量，根据质量之差计算 SiO_2 含量。

又如测定某试样中 CO_2 的含量，通过适当方法使 CO_2 全部逸出并用碱石灰将其吸收，根据吸收前后碱石灰质量之差即可计算 CO_2 含量。

(3) 电解法

电解法即利用电解使被测组分在电极上析出,根据电极质量的变化计算该组分含量。

例如,测定某试样中铜的含量时,可在一定条件下用电子作沉淀剂使 Cu^{2+} 全部在阴极析出,再根据电解前后阴极质量的变化计算铜的含量。

8.1.2 重量分析法对沉淀形式和称量形式的要求

利用沉淀法进行重量分析时,在试样溶液中加入适当的沉淀剂使被测组分以合适的沉淀形式析出,然后将其过滤、洗涤、烘干或灼烧成适当的称量形式称量。沉淀形式和称量形式可能相同也可能不同。例如,用 $BaSO_4$ 重量法测定 Ba^{2+} 或 SO_4^{2-} 时,沉淀形式和称量形式都是 $BaSO_4$;而用重量法测定 Ca^{2+} 时,沉淀形式为 $CaC_2O_4 \cdot H_2O$,称量形式为 CaO。

(1) 重量分析对沉淀形式的要求

① 沉淀的溶解度必须足够小,这样才能保证被测组分定量沉淀。

② 沉淀应易于过滤和洗涤。为此,希望尽量获得颗粒粗大的晶形沉淀。如果只能获得无定形沉淀,则应掌握好沉淀条件以改善沉淀的性质。

③ 沉淀应尽可能纯净,所含杂质应尽量少。

④ 沉淀应易于转化为称量形式。

(2) 重量分析对称量形式的要求

① 称量形式必须具有恒定的化学组成。

② 称量形式必须十分稳定,不受空气中水分、CO_2 和 O_2 等的影响。

③ 称量形式的摩尔质量要大。这样被测组分在称量形式中的含量小,可以减少称量的相对误差,提高测定的准确度。例如重量法测定 Al^{3+} 时,既可以用氨水将其沉淀为 $Al(OH)_3$ 后灼烧成 Al_2O_3 称量,也可以用 8-羟基喹啉沉淀为 8-羟基喹啉铝 $(C_9H_6NO)_3Al$ 烘干后称量。按这两种称量形式计算,0.1000g Al 可分别获得 0.1888g Al_2O_3 或 1.704g $(C_9H_6NO)_3Al$,而分析天平的称量误差一般为 ±0.2mg,显然,8-羟基喹啉重量法测定铝的准确度高于氨水法。

8.2 沉淀的溶解度及其影响因素

利用沉淀反应进行重量分析时,要求沉淀反应进行完全。沉淀反应的完全程度可以根据沉淀的溶解度大小进行测量。沉淀溶解度的大小直接决定被测组分能否定量转化为沉淀,直接影响分析结果的准确度。通常在重量分析中要求因沉淀不完全而残留在溶液中的沉淀量不超过分析天平的允许称量误差(≤0.0001g),但很多沉淀反应都无法满足这一要求。影响沉淀溶解度的因素较多,了解这些因素并采取合适的方法对分析的准确度的提高有很大作用。

8.2.1 溶解度和溶度积

当水中存在微溶化合物 MA 时,MA 在水溶液中溶解达到饱和时存在如下平衡:

$$MA(固) \rightleftharpoons MA(水) \rightleftharpoons M^+ + A^-$$

可见在体系中存在未解离的分子状态的 MA(固)、MA(水)、M^+ 和 A^-。

在上面平衡中,做如下讨论:

① MA（固）与 MA（水）之间的沉淀溶解平衡常数为

$$s^0 = \frac{a_{MA(水)}}{a_{MA(固)}} \tag{8-1}$$

因纯固体物质的活度等于1，故：

$$s^0 = a_{MA(水)} \tag{8-2}$$

式中，s^0 称为物质的固有溶解度或分子溶解度，它表示在溶液中以分子状态或离子对状态存在的微溶化合物的浓度，与化合物本身的性质有关。各种微溶化合物的固有溶解度相差很大，一般在 $10^{-9} \sim 10^{-6}$ mol·L^{-1} 之间。应指出的是，大多数晶体沉淀的 s^0 较小，计算溶解度时可忽略不计，而难解离物质的 s^0 一般较大。

② 由微溶化合物 MA 沉淀溶解平衡：

$$MA(水) \rightleftharpoons M^+ + A^-$$

可得

$$K = \frac{a_{M^+} a_{A^-}}{a_{MA(水)}}$$

$$K_{sp}^0 = a_{M^+} a_{A^-} \tag{8-3}$$

式中，K_{sp}^0 称为该微溶化合物的活度积常数，简称活度积（activity product），温度不变时为一常数。若以浓度代替活度，则有：

$$K_{sp} = [M^+][A^-]$$

式中，K_{sp} 称为微溶化合物的溶度积。它与活度积的关系为：

$$K_{sp} = [M^+][A^-] = \frac{a_{M^+}}{\gamma_{M^+}} \times \frac{a_{A^-}}{\gamma_{A^-}} = \frac{K_{sp}^0}{\gamma_{M^+} \gamma_{A^-}} \tag{8-4}$$

在分析化学中，由于微溶化合物的溶解度通常都很小，溶液中的离子强度不大，故一般可忽略离子强度的影响。需要指出的是，附录16中所列微溶化合物的溶度积均为活度积，一般可作为溶度积使用。若溶液中有强电解质存在，离子强度较大时，则应由相应的活度系数计算该条件下的 K_{sp}，此时 K_{sp} 和 K_{sp}^0 可能相差较大。

8.2.2 影响沉淀溶解度的因素

影响沉淀溶解度的因素很多，如同离子效应、盐效应、酸效应、配位效应等。此外，温度、介质、晶体结构和颗粒大小等也会影响沉淀的溶解度。

（1）盐效应

由于强电解质的存在使得沉淀溶解度增大的现象称为盐效应。例如，PbSO$_4$ 在 KNO$_3$ 溶液中的溶解度，比它在纯水中的溶解度大。这是因为加入不含相同离子的强电解质时，PbSO$_4$ 沉淀表面碰撞的次数减小，使沉淀过程速率变慢，平衡向沉淀溶解的方向移动，故难溶物质溶解度增加。值得注意的是当加入含相同离子的电解质时，有盐效应也有同离子效应，而后者的影响比前者大，故只能观察到难溶物质的溶解度降低了。应指出的是，盐效应并不是导致沉淀溶解度增大的主要因素，只有当离子强度很大且沉淀溶解度也较大时，才需要考虑盐效应。由于盐效应的存在，在重量分析中利用同离子效应降低沉淀溶解度时，沉淀剂不能过量太多，否则将使沉淀溶解度增大。

（2）同离子效应

组成沉淀晶体的离子称为构晶离子。当沉淀反应达到平衡后，如果向溶液中加入一定量过量的某一构晶离子的试剂或溶液，可降低沉淀的溶解度。这种由于构晶离子的存在使得沉淀溶解度减小的现象称为同离子效应。表 8-1 为 PbSO$_4$ 在含不同浓度 Na$_2$SO$_4$ 溶液中的溶解度。随着 Na$_2$SO$_4$ 溶液浓度的增加，PbSO$_4$ 溶解度最先呈现减小，而后又呈现增大的趋势。这是由于最先是同离子效应，而后有盐效应的影响。

表 8-1 PbSO$_4$ 在含不同浓度 Na$_2$SO$_4$ 溶液中的溶解度

Na$_2$SO$_4$ 浓度/mol·L^{-1}	0.000	0.001	0.01	0.04	0.10	0.35
s_{PbSO_4}/mol·L^{-1}	0.150	0.024	0.016	0.013	0.016	0.023

在一定浓度范围内，构晶离子浓度越大，则微溶化合物的溶解度越小。在重量分析中，通常利用同离子效应来减少沉淀的溶解度损失，提高分析结果的准确度。但沉淀剂加得太多，又引起盐效应、酸效应、配位效应等副反应使沉淀溶解度增大。一般情况下，沉淀剂过量 50%~100% 是适宜的，若沉淀剂不易挥发，则以过量 20%~30% 为宜。

【例 8-1】 计算：(1) BaSO$_4$ 在 250mL 饱和溶液中可溶解多少克？(2) 若使此溶液中 SO$_4^{2-}$ 的最终浓度为 0.10mol·L^{-1}，此时 BaSO$_4$ 溶解多少克？

解 (1) 在 BaSO$_4$ 饱和溶液中：

$$s=[Ba^{2+}]=\sqrt{K_{sp}}=\sqrt{1.1\times10^{-10}}=1.05\times10^{-5}(mol\cdot L^{-1})$$

可溶解 BaSO$_4$ 的质量 $=1.05\times10^{-5}\times233.4\times\dfrac{250}{1000}=6.1\times10^{-4}$(g)

(2) SO$_4^{2-}$ 过量时，沉淀溶解产生的 SO$_4^{2-}$ 浓度远小于 0.10mol·L^{-1}，即 [SO$_4^{2-}$] ≈ 0.10mol·L^{-1}，故：

$$s=[Ba^{2+}]=\dfrac{K_{sp}}{[SO_4^{2-}]}=\dfrac{1.1\times10^{-10}}{0.10}=1.1\times10^{-9}(mol\cdot L^{-1})$$

可溶解 BaSO$_4$ 的质量 $=1.1\times10^{-9}\times233.4\times\dfrac{250}{1000}=6.4\times10^{-8}$(g)

(3) 酸效应

溶液酸度对沉淀溶解度的影响称为酸效应。酸效应主要是溶液中 H$^+$ 浓度对弱酸、多元酸或难溶酸解离平衡的影响，不同类型的沉淀其影响不同。若沉淀是强酸盐，则影响不大；若沉淀是弱酸盐、多元酸盐或沉淀本身是弱酸（如硅酸）以及与有机沉淀剂形成的沉淀，酸效应影响就大。另外，金属离子在不同酸碱度下的水解反应，也对溶解度有影响。在酸效应中，通常主要讨论氢离子和酸根离子的反应对沉淀溶解度的影响。

在重量分析中需根据具体情况控制沉淀的条件，对于强酸盐沉淀如 AgCl 等，酸效应影响不大；对于弱酸盐沉淀如 CaCO$_3$、CaC$_2$O$_4$ 等影响较大，故应在较低酸度下进行沉淀，确保沉淀完全；对于本身是弱酸如硅酸（SiO$_2$·nH$_2$O）等，则必须在强酸性介质中进行沉淀。

(4) 配位效应

在沉淀溶解平衡体系中，如溶液中存在能与构晶金属离子形成可溶性配合物的配合剂，则平衡向沉淀溶解的方向进行，使沉淀的溶解度增大，这种现象称为配位效应。配位效应对沉淀溶解度的影响与配合剂的浓度及配合物的稳定性有关。配合剂的浓度越大，生成的配合物越稳定，沉淀的溶解度增大得就越多。

进行沉淀反应时，若沉淀剂本身也是配合剂，则体系中同时存在同离子效应和配位效应。沉淀剂适当过量时，同离子效应起主导作用，随着沉淀剂浓度的增大，沉淀的溶解度减小；但沉淀剂过量较多时，配位效应起主导作用，沉淀的溶解度随沉淀剂浓度的进一步增大而增大。

(5) 影响沉淀溶解度的其他因素

① 温度　由于绝大多数沉淀的溶解反应是吸热反应，因此随着温度的升高沉淀的溶解度一般增大。但对于不同性质的沉淀，温度影响的程度不同。在重量分析中，应根据沉淀的性质选择合适的过滤条件。若沉淀的溶解度很小或溶解度随温度变化很小时，一般采用趁热过滤和热洗涤的方法。尤其是对于 $Fe_2O_3 \cdot 2H_2O$ 等无定形沉淀，溶液冷却后不仅过滤十分困难，而且杂质难于洗去，故需趁热过滤并用热洗涤液洗涤。若沉淀在热溶液中溶解度较大，一般应在室温下过滤和洗涤。

② 溶剂　大多数无机物沉淀是离子形晶体，它们在水中的溶解度比在有机溶剂中大。如 $PbSO_4$ 沉淀在水中的溶解度为 4.5mg/100mL，在 30% 乙醇的水溶液中的溶解度为 0.23mg/100mL。因此，在重量分析中，经常在水溶液中加入适量乙醇、丙酮等有机溶剂以降低沉淀的溶解度。但采用有机沉淀剂时，所得沉淀的溶解度在有机溶剂中通常较大。

③ 沉淀颗粒大小　同一种沉淀，颗粒越小溶解度越大，所以在重量分析中要控制适当的条件，获得颗粒较大的沉淀。

④ 形成胶体溶液　对于 $AgCl$、$Fe_2O_3 \cdot nH_2O$、$Al_2O_3 \cdot nH_2O$ 等能形成胶体的沉淀，应在溶液中加入大量电解质或采用加热的方法等防止形成胶体溶液，使胶体微粒全部凝聚，以便过滤。否则溶液中的胶体微粒在过滤时将透过滤纸引起损失，导致较大的误差或无法进行分析。

⑤ 沉淀析出形态　有许多沉淀，初生成时为溶解度较大的"亚稳态"，放置过程中会自发地转化为溶解度较小的"稳定态"。例如，室温下形成的草酸钙沉淀，开始时析出的是亚稳态的 $CaC_2O_4 \cdot 2H_2O$ 和 $CaC_2O_4 \cdot 3H_2O$ 混合物，放置后，转化为稳定的 $CaC_2O_4 \cdot H_2O$。对于这些沉淀，在沉淀形成后放置一段时间是必要的。

8.3　沉淀的类型及形成过程

8.3.1　沉淀的类型

沉淀按其颗粒大小和外表形态可粗略分成晶形沉淀（如 $BaSO_4$、$MgNH_4PO_4$ 等）、凝乳状沉淀（如 $AgCl$ 等）和无定形沉淀（如 $Fe_2O_3 \cdot H_2O$ 等）。它们之间的差别主要在于颗粒大小不同。晶形沉淀的颗粒直径约为 $0.1 \sim 1 \mu m$，凝乳状沉淀的颗粒直径约为 $0.02 \sim 0.1 \mu m$，无定形沉淀的颗粒直径通常小于 $0.02 \mu m$。

应指出的是，从沉淀颗粒的大小来看，晶形沉淀最大，无定形沉淀最小。但是从整个沉淀外形来看，因为晶形沉淀由较大的沉淀颗粒组成，内部排列较规则，结构紧密，所以整个沉淀所占的体积较小，极易沉降于容器的底部；无定形沉淀由许多疏松聚集在一起的微小沉淀颗粒组成，排列杂乱无章且又包含大量数目不等的水分子，形成疏松的絮状沉淀，整个沉淀体积庞大且难于沉降于容器底部。

因为颗粒大的沉淀溶解度小且较为纯净，因此在重量分析中总希望得到晶形沉淀。需注意的是，沉淀颗粒的大小不仅与沉淀本身的性质有关，而且还与形成沉淀的条件有关。因此，选择适宜的条件对于形成满足重量分析要求的沉淀是十分必要的。

8.3.2　沉淀的形成过程

沉淀的形成是一个复杂的过程，有关这方面的理论还不成熟，现在的讨论局限于定性解释和经验性描述。沉淀形成的过程大致如图 8-1 所示。

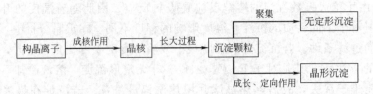

图 8-1　沉淀形成过程

由图 8-1 可见，一种沉淀的形成过程，分为晶核形成和长大两个过程。晶核的形成有两种情况，一种是均相成核作用，一种是异相成核作用。所谓均相成核作用是指在过饱和溶液中，组成沉淀物质的离子（称构晶粒子），由于静电作用而缔合起来，自发地形成晶核。这种过饱和的溶质，从均匀液相中自发地产生晶核的过程称为均相成核。与此同时，在进行沉淀的介质和容器中不可避免存在大量肉眼看不到的颗粒。例如，如果在用通常方法洗涤过的烧杯中沉淀 $BaSO_4$ 时，每立方毫米溶液中约存在 2000 个沉淀微粒；若在使用蒸气处理过的烧杯中，同样的溶液每立方毫米中约存在 100 个沉淀微粒。现已证实，烧杯内壁上常存在能被蒸气处理除去的针状微粒，它们在沉淀反应进行时起晶种的作用，此外，试剂、溶剂、灰尘等都会引入杂质，即使是分析纯试剂，也含有约 $0.1\mu g \cdot mL^{-1}$ 的微溶性杂质。这些微粒也起着晶种的作用，离子群扩散到这些微粒上诱导沉淀生成，这个过程称为异相成核。

溶液中有了晶核之后，过饱和溶质就可以在晶核上沉淀出来。晶核逐渐成长为沉淀颗粒。沉淀颗粒的大小由聚集速率和定向速率的大小所决定。在沉淀过程中，聚集速率是指由构晶离子聚集成晶核的速率；定向速率是指构晶离子按一定晶格定向排列的速率。在沉淀过程中如果聚集速率大，而定向速率小，则形成的晶核数较多，来不及排成晶格，就会得到无定形沉淀，反之，如果定向速率大于聚集速率，构晶离子在晶核上有足够的时间进行晶格排列，就会形成晶形沉淀。

晶核形成的数量与初始沉淀速率密切相关。1926 年，冯·韦曼（von Weimarn）提出沉淀生成的初始速率（即晶核的形成速率）与溶液相对过饱和度的经验公式，即：

$$沉淀的初始速率 = K \frac{c_Q - s}{s} \tag{8-5}$$

式中，c_Q 为加入沉淀剂瞬间沉淀物质的总浓度；s 为开始沉淀时沉淀物质的溶解度；$c_Q - s$ 为沉淀开始瞬间的过饱和度，它是引起沉淀作用的动力；$\frac{c_Q - s}{s}$ 为沉淀开始瞬间的相对过饱和度；K 为与沉淀性质、介质及温度等因素有关的常数。式(8-5) 表明，溶液的相对过饱和度越大，沉淀的初始速率越大，形成的晶核数目就越多，得到的沉淀颗粒就越小；反之，所得到的沉淀颗粒就越大。

应指出的是，冯·韦曼理论虽然指出了沉淀颗粒大小与反应物浓度之间的关系，对于创造适宜的沉淀条件、获得大颗粒结晶有一定的指导意义，但不能描述浓度与颗粒大小间的定量关系，也不能解释在同样的条件下不同物质形成的沉淀颗粒大小及形状不同的实验事实。

8.4　沉淀的沾污

沉淀从溶液中析出时，总会在一定程度上夹杂溶液中共存的其他组分，这种现象称为沉淀的沾污。因此，为了保证重量分析的准确度，就必须了解沉淀沾污的原因，找出减少沾污的有效方法，获得尽可能纯净的沉淀。

8.4.1 共沉淀现象

当一种沉淀从溶液中析出时，在该条件下溶液中本来可溶的某些共存组分混杂于沉淀之中同时析出，这种现象称为共沉淀。由于共沉淀导致沉淀被沾污，是重量分析误差的主要来源之一。共沉淀现象主要有以下三类。

（1）表面吸附引起的共沉淀

在沉淀中，构晶离子按一定的规律排列，在晶体内部处于电荷平衡状态；但在晶体表面上，离子的电荷则不完全平衡，因而会导致沉淀表面吸附杂质。AgCl 沉淀表面吸附杂质如图 8-2 所示。

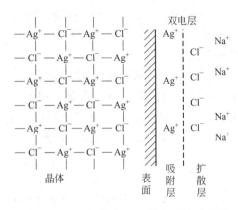

图 8-2　AgCl 沉淀表面吸附杂质的示意图

由图可知，在 AgCl 沉淀表面，Ag^+ 或 Cl^- 至少有一面未被带相反电荷的离子所包围，静电引力不平衡。由于静电引力作用，使它们具有吸引带相反电荷离子的能力。AgCl 在过量 NaCl 溶液中，沉淀表面上的 Ag^+ 比较强烈地吸引溶液中的 Cl^- 组成吸附层；然后 Cl^- 再通过静电引力，进一步吸附溶液中的 Na^+ 或 H^+ 等阳离子（称为抗衡离子），组成扩散层。这些抗衡离子中，通常有小部分比 Cl^- 吸引强烈，也处在吸附层中。吸附层和扩散层共同组成沉淀表面的双电层，从而使电荷达到平衡，双电层能随沉淀一起沉降，从而沾污沉淀。这种由于沉淀的表面吸附所导致的杂质共沉淀现象叫表面吸附共沉淀。

吸附在沉淀表面第一层上的离子是具有选择性的。通常，由于沉淀剂过量，所以沉淀首先吸附溶液中的构晶离子。

抗衡离子的吸附，一般遵循下列规则。

① 凡能与构晶离子生成微溶或解离度很小的化合物的离子，优先被吸附。例如，溶液中 SO_4^{2-} 过量时，$BaSO_4$ 沉淀表面吸附的是 SO_4^{2-}，若溶液中存在 Ca^{2+} 及 Hg^{2+}，则扩散层的抗衡离子主要是 Ca^{2+}，因为 $CaSO_4$ 的溶解度比 $HgSO_4$ 的小。如果 Ba^{2+} 过量，$BaSO_4$ 沉淀表面吸附的是 Ba^{2+}，若溶液中存在 Cl^- 及 NO_3^-，则扩散层中的抗衡离子将主要是 NO_3^-。

② 离子价态越高，浓度越大，则越易被吸附。抗衡离子不太牢固地吸附在沉淀的表面上，故常可被溶液中的其他离子所置换，利用这一性质，可采用洗涤的方法，将沉淀表面上的抗衡离子部分除去。

③ 同量的沉淀，颗粒愈小，比表面愈大，与溶液的接触面也愈大，吸附的杂质也就愈多。无定形沉淀的颗粒很小，比表面特别大，所以表面吸附现象特别严重。

(2) 生成混晶或固溶体引起的共沉淀

每种晶形沉淀都有其一定的晶体结构。如果杂质离子的半径与构晶离子的半径相近，所形成的晶体结构相同，则它们极易生成混晶。混晶是固溶体的一种。在有些混晶中，杂质离子或原子并不位于正常晶格的离子或原子位置上，而是位于晶格的空隙中，这种混晶称为异型混晶。混晶的生成，使沉淀严重不纯。例如，钡或镭的硫酸盐、溴化物和硝酸盐等，都易形成混晶。有时杂质离子与构晶离子的晶体结构不同，但在一定条件下，能够形成一种异型混晶。例如 $MnSO_4 \cdot 5H_2O$ 与 $FeSO_4 \cdot 7H_2O$ 属于不同的晶系，但可形成异型混晶。

由于生成混晶的选择性比较高，所以要避免也比较困难。因为不论杂质的浓度多么小，只要构晶离子形成沉淀，杂质就一定会在沉淀过程中取代某一构晶离子而进入到沉淀中。

混晶共沉淀在分析化学中有不少实例。如 $BaSO_4$ 和 $PbSO_4$；$BaSO_4$ 和 $KMnO_4$；$KClO_4$ 和 KBF_4；$BaCrO_4$ 和 $RaCrO_4$；$AgCl$ 和 $AgBr$；$MgNH_4PO_4$ 和 $MgNH_4AsO_4$；$K_2NaCo(NO_2)_6$ 和 $Rb_2NaCo(NO_2)_6$ 或 $Cs_2NaCo(NO_2)_6$ 等。

(3) 吸留和包夹引起的共沉淀

在沉淀过程中，如果沉淀生成太快，则表面吸附的杂质离子来不及离开沉淀表面就被沉积上来的离子所覆盖，这样杂质就被包藏在沉淀内部，引起共沉淀，这种现象称为吸留。吸留引起共沉淀的程度，也符合吸附规律。有时母液也可能被包夹在沉淀之中，引起共沉淀。不过这种现象一般只在可溶性盐的结晶过程中比较严重，故在分析化学中不甚重要。

8.4.2 继沉淀现象

继沉淀又称为后沉淀。继沉淀现象是指溶液中某些组分析出沉淀之后，另一种本来难以沉淀的组分，在该沉淀表面上继续析出沉淀的现象。这种情况大多发生于该组分的过饱和溶液中。例如，在 $0.01mol \cdot L^{-1}$ Zn^{2+} 的 $0.15mol \cdot L^{-1}$ HCl 溶液中通入 H_2S 气体。根据溶度积，此时应有 ZnS 沉淀析出。但由于形成过饱和溶液，所以析出 ZnS 沉淀的速率是非常慢的。当此溶液中有 H_2S 并与某种阳离子析出沉淀时，则可加速 ZnS 的析出。例如，于上述溶液加入 Cu^{2+}，通入 H_2S 后，首先析出 CuS 沉淀。这时，沉淀中夹杂的 ZnS 量并不显著，但当沉淀放置一段时间后，便不断有 ZnS 在 CuS 的表面析出。这种现象就是继沉淀现象。产生继沉淀现象的原因可能是 CuS 沉淀的吸附作用，使其表面上的 S^{2-} 或 HS^- 的浓度比溶液中大得多，对 ZnS 来讲，此处的相对过饱和度显著增大，因而导致沉淀析出。也可能是 CuS 沉淀表面选择性地吸附 S^{2-}，溶液中的 H^+ 作为抗衡离子被 S^{2-} 吸引着，此时溶液中的 Zn^{2+} 与这些 H^+ 发生离子交换作用，使 $[Zn^{2+}][S^{2-}] \gg K_{sp}$，从而在 CuS 表面上析出 ZnS 沉淀。

用草酸盐沉淀分离 Ca^{2+} 和 Mg^{2+} 时，也会产生继沉淀现象。CaC_2O_4 沉淀表面有 MgC_2O_4 析出，影响分离效果。特别是经加热、放置后，继沉淀现象更加严重。

继沉淀现象与前述三种共沉淀现象的区别是：

① 继沉淀引入杂质的量，随沉淀在试液中放置时间的增长而增多，而共沉淀引入杂质的量受放置时间影响较小。所以避免或减少继沉淀的主要方法是缩短沉淀与母液共置的时间。

② 不论杂质是在沉淀之前就存在的，还是沉淀形成后加入的，继沉淀引入杂质的量基本上一致。

③ 温度升高，继沉淀现象有时更为严重。

④ 继沉淀引入杂质的程度，有时比共沉淀严重得多。引入杂质的量，可能与被测组分

的量相同。

8.4.3 减少沉淀沾污的方法

由于共沉淀及继沉淀现象，使沉淀沾污而不纯净。为了减少沾污、提高沉淀的纯度，可采用下列措施：

① 选择适当的分析步骤 例如，测定试样中某少量组分的含量时，不要首先沉淀主要组分，以避免由于大量沉淀的析出将少量待测组分混入沉淀中，引起测定误差。

② 选择合适的沉淀剂 例如，选用有机沉淀剂，常可以减少共沉淀现象。

③ 改变杂质的存在形式 例如，沉淀 $BaSO_4$ 时，将 Fe^{3+} 还原为 Fe^{2+}，或者用 EDTA 将其配合，Fe^{3+} 的共沉淀量可大为减少。

④ 改善沉淀条件 沉淀条件包括溶液浓度、温度、试剂的加入次序和速度、是否陈化等。它们对沉淀纯度的影响如表 8-2 所示。

表 8-2 沉淀条件对沉淀纯度的影响

沉淀条件	混晶	表面吸附	吸留或包夹	继沉淀
稀释溶液	0	+	+	0
慢沉淀	不定	+	+	−
搅拌	0	+	+	0
陈化	不定	+	+	−
加热	不定	+	+	0
洗涤沉淀	0	+	0	0
再沉淀	+①	+	+	+

① 有时再沉淀无效果，则应选用其他沉淀剂。
注：+表示提高纯度；−表示降低纯度；0 表示影响不大。

⑤ 再沉淀 即将已得到的沉淀过滤后溶解，再进行第二次沉淀。由于第二次沉淀时溶液中杂质的含量大大降低，共沉淀或继沉淀现象必然减少。这种方法对于除去吸留和包夹的杂质十分有效。

有时采用上述措施后，沉淀的纯度仍然达不到重量分析的要求，此时可对沉淀中的杂质进行测定，然后再对重量分析结果进行校正。

在重量分析中，共沉淀或继沉淀现象对分析结果的影响程度随具体情况的不同而不同。例如，用 $BaSO_4$ 重量法测定 Ba^{2+} 时，如果沉淀吸附了 $Fe_2(SO_4)_3$ 等外来杂质，灼烧后不能除去，将引起正误差。如果沉淀中夹有 $BaCl_2$，最后按 $BaSO_4$ 计算，将引起负误差。如果沉淀吸附的是挥发性的盐类，灼烧后能完全除去，则不会引起误差。

8.5 沉淀条件的选择

在重量分析中，为了获得准确的分析结果，要求待测组分沉淀完全，所形成的沉淀纯净、易于过滤和洗涤，溶解损失尽可能小。为此，应根据沉淀的类型选择适宜的沉淀条件，以获得符合重量分析要求的沉淀。

8.5.1 晶形沉淀的沉淀条件

对于晶形沉淀，主要考虑的是如何获得晶形完整、颗粒大的沉淀，以便使沉淀较纯并

易于过滤和洗涤及尽量减少沉淀的溶解损失,鉴于此,晶形沉淀的沉淀条件为:

① 沉淀应在适当稀的溶液中进行 在稀溶液中进行沉淀,溶液的相对过饱和度较小,均相成核作用不显著,有利于获得比表面小、吸附杂质能力低、便于过滤和洗涤的较为纯净的大颗粒晶形沉淀。但并非溶液越稀越好,否则因沉淀溶解而引起的损失可能超过重量分析的允许范围。

② 沉淀应在不断搅拌下进行 在不断搅拌下缓慢地加入沉淀剂,可有效防止溶液中"局部过浓"现象的发生,减小过饱和度,有利于获得大颗粒沉淀。

③ 沉淀应在热溶液中进行 在热溶液中进行沉淀时,不仅可增大沉淀的溶解度,降低溶液的相对过饱和度,以便获得大的晶粒,而且可减少杂质的吸附量。但是,为了防止沉淀在热溶液中的溶解损失,沉淀应冷却至室温后再进行过滤。

④ 陈化 沉淀完成后,使初生成的沉淀与母液一起放置一段时间,这一过程称为陈化。由于在相同条件下,小晶粒的溶解度比大晶粒的大,因此,在同一溶液中,对大晶粒为饱和溶液时,对小晶粒则为不饱和溶液。这样在陈化过程中,小晶粒将溶解,溶解后的构晶离子又会在大晶粒表面析出,使大晶粒变大。在陈化过程中,还可以使不完整的晶粒转化为较完整的晶粒,亚稳态的沉淀转化为稳态的沉淀。通过加热和搅拌的方法可以缩短陈化时间。

陈化过程不仅可获得更大晶粒的沉淀,而且还由于小晶粒的溶解,使其吸附和吸留的杂质释放出来,提高沉淀的纯度。此外,陈化使沉淀的总表面积减小,导致其杂质吸附量减小。但是,陈化过程只用于晶形沉淀,对含有混晶杂质的沉淀,陈化不一定能提高纯度;而对伴随有继沉淀的沉淀过程,陈化会增大杂质的污染量。陈化过程在室温下一般需要数小时,加热和搅拌可使陈化时间缩短为 1~2h 或更短。

8.5.2 无定形沉淀的沉淀条件

无定形沉淀如 $Fe_2O_3 \cdot nH_2O$、$Al_2O_3 \cdot H_2O$ 等,溶解度一般都很小,很难通过减小溶液的相对饱和度改变其物理性质。由于无定形沉淀的结构疏松、比表面大、吸附杂质多、容易胶溶、含水量大、不易过滤和洗涤,所以对于无定形沉淀,主要是控制合适的条件加快沉淀微粒的凝聚速率、防止胶溶,以获得结构致密、吸附杂质少、较易过滤和洗涤的沉淀。无定形沉淀的沉淀条件如下:

① 沉淀应在较浓的溶液中进行,沉淀剂的加入速度可适当加快。因为溶液浓度较大时,离子的水化程度变小,得到的沉淀含水量低、体积较小、结构较致密。但在浓溶液中,杂质的浓度也相应提高,增大了杂质被吸附的可能性。为此,在沉淀反应完成后,需要加适量热水并充分搅拌,使大部分吸附在沉淀表面上的杂质转移至溶液中。

② 沉淀应在热溶液中进行。在热溶液中进行沉淀,不仅可以减小离子的水化程度,有利于得到含水量少、结构致密的沉淀,而且能促进沉淀微粒的凝聚,防止胶体溶液形成。此外,还可以减少沉淀表面对杂质的吸附。

③ 沉淀时应加入大量电解质或某些能引起沉淀微粒凝聚的胶体。加入电解质能中和胶体微粒的电荷,降低其水化程度,有利于胶体微粒的凝聚。应当注意的是,为防止洗涤沉淀时发生胶溶现象,洗涤液中也应加入适量的电解质。通常采用易挥发的铵盐或稀的强酸作为洗涤液。

有时向溶液中加入某些胶体,可使被测组分沉淀完全。例如,测定 SiO_2 时,通常是在强酸性介质中析出硅胶沉淀,但由于硅胶能形成带负电荷的胶体,所以沉淀不完全。如果向溶液中加入带正电荷的动物胶,由于凝聚作用,可使硅胶沉淀完全。

④ 沉淀完毕后，趁热过滤，不要陈化。因为无定形沉淀在放置过程中将逐渐失去水分而聚集得更为紧密，不仅导致已吸附的杂质难以除去，而且给洗涤和过滤带来困难。

此外，沉淀时不断搅拌，对无定形沉淀也是有利的。

8.5.3 均相沉淀法

在一般的沉淀法中，都是在不断搅拌下将沉淀剂缓慢加入试样溶液获得沉淀，这种方法无法避免在沉淀剂加入瞬间出现的局部过浓现象，而均相沉淀法可以有效地解决这一问题。在均相沉淀法中，沉淀剂是通过化学反应由溶液中缓慢、均匀地产生出来的，这样在形成沉淀时就不会产生局部过浓现象，可使沉淀在整个溶液中缓慢、均匀地形成，只要控制好沉淀产生的速率，就能在过饱和度很低的条件下生成沉淀，得到完整的粗大晶体。

例如，用均相沉淀法沉淀 Ca^{2+} 时，于含有 Ca^{2+} 的酸性溶液中加入 $H_2C_2O_4$，由于酸效应的影响，此时不能形成 CaC_2O_4 沉淀。若向溶液中加入尿素，加热至 90℃ 左右时，尿素发生水解：

$$CO(NH_2)_2 + H_2O \rightleftharpoons CO_2\uparrow + 2NH_3\uparrow$$

水解产生的 NH_3 均匀地分布在溶液的各个部分。随着 NH_3 的不断产生，溶液的酸度逐渐降低，$C_2O_4^{2-}$ 的浓度逐渐增大，使 CaC_2O_4 均匀而缓慢地析出。在沉淀过程中，溶液的相对过饱和度始终较小，故可以得到粗大晶粒的 CaC_2O_4 沉淀。

用均相沉淀法得到的沉淀颗粒较大、表面吸附杂质少、易过滤、易洗涤。用均相沉淀法甚至可以得到晶形的 $Fe_2O_3 \cdot nH_2O$、$Al_2O_3 \cdot nH_2O$ 等水合氧化物沉淀。应指出的是，用均相沉淀法仍无法避免后沉淀和混晶共沉淀现象。

均相沉淀法中的沉淀剂如 $C_2O_4^{2-}$、PO_4^{3-}、S^{2-} 等，可由相应的有机酯类化合物或其他化合物水解获得。一些均相沉淀法的应用见表 8-3。

表 8-3 某些均相沉淀法的应用

沉淀剂	加入试剂	反应	被测组分
OH^-	尿素	$CO(NH_2)_2 + H_2O \rightleftharpoons CO_2\uparrow + 2NH_3\uparrow$	Al^{3+}、Fe^{3+}、Th^{4+} 等
OH^-	六亚甲基四胺	$(CH_2)_6N_4 + 6H_2O \rightleftharpoons 6HCHO + 4NH_3$	Th^{4+}
$C_2O_4^{2-}$	草酸二甲酯	$(CH_3)_2C_2O_4 + 2H_2O \rightleftharpoons 2CH_3OH + H_2C_2O_4$	Ca^{2+}、Th^{4+}、稀土等
$C_2O_4^{2-}$	尿素＋草酸盐	—	Ca^{2+}
SO_4^{2-}	氨基磺酸	$NH_2SO_3H + H_2O \rightleftharpoons NH_4^+ + H^+ + SO_4^{2-}$	Ba^{2+}、Sr^{2+}、Pb^{2+} 等
SO_4^{2-}	硫酸二甲酯	$(CH_3)_2SO_4 + 2H_2O \rightleftharpoons 2CH_3OH + 2H^+ + SO_4^{2-}$	Ba^{2+}、Sr^{2+}、Pb^{2+} 等
PO_4^{3-}	磷酸三甲酯	$(CH_3)_3PO_4 + 3H_2O \rightleftharpoons 3CH_3OH + H_3PO_4$	Zr^{4+}、Hf^{4+}
PO_4^{3-}	尿素＋磷酸盐	—	Be^{2+}、Mg^{2+}
S^{2-}	硫代乙酰胺	$CH_3CSNH_2 + H_2O \rightleftharpoons CH_3CONH_2 + H_2S$	多种硫化物沉淀
CO_3^{2-}	三氯乙酸	$Cl_3CCOOH + 2OH^- \rightleftharpoons CHCl_3 + CO_3^{2-} + H_2O$	Ca^{2+} 等
Ba^{2+}	Ba-EDTA	$BaY^{2-} + 4H^+ \rightleftharpoons H_4Y + Ba^{2+}$	SO_4^{2-}
AsO_4^{3-}	亚砷酸盐＋硝酸盐	$AsO_3^{3-} + NO_3^- \rightleftharpoons AsO_4^{3-} + NO_2^-$	ZrO^{2+}

8.6 有机沉淀剂的应用

总的来说，无机沉淀剂通常选择性较差，生成的沉淀溶解度较大，吸附的杂质较多，生成的无定形沉淀往往不易过滤和洗涤。而有机沉淀剂则具有较好的选择性，沉淀的溶解度较小，吸附的杂质少，分子的相对质量大等优点。因此，近年来对有机沉淀剂的研究较为广泛。

8.6.1 有机沉淀剂的特点

有机沉淀剂具有以下特点：

① 有机沉淀剂品种繁多，性质不同，且某些沉淀剂的选择性很高，便于选择和使用。

② 沉淀的溶解度小。有机沉淀剂通常都含有较大的疏水基团，生成的沉淀疏水性强，在水中溶解度很小，有利于被测组分定量沉淀。

③ 沉淀吸附杂质少。有机沉淀剂形成的沉淀表面通常不带电荷，吸附杂质离子少，而且沉淀容易过滤、洗涤，纯度较高。

④ 沉淀的摩尔质量大。有机沉淀称量形式的摩尔质量大，被测组分所占质量分数小，称量误差小，有利于提高分析结果的准确度。

⑤ 有些沉淀组成恒定，烘干后即可恒重，简化了重量分析操作。

有机沉淀剂也存在一些缺点：

① 有机沉淀剂在水中的溶解度很小，容易混杂在沉淀中；

② 有些沉淀组成不恒定，仍需通过灼烧转化为称量形式；

③ 有些沉淀容易黏附于器壁或漂浮于溶液表面，给操作带来不便。

虽然应用于重量分析中的有机沉淀剂并不多，但由于它克服了无机沉淀剂的某些不足，因此在分析化学中得到了广泛的应用。

8.6.2 有机沉淀剂的分类

根据有机沉淀剂与金属离子形成沉淀的类型，有机沉淀剂可分为生成难溶螯合物的沉淀剂和生成离子缔合物的沉淀剂两种。

(1) 生成难溶螯合物的沉淀剂

生成螯合物的沉淀剂至少应含有两个基团。一个是酸性基团，如—OH、—COOH、—SH、—SO_3H 等，这些基团中的 H^+ 可被金属离子置换；另一种是碱性基团，如—$\ddot{N}H_2$、—$\ddot{N}H$—、=$\ddot{N}$—、>C=O、>C=S 等，这些基团具有未共用电子对，可以与金属离子形成配位键。通过酸性基团和碱性基团的共同作用，螯合沉淀剂与金属离子反应生成微溶性的螯合物。此类沉淀剂中较重要的有丁二酮肟、8-羟基喹啉和 N-苯甲酰-N-苯胲（NBPHA）等。

① 丁二酮肟　其结构式为：

$$\begin{array}{c} H_3C-C=NOH \\ | \\ H_3C-C=NOH \end{array}$$

它具有较高的选择性，仅与 Ni^{2+}、Pd^{2+}、Pt^{2+}、Fe^{2+} 等形成沉淀。例如丁二酮肟与镍的反应方程式如下：

$$2 \begin{array}{c} H_3C-C=NOH \\ | \\ H_3C-C=NOH \end{array} + Ni^{2+} \longrightarrow \begin{array}{c} H_3C-C=N\cdots N=C-CH_3 \\ | \quad\quad Ni \quad\quad | \\ H_3C-C=N\cdots N=C-CH_3 \end{array} \downarrow + 2H^+$$

丁二酮肟在氨性溶液中能与 Ni^{2+} 生成鲜红色的丁二酮肟镍沉淀，其组成恒定，烘干后可直接称量，常用于重量法测镍。Fe^{3+}、Al^{3+}、Cr^{3+} 等金属离子在氨性溶液中能生成氢氧化物沉淀干扰镍的测定，可加入柠檬酸或酒石酸消除它们的干扰。丁二酮肟在水中的溶解度较小，试剂本身易引起共沉淀，可加入适量乙醇增大其溶解度。

② 8-羟基喹啉　其结构式为：

它与 Al^{3+} 反应生成 8-羟基喹啉铝（反应式见下），该螯合物沉淀具有分子量大、水中溶解度很小、不易吸附其他离子、较纯净等特点。

8-羟基喹啉在弱碱性和弱酸性溶液中，能与很多金属离子形成沉淀。但其选择性可通过控制溶液 pH 和加入掩蔽剂得到提高。例如，Al^{3+} 可以在乙酸溶液中被定量滴定，而 Mg^{2+} 不沉淀；在酒石酸盐的碱性溶液中，Al^{3+}、Fe^{3+}、Cr^{3+}、Pb^{2+}、Sn^{4+} 等不沉淀，而 Cu^{2+}、Cd^{2+}、Zn^{2+} 和 Mg^{2+} 等形成沉淀。

(2) 生成离子缔合物的沉淀剂

生成离子缔合物的沉淀剂在水溶液中解离为大体积的阳离子或阴离子，它们能与带相反电荷的被测离子通过静电引力结合成溶解度很小的离子缔合物沉淀。例如，四苯硼酸钠 $[NaB(C_6H_6)_4]$ 是测定 K^+ 的优良试剂。它们的反应如下：

$$K^+ + B(C_6H_5)_4^- \rightleftharpoons KB(C_6H_5)_4$$

该沉淀组成恒定，在 105～120℃烘干可直接以 $KB(C_6H_5)_4$ 形式称量。它也能与 NH_4^+、Rb^+、Cs^+、Tl^+、Ag^+ 等生成缔合物沉淀。干扰离子除 NH_4^+ 外均很少见，而 NH_4^+ 的干扰很容易消除。

生成离子缔合物的沉淀剂还有苦杏仁酸、氯化四苯等。苦杏仁酸是沉淀 Zr(Ⅳ) 的良好试剂，在酸性溶液中进行沉淀，具有较高的选择性。

用于重量分析的沉淀剂列于表 8-4

表 8-4　某些重量分析有机沉淀剂

试剂名称	结构	被测定的元素
丁二酮肟	$H_3C-C=NOH$ $H_3C-C=NOH$	Ni,Pb
α-苯偶姻肟(试铜灵)		Bi,Cu,Mn,Zn
8-羟基喹啉		Al,Bi,Cd,Cu,Fe,Mg, Pb,Ti,U,Zn

续表

试剂名称	结构	被测定的元素
硝酸灵	C_6H_5-N-N$^+$-C_6H_5 三唑环，=N-C_6H_5	ClO_4^-, NO_3^-
N-亚硝基苯胲铵（铜铁灵）	苯基-N(N=O)-O-NH_4	Fe, V, Ti, Zr, Sn, U
二乙基二硫代氨基甲酸钠	C_2H_5-N(C_2H_5)-C(=S)-SNa	酸性溶液中能沉淀很多金属：$M^{n+}+n\text{NaR} \longrightarrow MR_n+n\text{Na}^+$
1-亚硝基-2-萘酚	萘环, N=O, OH	Bi, Cr, Co, Hg, Fe
四苯硼酸钠	$Na^+ B(C_6H_5)_4^-$	Ag^+, Cs^+, K^+, NH_4^+, Rb^+
氯化四苯钾	$(C_6H_5)_4As^+Cl^-$	ClO_4^-, MnO_4^-, MoO_4^{2-}, ReO_4^-, WO_4^{2-}

思考题

1. 在重量分析中，何谓沉淀形式和称量形式？二者有何区别？
2. 为了使沉淀定量完全，必须加入过量沉淀剂，为什么又不能过量太多？
3. 影响沉淀溶解度的因素有哪些？它们是怎样影响的？在分析工作中，对于复杂的情况，应如何考虑主要影响因素？
4. 沉淀是怎样形成的？形成沉淀的性状主要与哪些因素有关？其中哪些因素主要由沉淀本质决定？哪些因素与沉淀条件有关？
5. 要获得纯净而易于分离和洗涤的晶形沉淀，需采取些什么措施？为什么？
6. 什么是均相沉淀法？与一般沉淀法相比，它有何优点？
7. 重量分析的一般误差来源是什么？怎样减少这些误差？

习题

一、选择题

1. 在重量分析中，不是对称量形式的要求的是（　　）。
   A. 要稳定　　　　　　　　　　B. 颗粒要粗大
   C. 分子量要大　　　　　　　　D. 组成要与化学式完全符合
2. 为了获得纯净而易过滤、洗涤的晶形沉淀，要求（　　）。
   A. 沉淀时的聚集速率小而定向速度大　　B. 沉淀时的聚集速率大而定向速率小
   C. 溶液的过饱和程度要大　　　　　　　D. 沉淀的溶解度要小

E. 溶液中沉淀的相对过饱和度要小
3. 下列各条件中何者不是晶形沉淀所要求的沉淀条件（　　）？
   A. 沉淀作用宜在较浓溶液中进行　　B. 应在不断的搅拌下加入沉淀剂
   C. 沉淀作用宜在热溶液中进行　　　D. 应进行沉淀的陈化
4. 下列哪条不是非晶形沉淀的沉淀条件（　　）？
   A. 沉淀作用宜在较浓的溶液中进行　　B. 沉淀作用宜在热溶液中进行
   C. 在不断搅拌下，迅速加入沉淀剂　　D. 沉淀宜放置过夜，使沉淀熟化
   E. 在沉淀析出后，宜加入大量热水进行稀释
5. 用滤纸过滤时，玻璃棒下端（　　），并尽可能接近滤纸。
   A. 对着一层滤纸的一边　　　　B. 对着滤纸的锥顶
   C. 对着三层滤纸的一边　　　　D. 对着滤纸的边缘
6. 直接干燥法测定样品中水分时，达到恒重是指两次称重前后质量差不超过（　　）。
   A. 0.0002g　　B. 0.0020g　　C. 0.0200g　　D. 0.2000g

二、填空题

1. 试分析下列效应对沉淀溶解度的影响（增大、减少或无影响）：（1）同离子效应_____沉淀的溶解度；（2）盐效应_____沉淀的溶解度；（3）配位效应_____沉淀的溶解度。
2. 重量分析对沉淀形式的要求是沉淀溶解度要_____，对称量形式的要求是称量形式的组成必须与_____。
3. 沉淀按形状不同可分为_____沉淀和_____沉淀。
4. 在沉淀反应中，沉淀的颗粒愈_____，沉淀吸附杂质愈_____。
5. 由于滤纸的致密程度不同，一般非晶形沉淀如氢氧化铁等应选用_____滤纸过滤；粗晶形沉淀应选用_____滤纸过滤；较细小的晶形沉淀应选用_____滤纸过滤。

三、判断题

1. 根据同离子效应，在进行沉淀时，加入沉淀剂过量得越多，则沉淀越完全，所以沉淀剂过量越多越好。（　　）
2. 硫酸钡沉淀为强碱强酸盐的难溶化合物，所以酸度对溶解度影响不大。（　　）
3. 沉淀硫酸钡时，在盐酸存在下的热溶液中进行，目的是增大沉淀的溶解度。（　　）
4. 为了获得纯净的沉淀，洗涤沉淀时洗涤的次数越多，每次用的洗涤液越多，则杂质含量越少，结果的准确度越高。（　　）

四、计算题

1. 下列情况，有无沉淀生成？
   (1) 0.001 mol·L^{-1} Ca(NO$_3$)$_2$ 溶液与 0.01 mol·L^{-1} NH$_4$HF$_2$ 溶液以等体积混合；
   (2) 0.01 mol·L^{-1} MgCl$_2$ 溶液与 0.1 mol·L^{-1} NH$_3$-NH$_4$Cl 溶液等体积混合。
2. 25℃时，铬酸银的溶解度为 0.0279 g·L^{-1}，计算铬酸银的溶度积。
3. 以过量的 AgNO$_3$ 处理 0.3500g 的不纯 KCl 试样，得到 0.6416g AgCl，求该试样中 KCl 的质量分数。
4. 将 1.000g 铸铁试样放置于电炉中，通氧燃烧，使其中的碳生成 CO$_2$，用碱石棉吸收后增重 0.0825g。求铸铁中含碳的质量分数。

第 9 章

分光光度法

分光光度法（spectrophotometry）是光学分析的一种，是基于被测物质的分子对光具有选择性吸收的特性而建立起来的分析方法，这种方法也称为吸光光度法（absorptiometry）。分光光度法包括比色法、可见及紫外分光光度法（ultraviolet-visible spectrophotometry，UV-Vis）、红外光谱法、荧光法等，本章主要讨论比色法和可见吸光光度法。

9.1 概 述

物质呈现不同颜色是由于物质对不同波长的光具有不同程度的吸收、透射或反射造成的。例如在可见光下 $KMnO_4$ 水溶液呈紫红色是由于它吸收了白光中的 500～550nm 的绿光所致，而且溶液的浓度不一样，人眼观察到的颜色的深浅也不一样。利用溶液颜色的深浅变化测定物质含量的方法称比色分析法（比色法）。据记载，公元初古希腊人就曾用五倍子溶液测定醋中的铁。1795 年，俄国人也用五倍子的酒精溶液测定矿泉水中的铁。但是，比色法作为一种定量分析的方法，大约开始于 19 世纪 30～40 年代。随着测试仪器的发展，比色法已从早期的目视比色法发展到分光光度法。目前，分光光度法不仅适用于可见光区，还可扩展到紫外和红外光区等。

物质对光的吸收是比色法和分光光度法的基础，但二者在原理上并不完全一样。目视比色法是比较透射光的强度，分光光度法是比较有色溶液对某一波长光的吸收情况。可以说目视比色法是分光光度法的一个特例，是不分光的光度测定法。它的光源是太阳光或普通灯光，没有单色器，信号接收器是人的眼睛，不需要其他的光电器件。因此目视比色法简单方便，适用于准确度要求不高如有机液体色度（铂-钴色号）的测定。在 20 世纪 30～60 年代，是比色分析发展的繁盛时期，它广泛用于冶金、地质、金属材料中微量的金属和部分非金属元素的测定。随着光学仪器制造技术的发展，精密度较高而价格又较低的紫外-可见分光光度计已逐渐代替光电比色计，分光光度法也随之逐渐代替了比色法。

比色法和分光光度法主要用于试样中微量组分的测定，它们的特点是：

① 灵敏度高 可测 $10^{-3}\%$～1% 微量分析，甚至达 $10^{-5}\%$～$10^{-4}\%$ 痕量。

② 准确度高 比色法相对误差为 5%～20%；分光光度的相对误差为 2%～5%，一般不超过 6%。

③ 应用广泛 几乎所有的无机离子和许多有机化合物都可用分光光度法测定。

④ 操作简便、快速，仪器设备不复杂。由于新的、灵敏度高、选择性好的显色剂和掩蔽剂的不断出现，常常不经分离就可直接进行比色或分光光度测定。

分光光度法已经广泛应用于科研、工业、农业、生物、医学、环境等领域，几乎所有的金属元素和有机化合物都可以用分光光度法测定。分光光度法可测定如酸碱解离常数、配合物稳定常数等，在这些测定中几乎都与化学反应有关，因此在某种程度上更趋近于化学分析。

9.2 光的性质和物质对光的选择性吸收

光是一种电磁辐射，在同一介质中直线传播，而且具有恒定的速度。光具有一定的波长和频率，人们眼睛能感觉到的光是可见光，它只是电磁辐射中的一小部分，波长范围是 400~750nm。根据波长或频率排列，可得到如表 9-1 所示的电磁波波谱表。

表 9-1 电磁波波谱表

光谱名称	波长范围	跃迁类型	辐射源	分析方法
X 射线	10^{-1}~10nm	K 和 L 层电子	X 射线管	X 射线光谱法
远紫外线	10~200nm	中层电子	氢、氖、氙灯	真空紫外光谱法
近紫外线	200~400nm	价电子	氢、氖、氙灯	紫外光谱法
可见光	400~750nm	价电子	钨灯	比色及可见光谱法
近红外线	0.75~2.5μm	分子振动	碳化硅热棒	近红外光谱法
中红外线	2.5~5.0μm	分子振动	碳化硅热棒	中红外光谱法
远红外线	5.0~1000μm	分子振动和转动	碳化硅热棒	远红外光谱法
微波	0.1~100cm	分子转动	电磁波发生器	微波光谱法
无线电波	1~1000m	—	—	核磁共振波谱法

光既具有波动性，又具有粒子性。光的反射、衍射、干涉、折射和散射等都是波动性的表现，其波长 λ、频率 ν 与速度 c 的关系为

$$\lambda \nu = c \tag{9-1}$$

式中，λ 为波长，cm；ν 为频率，Hz；c 为光速，在真空中 $c = 2.99792 \times 10^{10}$ cm·s^{-1}，约为 3×10^{10} cm·s^{-1}。

光的粒子性可以用每个光量子具有的能量 E 作为表征。E 与频率和波长之间的关系为：

$$E = h\nu = h\frac{c}{\lambda} \tag{9-2}$$

式中，E 为能量，J；h 为普朗克（Planck）常量，$h = 6.626 \times 10^{-34}$ J·s。由式(9-2)可知，波长越长，光量子能量越小，波长越短，光量子能量越大。

当一束白光通过光学棱镜时，可得到不同颜色的谱带（也叫光谱），这种现象叫光的色散。白光经色散后成为红、橙、黄、绿、青、蓝、紫七色光，说明白光是由这七种颜色的光按一定比例混合而成的，所以叫复合光。将白光中不同颜色的光彼此分开，即可得到不同波长的单色光。如果只把白光中某一颜色的光分离出去，剩余的各种波长的光将不再是白光，而是呈现一定的颜色，这两种颜色称为"互补色"。例如某物质吸收黄色光，则呈现蓝色；若吸收绿色光则呈现紫色；若吸收所有波长的光则呈现黑色；若反射所有波长的光则呈现白

色。对于那些透明物质,除了某些波长被吸收外,其余波长的光都透过介质,同样由于光的互补,也呈现出与吸收波长互补的颜色。例如,高锰酸钾稀溶液呈紫红色,是由于它吸收 500~550nm 的绿光,所以呈现出绿光的互补光紫红色。这种色光的互补关系见表 9-2。

表 9-2 可见光中各种吸收光颜色、波长与物质颜色之间的关系

吸收波长/nm	吸收的颜色	互补色	吸收波长/nm	吸收的颜色	互补色
200~400	近紫外		570~590	黄	蓝
400~450	紫	黄绿	590~620	橙	绿蓝
450~495	蓝	黄	620~750	红	蓝绿
495~570	绿	紫			

物质对光的选择吸收特性可以用吸收曲线来描绘。让不同波光的光通过一定浓度的溶液,分别测出各个波长的吸光度。以波长 λ(nm) 为横坐标,吸光度 A 为纵坐标绘图,即可得到一条吸收曲线。曲线上有吸收峰,吸收峰最高处对应的波长称最大吸收波长,用 λ_{max} 表示。

图 9-1(a) 是 $KMnO_4$ 溶液的吸收曲线,图 9-1(b) 是邻二氮菲-亚铁溶液的吸收曲线。

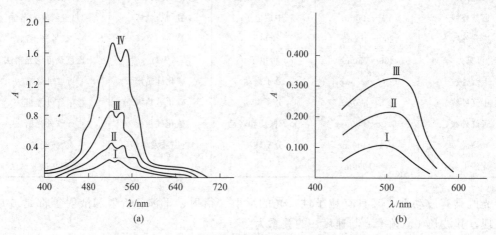

图 9-1 吸收曲线图

图 9-1 中 Ⅰ、Ⅱ、Ⅲ、Ⅳ代表同一被测物质含量由低到高的吸收曲线。由图知:①同一种物质对不同波长光的吸光度不同。吸光度最大处对应的波长称为最大吸收波长 λ_{max}。②不同浓度的同一种物质,其吸收曲线形状相似,λ_{max} 不变。而对于不同物质,它们的吸收曲线形状和 λ_{max} 则不同。③在 λ_{max} 处吸光度随浓度变化的幅度最大,所以测定最灵敏。吸收曲线是定量分析中选择入射光波长的重要依据。④不同物质对不同波长的光具有不同的吸收程度(光的选择吸收),奠定了定性分析基础。⑤在一定的实验条件下,浓度越大吸光度越大,奠定了分光光度法定量分析基础。

9.3 光吸收定律

9.3.1 朗伯-比耳定律

朗伯(Lambert J. H.)和比耳(Beer A.)分别在 1760 年和 1852 年研究了光的吸收与溶

液层厚度及溶液浓度的定量关系，二者结合称为朗伯-比耳定律，它是光吸收的基本定律。朗伯-比耳定律适用于任何均匀、非散射的固体、液体或气体介质。图 9-2 以溶液为例进行讨论。

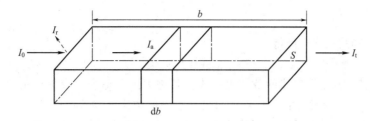

图 9-2　光通过溶液示意图

如图 9-2 所示，当一束平行单色光垂直照射一溶液时，一部分光被吸收，一部分光透过溶液，一部分光被器皿表面反射。设入射光强度为 I_0，吸收光强度为 I_a，透过光（透射光）强度为 I_t，反射光强度为 I_r，则：

$$I_0 = I_a + I_t + I_r$$

在实际中可以做简化处理。由于入射光垂直照射在溶液表面，故 I_r 很小，且在实际光度分析中采用同材质、同厚度的吸收池盛装试液和参比溶液，I_r 的影响可相互抵消，因此上式可简化为：

$$I_0 = I_a + I_t$$

透过光强度 I_t 与入射光强度 I_0 的比值称为透射比或透光率，用 T 表示：

$$T = \frac{I_t}{I_0} \tag{9-3}$$

溶液的透射比越大，表示它对光的吸收越弱；反之，透射比越小，表示它对光的吸收越强。如图 9-2 所示，当一束强度为 I_0 的平行单色光垂直照射到厚度为 b 的液层时，由于溶液中吸光质点（分子或离子）的吸收，通过溶液后光的强度减弱为 I。设想将液层分成厚度为无限小（db）的相等薄层，并设其截面积为 S，则每一薄层的体积 dV 为 Sdb。又设此薄层溶液中吸光质点数为 dn，照射到薄层溶液上的光强度为 I_b，光通过薄层溶液后强度减弱 dI，则 dI 与 dn 成正比，也与 I_b 成正比，即：

$$-dI = kI_b dn \tag{9-4}$$

负号表示光强度减弱；k 为比例常数。

设吸光物质浓度为 c，则上述薄层溶液中的吸光质点数为：

$$dn = k'c dV = k'cS db \tag{9-5}$$

k' 与所取浓度、面积及长度的单位有关。S 为光束截面积，对一定仪器而言，为定值。

将式(9-5) 代入式(9-4) 中，合并常数项可得：

$$-dI = k''I_b c db \tag{9-6}$$

式(9-6) 积分后得：

$$\int_{I_0}^{I} dI = -\int_0^b k'' I_b c db$$

$$\int_{I_0}^{I} \frac{dI}{I_b} = -\int_0^b k'' c db$$

$$\ln \frac{I}{I_0} = -k''bc$$

$$\lg \frac{I_0}{I} = \frac{k''}{2.303} bc = Kbc \tag{9-7}$$

式中，$\lg \dfrac{I_0}{I}$ 称为吸光度 A（absorbance）。它与溶液透射比的关系为：

$$A = \lg \dfrac{I_0}{I} = \lg \dfrac{1}{T} \tag{9-8}$$

由式(9-7)和式(9-8)可得：

$$A = Kbc \tag{9-9}$$

式(9-9)是朗伯-比耳定律的数学表达式。其物理意义是当一束平行单色光通过均匀的、非散射性溶液时，溶液对光的吸收程度与吸光物质的浓度 c 和液层厚度 b 的乘积成正比。其中，比例常数 K 与吸光物质的性质、入射光波长及温度等因素有关。朗伯-比耳定律适用于紫外、红外、可见光区，也适用于溶液及任何均匀的、非散射的吸光物质。式(9-9)中的 K 值随 c、b 所采用的单位不同而异，下面分别讨论。

(1) 吸光系数

当浓度以质量浓度（$g \cdot L^{-1}$）表示、b 以 cm 为单位时，常数 K 以 a 表示，称为吸光系数（absorption coefficient），其单位为 $L \cdot g^{-1} \cdot cm^{-1}$。此时，式(9-9)变为：

$$A = abc \tag{9-10}$$

(2) 摩尔吸光系数

当浓度以摩尔浓度表示（$mol \cdot L^{-1}$）、b 以 cm 为单位时，常数 K 以 ε 表示，称为摩尔吸光系数（molar absorption coefficient），单位为 $L \cdot mol^{-1} \cdot cm^{-1}$，它表示吸光物质的浓度为 $1 mol \cdot L^{-1}$、液层厚度为 1cm 时溶液的吸光度。此时，式(9-9)变为：

$$A = \varepsilon bc \tag{9-11}$$

式中，ε 是吸光物质在一定条件下，一定入射光波长 λ 和一定溶剂情况下的特征常数。由于 ε 值与入射光波长有关，故表示 ε 时，应指明所用入射光的波长。在 λ_{max} 处的 ε 最大以 ε_{max} 表示。

同一物质与不同显色剂生成不同的显色化合物，具有不同的 ε。ε 越大，表示该有色物质对入射光的吸收能力越强，显色反应越灵敏。一般来说，强吸收，$\varepsilon > 1 \times 10^4$；中强吸收，$\varepsilon = 1 \times 10^2 \sim 1 \times 10^4$，弱吸收，$\varepsilon < 1 \times 10^2$。目前已有很多 $\varepsilon > 1 \times 10^5$ 的高灵敏显色反应可供选择。例如，用二乙基二硫代氨基甲酸钠测定铜时，$\varepsilon^{430} = 1.28 \times 10^4 L \cdot mol^{-1} \cdot cm^{-1}$。而用二硫腙测定铜时，$\varepsilon^{430} = 1.58 \times 10^5 L \cdot mol^{-1} \cdot cm^{-1}$，可见后者的吸收能力强，灵敏度高。

应当指出的是溶液中吸光物质的浓度常因解离等化学反应而改变，故计算其摩尔吸光系数时，必须知道吸光物质的平衡浓度。在实际工作中，通常不考虑这种情况，而以被测物质的总浓度计，测得的为条件摩尔吸光系数（ε'）。

(3) 吸光系数与摩尔吸光系数的关系

由定义，经单位换算得到摩尔吸光系数与吸光系数的关系为：

$$\varepsilon = aM \tag{9-12}$$

式中，M 为待测物质的摩尔质量。

(4) 桑德尔（Sandell）灵敏度

桑德尔是指产生 $A = 0.001$ 的吸光度时，单位截面积（cm^2）的光程内所含吸光物质的质量（μg），用 S 表示，单位为 $\mu g \cdot cm^{-2}$。它与吸光系数（a）、摩尔吸光系数 ε 关系讨论如下：

$$A = 0.001 = abc, \quad bc = 0.001/a \tag{9-13}$$

c 的单位为 $g \cdot L^{-1}$，即 $10^6 \mu g/1000 cm^3$，b 的单位为 cm，则 bc 乘积就是单位截面积（cm^2）光程内吸光物质的质量（μg），也就是 S：

$$S = bc \times 10^6 / 1000 = 10^3 bc \tag{9-14}$$

由式(9-13)和式(9-14)得：

$$S = 1/a \tag{9-15}$$

同样，根据 $A = \varepsilon bc$ 或 $\varepsilon = aM$ 得：

$$S = M/\varepsilon \tag{9-16}$$

由上可见 a，ε 越大，S 越小，灵敏度越高。

【例 9-1】 浓度为 25.5μg/50mL 的 Cu^{2+} 溶液，用双环己酮草酰二腙显色后测定。在 $\lambda=600$nm 处用 2cm 比色皿测得 $A=0.300$，求吸光系数 a、摩尔吸光系数 ε 及桑德尔灵敏度 S。

解

$$a = \frac{A}{bc} = \frac{0.300}{2 \times \dfrac{25.5 \times 10^{-6}}{50 \times 10^{-3}}} = 2.94 \times 10^2 (\text{L} \cdot \text{g}^{-1} \cdot \text{cm}^{-1})$$

$$\varepsilon = \frac{A}{bc} = \frac{0.300}{2 \times \dfrac{25.5 \times 10^{-6}}{63.55}} = 1.87 \times 10^4 (\text{L} \cdot \text{mol}^{-1} \cdot \text{cm}^{-1})$$

$$S = \frac{M}{\varepsilon} = \frac{63.55}{1.87 \times 10^4} = 3.40 \times 10^{-3} (\mu\text{g} \cdot \text{cm}^{-2})$$

9.3.2 朗伯-比耳定律的偏离

在分光光度法中，根据朗伯-比耳定律，当波长和强度一定的入射光通过液层厚度一定的溶液时，吸光度与吸光物质的浓度在理论上成正比，即 A-c 图形（标准曲线或工作曲线）是通过原点的直线。但在实际工作中，常常出现偏离线性关系的情况，标准曲线会向上或向下弯曲，即产生正偏离或负偏离（图 9-3）。

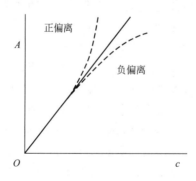

图 9-3 朗伯-比耳定律的偏离

引起朗伯-比耳定律偏离的因素较多，大致可分为两类，一类是物理因素，来自仪器；一类是化学因素，来自化学反应。

(1) 物理因素

由物理因素引起的偏离，包括入射光不是真正的单色光而是杂散光，单色器的内反射，以及由光源的波动，检测器灵敏度等引起的偏离。

① 单色光不纯引起的偏离　严格地讲，朗伯-比耳定律仅适用于入射光为单一波长的光，但由连续光源获得纯的单色光是不可能的。这就会引起对朗伯-比耳定律的偏离。单色

光不纯引起的偏离证明如下。

假定在总强度为 I_0 的入射光束中包含有 λ_1 和 λ_2 两种波长的光,强度分别为 I_{01} 和 I_{02},它们分别占光束总强度的分数为 f_1、f_2,即:

$$I_{01}=f_1 I_0, \quad I_{02}=f_2 I_0$$

设两波长相应的摩尔吸光系数分别为 ε_1 和 ε_2,由朗伯-比耳定律的指数表达式 $\dfrac{I}{I_0}=10^{-\varepsilon bc}$ 可得:

$$\begin{aligned} I &= I_{01} 10^{-\varepsilon_1 bc} + I_{02} 10^{-\varepsilon_2 bc} \\ &= I_0 f_1 10^{-\varepsilon_1 bc} + I_0 f_2 10^{-\varepsilon_2 bc} \\ &= I_0 (f_1 10^{-\varepsilon_1 bc} + f_2 10^{-\varepsilon_2 bc}) \end{aligned}$$

根据定义:

$$A = -\lg \dfrac{I}{I_0} = -\lg(f_1 10^{-\varepsilon_1 bc} + f_2 10^{-\varepsilon_2 bc}) \tag{9-17}$$

吸光度 A 与浓度 c 的曲线的斜率可通过式(9-17)对浓度 c 微分得到:

$$\dfrac{\mathrm{d}A}{\mathrm{d}c} = \dfrac{f_1 \varepsilon_1 b 10^{-\varepsilon_1 bc} + f_2 \varepsilon_2 b 10^{-\varepsilon_2 bc}}{f_1 10^{-\varepsilon_1 bc} + f_2 10^{-\varepsilon_2 bc}} \tag{9-18}$$

当 $\varepsilon_1 = \varepsilon_2 = \varepsilon$ 时,即入射光为单色光时,式(9-18)变为:

$$\dfrac{\mathrm{d}A}{\mathrm{d}c} = \varepsilon b$$

在这种情况下标准曲线的斜率为一定值 (εb),即吸光度与吸光物质浓度呈直线关系,符合朗伯-比耳定律。

当 $\varepsilon_1 \neq \varepsilon_2$ 时,即入射光是非单色光时,吸光度对浓度的变化率就不再是一个常数,即标准曲线就不再是一条直线而要发生弯曲,弯曲的方向可从吸光度对浓度的二阶微商进行判断。若二阶微商等于零,则标准曲线仍然为直线;若二阶微商小于零,标准曲线就向下弯曲;若二阶微商大于零,标准曲线就向上弯曲。为此,将式(9-17)对浓度 c 再微分一次得到:

$$\dfrac{\mathrm{d}^2 A}{\mathrm{d}c^2} = -\dfrac{2.303 f_1 f_2 b^2 (\varepsilon_1 - \varepsilon_2)^2 10^{-(\varepsilon_1 + \varepsilon_2)bc}}{(f_1 10^{-\varepsilon_1 bc} + f_2 10^{-\varepsilon_2 bc})^2} \tag{9-19}$$

由于式(9-19)中 f_1、f_2、ε_1、ε_2、b、c 等均为正值,所以方程式右边恒为负值,故标准曲线在溶液浓度增大时向横轴弯曲导致负偏离;ε_1、ε_2 相差越大,曲线弯曲得越厉害。单色光越纯,ε_1、ε_2 相差越小,标准曲线的弯曲程度越小或趋于零。

② 非平行光或入射光被散射引起的偏离 若入射光未垂直通过吸收池,就会导致吸收溶液的实际光程大于吸收池厚度,但这种影响较小。散射光通常是指仪器内部不通过试液而到达检测器以及单色器通带范围以外不被试样吸收的额外光辐射。它主要是由于灰尘反射以及光学系统的缺陷引起的。散射光对吸光度的影响如下式:

$$A = -\lg \dfrac{I + I_s}{I_0 + I_s}$$

式中,I_s 为散射光强度,它通常随 I_0 的增大而成比例增大。设 f_s 为散射光占入射光的分数,则上式变为:

$$A = -\lg \dfrac{I + f_s I_0}{I_0 + f_s I_0} = -\lg \dfrac{T + f_s}{1 + f_s}$$

根据不同 f_s 值计算出的散射光对测得吸光度的影响如图 9-4 所示。

由图 9-4 可知，散射光的影响在高吸光度时尤为显著。在质量较好的紫外-可见分光光度计中，大部分波长区域的散射光通常小于 0.01%，一般散射光的影响可忽略不计。但当波长小于 200nm 时，散射光将迅速增大。特别当试液的吸光度较大时，散射光的影响就不能忽略。

(2) 化学因素

① 化学变化 某些有色化合物在溶液中会发生解离、缔合、互变异构及光化分解、与溶剂反应等现象，导致其吸收光谱曲线的形状、最大吸收波长、吸光度等发生变化，引起对朗伯-比耳定律的偏离。例如在 $K_2Cr_2O_7$ 在水溶液中存在下列平衡：

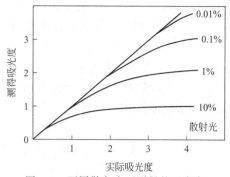

图 9-4 不同散色光下测得的吸光度与实际吸光度的比较

$$Cr_2O_7^{2-} + H_2O \rightleftharpoons 2HCrO_4^- \rightleftharpoons 2H^+ + 2CrO_4^{2-}$$

当按一定程度稀释 $K_2Cr_2O_7$ 溶液时，平衡向 CrO_4^{2-} 方向移动，浓缩时则相反。而 $Cr_2O_7^{2-}$、$HCrO_4^-$ 与 CrO_4^{2-} 对光的吸收性质显然不同。这样 $Cr_2O_7^{2-}$ 在最大吸收波长 450nm 处测定的话，工作曲线就会偏离朗伯-比耳定律。

② 酸效应 分光光度法大多数是将被测组分转变为有色化合物测定其含量的，因此，若被测组分与氧化剂、还原剂、配合剂发生反应，则 H^+ 的浓度将会对氧化还原反应的方向、金属离子的水解、有色化合物的形成或分解产生影响，使吸收光谱的形状发生改变，最大吸收波长产生位移，导致偏离朗伯-比耳定律。

③ 溶剂效应 光度分析法中广泛使用各种溶剂，它们吸收光谱的特性随被测组分的物理性质和组成的变化而改变。溶剂还对显色剂发色团的吸收峰强度和吸收波长位置产生不能忽视的影响。例如碘溶于四氯化碳得到深紫色溶液，溶于乙醇则得到红棕色溶液

综上所述，偏离朗伯-比耳定律的原因是复杂的，有的源于仪器及试剂，在分析实践中是难于完全消除的，它反映了光度分析实验中的困难，而不是朗伯-比耳定律本身的缺陷。因此，可以把测定体系对朗伯-比耳定律的偏离称为表观偏离。

9.3.3 光吸收定律的适用范围

根据光吸收定律以及在实践中常发现有偏离吸收定律的情况，就需要注意光吸收定律的适用范围，超出了适用范围，就会引起误差。应用朗伯-比耳定律要明确以下几点：

① 光吸收定律只适用于单光色，但各种分光光度计提供的入射光都是具有一定宽带的光谱带，这就使溶液对光的吸收行为偏离了吸收定律，产生误差。因此要求分光光度计提供的单色光纯度越高越好，光谱带宽越窄越好。

② 光吸收定律只适用于稀溶液，当溶液浓度较高时，就会偏离光吸收定律。遇到这种情况时，应设法降低溶液浓度，使其恢复到线性范围内工作。通常只有在溶液浓度小于 $0.01\text{mol} \cdot \text{L}^{-1}$ 的稀溶液中朗伯-比耳定律才能成立。

③ 光吸收定律只适用于透明溶液，不适用于乳浊液和悬浊液。乳浊液和悬浊液中悬浮的颗粒对光有散射作用，光吸收定律只讨论溶液对光的吸收和透射，不包括散射光，因此这样的溶液不使用光吸收定律。

④ 光吸收定律也适用于那些彼此不相互作用的多组分溶液，它们的吸光度具有加和性，即：

$$A(总)=A_1+A_2+\cdots+A_n=K_1c_1b+K_2c_2b+\cdots+K_nc_nb$$

式中，字母的下脚标代表各个组分。这种吸光度的加和性，在测定多组分共存的溶液时，要充分考虑到共存组分的影响。

⑤ 有色化合物在溶液中受酸度、温度、溶剂等的影响，可能发生水解、沉淀、缔合等化学反应，从而影响有色化合物对光的吸收，因此在测定过程中要严格控制显色反应条件，以减少测定误差。

9.4 显色反应和影响配合物吸光度因素

9.4.1 显色反应

许多对可见光吸收很小，或者对可见光不产生吸收的物质，不适合直接用可见分光光度法测定。但可以通过适当的化学处理，使该物质转变成对可见光有较强吸收的化合物。这种将无色的物质转变成有色物质的化学处理过程称为显色过程；所发生的化学反应称为显色反应；所用试剂称为显色剂。显色反应可简单表示为：

$$M(被测物质)+R(显色剂) \rightleftharpoons MR(有色化合物)$$

显色反应可以是氧化还原反应，也可以是配位反应，或是兼有上述两种反应。其中配位反应最重要，应用也最普遍。例如 Mn^{2+} 无色，不能直接用分光光度法测定，将它氧化成 MnO_4^- 则显紫红色，非常适合用分光光度法测定。又如 Fe^{2+} 呈很淡的绿色，将它氧化成 Fe^{3+} 并与 SCN^- 反应生成深红色的配位离子，可提高测定灵敏度。

显色反应一般应满足下列要求：

① 选择性好、干扰少或干扰容易消除。

② 灵敏度高　分光光度法一般用于微量组分的测定，故一般选择生成有色化合物的摩尔吸光系数高的显色反应。但灵敏度高的反应不一定选择性好，所以必须全面考虑。同时对于高含量组分的测定，不一定选用最灵敏的显色反应。

③ 有色化合物的组成恒定，符合一定的化学式。对于形成不同配位比的配位反应，必须注意控制实验条件，使生成一定组成的配合物，以免引起误差。

④ 有色化合物的化学性质应足够稳定，至少保证在测量过程中溶液的吸光度变化很小。这就要求有色化合物不容易受外界环境条件的影响，诸如日光照射、空气中的氧和二氧化碳的作用等，同时亦不应受溶液中其他化学因素的影响。

⑤ 有色化合物与显色剂之间的颜色差别要大。这样显色时的颜色变化鲜明，而且在这种情况下试剂空白一般较小。有色化合物与显色剂之间的颜色差别，通常用"反衬度（对比度）"表示，它要求有色化合物 MR 和显色剂 R 的最大吸收波长之差 $\Delta\lambda > 60nm$。

⑥ 显色反应的条件应易于控制。如果条件要求过于苛刻难以控制，则测定结果的再现性就差。

9.4.2 显色剂

灵敏的分光光度法是以待测物质与显色剂之间的显色反应为基础的，可见显色剂在可见分光光度分析中具有非常重要的作用。显色剂可粗略地分为无机显色剂和有机显色剂两类。

9.4.2.1 无机显色剂

由于多数无机显色剂的灵敏度和选择性不理想，故分光光度法中应用不多。性能较好且目前仍有使用价值的无机显色剂如表 9-3 所示。

表 9-3 常用的无机显色剂

显色剂	测定元素	酸度	有色化合物组成	颜色	测定波长/nm
硫氰酸盐	Fe(Ⅲ)	$0.1\sim0.8\,mol\cdot L^{-1}\,HNO_3$	$Fe(SCN)_5^{2-}$	红	480
	Mo(Ⅵ)	$1.5\sim2\,mol\cdot L^{-1}\,H_2SO_4$	$MoO(SCN)_5$	橙	460
	W(Ⅴ)	$1.5\sim2\,mol\cdot L^{-1}\,H_2SO_4$	$WO(SCN)_4^-$	黄	405
	Nb(Ⅴ)	$3\sim4\,mol\cdot L^{-1}\,HCl$	$NbO(SCN)_4^-$	黄	420
钼酸铵	Si	$0.15\sim0.3\,mol\cdot L^{-1}\,H_2SO_4$	$H_2SiO_4\cdot10MoO_3\cdot Mo_2O_3$	蓝	670~820
	P	$0.5\,mol\cdot L^{-1}\,H_2SO_4$	$H_3PO_4\cdot10MoO_3\cdot Mo_2O_3$	蓝	570~830
	V(Ⅴ)	$1\,mol\cdot L^{-1}\,HNO_3$	$P_2O_5\cdot V_2O_5\cdot22Mo_2O_3\cdot nH_2O$	黄	420
	W	$4\sim6\,mol\cdot L^{-1}\,HCl$	$H_3PO_4\cdot10WO_3\cdot W_2O_5$	蓝	660
氨水	Cu(Ⅱ)	浓氨水	$Co(NH_3)_4^{2+}$	蓝	620
	Co(Ⅲ)	浓氨水	$Co(NH_3)_6^{2+}$	红	500
	Ni(Ⅱ)	浓氨水	$Ni(NH_3)_6^{2+}$	紫	580
过氧化氢	Ti(Ⅳ)	$1\sim2\,mol\cdot L^{-1}\,H_2SO_4$	$TiO(H_2O_2)^{2+}$	黄	420
	V(Ⅴ)	$0.5\sim3\,mol\cdot L^{-1}\,H_2SO_4$	$VO(H_2O_2)^{3+}$	红橙	400~450
	Nb(Ⅴ)	$1.8\,mol\cdot L^{-1}\,H_2SO_4$	$Nb_2O_3(SO_4)_2(H_2O_2)$	黄	365

9.4.2.2 有机显色剂

有机显色剂与金属离子反应产物的颜色与它们的分子结构有密切的关系。通常显色剂中多含有不饱和的共价键（—C＝C—、—N＝N—、＞C＝S），其一端与某些供电子基团相连，另一端与一些供电性相反的基团相连。当吸收一定的光子能量后，从电子给予体通过共轭作用，传递到电子接收基团，显色分子发生极化并产生一定的偶极矩，使价电子在不同能级之间跃迁，得到不同的颜色。有机显色剂种类繁多，下面根据它们与金属离子形成配合物的供电子基团，介绍一些常用显色剂。

(1) NN 型显色剂

① 1,10-邻二氮菲

1,10-邻二氮菲（$C_{12}H_8N_2\cdot H_2O$），也称邻菲啰啉、邻菲咯啉。

它是白色晶状粉末，是一个双齿杂环化合物配体，具有很强的螯合作用，它会与大多数金属离子形成很稳定的配合物，是目前测定微量 Fe^{2+} 的较好显色剂。在显色前先用还原剂（如盐酸羟胺）将试液中的 Fe^{3+} 还原为 Fe^{2+}，然后调节 pH 值为 3~9，加入显色剂，使其与 Fe^{2+} 作用生成稳定的橘红色配合物，$\lambda_{max}=508\,nm$，$\varepsilon=1.1\times10^4\,L\cdot mol^{-1}\cdot cm^{-1}$。

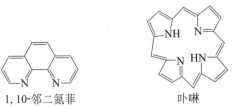

1,10-邻二氮菲　　　　卟啉

② 卟啉类

卟啉是一类由四个吡咯类亚基的 α-碳原子通过亚甲基桥（═CH—）互联而形成的大分子杂环化合物。其母体化合物为卟吩（porphine，$C_{20}H_{14}N_4$），有取代基的卟吩即称为卟啉。卟啉环有 26 个 π 电子，是一个高度共轭的体系，并因此显深色。许多卟啉以与金属离子配合的形式存在于自然界中，如含有二氢卟吩与镁配位结构的叶绿素以及与铁配位的血红素。卟啉或经过修饰的卟啉可以与铁、钴、铝等金属形成 1∶1 的稳定螯合物，ε 都通常在 10^5 数量级或更高。

(2) 含硫官能团显色剂

二硫腙又称二苯硫代偶氮羰酰肼、打萨腙、二苯基硫代卡巴腙，是蓝黑色结晶性粉末，易被空气氧化，可加入二氧化硫水溶液保护；易溶于四氯化碳和氯仿，其溶液不稳定，微溶于乙醇，不溶于水。

二硫腙是铅的灵敏试剂，并用于测定钴、铜、汞、锌和银等。二硫腙测定重金属离子的灵敏度很高，如 Pb^{2+}-二硫腙的 $\lambda_{max}=520nm$，$\varepsilon=6.6\times10^4 L\cdot mol^{-1}\cdot cm^{-1}$。另外，二硫腙溶于 CCl_4 或 $CHCl_3$ 后呈现绿色，而与金属离子形成的螯合物在这些有机试剂中呈现黄色、红色或橙色。这一特性为光度法测定金属离子创造了有利条件。通过控制酸度和利用掩蔽剂，如 Na_2SO_3、碘化物、EDTA 等可获得很高的选择性。

二硫腙　　　　　磺基水杨酸

(3) OO 型显色剂

磺基水杨酸为白色结晶或结晶性粉末，对光敏感，高温时分解成酚和水杨酸，遇微量铁时即变粉红色，易溶于水和乙醇，溶于乙醚，熔点约 120℃（无水），低毒，有刺激性。

磺基水杨酸可与铝、铍、钙、铬、铜、铁、铅、镁、钠、钛配合。比色分析测定铁离子：当 pH=1.5~3.0 时，磺基水杨酸和铁离子 1∶1 配位，形成紫色配合物；当 pH=4.0~9.0 时，磺基水杨酸和铁离子 2∶1 配位，形成红褐色配合物；当 pH>10.0 时，磺基水杨酸和铁离子 3∶1 配位，形成黄色配合物。它也可以和铜离子配位，当 pH=4~5 时形成 1∶1 的亮绿色配合物；当 pH 在 8.5 以上时形成 1∶2 的深绿色配合物。

(4) ON 型显色剂

4-(2-吡啶偶氮)间苯二酚，分子式是 $C_{11}H_9N_3O_2$，分子量是 215.21。

这种显色剂是棕色或橘红色粉末，微溶于水，溶于醇和醚，易溶于酸性及碱性水溶液，其钠盐易溶于水。与金属离子形成水溶性或不溶于水的配合物，配合物多为红色或红紫色。它是光度法测定过渡金属的试剂，如 Bi^{3+}、Co^{2+}、Fe^{3+}、Pd^{2+}、Ni^{2+}、In^{3+}、La^{3+}、Rn^{4+} 等的显色剂。

(5) 三苯甲烷酸性染料

① 铬天青S 铬天青是黑色结晶粉末，分子量为605.28，属于三苯甲烷类酸性显色剂。它能与许多金属离子形成蓝紫色的配合物，是测定Al^{3+}的良好显色剂，在pH＝5～5.8时，与Al^{3+}作用生成稳定的$\lambda_{max}=530nm$、$\varepsilon=5.9\times10^4 L\cdot mol^{-1}\cdot cm^{-1}$的配合物。基于该试剂与Th(Ⅳ)形成的配合物能被氟分解的性质可通过褪色法间接测定氟。

② 结晶紫 结晶紫的分子量为407.98，别名甲紫、甲基紫、龙胆紫，属于三苯甲烷类酸性显色剂，其结构式如上。

它易溶于醇，能溶于氯仿，尚溶于水，不溶于醚，溶于水呈紫色，极易溶于酒精呈紫色，在浓硫酸中呈红光黄（橙）色，稀释后呈暗绿色，然后变为黄色变到蓝色再到紫色，在浓硝酸中呈橄榄色。其水溶液加氢氧化钠生成紫色沉淀；加盐酸变为蓝色。结晶紫用于光度法测定砷、金、硼、铱、硅、钽、锝、锑和铊等。

9.4.3　影响光度分析的因素

9.4.3.1　影响光度分析的各种因素的一般表达式

设显色反应为：
$$mM + nR \rightleftharpoons M_mR_n（略去电荷）$$

按配位反应，有色配合物的稳定常数为：
$$K=\frac{[M_mR_n]}{[M]^m[R]^n} \tag{9-20}$$

由于金属离子M和显色剂R均有副反应，其副反应系数分别为：
$$\alpha_M = \frac{[M']}{[M]} = 1+\beta_1[X]+\beta_2[X]^2+\cdots+\beta_n[X]^n \tag{9-21}$$

式中，[X]为共存配合剂的平衡浓度；β_1、β_2、$\cdots$、β_n为M与X所形成的各级配合物的累积稳定常数。

$$\alpha_R = \frac{[R']}{[R]} \tag{9-22}$$

仅考虑酸效应，则：
$$\alpha_{R[H]} = 1 + \frac{[H^+]}{K_{a_n}} + \cdots + \frac{[H^+]^n}{K_{a_n}\cdots K_{a_1}}$$

将式(9-21)、式(9-22)代入式(9-20)得：
$$K_稳 = \frac{[M_mR_n]\alpha_M^m\alpha_{R(H)}^R}{[M']^m[R']^n}$$

变形得：
$$[M_mR_n] = \frac{K_稳[M']^m[R']^n}{\alpha_M^m\alpha_{R(H)}^n} \tag{9-23}$$

将式(9-23)代入朗伯-比耳定律得:

$$A = \varepsilon bc = \varepsilon b \frac{K_{稳}[M']^m[R']^n}{\alpha_M^m \alpha_{R(H)}^n}$$

两边取对数得:

$$\lg A = \lg\varepsilon + \lg b + \lg K_{稳} + m\lg[M'] + n\lg[R'] - m\lg\alpha_M - n\lg\alpha_{R(H)} \quad (9\text{-}24)$$

式(9-24)即为影响吸光度的各种因素总公式。由此式可知,有色配合物的 ε、$K_{稳}$ 越大,配合剂的 $[R']$ 越大,液层厚度越大,吸光度 A 越大;α_M、$\alpha_{R(H)}$ 越大,吸光度 A 越小。应当指出的是,由于分光光度法主要用于微量组分的测定且有色配合物的稳定常数通常很大,因此 $[M']$ 的影响可忽略不计。

9.4.3.2 影响显色反应的主要因素

显色反应能否满足分光光度法的要求,除了与显色剂的性质有关外,还与显色反应的条件有关,合适的反应条件一般是通过实验研究得到的,这些条件包括溶液酸度、显色剂用量、试剂加入顺序、显色时间、显色温度、有机配合物的稳定性及共存干扰离子的影响等。影响显色反应的主要因素讨论如下:

(1) 溶液的酸度

酸度对显色反应的影响主要表现在以下几方面。

① 对金属离子存在状态的影响 大部分金属离子都容易水解,当溶液的酸度降低时会形成一系列羟基配离子或多核羟基配离子。当酸度低至一定程度时,可能进一步水解生成碱式或氢氧化物沉淀。这些都严重影响显色反应的完全程度。

② 对显色剂平衡浓度和颜色的影响 显色反应所用的显色剂大多是有机弱酸或弱碱,金属离子 M 与显色剂 HR 配合生成有色配合物 MR 的反应如下:

$$M + HR \rightleftharpoons MR + H^+$$

由反应式可知溶液酸度的改变必然影响显色剂的平衡浓度并进而影响显色反应的完全程度。显色剂的 K_a 较大时,允许的酸度较高;K_a 很小时,允许的酸度较低。另外,某些显色剂在不同的酸度下具有不同的颜色,这种现象有时会影响使用显色剂的酸度范围。例如,1-(2-吡啶偶氮)间苯二酚(PAR),当溶液pH<6时,主要以黄色H_2R形式存在;当pH=7~12时,主要以橙色HR^-形式存在;当pH>13时,则主要以红色R^{2-}形式存在。由于大多数金属离子和PAR形成的配合物为红色,所以PAR只适宜在酸性或弱碱性溶液中作为显色剂。

③ 对配合物稳定性及组成的影响 溶液的酸度增大时,配合物易被分解:

$$MR + H^+ \rightleftharpoons HR + M$$

$$K_{不稳} = \frac{[HR][M]}{[MR][H^+]} = \frac{[HR][M][R]}{[MR][H^+][R]}$$

$$= \frac{1}{\dfrac{[H^+][R]}{[HR]} \times \dfrac{[MR]}{[M][R]}} = \frac{1}{K_{HR} K_{MR}}$$

式中,K_{HR} 为显色剂 HR 的酸性解离常数。由此式可知,通常情况下,若显色剂酸性越强(K_{HR}越大),过量越多($[HR]$越大),配合物越稳定(K_{MR}越大),溶液的可允许酸度越高。

对于可生成逐级配合物的显色反应,不同酸度下配合物的配合比往往不同,其颜色也不相同。例如磺基水杨酸与 Fe^{3+} 的显色反应,溶液 pH 值为 1.8~2.5、4~8、8~11.5 时,分别生成配合比为 1∶1（紫红色）、1∶2（棕褐色）和 1∶3（黄色）的配合物，为保证准确度，测定时应严格控制溶液的酸度。

显色反应的适宜酸度一般通过实验确定。具体方法为：固定溶液中被测组分与显色剂的浓度，调节溶液为不同的 pH，测定不同 pH 时溶液的吸光度。以 pH 为横坐标、吸光度为纵坐标，绘制吸光度-pH 关系曲线（图 9-5），然后确定适宜的酸度范围。适宜的酸度范围确定后，应用合适的缓冲溶液控制显色反应的酸度。

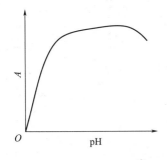
图 9-5　吸光度-pH 关系曲线

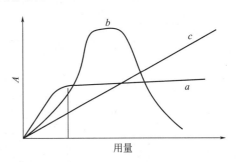
图 9-6　吸光度-显色剂用量曲线

（2）显色剂用量

为保证显色反应进行完全，通常应加入过量的显色剂。但显色剂的量不是越多越好。对于有些显色反应，显色剂过量太多会引起副反应，不利于测定。在实际工作中，一般依据实验结果绘制吸光度-显色剂用量曲线（图 9-6），然后选择适宜的显色剂用量。

显色剂用量对显色反应的影响是各种各样的，一般有三种可能出现的情况，如图 9-6 所示。其中图 9-6 的曲线 a 是比较常见的，开始时随着显色剂浓度的增加吸光度不断增加，当显色剂浓度达到某一数值时，吸光度不再增大，出现图 9-6 中曲线 a、b 的平坦部分。这意味着显色剂浓度已足够，因此可以在图 9-6 中曲线 a、b 之间选择合适的显色剂浓度。

图 9-6 中曲线 b 与曲线 a 不同的地方是曲线的平坦区域较宽，当显色剂浓度继续增大时，吸光度反而下降。如硫氰酸盐测定钼就是这种情况。因为 Mo(Ⅴ) 与 SCN^- 生成一系列配位数不同的配合物：

$$Mo(SCN)_2^{3+} \quad Mo(SCN)_5 \quad Mo(SCN)_6^-$$
　　浅红色　　　　橙红色　　　浅红色

如果 SCN^- 浓度太高，由于生成浅红色的 $Mo(SCN)_6^-$ 配合物，使吸光度降低。遇此情况，应严格控制显色剂的量，否则得不到正确的结果。

图 9-6 中曲线 c 与前两种情况完全不同，当显色剂的浓度不断增大时，吸光度不断增大。如 SCN^- 测定 Fe^{3+} 时，随着 SCN^- 浓度的增大，生成颜色愈来愈深的高配位数配合物 $Fe(SCN)_4^-$、$Fe(SCN)_5^{2-}$，溶液颜色由橙黄色变至血红色。对于这种情况，只有十分严格控制显色剂的量，测定才有可能进行。

（3）显色反应时间　显色反应需要一定的时间，但情况各不相同。有些显色反应快且稳定；有些显色反应快但不稳定；有些显色反应慢，稳定需时间；有些显色反应慢且不稳定。因此，需要针对不同显色反应确定显示时间。

显色时间及测定时间也必须通过实验确定。方法为配制一份待测试液，从加入显色剂起计时，每隔几分钟测量一次吸光度，绘制吸光度-时间曲线，依据此曲线确定适宜的显色时间及测定时间。

(4) 显色反应温度　显色反应大多数室温下即可进行。但是，有些显色反应必须在较高温度下才能完成。例如，铑与 5-Br-PADAP 的反应在室温下几乎不发生，在沸水浴中较长时间才可显色完全，在微波作用下 10s 左右即可显色完全。

实际工作中，可作 A-T 曲线，寻找适宜的反应温度。加热可加快反应速率，但温度过高导致显色剂或产物分解。常见的 A-T 曲线如图 9-7 所示。

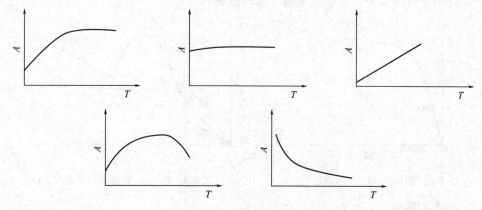

图 9-7　吸光度（A）-反应温度（T）曲线

(5) 溶剂

有机溶剂会降低有色化合物的解离度，从而提高了显色反应的灵敏度。同时，有机溶剂还可能提高显色反应的速率，以及影响有色配合物的颜色、溶解度和组成。如用偶氮氯膦Ⅲ测 Ca^{2+}，加入乙醇后吸光度显著增加。又如用氯代磺酚 S 测 Nb，在水溶液中显色需几小时，加入丙酮后则只需 30min。再如 Fe^{3+}-磺基水杨酸、Fe^{3+}-邻苯二酚二磺酸和 Co^{2+}-硫氰酸在水中分别为浅蓝色、蓝绿色和无色，在乙醇中则分别为紫色、紫蓝色和蓝色。

9.4.3.3　干扰物质的影响及其消除方法

如果共存离子本身有颜色，如 Fe^{3+}、Ni^{2+}、Cr^{3+}、Cu^{2+}、Co^{2+} 等则会造成干扰。如果共存离子和被测组分或显色剂生成无色配合物，这将降低被测组分或显色剂的浓度，从而影响显色剂与被测组分的反应，引起负误差。如果共存离子与显色剂生成有色配合物，则引起正误差。上述各种干扰情况可用下列几种方法消除。

① 控制溶液的酸度　如用二苯硫腙测定 Hg^{2+} 时，Cu^{2+}、Co^{2+}、Ni^{2+}、Sn^{2+}、Zn^{2+}、Pb^{2+}、Bi^{3+} 等均干扰测定，如果在稀硫酸（$0.5mol·L^{-1}$）介质中，则上述离子都不与二苯硫腙反应。

② 加入掩蔽剂　如用二苯硫腙测定 Hg^{2+} 时，在 $0.5mol·L^{-1}$ H_2SO_4 介质中尚不能消除 Ag^+ 和大量 Bi^{3+} 的干扰，这时可加入 KSCN 掩蔽 Ag^+，用 EDTA 掩蔽 Bi^{3+}，从而达到消除干扰的目的。

③ 利用氧化还原反应改变干扰离子的价态，以消除干扰。如用铬天青 S 测定铝时，Fe^{3+} 有产生干扰，加入抗坏血酸将 Fe^{3+} 还原为 Fe^{2+} 后，干扰即可消除。

④ 利用校正系数　例如硫氰酸盐法测定钢中 W 时，V(Ⅳ) 会与 SCN^- 生成蓝色 $(NH_4)_2[VO(SCN)_4]$ 配合物，干扰测定。为扣除 V(Ⅳ) 的干扰，常用校正系数法。即在相同的条件下，用标准钨和钒通过实验求出 1% 钒相当于使结果偏高 0.20%（随实验条件不同略有变化）。这样，试样中钒的量事先测得后，就可以从钨的测定结果中扣除钒的影响，从而求得钨的含量。

⑤ 利用参比溶液消除显色剂和某些有色共存离子的干扰。例如用铬天青 S 比色测定钢中铝时，Ni^{2+}、Cr^{3+} 等干扰。为此取一定量的试液，加入少量 NH_4F，使 Al^{3+} 与 F^- 生成 AlF_6^{3-} 配合物而被掩蔽。然后加入显色剂及其他试剂，以此作为参比溶液，这样便消除了 Ni^{2+}、Cr^{3+} 的干扰，也消除了显色剂本身颜色的影响。

⑥ 选择适当的波长。例如用丁二酮肟比色法测定钢中镍时，Ni(Ⅱ) 与丁二酮肟的配合物 λ_{max} 吸收峰在 460~470nm 处。由于用酒石酸钾钠或柠檬酸钠掩蔽 Fe^{3+}，考虑到酒石酸铁配合物在 460~470nm 处也有一定的吸收，会干扰镍的测定。因此便选用 520~530nm 波长处作镍的测定，这样灵敏度虽稍低些，但却消除了 Fe^{3+} 的干扰。

⑦ 采用适当的分离方法。当上达方法均不能消除干扰时，可利用萃取法、蒸馏法、离子交换法等手段预先分离干扰物质。

9.5 分光光度计

9.5.1 仪器组成及作用

分光光度计（spectrophotometer）由光源、单色器、吸收池、检测器和数据处理装置等组成。分光光度计的构造框图如图 9-8 所示。下面对分光光度计的主要部件进行简单介绍。

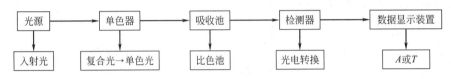

图 9-8　分光光度计示意图

（1）光源

光源的作用是提供符合要求的入射光。通常用 6~12V 钨灯作可见光区的光源，在整个可见光谱区可以发射连续光谱，波长范围为 400~750nm。光源必须具有足够的辐射强度、较好的稳定性、较长的使用寿命。

（2）单色器

单色器是将光源发出的复合光分解为单色光的装置。单色器是由色散元件、狭缝和透镜系统组成的。能把复合光变成各种波长单色光的器件称为色散元件。狭缝和透镜系统的作用是调节光的强度，控制光的方向并取出所需波长的单色光。

单色器常用棱镜或光栅。与棱镜相比，光栅具有适用波长范围宽、色散几乎不随波长改变和较好的色散和分辨能力的优点。

（3）吸收池

吸收池又称比色皿，其作用是盛放试液，由无色透明、耐腐蚀、化学性质相同、厚度相等的玻璃或石英制成。在紫外区须采用石英池，可见区一般用玻璃池。大多数比色皿为长方形，也有圆柱形的，一般厚度为 0.5cm、1cm、2cm、3cm 和 5cm。它有两个互相平行而且距离一定的透光平面，侧面和底面是毛玻璃。使用吸收池时应注意保持清洁、透明，避免磨损透光面。

（4）检测器

检测器就是光电转换器。光电转换器的响应必须是定量的；对光线波长的响应范围要宽；响应的灵敏度要高，速度要快；而且稳定性要好，常用的有光电池、光电管、光电倍增管或光电管与二极管阵列。

（5）数据处理装置

由检测器将光信号转换为电信号后，可用检流计、微安表、记录仪、数字显示器或阴极射线显示器显示和记录测定结果。现在仪器可用微机控制，可以绘制谱图，打印数据及数据处理报告，而且仪器操作也可在微机上进行。

9.5.2 吸光度测量误差

在分光光度分析中，除了各种化学因素所引起的误差外，分光光度计测量不准确也是误差的主要来源之一。任何光度计均有一定的测量误差，它们来源于光源不稳定、电位计的非线性、杂散光、单色器谱带过宽、吸收池的透射比不一致、实验条件的偶然变动等。为保证测定结果的准确度，在分光光度分析中必须考虑这些偶然误差的影响。

吸光度在什么范围内测量误差最小，必须考虑吸光度 A 的测量误差与有色物质浓度 c 的测量误差间的关系。设在测量吸光度 A 时产生的绝对误差为 dA，则测量 A 的相对误差 E_r 为：

$$E_r = \frac{dA}{A} \tag{9-25}$$

根据朗伯-比耳定律 $A = \varepsilon bc$，当 b 为定值时，两边微分得：

$$dA = \varepsilon b \, dc \tag{9-26}$$

式中，dc 为测量浓度 c 的绝对误差。

由式(9-26) 和 $A = \varepsilon bc$ 得：

$$\frac{dA}{A} = \frac{dc}{c} \tag{9-27}$$

由此可见，c 与 A 测量的相对误差完全相等。

A 与 T 的测量误差之间的关系为：

$$A = -\lg T = -0.434 \ln T \tag{9-28}$$

$$dA = -0.434 \frac{dT}{T}$$

微分得：

$$\frac{dA}{A} = \frac{dT}{T \ln T} \tag{9-29}$$

可见，由于 A 和 T 不是正比关系而是负对数关系，它们的测量相对误差并不相等。于是，由噪声引起的浓度 c 的测定相对误差为：

$$E_r = \frac{dc}{c} \times 100\% = \frac{dA}{A} \times 100\% = \frac{dT}{T \ln T} \times 100\%$$

如果 T 的测量绝对误差 $dT = \Delta T = \pm 0.01$，则：

$$E_r = \frac{\Delta T}{T \ln T} \times 100\% = \pm \frac{1}{T \ln T} \times 100\% \tag{9-30}$$

由上述讨论可知，浓度 c 的测定相对误差的大小与透射比 T 本身的大小有着复杂的关系。由式(9-30) 可计算出不同 T 时的相对误差的绝对值 $|E_r|$，它与 T 的关系如图 9-9 所示。由图可知，当 T 很小或很大时，$|E_r|$ 都很大，只有当 T 在 0.15～0.65 之间，或 A 在 0.8～0.2 之间，$|E_r|$ 才比较小，约在 4% 以下。在实际测定时，为保证较小的测定相对误差，应使吸光度 A 处在 0.2～0.8 之间。

T 为多少时测定相对误差 $|E_r|$ 才最小呢？由式(9-25) 可知，欲使 $|E_r|$ 最小，必须使

$T\ln T$ 取最大值，即求使 $\dfrac{\mathrm{d}(T\ln T)}{\mathrm{d}T}=0$ 的 T 值。

$$\frac{\mathrm{d}(T\ln T)}{\mathrm{d}T}=\ln T+1=0$$

$$\ln T=-1$$

$|E_r|$ 最小的透射比为：

$$T_{\min}=\mathrm{e}^{-1}=0.368$$

相应的吸光度为：

$$A_{\min}=-\lg T_{\min}=0.434$$

此时：

$$|E_r|_{\min}=\left|\frac{1}{T_{\min}\ln T_{\min}}\right|\%=\frac{1}{0.368}\%=2.7\%$$

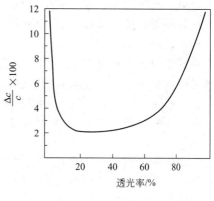

图 9-9　误差示意图

由此知，仅由光度计噪声造成的测定相对误差就接近 3%，这表明分光光度法的准确度确实不如化学分析法。

9.5.3　测量条件的选择

分光光度法测定中，除了需从试样的角度选择合适的显色反应和显色条件外，还需从可见分光光度计仪器的角度出发，选择适宜的测定条件，以保证测定结果的准确度。

(1) 选择合适的测量波长

在最大吸收波长处测定吸光度不仅能获得高的灵敏度，而且还能减少由非单色光引起的对朗伯-比耳定律的偏离。因此在分光光度法测定中一般选择最大吸收波长为入射波长，见图 9-10(a)。如在 $\lambda_{\max}$ 附近有其他峰（如显色剂、共存组分）干扰时，则选择非最大吸收波长作为入射光的波长，这时灵敏度虽有下降，但却消除了干扰。有时，为了测定高浓度组分，为使工作曲线有足够的线性范围，也可选用其他灵敏度较低的吸收峰作为分析测量的波长，见图 9-10(b)。

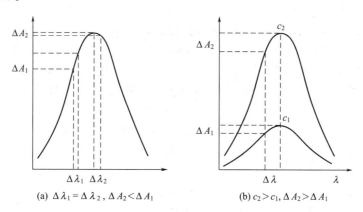

图 9-10　测量波长的选择及其影响

(2) 吸光度范围选择与控制

任何分光光度计都有一定的测量误差，测量误差的来源主要是光源的发光强度不稳定、发光效应的非线性、电位计的非线性、杂散光的影响、单色器的光不纯等因素，对于一台固定的分光光度计来说，以上因素都是固定的，也就是说它的误差具有一定稳定性。在测量中通过控制试液浓度和选择吸收池（比色皿）厚度使待测溶液的吸光度 A 处于 0.2~0.8 以内，以减小测量误差。为了减小测量的相对误差可控制溶液的浓度，如改变试样的称出量或改变稀释度等；如溶液已显色，则可选择合适厚度的比色皿，使吸光度在上述范围内。

（3）选择合适的参比溶液

待测组分、过量显色剂、溶剂、其他辅助试剂、比色皿等因素都影响待测组分透光度或吸光度的测量。吸光度具有加和性：

$$A_{总}=A_{待测物}+A_{显色剂}+A_{溶剂}+A_{辅}+A_{比色皿}$$

除待测物之外的吸光度 A 可通过参比溶液调整为 $A=0$ 或 $T=100\%$，则测得值为：

$$A=A_{待测物}=\varepsilon bc$$

在测定吸光度时，用来调节吸光度为零的溶液称为参比溶液。选择合适的参比溶液不仅可消除吸收池壁及溶剂对入射光的反射和吸收引起的误差，而且能大大提高分光光度法的抗干扰能力，拓宽其应用范围。参比溶液可根据下列情况来选择。

① 若仅待测组分与显色剂的反应产物在测定波长处有吸收，其他所加试剂均无吸收，用纯溶剂如蒸馏水作参比溶液；

② 若显色剂或其他所加试剂在测定波长处略有吸收，而试液本身无吸收，用"试剂空白"（不加试样溶液）作参比溶液；

③ 若待测试液在测定波长处有吸收，而显色剂等无吸收，则可用"试样空白"（不加显色剂）作参比溶液；

④ 若显色剂、试液中其他组分在测量波长处有吸收，则可在试液中加入适当掩蔽剂将待测组分掩蔽后再加显色剂，作为参比溶液。

（4）比色皿的使用

选择适宜规格的比色皿，尽量把吸光度值调整在 0.2～0.8 之间。同一实验应使用同一规格的同一套比色皿，以减少测量误差，所以用普通分光光度法不适用于高含量或极低含量物质的测定。

9.5.4 溶液浓度的测定

（1）工作曲线法

配制一系列不同浓度的被测组分的标准溶液，在选定的 λ_{max} 和最佳操作条件下，测得吸光度，作工作曲线（A-c），为一直线，也叫标准曲线。在完全相同条件下，测得试样溶液的吸光度，从工作曲线上查得相应浓度。在实际工作中，有时标准曲线不通过原点，这是由偏离朗伯-比耳定律的原因造成的。因此，应针对具体情况进行分析，找出原因，加以避免。

（2）比较法

同一波长的光，通过两个厚度相同而浓度不同的溶液，则浓度之比等于吸光度之比。

$$A_{标}=kbc_{标}, \quad A_{试}=kbc_{试}$$

$$\frac{A_{标}}{A_{试}}=\frac{c_{标}}{c_{试}}$$

如此，由标准溶液浓度可求得试样溶液的浓度。

9.6 其他分光光度法

9.6.1 目视比色法

用眼睛观察、比较溶液颜色深度以确定物质含量的方法称为目视比色法。其优点是仪器简单、操作方便，适用于大批试样的分析。此外，有色化合物浓度与吸光度不符合朗伯-比耳定律时仍可用该法进行测定。其主要缺点是准确度较低，相对误差约为 5%～20%。因此，该方法仅适用于准确度要求不高的分析或半定量分析。

9.6.2 示差分光光度法

样品中被测组分浓度过大或浓度过小（吸光度过高或过低）时，由于吸光度位于准确测量的范围之外，此时即使不偏离朗伯-比耳定律，测量误差也较大。为克服这种缺点而改用浓度比样品稍低或稍高的标准溶液代替空白试剂来调节仪器的 100% 透光率（对浓溶液）或 0% 透光率（对稀溶液）以提高分光光度法精密度、准确度和灵敏度的方法，称为示差分光光度法（示差法或示差光度法）。根据参比溶液，示差法分为浓溶液示差法、稀溶液示差法和高精密度示差法，其中浓溶液示差分光光度法应用最多。下面介绍其基本原理。

设有两个浓度为 c_1、c_2 的有色溶液（$c_1 < c_2$），若分别采用无色空白溶液（c_0）作参比溶液，调 $A=0$，$T=100\%$，测定吸光度，则：

$$c_1 : A_1 = \varepsilon b c_1$$
$$c_2 : A_2 = \varepsilon b c_2$$

若采用 c_1 为参比，调 $A=0$，$T=100\%$，则：

$$A_{相对} = \varepsilon b c_{相对} = \varepsilon b (c_2 - c_1)$$

或

$$\Delta A = \varepsilon b \Delta c = \varepsilon b (c_2 - c_1)$$

上式表明，两溶液吸光度之差与其浓度之差成正比，这就是示差光度法的基本原理。用 ΔA 对 Δc 作图可得工作曲线。

示差光度法相当于扩大了仪器的标尺，提高了读数的准确性。如图 9-11 所示，假设在示差光度法中作为参比溶液的标准溶液，在普通光度法中（以空白溶液作参比）其透射比为 10%，而在示差光度法中将透射比视为 100%（$A=0$），这就意味着仪器透射比标尺扩展了 10 倍。如待测试样的透射比原来为 5%，则用示差光度法测量时将为 50%，这样就位于测量误差最小的区域，从而提高了 Δc 的测量准确度，使 c_x 的准确度也随之提高。一般情况下示差光度法的测量误差小于 0.5%，有时可降至 0.1% 左右。

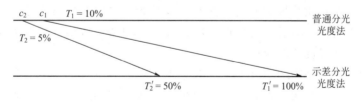

图 9-11　示差光度法标尺扩展图

9.6.3 双波长分光光度法

双波长分光光度法（双波长光度法或双波长法）是在传统的单波长分光光度法的基础上发展起来的。单波长分光光度法（单波长光度法或单波长法）要求试样本身透明，不能有浑浊，如果试样溶液在测量过程中逐渐产生浑浊便无法正确测定。对于吸收峰相互重叠的组分或在测定波长范围内反射光受到溶剂、胶体、悬浮体等散射或吸收产生的背景的试样分析，也很难得到准确的结果。双波长分光光度法的建立，在一定程度上克服了单波长分光光度法的局限性，扩展了分光光度法的应用范围，在选择性、灵敏度和测量精密度等方面都比单波长分光光度法有进一步的改善和提高。

应用分光光度法对共存组分进行不分离定量测定时,通常采用的方法有双波长法、三波长法、导数光谱法、差谱分析法及多组分分析法等方法。快速、简便的优点使这些方法在实用分析中得到越来越广泛的应用。其中以双波长法的应用为最多,该法的准确度和精密度要高于其他方法,是对共存组分不分离定量测定的有效方法之一。

双波长法主要采用等吸收波长法和系数倍增法两种分析方法,下面就其基本原理和应用作简单介绍。

(1) 双波长分光光度法的原理

在单波长光度法中,通常采用单或双光束光路,用溶剂或空白溶液作参比调零。在测定中,参比溶液和试样的液池位置、液池常数、溶液组成及浊度等任何差异均会直接导致误差。如图 9-12 所示,双波长光度法仅用一个吸收池。从光源发射出的光线分成两束,分别经过两个单色器得到两束波长不同的单色光。借助切光器使这两束光以一定频率交替通过吸收池,最后由检测器显示出试样对波长分别为 λ_1 和 λ_2 的光的吸光度差值 ΔA。

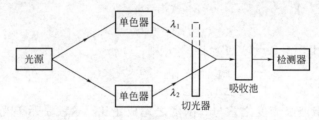

图 9-12 双波长光度法示意图

设波长为 λ_1 和 λ_2 的两束单色光的强度相等,则有:

$$A_{\lambda_1} = \varepsilon_{\lambda_1} bc + A_{b_1}$$
$$A_{\lambda_2} = \varepsilon_{\lambda_2} bc + A_{b_2}$$

式中,A_{b_1} 和 A_{b_2} 分别为背景对 λ_1 和 λ_2 光波的散射或吸收。如果波长为 λ_1 和 λ_2 的两束单色光相距较近,则可认为 $A_{b_1} \approx A_{b_2}$。于是,通过吸收池的两束光强度的信号差为:

$$\Delta A = A_{\lambda_1} - A_{\lambda_2} = (\varepsilon_{\lambda_1} - \varepsilon_{\lambda_2})bc \tag{9-31}$$

可见 ΔA 与吸光物质浓度成正比,这是双波长光度法定量的基本依据。对于谱带有交叠的干扰成分,若能在待测组分制订波长 λ_1 和 λ_2 处选到等吸收值,其干扰也可被消除。

(2) 双波长分光光度法的应用

① 单组分的测定 测定单组分时,以配合物吸收峰作为测量波长,参比波长可按下述方法选择:以等吸收点对应的波长 (equiabsorption wavelength) 作为参比波长;以有色配合物吸收曲线下端的某波长作为参比波长;以显色剂吸收峰对应的波长作为参比波长。

② 两组分共存时的分别测定 当两种组分(或它们与试剂生成的有色物质)的吸收光谱有重叠时,要测定其中一个组分就必须设法消除另一组分的干扰,常用的方法主要有等吸收波长法和系数倍率法。

a. 等吸收波长法 图 9-13 为待测组分 A 和干扰组分 B 的吸收光谱。选择待测组分 A 的最大吸收波长或其附近的波长作为测定波长 λ_2,在这一波长位置作一垂直于 x 轴的直线,与 B 的吸收曲线相交,由此交点作 x 轴的平行线又与 B 的吸收曲线相交于一点或数点,则可选择与这些交点相对应的波长作为参比波长 λ_1。选择参比波长 λ_1 的原则是应能消除干扰物质的吸收,也就是干扰组分 B 在 λ_1 的吸光度等于它在 λ_2 的吸光度,即 $A_{\lambda_1}^B = A_{\lambda_2}^B$。如果

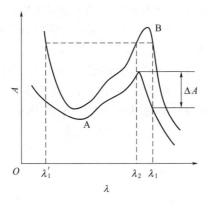

图 9-13 作图法选择波长

待测组分的最大吸收波长不能作为测定波长时，也可以选用其吸收曲线上其他合适的波长。

b. 系数倍率法　应用等吸收波长法的前提是干扰组分在所选定的两个波长处具有相同的吸光度。但当干扰组分的吸收曲线只呈现陡坡而没有吸收峰时（图 9-14），参比波长的选择就会受到限制，导致无法应用等吸收波长法。此时可采用系数倍率法，设 B 组分在 λ_2 和 λ_1 处的吸光度分别为 $A_{\lambda_1}^B$ 和 $A_{\lambda_2}^B$，则倍率系数 $K = A_{\lambda_2}^B / A_{\lambda_1}^B$。使用系数倍率仪将 $A_{\lambda_1}^B$ 的值扩大 K 倍，则有 $KA_{\lambda_1}^B = A_{\lambda_2}^B$，此时，$KA_{\lambda_1}^B - A_{\lambda_2}^B = 0$。与等吸收波长法类似，干扰组分 B 的影响可消除。

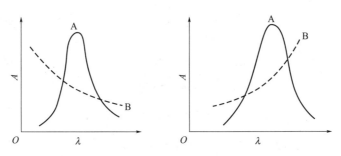

图 9-14 系数倍率法定量测定

为了消除背景干扰、共存物质谱带交叠对待测组分的影响，除双波长分光光度法外，人们还建立了有针对性选择测量波长点的方法，如三波长分光光度法和多波长分光光度法等。前者采取与双波长法相似的方法，通过选择三个特色的波长点进行测定达到消除干扰的目的。后者则直接对谱带严重重叠的多组分体系在很多波长下测定吸光度值，然后通过最小二乘法和人工神经网络等化学计量学方法对数据进行处理建立相应的数学模型，然后通过该模型依据吸光度对待测组分的含量进行预测。

9.7　分光光度法的应用

分光光度法既可以用于无机化合物的分析，又可以用于有机化合物的分析。下面仅就光度滴定、配合物组成测定及酸碱解离常数测定等方面的应用做简要介绍。

9.7.1　光度滴定

光度滴定（photometric titration）是在适当的波长（反应产物、待测组分或滴定剂的

λ_{max})下，于分光光度计的吸收池中进行滴定，滴定过程中用光度计记录吸光度的变化（即颜色变化）从而求出滴定终点的容量分析方法。它适用于滴定有色的或浑浊的溶液，或者滴定微量物质，也可提高灵敏度和准确度，是将滴定操作与吸光度的测量结合起来的一种测定方法。

滴定过程中，溶液吸光度 A 的变化遵循朗伯-比耳定律。滴定时，每加入一定量的滴定剂，在一定波长下记录其吸光度，在超过等当点后，还需再滴加 6~8 次滴定剂，并记录吸光度。然后以吸光度 A 为纵坐标，标准溶液的体积 V 为横坐标，绘出光度滴定曲线，从两条切线的交点可求得滴定终点。常见的滴定曲线如图 9-15 所示。

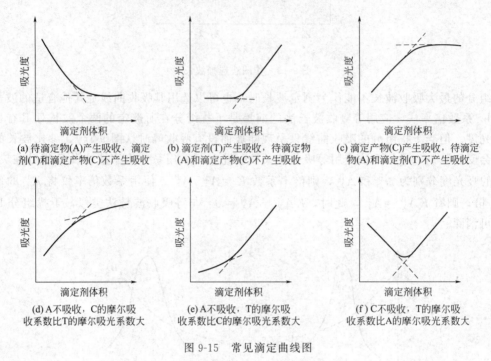

图 9-15 常见滴定曲线图

酸碱滴定、氧化还原滴定和配位滴定中都可采用光度滴定法。现分述如下：

① 酸碱滴定 在极稀的强酸溶液或强碱溶液的滴定或者弱酸弱碱溶液的滴定中都可以用光度滴定。例如，二氧化碳的浓度测定是以 $10 mol·L^{-1}$ 氢氧化钠溶液吸收后，以酚酞为指示剂，用 $0.002 mol·L^{-1}$ 盐酸对剩余的氢氧化钠进行光度滴定。又如，以溴百里酚蓝为指示剂，在波长 615nm 下用氢氧化钠溶液滴定苯甲酸溶液，可以准确测出其含量。

② 氧化还原滴定 光度滴定主要用于有色的稀溶液，例如，用标准高锰酸钾溶液滴定含有硫酸镍的亚铁溶液。在硫酸溶液中砷(Ⅲ)可在波长 320nm 下用 10^{-4}~$10^{-1} mol·L^{-1}$ 硫酸铈进行光度滴定。铈(Ⅳ) 在此波长下吸光，在砷未被完全氧化之前吸光度不变，终点后吸光度逐渐增大，从滴定曲线可找出滴定砷的终点。测定 $50\mu g$~35mg 的砷的平均误差不超过 0.2%。

③ 配位滴定 用光度滴定可得到更准确的结果。例如，在大量镁存在的情况下，目视滴定钙是不可能的。如以 EGTA（乙二醇二乙醚二胺四乙酸）为滴定剂，紫脲酸胺为指示剂，在 pH=10 和波长 505nm 下用光度法滴定钙，在 100 倍的镁存在下仍可获得明显的曲线突跃。

在滴定过程中需要考虑误差的来源。如非单色光不遵循朗伯-比耳定律，故用分光光度计比用滤光片的光度计的误差小。加入滴定剂会产生稀释误差，须加以校正。但是，如果加入的滴定剂不超过总体积的 1%，则可以忽略。物质的反应和搅拌会产生热量，使溶液的温度升高，影响吸光度。不过，滴定大多数是在极稀溶液中进行，这种影响很小，也可忽略。

滴定池应尽可能放在暗室中,以免受杂散光的影响,因为非单色光会使溶液吸光度偏离朗伯-比耳定律。若暗室挡光不好,杂散光对吸光度也会有干扰。

9.7.2 弱酸和弱碱解离常数的测定

利用共轭酸碱对的不同吸收特性,可以方便地将分光光度法应用于弱酸、弱碱解离常数的测定。下面讨论一元弱酸的解离常数的测定。

设有一元弱酸 HA,其分析浓度为 c_{HA},在溶液中存在下述解离平衡:

$$HA \rightleftharpoons H^+ + A^-$$

$$K_a = \frac{[H^+][A^-]}{[HA]} \tag{9-32}$$

$$pK_a = pH + \lg\frac{[HA]}{[A^-]} \tag{9-33}$$

设在某波长下,酸 HA 和碱 A^- 均有吸收,液层厚度 $b=1$cm,依据吸光度加和性则有:

$$A = A_{HA} + A_{A^-} = \varepsilon_{HA}[HA] + \varepsilon_{A^-}[A^-]$$
$$= \varepsilon_{HA}[HA] + \varepsilon_{A^-}(c_{HA} - [HA])$$
$$= \varepsilon_{A^-}c_{HA} + (\varepsilon_{HA} - \varepsilon_{A^-})[HA]$$

故:

$$[HA] = \frac{\varepsilon_{A^-}c_{HA} - A}{\varepsilon_{A^-} - \varepsilon_{HA}} \tag{9-34}$$

$$[A^-] = \frac{A - \varepsilon_{HA}c_{HA}}{\varepsilon_{A^-} - \varepsilon_{HA}} \tag{9-35}$$

将式(9-34)、式(9-35)代入式(9-32)得:

$$K_a = [H^+]\frac{A - \varepsilon_{HA}c_{HA}}{\varepsilon_{A^-}c_{HA} - A}$$

上式中 $\varepsilon_{HA}c_{HA}$ 和 $\varepsilon_{A^-}c_{HA}$ 分别为弱酸全部以 HA 型体或 A^- 型体存在时的吸光度 A_{HA} 和 A_{A^-},故有:

$$K_a = [H^+]\frac{A - A_{HA}}{A_{A^-} - A}$$

或

$$pK_a = -\lg\frac{A_{HA} - A}{A - A_{A^-}} + pH \tag{9-36}$$

从式(9-36)可知,只要测出 A_{HA}、A_{A^-}、A 和 pH 就可以求出 K_a。具体是当 HB 的酸性不是太强或太弱时,可以在酸性溶液中测出 A_{HB},在碱性溶液中测出 A_{B^-},然后配制一系列 pH 范围的溶液,使 HB、B 共存,并测定各 pH 下的对应 A 值,用上式或作图法求得 pK_a 值。

9.7.3 配合物组成的测定

分光光度法中许多方法是基于形成有色配合物,因此测定有色配合物的组成对研究显色反应的机理、推断配合物的结构是十分重要的。用分光光度法测定有色配合物组成的方法有:摩尔比法(又称饱和法)、连续变化法、斜率比法、平衡移动法等,本节仅介绍前两种。

(1) 摩尔比法

此法是固定一种组分(通常是金属离子 M)的浓度,改变配体 R 的浓度,得到一系列

[R]/[M] 比值不同的溶液,并配制相应的试剂空白作参比溶液,分别测定其吸光度。以吸光度 A 为纵坐标,[R]/[M] 为横坐标作图。当配体量较小时,金属离子没有完全被配合,随着配体量逐渐增加,生成的配合物不断增多。当配体增加到一定浓度时,吸光度不再增大,如图 9-16 所示。运用外推法得一交点,从交点向横坐标作垂线,对应的[R]/[M] 比值就是配合物的配位比。这种方法简便、快速,对于解离度小的配合物,可以得到满意的结果。

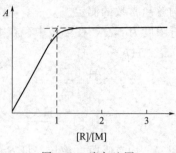

图 9-16 摩尔比图

(2) 连续变化法

设 M 为金属离子,R 为显色剂,配制一系列总浓度相等但两者浓度比连续变化的溶液,在有色配合物的最大吸收波长处测量这一系列溶液的吸光度 A。以 A 为纵坐标,[M]/[R] 比值为横坐标作图,得到连续变化法曲线(图 9-17)。曲线转折点对应的 [M]/[R] 值即为配合物的配位比。配合物很稳定时,曲线转折点敏锐;配合物稳定性较差时,转折点不敏锐,应由两曲线切线的交点确定配位比。

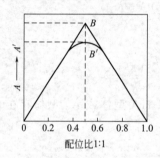 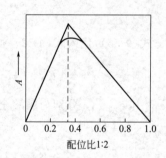

图 9-17 等摩尔连续变化曲线图

9.7.4 多组分同时测定

吸光度具有加和性,即总吸光度为各个组分吸光度之和,是对试样中多种组分进行同时测定的基础。如试样中含有 X、Y 两种待测组分,在一定条件下将它们转化为有色化合物分别绘制吸收曲线,通常有如图 9-18 所示的三种情况。

① 两组分互不干扰 在 λ_1、λ_2 处分别测量 X、Y 的吸光度,然后根据各自的工作曲线确定 X、Y 的含量。

② 组分 X 对 Y 的测定无干扰,但组分 Y 对 X 有干扰。在 λ_2 处测量 X 的吸光度并根据工作曲线确定其含量;在 λ_1 处测量 X 和 Y 的总吸光度并根据吸光度的加和性求解 Y 的吸光度,然后再根据 Y 的工作曲线确定其含量。

$$A_1 = k_{X_1} b c_X + k_{Y_1} b c_Y$$
$$A_2 = k_{Y_2} b c_Y$$

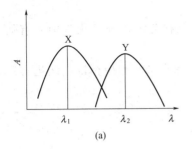
(a)

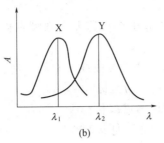
(b)

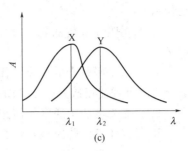
(c)

图 9-18 两种组分吸收曲线

③ 两组分相互干扰　分别在 λ_1、λ_2 处测量混合物的吸光度 $A_{\lambda_1}^{X+Y}$、$A_{\lambda_2}^{X+Y}$，由吸光度的加和性可得：

$$A_{\lambda_1}^{X+Y}=\varepsilon_{\lambda_1}^{X} bc_{X}+\varepsilon_{\lambda_1}^{Y} bc_{Y}$$
$$A_{\lambda_2}^{X+Y}=\varepsilon_{\lambda_2}^{X} bc_{X}+\varepsilon_{\lambda_2}^{Y} bc_{Y}$$

解一元二次方程组，可求得 c_X、c_Y。

✳ 分析化学轶事

朗伯-比耳定律

光学是物理学中最古老的一个基础学科，又是当前科学研究中最活跃的学科之一。古今中外对光的认识是和生产、生活实践紧密相连的。光学起源于火的获得和光源的利用，以光学器具的发明、制造及应用为前提条件。

物质对光吸收的定量关系在很早就受到了科学家的注意并进行了研究。在 300 年之前，法国科学家皮埃尔·布格(Pierre Bouguer，1698—1758) 和德国科学家约翰·海因里希·朗伯(Johann Heinrich Lambert，1728—1777) 分别在 1729 年和 1760 年

J. H. Lambert (1728—1777)

阐明了物质对光的吸收程度和吸收介质厚度之间的关系；随后 1852 年德国科学家奥古斯特·比耳(August Beer，1825—1863) 又提出光的吸收程度和吸光物质浓度也具有类似关系，值得注意的是同一时期法国科学家 F. Bernard 也在同一时间报道了这个想法。两者结合起来就得到有关光吸收的基本定律布格-朗伯-比耳定律，简称朗伯-比耳定律，其表达式如下：

$$A=Kbc$$

其物理意义是当一束平行单色光通过均匀的、非散射性溶液时，溶液对光的吸收程度与吸光物质的浓度 c 和液层厚度 b 的乘积成正比。其中，比例常数 K 与吸光物质的性质、入射光波长及温度等因素有关。朗伯-比耳定律适用于紫外、红外、可见光区，也适用于溶液及任何均匀的非散射的吸光物质。

===== 思考题 =====

1. 朗伯-比耳定律的物理意义是什么？什么是透光率？什么是吸光度？二者之间的关系

是什么?

2. 摩尔吸光系数的物理意义是什么？其大小和哪些因素有关？在分析化学中 ε 有何意义？

3. 什么是吸收光谱曲线？什么是标准曲线？它们有何实际意义？利用标准曲线进行定量分析时可否使用透光度 T 和浓度 c 为坐标？

4. 分光光度法中通常如何选择测定波长？

5. 目视比色法的原理是什么？它有何优缺点？

6. 影响显色反应的因素有哪些？

7. 分光光度计有哪些主要部件？它们各起什么作用？

8. 示差分光光度法的原理是什么？为什么其准确度比普通分光光度法高？

9. 分光光度法有哪些主要用途？

习 题

一、选择题

1. 可见光分子光谱法中可选用的光源是（　　）。
   A. 氘灯　　　　B. 空心阴极灯　　　C. 硅碳棒　　　D. 钨灯

2. 在 $A = kbc$ 方程式中，当 c 以 $mol \cdot L^{-1}$ 表示，b 以 cm 表示时，k 称为（　　）。
   A. 摩尔吸光系数　　B. 吸光系数　　　　C. 桑德尔指数　　D. 比例系数

3. 以下说法错误的是（　　）。
   A. 吸光度 A 与浓度呈直线关系　　　　B. 透光率随浓度的增大而减小
   C. 当 T 为"0"时吸光度值为 ∞　　　　D. 最大吸收波长随浓度变化而变化

4. 以下哪个不是显色剂的选择原则（　　）。
   A. 摩尔吸光系数要小
   B. 选择性好
   C. 显色剂组成恒定，化学性质稳定
   D. 显色剂和待测物质形成的有色化合物的颜色与显色剂本身颜色有明显的差异

5. 某波长下有色配合物的摩尔吸光系数（ε）与下述各因素有关的是（　　）。
   A. 比色皿厚度　　　　　　　　　　　B. 有色配合物的浓度
   C. 入射光的波长　　　　　　　　　　D. 配合物的稳定性

6. 比色分析中，用 1cm 比色皿测得透光率为 T，若用 2cm 比色皿则测得透光率为（　　）。
   A. $2T$　　　　B. $T/2$　　　　C. T^2　　　　D. $T^{1/2}$

7. 下列说法中，不引起偏离朗伯-比耳定律的是（　　）。
   A. 非单色光　　　　　　　　　　　　B. 介质的不均匀性
   C. 检测器的光灵敏范围　　　　　　　D. 溶液中的化学反应

8. 已知某些显色体系的桑德尔灵敏度 S 为 $0.022g \cdot cm^{-2}$，Cu 的原子量为 63.35，则吸光系数为（　　）$L \cdot g^{-1} \cdot cm^{-1}$。
   A. 45.5　　　　B. 55.5　　　　C. 110　　　　D. 11.0

9. 用普通分光光度法测得标液 c_1 的透光率为 20%，试液的透光率为 12%，若以示差法测定，以 c_1 为参比，测试液的透光率为（　　）。

A. 40%　　　　B. 50%　　　　C. 60%　　　　D. 70%

10. 从标准曲线上查得的 Mn^{2+} 浓度为 $0.400mg \cdot mL^{-1}$ 时，吸光度 $A_s=0.360$，若未知液吸光度 $A_x=0.400$，则未知液中 Mn^{2+} 的浓度为（　　）$mg \cdot mL^{-1}$。

A. 0.480　　　B. 0.550　　　C. 0.600　　　D. 0.444

二、填空题

1. 如下页左图所示：符合朗伯-比耳定律的有色溶液，当其浓度增大后，$\lambda_{a,max}$ _____ $\lambda_{b,max}$ _____ $\lambda_{c,max}$；T_a _____ T_b _____ T_c；A_a _____ A_b _____ A_c；ε_a _____ ε_b _____ ε_c（填＞，＜或＝）。

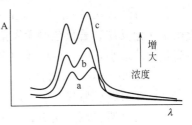

2. 有一符合朗伯-比耳定律的有色溶液，当先选用1cm比色皿时测得透光率为0.50，若选用2cm比色皿时透光率为_____。

3. 桑德尔灵敏度（S）单位是_____，数值上 $S=$ _____。

4. 吸光度测量范围一般选择 $A=$ _____ 或 T 为 _____。在 $A=$ _____ 时，测量的相对误差最小。

5. 分光光度计由 _____、_____、_____、_____、_____ 组成。

三、计算题

1. 两种蓝色溶液，已知每种溶液仅含一种物质，同样条件下用1.00cm吸收池得到如下吸光度值。问这两种溶液是否是同一种吸光物质？解释之。

溶液	A_{770nm}	A_{820nm}
1	0.622	0.417
2	0.391	0.240

2. 0.088mg Fe^{3+} 溶液，用硫氰酸盐显色后，在容量瓶中用水稀释到50.00mL，用1cm比色皿，在波长480nm处测得 $A=0.740$。求吸光系数 a 及 ε。

3. 某试液用2.00cm比色皿测量时，$T=60.0\%$。若用1.00cm和3.00cm的比色皿测量时，T 及 A 各是多少？

4. 铁(Ⅱ)与邻二氮菲反应，生成橙红色的邻二氮菲-亚铁配合物，浓度为 $1.0 \times 10^{-3} g \cdot L^{-1}$ 的铁(Ⅱ)溶液在波长508nm，比色皿厚度为2cm时，测得 $A=0.380$。计算邻二氮菲-亚铁的 a、ε 及 S〔已知：$M(Fe)=55.85 g \cdot mol^{-1}$〕。

5. 以 MnO_4^- 形式测定某合金中的锰。溶解0.500g合金试样并将锰全部氧化为 MnO_4^- 后，稀释溶液至500mL，用1cm比色皿在525nm处测得该溶液的吸光度为0.400；而另一 $1.00 \times 10^{-4} mol \cdot L^{-1}$ $KMnO_4$ 标准溶液在相同条件下测得的吸光度为0.585。设 $KMnO_4$ 溶液在此浓度范围服从朗伯-比耳定律，求合金中Mn的含量。

6. 苯胺（$C_6H_5NH_2$）与苦味酸（三硝基苯酚）能生成1∶1的盐——苦味酸苯胺，其 $\lambda_{max}=359nm$，$\varepsilon_{359nm}=1.25 \times 10^4 L \cdot mol^{-1} \cdot cm^{-1}$。将0.200g苯胺试样溶解后定容为500mL。取25.0mL该溶液与足量苦味酸反应后，转入250mL容量瓶，并稀释至刻度，再取此反应液10.0mL稀释到100mL后用1.00cm比色皿在359nm处测得吸光度 $A=0.425$，求此苯胺试样的纯度。

7. 两种无色物质 X 和 Y，反应生成（按1∶1化学计量关系反应）一种在550nm处

$\varepsilon_{550nm}=450 L\cdot mol^{-1}\cdot cm^{-1}$ 的有色配合物 XY。该配合物的解离常数是 6.00×10^{-4}。当混合等体积的 $0.0100 mol\cdot L^{-1}$ 的 X 和 Y 溶液时，用 1.00cm 比色皿在 550nm 处测得的吸光度应是多少？

8. 某钢铁样含镍约 0.12%，拟用丁二酮肟作显色剂进行光度测定（配合物组成比为 1:1，$\varepsilon=1.3\times 10^4 L\cdot mol^{-1}\cdot cm^{-1}$）。试样溶解后需转入 100mL 容量瓶，稀释至刻度后方能用于显色反应，若显色时含镍溶液又被稀释 5 倍。问欲在 470nm 用 1.00cm 比色皿测量时的测量误差最小，应称取试样约多少克？

9. 某含铁约 0.2% 的试样，用邻二氮菲-亚铁光度法（$\varepsilon=1.10\times 10^4 L\cdot mol^{-1}\cdot cm^{-1}$）测定。试样溶解后稀释至 100mL，用 1.00cm 比色皿，在 508nm 波长下测定吸光度。

（1）为使吸光度测量引起的浓度相对误差最小，应当称取试样多少克？

（2）如果说使用的光度计透光率最适宜读数范围为 0.200～0.650，测定溶液应控制的含铁的浓度范围为多少？

10. 某溶液中有三种物质，它们在特定波长处的吸光系数 $a(L\cdot g^{-1}\cdot cm^{-1})$ 如下表所示。设所用比色皿 $b=1cm$。给出以光度法测定它们浓度的方程式。单位用 $mg\cdot mL^{-1}$ 表示。

物质	400nm	500nm	600nm
A	0.00	0.00	1.00
B	2.00	0.05	0.00
C	0.60	1.80	0.00

附　　录

附录1　分析化学术语中英文对照表

中文	英文	中文	英文
分析化学	analytical chemistry	化学计量点	stoichiometric point
分析天平	analytical balance	滴定终点	end point
托盘天平	platform balance	滴定管	buret;burette
锥形瓶	conical flask	酸式滴定管	acid burette
烧杯	beaker	碱式滴定管	alkali burette
量筒	graduated cylinder	滴定曲线	titration curve
玻璃棒	glass stick;glass rod	绝对误差	absolute error
容量瓶	volumetric flask	相对误差	relative error
滴定管夹	burette clamp	系统误差	systematic error
滴定架台	burette stand	可定误差	determinate error
药匙	medicine spoon	随机误差	accidental error
滴管	drip tube;dropper;medicine dropper	不可定误差	indeterminate error
托盘	pan	准确度	accuracy
碘量瓶	iodine flask	精确度	precision
试剂瓶	reagent bottle	偏差	deviation
洗耳球	rubber suction bulb	平均偏差	average deviation
洗瓶	plastic wash bottle	相对平均偏差	relative average deviation
水浴锅	water bath kettle	标准偏差(标准差)	standard deviation
温度计	thermometer	相对平均偏差	relative standard deviation, RSD
湿度计	hygrometer;hydroscope	变异系数	coefficient of variation
电炉	electric furnace;electric hot plate;electric stove	误差传递	propagation of error
铁支架	siderocradle	有效数字	significant figure
容量分析法	volumetric analysis	置信水平	confidence level
滴定分析法	titrametric analysis	显著性水平	level of significance
定性分析	qualitative analysis	离群值	outlier
定量分析	quantitative analysis	电荷平衡	charge balance
结构分析	structure analysis	电荷平衡式	charge balance equation
无机分析	inorganic analysis	质量平衡	mass balance
有机分析	organic analysis	物料平衡	material balance
常量分析	macro analysis	质量平衡式	mass balance equation
半微量分析	semimicro analysis	酸碱滴定法	acid-base titration
微量分析	micro analysis	质子自递反应	autoprotolysis reaction
超微量分析	ultramicro analysis	质子自递常数	autoprotolysis constant
仪器分析法	instrumental analysis	质子条件式	proton balance equation
滴定	titration	酸碱指示剂	acid-base indicator

续表

中文	英文	中文	英文
指示剂常数	indicator constant	高锰酸钾法	potassium permanganate method
变色范围	colour change interval	条件电位	conditional potential
混合指示剂	mixed indicator	溴酸钾法	potassium bromate method
双指示剂滴定法	double indicator titration	硫酸铈法	cerium sulphate method
非水滴定法	nonaqueous titration	亚硝酸钠法	sodium nitrite method
酸性溶剂	acid solvent	重氮化反应	diazotization reaction
碱性溶剂	basic solvent	重氮化滴定法	diazotization titration
缓冲溶液	buffer solution	亚硝基化反应	nitrozation reaction
离子化	ionization	亚硝基化滴定法	nitrozation titration
解离	dissociation	外指示剂	external indicator;outside indicator
指示剂	indicator	重铬酸钾法	potassium dichromate method
酚酞指示剂	phenolphthalein indicator	沉淀滴定法	precipitation titration
百里酚蓝	thymol blue	容量滴定法	volumetric precipitation method
偶氮紫	azoviolet	银量法	argentometric method
配位滴定法	compleximetry titration	重量分析法	gravimetric analysis
乙二胺四乙酸	ethylenediamine tetraacetic acid;EDTA	挥发法	volatilization method
螯合物	chelate compound	沉淀形式	precipitation forms
金属指示剂	metallochrome indicator	称量形式	weighing forms
氧化还原滴定法	oxidation-reduction titration	可见分光光度法	visible spectrophotometry
碘量法	iodimetry;iodometric method	透光率	transmittance
溴量法	bromine method	吸光度	absorbance
铈量法	cerimetry		

附录2　SI 基本单位

量的名称	量的符号	单位名称	单位符号
长度	$l(L)$	米	m
质量	m	千克(公斤)	kg
时间	t	秒	s
电流	I	安[培]	A
热力学温度	T	开[尔文]	K
物质的量	n	摩[尔]	mol
发光强度	$I(Iv)$	坎[德拉]	cd

注：1.（　）中的名称，是它前面名称的同义词。
2.[　]中的词或字在不致混淆、误解的情况下可省略。

附录3　SI 词头

因数	词头名称		符号
	原文(法)	中文	
10^3	kilo	千	k
10^2	hecto	百	h
10^1	deca	十	da

续表

因数	词头名称		符号
	原文(法)	中文	
10^{-1}	deci	分	d
10^{-2}	centi	厘	c
10^{-3}	milli	毫	m
10^{-6}	micro	微	μ
10^{-9}	nano	纳[诺]	n
10^{-12}	pico	皮[可]	p
10^{-15}	femto	飞[姆托]	f
10^{-18}	atto	阿[托]	a

附录4 希腊字母简表

字母名称	国际音标	大写字母	小写字母	字母名称	国际音标	大写字母	小写字母
alpha	/ˈælfə/	A	α	nu	/njuː/	N	ν
beta	/ˈbiːtə/ 或 /ˈbeɪtə/	B	β	xi	希腊/ksi/; 英美/ˈzaɪ/ 或 /ˈksaɪ/	Ξ	ξ
gamma	/ˈgæmə/	Γ	γ	omicron	/əʊˈmaɪkrən/ 或 /ˈɒmɪˌkrɒn/	O	o
delta	/ˈdeltə/	Δ	δ	pi	/paɪ/	Π	π
epsilon	/ˈepsɪlɒn/	E	ε	rho	/rəʊ/	P	ρ
zeta	/ˈziːtə/	Z	ζ	sigma	/ˈsɪgmə/	Σ	σs
eta	/ˈiːtə/	H	η	tau	/tɔː/ 或 /taʊ/	T	τ
theta	/ˈθiːtə/	Θ	θ	upsilon	/ˈɪpsɪlɒn/ 或 /ˈʌpsɪlɒn/	Υ	υ
iota	/aɪˈəʊtə/	I	ι	phi	/faɪ/	Φ	φ
kappa	/ˈkæpə/	K	κ	chi	/kaɪ/	X	χ
lambda	/ˈlæmdə/	Λ	λ	psi	/psaɪ/	Ψ	ψ
mu	/mjuː/	M	μ	omega	/ˈəʊmɪgə/ 或 /oʊˈmegə/	Ω	ω

注：读音均为英语读法，非希腊语本音。

附录5 原子量表

元素	符号	原子量	元素	符号	原子量	元素	符号	原子量
银	Ag	107.87	铪	Hf	178.49	铷	Rb	85.468
铝	Al	26.982	汞	Hg	200.59	铼	Re	186.21
氩	Ar	39.948	钬	Ho	164.93	铑	Rh	102.905
砷	As	74.922	碘	I	126.90	钌	Ru	101.07
金	Au	196.97	铟	In	114.82	硫	S	32.066
硼	B	10.811	铱	Ir	192.22	锑	Sb	121.76
钡	Ba	137.33	钾	K	39.098	钪	Sc	44.956
铍	Be	9.0122	氪	Kr	83.798	硒	Se	78.96
铋	Bi	208.98	镧	La	138.905	硅	Si	28.086
溴	Br	79.904	锂	Li	6.941	钐	Sm	150.36
碳	C	12.011	镥	Lu	174.97	锡	Sn	118.71
钙	Ca	40.078	镁	Mg	24.305	锶	Sr	87.62
镉	Cd	112.41	锰	Mn	54.938	钽	Ta	180.95

续表

元素	符号	相对原子质量	元素	符号	相对原子质量	元素	符号	相对原子质量
铈	Ce	140.12	钼	Mo	95.96	铽	Tb	158.925
氯	Cl	35.453	氮	N	14.007	碲	Te	127.60
钴	Co	58.933	钠	Na	22.180	钍	Th	232.04
铬	Cr	51.996	铌	Nb	92.906	钛	Ti	47.867
铯	Cs	132.905	钕	Nd	144.24	铊	Tl	204.38
铜	Cu	63.546	氖	Ne	20.180	铥	Tm	168.93
镝	Dy	162.50	镍	Ni	58.693	铀	U	238.03
铒	Er	167.26	镎	Np	237.05	钒	V	50.942
铕	Eu	151.96	氧	O	15.999	钨	W	183.84
氟	F	18.998	锇	Os	190.23	氙	Xe	131.29
铁	Fe	55.845	磷	P	30.974	钇	Y	88.906
镓	Ga	69.723	铅	Pb	207.2	镱	Yb	173.054
钆	Gd	157.25	钯	Pd	106.42	锌	Zn	65.38
锗	Ge	72.64	镨	Pr	140.91	锆	Zr	91.224
氢	H	1.0079	铂	Pt	195.08			
氦	He	4.0026	镭	Ra	226.03			

附录6 常见化合物的摩尔质量

化合物	$M/\text{g·mol}^{-1}$	化合物	$M/\text{g·mol}^{-1}$
Ag_3AsO_4	462.52	$BiCl_3$	315.34
$AgBr$	187.77	$BiOCl$	260.43
$AgCl$	143.32	CO_2	44.01
$AgCN$	133.89	CaO	56.08
$AgSCN$	165.95	$CaCO_3$	100.09
Ag_2CrO_4	331.73	CaC_2O_4	128.10
AgI	234.77	$CaCl_2$	110.99
$AgNO_3$	169.87	$CaCl_2 \cdot 6H_2O$	219.08
$AlCl_3$	133.34	$Ca(NO_3)_2 \cdot 4H_2O$	236.15
$AlCl_3 \cdot 6H_2O$	241.43	$Ca(OH)_2$	74.09
$Al(NO_3)_3$	213.00	$Ca_3(PO_3)_2$	310.08
$Al(NO_3)_3 \cdot 9H_2O$	375.13	$CaSO_4$	136.14
Al_2O_3	101.96	$CdCO_3$	172.42
$Al(OH)_3$	78.00	$CdCl_2$	183.32
$Al_2(SO_4)_3$	342.14	CdS	144.47
$Al_2(SO_4)_3 \cdot 18H_2O$	666.14	$Ce(SO_4)_2$	332.24
As_2O_3	197.84	$Ce(SO_4)_2 \cdot 4H_2O$	404.30
As_2O_5	229.84	CH_3COOH	60.052
As_2S_3	246.02	CH_3COONa	82.034
$BaCO_3$	197.34	$CH_3COONa \cdot 3H_2O$	136.08
BaC_2O_4	225.35	CH_3COONH_4	77.083
$BaCl_2$	208.24	$CoCl_2$	129.84
$BaCl_2 \cdot 2H_2O$	244.27	$CoCl_2 \cdot 6H_2O$	237.93
$BaCrO_4$	253.32	$Co(NO_3)_2$	132.94
BaO	153.33	$Co(NO_3)_2 \cdot 6H_2O$	291.03
$Ba(OH)_2$	171.34	CoS	90.99
$BaSO_4$	233.39	$CoSO_4$	154.99

续表

化合物	$M/\text{g}\cdot\text{mol}^{-1}$	化合物	$M/\text{g}\cdot\text{mol}^{-1}$
$CoSO_4\cdot 7H_2O$	281.10	HI	127.91
$Co(NH_2)_2$	60.06	HIO_3	175.91
$CrCl_3$	158.35	HNO_3	63.013
$CrCl_3\cdot 6H_2O$	266.45	HNO_2	47.013
$Cr(NO_3)_3$	238.01	H_2O	18.015
Cr_2O_3	151.99	H_2O_2	34.015
$CuCl$	98.999	H_3PO_4	97.995
$CuCl_2$	134.45	H_2S	34.08
$CuCl_2\cdot 2H_2O$	170.48	H_2SO_3	82.07
$CuSCN$	121.62	H_2SO_4	98.07
CuI	190.45	$Hg(CN)_2$	252.63
$Cu(NO_3)_2$	187.56	$HgCl_2$	271.50
$Cu(NO_3)_2\cdot 3H_2O$	241.60	Hg_2Cl_2	472.09
CuO	79.545	HgI_2	454.40
Cu_2O	143.09	$Hg_2(NO_3)_2$	525.19
CuS	95.61	$Hg_2(NO_3)_2\cdot 2H_2O$	561.22
$CuSO_4$	159.60	$Hg(NO_3)_2$	324.60
$CuSO_4\cdot 5H_2O$	249.68	HgO	216.59
$FeCl_2$	126.75	HgS	232.65
$Fe(OH)_3$	106.87	$HgSO_4$	296.65
$FeCl_2\cdot 4H_2O$	198.81	Hg_2SO_4	497.24
$FeCl_3$	162.21	$KAl(SO_4)_2\cdot 12H_2O$	474.38
$FeCl_3\cdot 6H_2O$	270.30	KBr	119.00
$FeNH_4(SO_4)_2\cdot 12H_2O$	482.18	$KBrO_3$	167.00
$Fe(NO_3)_3$	241.86	KCl	74.551
$Fe(NO_3)_3\cdot 9H_2O$	404.00	$KClO_3$	122.55
FeO	71.846	$KClO_4$	138.55
Fe_2O_3	159.69	KCN	65.116
Fe_3O_4	231.54	K_2CO_3	138.21
FeS	87.91	K_2CrO_4	194.19
Fe_2S_3	207.87	$K_2Cr_2O_7$	294.18
$FeSO_4$	151.90	$K_3Fe(CN)_6$	329.25
$FeSO_4\cdot 7H_2O$	278.01	$K_4Fe(CN)_6$	368.35
$FeSO_4(NH_4)_2(SO_4)_2\cdot 6H_2O$	392.13	$KFe(SO_4)_2\cdot 12H_2O$	503.24
H_3AsO_3	125.94	$KHC_2O_4\cdot H_2O$	146.14
H_3AsO_4	141.94	$KHC_2O_4\cdot H_2C_2O_4\cdot 2H_2O$	254.19
H_3BO_3	61.83	$KHC_4H_4O_6$	188.18
HBr	80.912	$KHSO_4$	136.16
HCN	27.026	KI	166.00
$HCOOH$	46.026	KIO_3	214.00
H_2CO_3	62.025	$KIO_3\cdot HIO_3$	389.91
$H_2C_2O_4$	90.035	$KMnO_4$	158.03
$H_2C_2O_4\cdot 2H_2O$	126.07	$KNaC_4H_4O_6\cdot 4H_2O$	282.22
HCl	36.461	KNO_3	101.10
HF	20.006	KNO_2	85.104

续表

化合物	$M/\text{g}\cdot\text{mol}^{-1}$	化合物	$M/\text{g}\cdot\text{mol}^{-1}$
K_2O	94.196	Na_2SO_4	142.06
KOH	56.106	$Na_2S_2O_3$	158.10
$KSCN$	97.18	$Na_2S_2O_3\cdot 5H_2O$	248.17
K_2SO_4	174.25	NO	30.006
$MgCO_3$	84.314	NO_2	46.006
$MgCl_2$	95.211	NH_3	17.03
$MgCl_2\cdot 6H_2O$	203.30	NH_4Cl	53.491
MgC_2O_4	112.33	$(NH_4)_2CO_3$	96.086
$Mg(NO_3)_2\cdot 6H_2O$	256.41	$(NH_4)_2C_2O_4$	124.10
$MgNH_4PO_4$	137.32	$(NH_4)_2C_2O_4\cdot H_2O$	142.11
MgO	40.304	NH_4SCN	76.12
$Mg(OH)_2$	58.32	NH_4HCO_3	79.055
$Mg_2P_2O_7$	222.55	$(NH_4)_2MoO_4$	196.01
$MgSO_4\cdot 7H_2O$	246.47	NH_4NO_3	80.043
$MnCO_3$	114.95	$(NH_4)_2HPO_4$	132.06
$MnCl_2\cdot 4H_2O$	197.91	$(NH_4)_2S$	68.14
$Mn(NO_3)_2\cdot 6H_2O$	287.04	$(NH_4)_2SO_4$	132.13
MnO	70.937	NH_4VO_3	116.98
MnO_2	86.937	$NiCl_2\cdot 6H_2O$	237.69
MnS	87.00	NiO	74.69
$MnSO_4$	151.00	$Ni(NO_3)_2\cdot 6H_2O$	290.79
$MnSO_4\cdot 4H_2O$	223.06	NiS	90.75
Na_3AsO_3	191.89	$NiSO_4\cdot 7H_2O$	280.85
$Na_2B_4O_7$	201.22	P_2O_5	141.94
$Na_2B_4O_7\cdot 10H_2O$	381.37	$PbCO_3$	267.20
$NaBiO_3$	279.97	PbC_2O_4	295.22
$NaCN$	49.007	$PbCl_2$	278.10
$NaSCN$	81.07	$PbCrO_4$	323.20
Na_2CO_3	105.99	$Pb(CH_3COO)_2$	325.30
$Na_2CO_3\cdot 10H_2O$	286.14	$Pb(CH_3COO)_2\cdot 3H_2O$	379.30
$Na_2C_2O_4$	134.00	PbI_2	461.00
$NaCl$	58.443	$Pb(NO_3)_2$	331.20
$NaClO$	74.442	PbO	223.20
$NaHCO_3$	84.007	PbO_2	239.20
$Na_2HPO_4\cdot 12H_2O$	358.14	$Pb_3(PO_4)_2$	811.54
$Na_2H_2Y\cdot 2H_2O$	372.24	PbS	239.30
$NaNO_2$	68.995	$PbSO_4$	303.30
$NaNO_3$	84.995	SO_2	64.06
Na_2O	61.979	SO_3	80.06
Na_2O_2	77.978	$SbCl_3$	228.11
$NaOH$	39.997	$SbCl_5$	299.02
Na_3PO_4	163.94	Sb_2O_3	291.50
Na_2S	78.04	Sb_2S_3	339.68
$Na_2S\cdot 9H_2O$	240.18	SiF_4	104.08
Na_2SO_3	123.04	SiO_2	60.084

化合物	$M/\text{g·mol}^{-1}$	化合物	$M/\text{g·mol}^{-1}$
$SnCl_2$	189.62	$UO_2(CH_3COO)_2·2H_2O$	424.15
$SnCl_2·2H_2O$	225.65	$Zn(CH_3COO)_2$	183.47
$SnCl_4$	260.52	$Zn(CH_3COO)_2·2H_2O$	219.50
$SnCl_4·5H_2O$	350.96	$ZnCO_3$	125.39
SnO_2	150.71	ZnC_2O_4	153.40
SnS	150.776	$ZnCl_2$	136.29
$SrCO_3$	147.63	$Zn(NO_3)_2$	189.39
SrC_2O_4	175.64	$Zn(NO_3)_2·6H_2O$	297.48
$SrCrO_4$	203.61	ZnO	81.38
$Sr(NO_3)_2$	211.63	ZnS	97.44
$Sr(NO_3)_2·4H_2O$	283.69	$ZnSO_4$	161.44
$SrSO_4$	183.68	$ZnSO_4·7H_2O$	287.54

附录7 弱酸及共轭碱在水中的解离常数（25℃，$I=0$）

弱酸	分子式	K_a	pK_a	共轭碱 pK_b	共轭碱 K_b
砷酸	H_3AsO_4	$6.3\times10^{-3}(K_{a_1})$	2.20	11.80	$1.6\times10^{-12}(K_{b_3})$
		$1.0\times10^{-7}(K_{a_2})$	7.00	7.00	$1.0\times10^{-7}(K_{b_2})$
		$3.2\times10^{-12}(K_{a_3})$	11.50	2.50	$3.1\times10^{-3}(K_{b_1})$
亚砷酸	$HAsO_2$	6.0×10^{-10}	9.22	4.78	1.7×10^{-5}
硼酸	H_3BO_3	5.8×10^{-10}	9.24	4.76	1.7×10^{-5}
焦硼酸	$H_2B_4O_7$	$1\times10^{-4}(K_{a_1})$	4	105	$1\times10^{-10}(K_{b_2})$
		$1\times10^{-9}(K_{a_2})$	9		$1\times10^{-5}(K_{b_1})$
碳酸	H_2CO_3	$4.2\times10^{-7}(K_{a_1})$	6.38	7.63	$2.4\times10^{-8}(K_{b_2})$
	(CO_2+H_2O)	$5.6\times10^{-11}(K_{a_2})$	10.25	3.75	$1.8\times10^{-4}(K_{b_1})$
氢氰酸	HCN	6.2×10^{-10}	9.21	4.79	1.6×10^{-5}
铬酸	H_2CrO_4	$1.8\times10^{-1}(K_{a_1})$	0.74	13.26	$5.6\times10^{-14}(K_{b_2})$
		$3.2\times10^{-7}(K_{a_2})$	6.50	7.5	$3.1\times10^{-8}(K_{b_1})$
氢氟酸	HF	6.6×10^{-4}	3.18	10.82	1.5×10^{-11}
亚硝酸	HNO_2	5.1×10^{-4}	3.29	10.71	1.2×10^{-11}
过氧化氢	H_2O_2	1.8×10^{-12}	11.75	2.25	5.6×10^{-3}
磷酸	H_3PO_4	$7.6\times10^{-3}(K_{a_1})$	2.12	11.88	$1.3\times10^{-12}(K_{b_3})$
		$6.3\times10^{-8}(K_{a_2})$	7.20	6.8	$1.6\times10^{-7}(K_{b_2})$
		$4.4\times10^{-13}(K_{a_3})$	12.36	1.64	$2.3\times10^{-2}(K_{b_1})$
焦磷酸	$H_4P_2O_7$	$3.0\times10^{-2}(K_{a_1})$	1.52	12.48	$3.3\times10^{-13}(K_{b_4})$
		$4.4\times10^{-3}(K_{a_2})$	2.36	11.64	$2.3\times10^{-12}(K_{b_3})$
		$2.5\times10^{-7}(K_{a_3})$	6.60	7.40	$4.0\times10^{-8}(K_{b_2})$
		$5.6\times10^{-11}(K_{a_4})$	9.25	4.75	$1.8\times10^{-5}(K_{b_1})$
亚磷酸	H_3PO_3	$5.0\times10^{-2}(K_{a_1})$	1.30	12.70	$2.0\times10^{-13}(K_{b_2})$
		$2.5\times10^{-7}(K_{a_2})$	6.60	7.40	$4.0\times10^{-8}(K_{b_1})$
氢硫酸	H_2S	$1.3\times10^{-7}(K_{a_1})$	6.88	7.12	$7.7\times10^{-8}(K_{b_2})$
		$7.1\times10^{-15}(K_{a_2})$	14.15	−0.15	$1.41(K_{b_1})$
硫酸	HSO_4^-	$1.0\times10^{-2}(K_{a_2})$	1.99	12.01	$1.0\times10^{-12}(K_{b_1})$
亚硫酸	H_2SO_3	$1.3\times10^{-2}(K_{a_1})$	1.90	12.10	$7.7\times10^{-13}(K_{b_2})$
	(SO_2+H_2O)	$6.3\times10^{-8}(K_{a_2})$	7.20	6.80	$1.6\times10^{-7}(K_{b_1})$

续表

弱酸	分子式	K_a	pK_a	共轭碱	
				pK_b	K_b
偏硅酸	H_2SiO_3	$1.7\times10^{-10}(K_{a_1})$	9.77	4.23	$5.9\times10^{-5}(K_{b_2})$
		$1.6\times10^{-12}(K_{a_2})$	11.8	2.20	$6.2\times10^{-3}(K_{b_1})$
甲酸	HCOOH	1.8×10^{-4}	3.74	10.26	5.5×10^{-11}
乙酸	CH_3COOH	1.8×10^{-5}	4.74	9.26	5.5×10^{-10}
一氯乙酸	$CH_2ClCOOH$	1.4×10^{-3}	2.86	11.14	6.9×10^{-12}
二氯乙酸	$CHCl_2COOH$	5.0×10^{-2}	1.30	12.70	2.0×10^{-13}
三氯乙酸	CCl_3COOH	0.23	0.64	13.36	4.3×10^{-14}
氨基乙酸盐	$^+NH_3CH_2COOH$	$4.5\times10^{-3}(K_{a_1})$	2.35	11.65	$2.2\times10^{-12}(K_{b_2})$
	$^+NH_3CH_2COO^-$	$2.5\times10^{-10}(K_{a_2})$	9.60	4.40	$4.0\times10^{-5}(K_{b_1})$
乳酸	$CH_3CHOHCOOH$	1.4×10^{-4}	3.86	10.14	7.2×10^{-11}
苯甲酸	C_6H_5COOH	6.2×10^{-5}	4.21	9.79	1.6×10^{-10}
草酸	$H_2C_2O_4$	$5.9\times10^{-2}(K_{a_1})$	1.22	12.78	$1.7\times10^{-13}(K_{b_2})$
		$6.4\times10^{-5}(K_{a_2})$	4.19	9.81	$1.6\times10^{-10}(K_{b_1})$
D-酒石酸	CH(OH)COOH|CH(OH)COOH	$9.1\times10^{-4}(K_{a_1})$	3.04	10.96	$1.1\times10^{-11}(K_{b_2})$
		$4.3\times10^{-5}(K_{a_2})$	4.37	9.63	$2.3\times10^{-10}(K_{b_1})$
邻苯二甲酸	$C_6H_4(COOH)_2$	$1.1\times10^{-3}(K_{a_1})$	2.95	11.05	$9.1\times10^{-12}(K_{b_2})$
		$3.9\times10^{-6}(K_{a_2})$	5.41	8.59	$2.6\times10^{-9}(K_{b_1})$
柠檬酸	CH_2COOH|$C(OH)COOH$|CH_2COOH	$7.4\times10^{-4}(K_{a_1})$	3.13	10.87	$1.4\times10^{-11}(K_{b_3})$
		$1.7\times10^{-5}(K_{a_2})$	4.76	9.26	$5.9\times10^{-10}(K_{b_2})$
		$4.0\times10^{-7}(K_{a_3})$	6.40	7.60	$2.5\times10^{-8}(K_{b_1})$
苯酚	C_6H_5OH	1.1×10^{-10}	9.95	4.05	9.1×10^{-5}
乙二胺四乙酸	$H_6\text{-EDTA}^{2+}$	$0.13(K_{a_1})$	0.9	13.1	$7.7\times10^{-14}(K_{b_6})$
	$H_5\text{-EDTA}^+$	$3\times10^{-2}(K_{a_2})$	1.6	12.4	$3.3\times10^{-10}(K_{b_5})$
	$H_4\text{-EDTA}$	$1\times10^{-2}(K_{a_3})$	2.0	12.0	$1\times10^{-8}(K_{b_4})$
	$H_3\text{-EDTA}^-$	$2.1\times10^{-3}(K_{a_4})$	2.67	11.33	$4.8\times10^{-12}(K_{b_3})$
	$H_2\text{-EDTA}^{2-}$	$6.9\times10^{-7}(K_{a_5})$	6.16	7.84	$1.4\times10^{-8}(K_{b_2})$
	$H\text{-EDTA}^{3-}$	$5.5\times10^{-11}(K_{a_6})$	10.26	3.74	$1.8\times10^{-4}(K_{b_1})$
铵根离子	NH_4^+	5.5×10^{-10}	9.26	4.74	1.8×10^{-5}
联氨离子	$^+NH_3NH_3^+$	3.3×10^{-9}	8.48	5.52	3.0×10^{-6}
羟氨离子	NH_3^+OH	1.1×10^{-6}	5.96	8.04	9.1×10^{-9}
甲胺离子	$CH_3NH_3^+$	2.4×10^{-11}	10.62	3.38	4.2×10^{-4}
乙胺离子	$C_2H_5NH_3^+$	1.8×10^{-11}	10.75	3.25	5.6×10^{-4}
二甲胺离子	$(CH_3)_2NH_2^+$	8.5×10^{-11}	10.07	3.93	1.2×10^{-4}
二乙胺离子	$(C_2H_5)_2NH_2^+$	7.8×10^{-11}	11.11	2.89	1.3×10^{-3}
乙醇胺离子	$HOCH_2CH_2NH_3^+$	3.2×10^{-10}	9.50	4.50	3.2×10^{-5}
三乙醇胺离子	$(HOCH_2CH_2)_3NH^+$	1.7×10^{-8}	7.76	6.24	5.8×10^{-7}

续表

弱酸	分子式	K_a	pK_a	共轭碱	
				pK_b	K_b
六亚甲基四胺离子	$(CH_2)_6N_4H^+$	7.1×10^{-6}	5.15	8.85	1.4×10^{-9}
乙二胺离子	$^+NH_3CH_2CH_2NH_3^+$	$1.4\times10^{-7}(K_{a_1})$	6.85	7.15	$7.1\times10^{-8}(K_{b_2})$
	$H_2NCH_2CH_2NH_3^+$	$1.2\times10^{-10}(K_{a_2})$	9.93	4.07	$8.5\times10^{-5}(K_{b_1})$
吡啶阳离子	$C_5H_5NH^+$	5.9×10^{-6}	5.23	8.77	1.7×10^{-9}

附录8 氨羧类配合物的稳定常数（18～25℃，$I=0.1\ mol\cdot L^{-1}$）

金属离子	lgK						
	EDTA	DCyTA	DTPA	EGTA	HEDTA	NTA	
						$lg\beta_1$	$lg\beta_2$
Ag^+	7.32			6.88	6.71	5.16	
Al^{3+}	16.3	19.5	18.6	13.9	14.3	11.4	
Ba^{2+}	7.86	8.69	8.87	8.41	6.3	4.82	
Be^{2+}	9.2	11.51				7.11	
Bi^{3+}	27.94	32.3	35.6		22.3	17.5	
Ca^{2+}	10.69	13.20	10.83	10.97	8.3	6.41	
Cd^{2+}	16.46	19.93	19.2	16.7	13.3	9.83	14.61
Co^{2+}	16.31	19.62	19.27	12.39	14.6	10.38	14.39
Co^{3+}	36				37.4	6.84	
Cr^{3+}	23.4					6.23	
Cu^{2+}	18.80	22.00	21.55	17.71	17.6	12.96	
Fe^{2+}	14.32	19.0	16.5	11.87	12.3	8.33	
Fe^{3+}	25.1	30.1	28.0	20.5	19.8	15.9	
Ga^{3+}	20.3	23.2	25.54		16.9	13.6	
Hg^{2+}	21.7	25.00	26.70	23.2	20.30	14.6	
In^{3+}	25.0	28.8	29.0		20.2	16.9	
Li^+	2.79					2.51	
Mg^{2+}	8.7	11.02	9.30	5.21	7.0	5.41	
Mn^{2+}	13.87	17.48	15.60	12.28	10.9	7.44	
Mo(V)	约为28						
Na^+	1.66						1.22
Ni^{2+}	18.62	20.3	20.32	13.55	17.3	11.53	16.42
Pb^{2+}	18.04	20.38	18.80	14.71	15.7	11.39	
Sc^{3+}	23.1	26.1	24.5	18.2			24.1
Sn^{2+}	22.11						

续表

金属离子	lgK						
	EDTA	DCyTA	DTPA	EGTA	HEDTA	NTA	
						$lg\beta_1$	$lg\beta_2$
Sr^{2+}	8.73	10.59	9.77	8.50	6.9	4.98	
Th^{4+}	23.2	25.6	28.78				
TiO^{2+}	17.3						
Tl^{3+}	37.8	38.3				20.9	32.5
U^{4+}	25.8	27.6	7.69				
VO^{2+}	18.8	20.1					
Y^{3+}	18.09	19.85	22.13	17.16	14.78	11.41	20.43
Zn^{2+}	16.50	19.37	18.40	12.7	14.7	10.67	14.29
Zr^{4+}	29.5		35.8			20.8	
稀土元素	16~20	17~22	19		13~16	10~12	

注：EDTA 为乙二胺四乙酸；DCyTA（或 DCTA、CyDTA）为环己二胺四乙酸；DTPA 为二乙基三胺五乙酸；HEDTA 为 N-β-羟乙基乙二胺三乙酸；NTA 为氨三乙酸；EGTA 为乙二醇二乙醚二胺四乙酸。

附录 9 配合物的稳定常数（18~25℃）

金属离子	I/mol·L^{-1}	n	$lg\beta_n$
氨配合物			
Ag^+	0.5	1,2	3.24,7.05
Cd^{2+}	2	1,…,6	2.65,4.75,6.19,7.12,6.80,5.14
Co^{2+}	2	1,…,6	2.11,3.74,4.79,5.55,5.73,5.11
Co^{3+}	2	1,…,6	6.7,14.0,20.1,25.7,30.8,35.2
Cu^+	2	1,2	5.93,10.86
Cu^{2+}	2	1,…,5	4.31,7.98,11.02,13.32,12.86
Ni^{2+}	2	1,…,6	2.80,5.04,6.77,7.96,8.71,8.74
Zn^{2+}	2	1,…,4	2.37,4.81,7.31,9.46
溴配合物			
Ag^+	0	1,…,4	4.38,7.33,8.00,8.73
Bi^{3+}	2.3	1,…,6	4.30,5.55,5.89,7.82,—,9.70
Cd^{2+}	3	1,…,4	1.75,2.34,3.32,3.70
Cu^{2+}	0	2	5.89
Hg^{2+}	0.5	1,…,4	9.05,17.32,19.74,21.00
氯配合物			
Ag^+	0	1,…,4	3.04,5.04,5.04,5.30,
Hg^{2+}	0.5	1,…,4	6.74,13.22,14.07,15.07
Sn^{2+}	0	1,…,4	1.51,2.24,2.03,1.48
Sb^{2+}	4	1,…,6	2.26,3.49,4.18,4.72,4.11

续表

金属离子	$I/\text{mol}\cdot\text{L}^{-1}$	n	$\lg\beta_n$
氰配合物			
Ag^+	0	1,…,4	—,21.1,21.7,20.6
Cd^{2+}	3	1,…,4	5.48,10.60,15.23,18.78
Co^{2+}		6	19.09
Cu^{2+}	0	1,…,4	—,24.0,28.59,30.3
Fe^{2+}	0	6	35
Fe^{3+}	0	6	42
Hg^{2+}	0	4	41.4
Ni^{2+}	0.1	4	31.3
Zn^{2+}	0.1	4	16.7
氟配合物			
Al^{3+}	0.5	1,…,6	6.13,11.15,15.00,17.75,19.37,19.84
Fe^{3+}	0.5	1,…,6	5.28,9.30,12.06,—,15.77,—
Th^{4+}	0.5	1,2,3	7.65,13.46,17.97
TiO_2^{2+}	3	1,…,4	5.4,9.8,13.7,18.0
ZrO_2^{2+}	2	1,2,3	8.80,16.12,21.94
碘配合物			
Ag^+	0	1,2,3	6.58,11.74,13.68
Bi^{3+}	2	1,…,6	3.63,—,—,14.95,16.80,18.80
Cd^{2+}	0	1,…,4	2.10,3.43,4.49,5.41
Pb^{2+}	0	1,…,4	2.00,3.15,3.92,4.47
Hg^{2+}	0.5	1,…,4	12.87,23.82,27.60,29.83
磷酸配合物			
Ca^{2+}	0.2	CaHL	1.7
Mg^{2+}	0.2	MgHL	1.9
Mn^{2+}	0.2	MnHL	2.6
Fe^{3+}	0.66	FeL	9.35
硫氰酸配合物			
Ag^+	2.2	1,…,4	—,7.57,9.08,10.08
Au^+	0	1,…,4	—,23,—,42
Co^{2+}	1	1	1.0
Cu^+	5	1,…,4	—,11.00,10.90,10.48
Fe^{3+}	0.5	1,2	2.95,3.36
Hg^{2+}	1	1,…,4	—,17.47,—,21.23
硫代硫酸配合物			
Ag^+	0	1,2,3	8.82,13.46,14.15
Cu^+	0.8	1,2,3	10.35,12.27,13.71
Hg^{2+}	0	1,…,4	—,29.86,32.26,33.61
Pb^{2+}	0	1,3	5.1,6.4
乙酰丙酮配合物			
Al^{3+}	0	1,2,3	8.60,15.5,21.30
Cu^{2+}	0	1,2	8.27,16.34
Fe^{2+}	0	1,2	5.07,8.67
Fe^{3+}	0	1,2,3	11.4,22.1,26.7
Ni^{2+}	0	1,2,3	6.06,10.77,13.09
Zn^{2+}	0	1,2	4.98,8.81

续表

金属离子	$I/\text{mol}\cdot\text{L}^{-1}$	n	$\lg\beta_n$
柠檬酸配合物			
Ag^+	0	Ag_2HL	7.1
Al^{3+}	0.5	$AlHL$	7.0
		AlL	20.0
		$AlOHL$	30.6
Ca^{2+}	0.5	CaH_3L	10.9
		CaH_2L	8.4
		$CaHL$	3.5
Cd^{2+}	0.5	CdH_2L	7.9
		$CdHL$	4.0
		CdL	11.3
Co^{2+}	0.5	CoH_2L	8.9
		$CoHL$	4.4
		CoL	12.5
Cu^{2+}	0.5	CuH_3L	12.0
	0	$CuHL$	6.1
	0.5	CuL	18.0
Fe^{2+}	0.5	FeH_3L	7.3
		$FeHL$	3.1
		FeL	15.5
Fe^{3+}	0.5	FeH_2L	12.2
		$FeHL$	10.9
		FeL	25.0
Ni^{2+}	0.5	NiH_2L	9.0
		$NiHL$	4.8
		NiL	14.3
Pb^{2+}	0.5	PbH_2L	11.2
		$PbHL$	5.2
		PbL	12.3
Zn^{2+}	0.5	ZnH_2L	8.7
		$ZnHL$	4.5
		ZnL	11.4
草酸配合物			
Al^{3+}	0	1,2,3	7.26,13.0,16.3
Cd^{2+}	0.5	1,2	2.9,4.7
Co^{2+}	0.5	$CoHL$	5.5
		CoH_2L	10.6
		1,2,3	4.79,6.7,9.7
Co^{3+}	0	3	20
Cu^{2+}	0.5	$CuHL$	6.25
		1,2	4.5,8.9
Fe^{2+}	0.5~1	1,2,3	2.9,4.52,5.22
Fe^{3+}	0	1,2,3	9.4,16.2,20.2
Mg^{2+}	0.1	1,2	2.76,4.38
$Mn(\text{III})$	2	1,2,3	9.98,16.57,19.42
Ni^{2+}	0.1	1,2,3	5.3,7.64,8.5
$Th(\text{IV})$	0.1	4	24.5
TiO^{2+}	2	1,2	6.6,9.9
Zn^{2+}	0.5	ZnH_2L	5.6
		1,2,3	4.89,7.60,8.15

续表

金属离子	$I/\mathrm{mol \cdot L^{-1}}$	n	$\lg\beta_n$
磺基水杨酸配合物			
Al^{3+}	0.1	1,2,3	13.20,22.83,28.89
Cd^{2+}	0.25	1,2	16.68,29.08
Co^{2+}	0.1	1,2	6.13,9.82
Cr^{3+}	0.1	1	9.56
Cu^{3+}	0.1	1,2	9.52,16.45
Fe^{2+}	0.1~0.5	1,2	5.90,9.90
Fe^{3+}	0.25	1,2,3	14.64,25.18,32.12
Mn^{2+}	0.1	1,2	5.24,8.24
Ni^{2+}	0.1	1,2	6.42,10.24
Zn^{2+}	0.1	1,2	6.05,10.65
酒石酸配合物			
Bi^{3+}	0	3	8.30
Ca^{2+}	0.5	CaHL	4.85
		1,2	2.98,9.01
Cd^{2+}	0	1	2.8
Cu^{2+}	0.5	1,…,4	3.2,5.11,4.78,6.51
Fe^{3+}	1	3	7.49
Mg^{2+}	0	MgHL	4.65
	0.5	1	1.2
Pb^{2+}	0	1,2,3	3.78,—,4.7
Zn^{2+}	0.5	ZnHL	4.5
		1,2	2.4,8.32
乙二胺配合物			
Al^{3+}	0.1	1,2	4.70,7.70
Cd^{2+}	0.5	1,2,3	5.47,10.09,12.09
Co^{2+}	1	1,2,3	5.91,10.64,13.94
Co^{3+}	1	1,2,3	18.70,34.90,48.69
Cu^+		2	10.8
Cu^{2+}	1	1,2,3	10.67,20.00,21.0
Fe^{2+}	1.4	1,2,3	4.34,7.65,9.70
Hg^{2+}	0.1	1,2	14.30,23.3
Mn^{2+}	1	1,2,3	2.73,4.79,5.67
Ni^{2+}	1	1,2,3	7.52,13.80,18.06
Zn^{2+}	1	1,2,3	5.77,10.83,14.11
硫脲配合物			
Ag^+	0.03	1,2	7.4,13.1
Bi^{3+}	0.1	6	11.9
Cu^+		3,4	13,15.4
Hg^{2+}		2,3,4	22.1,24.7,26.8

续表

金属离子	$I/\text{mol}\cdot\text{L}^{-1}$	n	$\lg\beta_n$
氢氧基配合物			
Al^{3+}	2	4	33.3
		$Al_6(OH)_{15}^{3+}$	163
Bi^{3+}	3	1	12.4
		$Bi_6(OH)_{12}^{6+}$	168.3
Cd^{2+}	3	1,…,4	4.3,7.7,10.3,12.0
Co^{2+}	0.1	1,3	5.1,—,10.2
Cr^{3+}	0.1	1,2	10.2,18.3
Fe^{2+}	1	1	4.5
Fe^{3+}	3	1,2	11.0,21.7
		$Fe_2(OH)_2^{4+}$	25.1
Hg^{2+}	0.5	2	21.7
Mg^{2+}	0	1	2.6
Mn^{2+}	0.1	1	3.4
Ni^{2+}	0.1	1	4.6
Pb^{2+}	0.3	1,2,3	6.2,10.3,13.3
		$Pb_2(OH)^{3+}$	7.6
Sn^{2+}	3	1	10.1
Th^{4+}	1	1	9.7
Ti^{3+}	0.5	1	11.8
TiO^{2+}	1	1	13.7
VO^{2+}	3	1	8.0
Zn^{2+}	0	1,…,4	4.4,10.1,14.2,15.5

注:β_n 为配合物的累积稳定常数;酸式、碱式配合物及多核氢氧基配合物的化学式标明于 n 栏中。

附录 10 EDTA 的 $\lg\alpha_{Y(H)}$

pH 值	$\lg\alpha_{Y(H)}$	pH 值	$\lg\alpha_{Y(H)}$	pH 值	$\lg\alpha_{Y(H)}$	pH 值	$\lg\alpha_{Y(H)}$	pH 值	$\lg\alpha_{Y(H)}$
0.0	23.64	2.5	11.90	5.0	6.45	7.5	2.78	10.0	0.45
0.1	23.06	2.6	11.62	5.1	6.26	7.6	2.68	10.1	0.39
0.2	22.47	2.7	11.35	5.2	6.07	7.7	2.57	10.2	0.33
0.3	21.89	2.8	11.09	5.3	5.88	7.8	2.47	10.3	0.28
0.4	21.32	2.9	10.84	5.4	5.69	7.9	2.37	10.4	0.24
0.5	20.75	3.0	10.60	5.5	5.51	8.0	2.27	10.5	0.20
0.6	20.18	3.1	10.37	5.6	5.33	8.1	2.17	10.6	0.16
0.7	19.62	3.2	10.14	5.7	5.15	8.2	2.07	10.7	0.13
0.8	19.08	3.3	9.92	5.8	4.98	8.3	1.97	10.8	0.11
0.9	18.54	3.4	9.70	5.9	4.81	8.4	1.87	10.9	0.09
1.0	18.01	3.5	9.48	6.0	4.65	8.5	1.77	11.0	0.07
1.1	17.49	3.6	9.27	6.1	4.49	8.6	1.67	11.1	0.06
1.2	16.98	3.7	9.06	6.2	4.34	8.7	1.57	11.2	0.05
1.3	16.49	3.8	8.85	6.3	4.20	8.8	1.48	11.3	0.04
1.4	16.02	3.9	8.65	6.4	4.06	8.9	1.38	11.4	0.03
1.5	15.55	4.0	8.44	6.5	3.92	9.0	1.28	11.5	0.02
1.6	15.11	4.1	8.24	6.6	3.79	9.1	1.19	11.6	0.02
1.7	14.68	4.2	8.04	6.7	3.67	9.2	1.10	11.7	0.02
1.8	14.27	4.3	7.84	6.8	3.55	9.3	1.01	11.8	0.01
1.9	13.88	4.4	7.64	6.9	3.43	9.4	0.92	11.9	0.01
2.0	13.51	4.5	7.44	7.0	3.32	9.5	0.83	12.0	0.01
2.1	13.16	4.6	7.24	7.1	3.21	9.6	0.75	12.1	0.01
2.2	12.82	4.7	7.04	7.2	3.10	9.7	0.57	12.2	0.005
2.3	12.50	4.8	6.84	7.3	2.99	9.8	0.59	13.0	0.0008
2.4	12.19	4.9	6.65	7.4	2.88	9.9	0.52	13.9	0.0001

附录 11　一些配体的酸效应系数

配体＼pH值	0	1	2	3	4	5	6	7	8	9	10	11	12
DCTA	23.77	19.79	15.91	12.54	9.95	7.87	6.07	4.75	3.71	2.70	1.71	0.18	0.18
EGTA	22.96	19.00	15.31	12.48	10.33	8.31	6.31	4.32	2.37	0.78	0.12	0.01	0.00
DTPA	28.06	23.09	18.45	14.61	11.58	9.17	7.10	5.10	3.19	1.64	0.62	0.12	0.01
氨三乙酸	16.80	13.80	10.84	8.24	6.75	5.70	4.70	3.70	2.70	1.71	0.78	0.18	0.02

附录 12　金属离子的 $\lg\alpha_{M(OH)}$ 值

金属离子	离子强度 I	pH值 1	2	3	4	5	6	7	8	9	10	11	12	13	14
Ag(Ⅰ)	0.1										0.1	0.5	2.3	5.1
Al(Ⅲ)	2				0.4	1.3	5.3	9.3	13	17	21.3	25.3	29.3	33.3
Ba(Ⅱ)	0.1												0.1	0.5
Bi(Ⅲ)	3	0.1	0.5	1.4	2.4	3.4	4.4	5.4						
Ca(Ⅱ)	0.1												0.3	1.0
Cd(Ⅱ)	3									0.1	0.5	2.0	4.5	8.1	12.0
Ce(Ⅳ)	1~2	1.2	3.1	5.1	7.1	9.1	11	13						
Cu(Ⅱ)	0.1								0.2	0.8	1.7	2.7	3.7	4.7	5.7
Fe(Ⅱ)	1									0.1	0.6	1.5	2.5	3.5	4.5
Fe(Ⅲ)	3			0.4	1.8	3.7	5.7	7.7	9.7	12	14	15.7	17.7	19.7	21.7
Hg(Ⅱ)	0.1			0.5	1.9	3.9	5.9	7.9	9.9	12	14	15.9	17.9	19.9	21.9
La(Ⅲ)	3										0.3	1.0	1.9	2.9	3.9
Mg(Ⅱ)	0.1										0.1	0.5	1.3	2.3
Ni(Ⅱ)	0.1									0.1	0.7	1.6			
Pb(Ⅱ)	0.1						0.1	0.5	1.4	2.7	4.7	7.4	10.4	13.4
Th(Ⅳ)	1				0.2	0.8	1.7	2.7	3.7	4.7	5.7	6.7	7.7	8.7	9.7
Zn(Ⅱ)	0.1									0.2	2.4	5.4	8.5	11.8	11.5

附录 13　金属指示剂的 $\lg\alpha_{In(H)}$ 及有关常数

表1　铬黑T

	红	$pK_{a_2}=6.3$	蓝	$pK_{a_3}=11.6$	橙	
pH	6.0	7.0	8.0	9.0	10.0	11.0
$\lg\alpha_{In(H)}$	6.0	4.6	3.6	2.6	1.6	0.7

续表

	红		pKa₂=6.3	蓝		pKa₃=11.6		橙
pCa_{ep}(至红)				1.8	2.8	3.8		4.7
pMg_{ep}(至红)	1.0	2.4	3.4	4.4	5.4	6.3		
pMn_{ep}(至红)	3.6	5.0	6.2	7.8	9.7	11.5		
pZn_{ep}(至红)	6.9	8.3	9.3	10.5	12.2	13.9		

注：$\lg K_{CaIn}=5.4$；$\lg K_{MgIn}=9.6$；$\lg K_{MnIn}=12.9$，$c_{In}=10^{-5}\,mol \cdot L^{-1}$。

表 2　二甲酚橙

	黄					$pK_{a_4}=6.3$	红		
pH	0	1.0	2.0	3.0	4.0	4.5	5.0	5.5	6.0
$\lg \alpha_{In(H)}$	35.0	30.0	25.1	20.7	17.3	15.7	14.2	12.8	11.3
pBi_{ep}(至红)		4.0	5.4	6.8					
pCd_{ep}(至红)					4.0	4.5	5.0	5.5	
pHg_{ep}(至红)							7.4	8.2	9.0
pLa_{ep}(至红)					4.0	4.5	5.0	5.6	
pPb_{ep}(至红)				4.2	4.8	6.2	7.0	7.6	8.2
pTh_{ep}(至红)		3.6	4.9	6.3					
pZn_{ep}(至红)						4.1	4.8	5.7	6.5
pZr_{ep}(至红)	7.5								

附录 14　标准电极电位（18～25℃）

半反应	$\varphi^{\ominus}/V$
$F_2(g)+2H^++2e^- \rightleftharpoons 2HF$	3.06
$O_3+2H^++2e^- \rightleftharpoons O_2+H_2O$	2.07
$S_2O_8^{2-}+2e^- \rightleftharpoons 2SO_4^{2-}$	2.01
$H_2O_2+2H^++2e^- \rightleftharpoons 2H_2O$	1.77
$MnO_4^-+4H^++3e^- \rightleftharpoons MnO_2(s)+2H_2O$	1.695
$PbO_2(s)+SO_4^{2-}+4H^++2e^- \rightleftharpoons PbO_4(s)+2H_2O$	1.685
$HClO_2+2H^++2e^- \rightleftharpoons HClO+H_2O$	1.64
$HClO+H^++e^- \rightleftharpoons \frac{1}{2}Cl_2+H_2O$	1.63
$Ce^{4+}+e^- \rightleftharpoons Ce^{3+}$	1.61
$H_5IO_6+H^++2e^- \rightleftharpoons IO_3^-+3H_2O$	1.60
$HBrO+H^++e^- \rightleftharpoons \frac{1}{2}Br_2+H_2O$	1.59
$Br_3^-+6H^++5e^- \rightleftharpoons \frac{1}{2}Br_2+3H_2O$	1.52
$MnO_4^-+8H^++5e^- \rightleftharpoons Mn^{2+}+4H_2O$	1.51
$Au(Ⅲ)+3e^- \rightleftharpoons Au$	1.50

续表

半反应	$\varphi^{\ominus}/\text{V}$
$HClO + H^+ + 2e^- \rightleftharpoons Cl^- + H_2O$	1.49
$ClO_3^- + 6H^+ + 5e^- \rightleftharpoons \frac{1}{2}Cl_2 + 3H_2O$	1.47
$PbO_2(s) + 4H^+ + 2e^- \rightleftharpoons Pb^{2+} + 2H_2O$	1.455
$HIO + H^+ + e^- \rightleftharpoons \frac{1}{2}I_2 + H_2O$	1.45
$ClO_3^- + 6H^+ + 6e^- \rightleftharpoons Cl^- + 3H_2O$	1.45
$BrO_3^- + 6H^+ + 6e^- \rightleftharpoons Br^- + 3H_2O$	1.44
$Au(III) + 2e^- \rightleftharpoons Au(I)$	1.41
$Cl_2(g) + 2e^- \rightleftharpoons 2Cl^-$	1.3595
$ClO_4^- + 8H^+ + 7e^- \rightleftharpoons \frac{1}{2}Cl_2 + 4H_2O$	1.34
$Cr_2O_7^{2-} + 14H^+ + 6e^- \rightleftharpoons 2Cr^{3+} + 7H_2O$	1.33
$MnO_2(s) + 4H^+ + 2e^- \rightleftharpoons Mn^{2+} + 2H_2O$	1.23
$O_2(g) + 4H^+ + 4e^- \rightleftharpoons 2H_2O$	1.229
$IO_3^- + 6H^+ + 5e^- \rightleftharpoons \frac{1}{2}I_2 + 3H_2O$	1.20
$ClO_4^- + 2H^+ + 2e^- \rightleftharpoons ClO_3^- + H_2O$	1.19
$Br_2(aq) + 2e^- \rightleftharpoons 2Br^-$	1.087
$NO_2 + H^+ + e^- \rightleftharpoons HNO_2$	1.07
$Br_3^- + 2e^- \rightleftharpoons 3Br^-$	1.05
$HNO_2 + H^+ + e^- \rightleftharpoons NO(g) + H_2O$	1.00
$VO_2^+ + 2H^+ + e^- \rightleftharpoons VO^{2+} + H_2O$	1.00
$HIO + H^+ + 2e^- \rightleftharpoons I^- + H_2O$	0.99
$NO_3^- + 3H^+ + 2e^- \rightleftharpoons HNO_2 + H_2O$	0.94
$ClO^- + H_2O + 2e^- \rightleftharpoons Cl^- + 2OH^-$	0.89
$H_2O_2 + 2e^- \rightleftharpoons 2OH^-$	0.88
$Cu^{2+} + I^- + e^- \rightleftharpoons CuI(s)$	0.86
$Hg^{2+} + 2e^- \rightleftharpoons Hg$	0.854
$NO_3^- + 2H^+ + e^- \rightleftharpoons NO_2 + H_2O$	0.80
$Ag^+ + e^- \rightleftharpoons Ag$	0.7995
$Hg_2^{2+} + 2e^- \rightleftharpoons 2Hg$	0.793
$Fe^{3+} + e^- \rightleftharpoons Fe^{2+}$	0.771
$BrO^- + H_2O + 2e^- \rightleftharpoons Br^- + 2OH^-$	0.76
$O_2(g) + 2H^+ + 2e^- \rightleftharpoons H_2O_2$	0.682
$AsO_2^- + 2H_2O + 3e^- \rightleftharpoons As + 4OH^-$	0.68
$2HgCl_2 + 2e^- \rightleftharpoons Hg_2Cl_2(s) + 2Cl^-$	0.63
$HgSO_4(s) + 2e^- \rightleftharpoons Hg + SO_4^{2-}$	0.6151

半反应	$\varphi^{\ominus}/V$
$MnO_4^- + 2H_2O + 3e^- \rightleftharpoons MnO_2(s) + 4OH^-$	0.588
$MnO_4^- + e^- \rightleftharpoons MnO_4^{2-}$	0.564
$H_3AsO_4 + 2H^+ + 2e^- \rightleftharpoons HAsO_2 + 2H_2O$	0.559
$I_3^- + 2e^- \rightleftharpoons 3I^-$	0.545
$I_2(s) + 2e^- \rightleftharpoons 2I^-$	0.5345
$Mo(Ⅵ) + e^- \rightleftharpoons Mo(Ⅴ)$	0.53
$Cu^+ + e^- \rightleftharpoons Cu$	0.52
$4SO_2(aq) + 4H^+ + 6e^- \rightleftharpoons S_4O_6^{2-} + 2H_2O$	0.51
$HgCl_4^{2-} + 2e^- \rightleftharpoons Hg + 4Cl^-$	0.48
$2SO_2(aq) + 2H^+ + 4e^- \rightleftharpoons S_2O_3^{2-} + H_2O$	0.40
$Fe(CN)_6^{3-} + e^- \rightleftharpoons Fe(CN)_6^{4-}$	0.36
$Cu^{2+} + 2e^- \rightleftharpoons Cu$	0.337
$VO^{2+} + 2H^+ + e^- \rightleftharpoons V^{3+} + H_2O$	0.337
$BiO^+ + 2H^+ + 3e^- \rightleftharpoons Bi + H_2O$	0.32
$Hg_2Cl_2(s) + 2e^- \rightleftharpoons 2Hg + 2Cl^-$	0.2676
$HAsO_2 + 3H^+ + 3e^- \rightleftharpoons As + 2H_2O$	0.248
$AgCl(s) + e^- \rightleftharpoons Ag + Cl^-$	0.2223
$SbO^+ + 2H^+ + 3e^- \rightleftharpoons Sb + H_2O$	0.212
$SO_4^{2-} + 4H^+ + 2e^- \rightleftharpoons SO_2(aq) + 2H_2O$	0.17
$Cu^{2+} + e^- \rightleftharpoons Cu^+$	0.159
$Sn^{4+} + 2e^- \rightleftharpoons Sn^{2+}$	0.154
$S + 2H^+ + 2e^- \rightleftharpoons H_2S(g)$	0.141
$Hg_2Br_2 + 2e^- \rightleftharpoons 2Hg + 2Br^-$	0.1395
$TiO^{2+} + 4H^+ + e^- \rightleftharpoons Ti^{3+} + 2H_2O$	0.1
$S_4O_6^{2-} + 2e^- \rightleftharpoons 2S_2O_3^{2-}$	0.08
$AgBr(s) + e^- \rightleftharpoons Ag + Br^-$	0.071
$2H^+ + 2e^- \rightleftharpoons H_2$	0.000
$O_2 + H_2O + 2e^- \rightleftharpoons HO_2^- + OH^-$	−0.067
$TiOCl^+ + 2H^+ + 3Cl^- + e^- \rightleftharpoons TiCl_4^- + H_2O$	−0.09
$Pb^{2+} + 2e^- \rightleftharpoons Pb$	−0.126
$Sn^{2+} + 2e^- \rightleftharpoons Sn$	−0.136
$AgI(s) + e^- \rightleftharpoons Ag + I^-$	−0.152
$Ni^{2+} + 2e^- \rightleftharpoons Ni$	−0.246
$H_3PO_4 + 2H^+ + 2e^- \rightleftharpoons H_3PO_3 + H_2O$	−0.276
$Co^{2+} + 2e^- \rightleftharpoons Co$	−0.277
$Tl^+ + e^- \rightleftharpoons Tl$	−0.336
$In^{3+} + 3e^- \rightleftharpoons In$	−0.345
$PbSO_4(s) + 2e^- \rightleftharpoons Pb + SO_4^{2-}$	−0.3553

续表

半反应	$\varphi^{\ominus}/V$
$SeO_3^{2-}+3H_2O+4e^- \rightleftharpoons Se+6OH^-$	-0.336
$As+3H^++3e^- \rightleftharpoons AsH_3$	-0.38
$Se+2H^++2e^- \rightleftharpoons H_2Se$	-0.40
$Cd^{2+}+2e^- \rightleftharpoons Cd$	-0.403
$Cr^{3+}+e^- \rightleftharpoons Cr^{2+}$	-0.41
$Fe^{2+}+2e^- \rightleftharpoons Fe$	-0.440
$S+2e^- \rightleftharpoons S^{2-}$	-0.48
$2CO_2+2H^++2e^- \rightleftharpoons H_2C_2O_4$	-0.49
$H_3PO_4+2H^++2e^- \rightleftharpoons H_3PO_3+H_2O$	-0.50
$Sb+3H^++3e^- \rightleftharpoons SbH_3$	-0.51
$HPbO_2^-+H_2O+2e^- \rightleftharpoons Pb+3OH^-$	-0.54
$Ga^{3+}+3e^- \rightleftharpoons Ga$	-0.56
$TeO_3^{2-}+3H_2O+4e^- \rightleftharpoons Te+6OH^-$	-0.57
$2SO_3^{2-}+3H_2O+4e^- \rightleftharpoons S_2O_3^{2-}+6OH^-$	-0.58
$SO_3^{2-}+3H_2O+4e^- \rightleftharpoons S+6OH^-$	-0.66
$AsO_4^{3-}+2H_2O+2e^- \rightleftharpoons AsO_2^-+4OH^-$	-0.67
$Ag_2S(s)+2e^- \rightleftharpoons 2Ag+S^{2-}$	-0.69
$Zn^{2+}+2e^- \rightleftharpoons Zn$	-0.763
$2H_2O+2e^- \rightleftharpoons H_2+2OH^-$	-0.828
$Cr^{3+}+2e^- \rightleftharpoons Cr$	-0.91
$HSnO_2^-+H_2O+2e^- \rightleftharpoons Sn+3OH^-$	-0.91
$Se+2e^- \rightleftharpoons Se^{2-}$	-0.92
$Sn(OH)_6^{2-}+2e^- \rightleftharpoons HSnO_2^-+H_2O+3OH^-$	-0.93
$CNO^-+H_2O+2e^- \rightleftharpoons CN^-+2OH^-$	-0.97
$Mn^{2+}+2e^- \rightleftharpoons Mn$	-1.182
$ZnO_2^{2-}+2H_2O+2e^- \rightleftharpoons Zn+4OH^-$	-1.216
$Al^{3+}+3e^- \rightleftharpoons Al$	-1.66
$H_2AlO_3^-+H_2O+3e^- \rightleftharpoons Al+4OH^-$	-2.35
$Mg^{2+}+2e^- \rightleftharpoons Mg$	-2.37
$Na^++e^- \rightleftharpoons Na$	-2.714
$Ca^{2+}+2e^- \rightleftharpoons Ca$	-2.87
$Sr^{2+}+2e^- \rightleftharpoons Sr$	-2.89
$Ba^{2+}+2e^- \rightleftharpoons Ba$	-2.90
$K^++e^- \rightleftharpoons K$	-2.925
$Li^++e^- \rightleftharpoons Li$	-3.042

附录15 某些氧化还原电对的条件电极电位

半反应	$\varphi^{\ominus}/V$	介质
$Ag(\mathrm{II})+e^- \rightleftharpoons Ag^+$	1.927	$4\mathrm{mol \cdot L^{-1}\ HNO_3}$
$Ce(\mathrm{IV})+e^- \rightleftharpoons Ce(\mathrm{III})$	1.74	$1\mathrm{mol \cdot L^{-1}\ HClO_4}$
	1.44	$0.5\mathrm{mol \cdot L^{-1}\ H_2SO_4}$
	1.28	$1\mathrm{mol \cdot L^{-1}\ HCl}$
$Co^{3+}+e^- \rightleftharpoons Co^{2+}$	1.84	$3\mathrm{mol \cdot L^{-1}\ HNO_3}$
$Co(en)_3^{3+}+e^- \rightleftharpoons Co(en)_3^{2+}$	−0.2	$0.1\mathrm{mol \cdot L^{-1}\ KNO_3} + 0.1\mathrm{mol \cdot L^{-1}}$ 乙二胺
$Cr(\mathrm{III})+e^- \rightleftharpoons Cr(\mathrm{II})$	−0.40	$5\mathrm{mol \cdot L^{-1}\ HCl}$
$Cr_2O_7^{2-}+14H^++6e^- \rightleftharpoons 2Cr^{3+}+7H_2O$	1.08	$3\mathrm{mol \cdot L^{-1}\ HCl}$
	1.15	$4\mathrm{mol \cdot L^{-1}\ H_2SO_4}$
	1.025	$1\mathrm{mol \cdot L^{-1}\ HClO_4}$
$CrO_4^{2-}+2H_2O+3e^- \rightleftharpoons CrO_2^-+4OH^-$	−0.12	$1\mathrm{mol \cdot L^{-1}\ NaOH}$
$Fe(\mathrm{III})+e^- \rightleftharpoons Fe^{2+}$	0.767	$1\mathrm{mol \cdot L^{-1}\ HClO_4}$
	0.71	$0.5\mathrm{mol \cdot L^{-1}\ HCl}$
	0.68	$1\mathrm{mol \cdot L^{-1}\ H_2SO_4}$
	0.68	$1\mathrm{mol \cdot L^{-1}\ HCl}$
	0.46	$2\mathrm{mol \cdot L^{-1}\ H_3PO_4}$
	0.51	$1\mathrm{mol \cdot L^{-1}\ HCl}$-$0.25\mathrm{mol \cdot L^{-1}\ H_3PO_4}$
$Fe(EDTA)^-+e^- \rightleftharpoons Fe(EDTA)^{2-}$	0.12	$1\mathrm{mol \cdot L^{-1}\ EDTA}$, $pH=4\sim6$
$Fe(CN)_6^{3-}+e^- \rightleftharpoons Fe(CN)_6^{4-}$	0.56	$0.1\mathrm{mol \cdot L^{-1}\ HCl}$
$FeO_4^{2-}+2H_2O+3e^- \rightleftharpoons FeO_2^-+4OH^-$	0.55	$10\mathrm{mol \cdot L^{-1}\ NaOH}$
$I_3^-+2e^- \rightleftharpoons 3I^-$	0.5446	$0.5\mathrm{mol \cdot L^{-1}\ H_2SO_4}$
$I_2(aq)+2e^- \rightleftharpoons 2I^-$	0.6276	$0.5\mathrm{mol \cdot L^{-1}\ H_2SO_4}$
$MnO_4^-+8H^++5e^- \rightleftharpoons Mn^{2+}+4H_2O$	1.45	$1\mathrm{mol \cdot L^{-1}\ HClO_4}$
$SnCl_6^{2-}+2e^- \rightleftharpoons SnCl_4^{2-}+2Cl^-$	0.14	$1\mathrm{mol \cdot L^{-1}\ HCl}$
$Sb(V)+2e^- \rightleftharpoons Sb(\mathrm{III})$	0.75	$3.5\mathrm{mol \cdot L^{-1}\ HCl}$
$Sb(OH)_6^-+2e^- \rightleftharpoons SbO_2^-+2OH^-+2H_2O$	−0.428	$3\mathrm{mol \cdot L^{-1}\ NaOH}$
$SbO_2^-+2H_2O+3e^- \rightleftharpoons Sb+4OH^-$	−0.675	$10\mathrm{mol \cdot L^{-1}\ KOH}$
$Ti(\mathrm{IV})+e^- \rightleftharpoons Ti(\mathrm{III})$	−0.01	$0.2\mathrm{mol \cdot L^{-1}\ H_2SO_4}$
	0.12	$2\mathrm{mol \cdot L^{-1}\ H_2SO_4}$
	−0.04	$1\mathrm{mol \cdot L^{-1}\ HCl}$
	−0.05	$1\mathrm{mol \cdot L^{-1}\ H_3PO_4}$
$Pb(\mathrm{II})+2e^- \rightleftharpoons Pb$	−0.32	$1\mathrm{mol \cdot L^{-1}\ NaAc}$

注:en 为乙二胺。

附录16 微溶化合物的溶度积 （18～25℃，$I=0$）

微溶化合物	K_{sp}	pK_{sp}	微溶化合物	K_{sp}	pK_{sp}
AgAc	2×10^{-3}	2.7	CuBr	5.2×10^{-9}	8.28
Ag_3AsO_4	1×10^{-22}	22.0	CuCl	1.2×10^{-3}	5.92
AgBr	5×10^{-13}	12.30	CuCN	3.2×10^{-20}	19.49
Ag_2CO_3	8.1×10^{-12}	11.09	CuI	1.1×10^{-12}	11.96
AgCl	1.8×10^{-10}	9.75	CuOH	1×10^{-14}	14.0
Ag_2CrO_4	2.0×10^{-12}	11.71	Cu_2S	2×10^{-48}	47.7
AgCN	1.2×10^{-16}	15.92	$CuCO_3$	1.4×10^{-10}	9.86
AgOH	2.0×10^{-8}	7.71	$Cu(OH)_2$	2.2×10^{-20}	19.66
AgI	9.3×10^{-17}	16.03	CuS	6×10^{-36}	35.2
$Ag_2C_2O_4$	3.5×10^{-11}	10.46	CuSCN	4.8×10^{-15}	14.32
Ag_3PO_4	1.4×10^{-16}	15.84	$Cr(OH)_3$	6×10^{-31}	30.2
Ag_2SO_4	1.4×10^{-5}	4.84	$FeCO_3$	3.2×10^{-11}	10.50
Ag_2S	2×10^{-49}	48.7	$Fe(OH)_2$	8×10^{-16}	15.1
AgSCN	1.0×10^{-12}	12.00	FeS	6×10^{-18}	17.2
$Al(OH)_3$ 无定形	1.3×10^{-33}	32.9	$Fe(OH)_3$	4×10^{-38}	37.4
$BaCO_3$	5.1×10^{-9}	8.29	$FePO_4$	1.3×10^{-22}	21.89
$BaCrO_4$	1.2×10^{-10}	9.93	Hg_2CO_3	8.9×10^{-17}	16.05
BaF_2	1×10^{-6}	6.0	Hg_2Cl_2	1.3×10^{-18}	17.88
$BaC_2O_4\cdot H_2O$	2.3×10^{-8}	7.64	$Hg_2(OH)_2$	2×10^{-24}	23.7
$BaSO_4$	1.1×10^{-10}	9.96	Hg_2I_2	4.5×10^{-29}	28.35
$Bi(OH)_3$	4×10^{-31}	30.4	Hg_2SO_4	7.4×10^{-7}	6.13
BiI_3	8.1×10^{-19}	18.09	Hg_2S	1×10^{-47}	47.0
BiOCl	1.8×10^{-31}	30.75	$Hg(OH)_2$	3.0×10^{-25}	25.52
$BiPO_4$	1.3×10^{-23}	22.89	HgS 红色	4×10^{-53}	52.4
Bi_2S_3	1×10^{-97}	97.0	HgS 黑色	2×10^{-52}	51.7
$CaCO_3$	2.9×10^{-9}	8.54	$MgNH_4PO_4$	2×10^{-13}	12.7
CaF_2	2.7×10^{-11}	10.57	$MgCO_3$	3.5×10^{-8}	7.46
$CaC_2O_4\cdot H_2O$	2.0×10^{-9}	8.70	MgF_2	6.4×10^{-9}	8.19
$Ca_3(PO_4)_2$	2.0×10^{-29}	28.70	$Mg(OH)_2$	1.8×10^{-11}	10.74
$CaSO_4$	9.1×10^{-6}	5.04	$MnCO_3$	1.8×10^{-11}	10.74
$CaWO_4$	8.7×10^{-9}	8.06	$Mn(OH)_2$	1.9×10^{-13}	12.72
$CdCO_3$	5.2×10^{-12}	11.28	MnS 无定形	2×10^{-10}	9.7
$Cd_2[Fe(CN)_6]$	3.2×10^{-17}	16.49	MnS 晶形	2×10^{-13}	12.7
$Cd(OH)_2$ 析出	2.5×10^{-14}	13.60	$NiCO_3$	6.6×10^{-9}	8.18
$CdC_2O_4\cdot3H_2O$	9.1×10^{-8}	7.04	$Ni(OH)_2$ 新析出	2×10^{-15}	14.7
CdS	8×10^{-27}	26.1	$Ni_3(PO_4)_2$	5×10^{-31}	30.3
$CoCO_3$	1.4×10^{-13}	12.84	α-NiS	3×10^{-19}	18.5
$Co_2[Fe(CN)_6]$	1.8×10^{-15}	14.74	β-NiS	1×10^{-24}	24.0
$Co(OH)_2$ 新析出	2×10^{-15}	14.7	γ-NiS	2×10^{-26}	25.7
$Co(OH)_3$	2×10^{-44}	43.7	$PbCO_3$	7.4×10^{-14}	13.13
$Co[Hg(SCN)_4]$	1.5×10^{-8}	5.82	$PbCl_2$	1.6×10^{-5}	4.79
α-CoS	4×10^{-21}	20.4	PbClF	2.4×10^{-9}	8.26
β-CoS	2×10^{-25}	24.7	$PbCrO_4$	2.8×10^{-13}	12.55
$Co_3(PO_4)_2$	2×10^{-35}	34.7	PbF_2	2.7×10^{-8}	7.57

续表

微溶化合物	K_{sp}	pK_{sp}	微溶化合物	K_{sp}	pK_{sp}
$Pb(OH)_2$	1.2×10^{-15}	14.93	$SrCO_3$	1.1×10^{-10}	9.96
PbI_2	7.1×10^{-9}	8.15	$SrCrO_4$	2.2×10^{-5}	4.65
$PbMoO_4$	1×10^{-13}	13.0	SrF_2	2.4×10^{-9}	8.61
$Pb_3(PO_4)_2$	8.0×10^{-43}	42.10	$SrC_2O_4\cdot H_2O$	1.6×10^{-7}	6.80
$PbSO_4$	1.6×10^{-8}	7.79	$Sr_3(PO_4)_2$	4.1×10^{-28}	27.39
PbS	8×10^{-28}	27.9	$SrSO_4$	3.2×10^{-7}	6.49
$Pb(OH)_4$	3×10^{-66}	65.5	$Ti(OH)_3$	1×10^{-40}	40.0
$Sb(OH)_3$	4×10^{-42}	41.4	$ZnCO_3$	1.4×10^{-11}	10.84
Sb_2S_3	2×10^{-93}	92.8	$Zn_2[Fe(CN)_6]$	4.1×10^{-16}	15.39
$Sn(OH)_2$	1.4×10^{-28}	27.85	$Zn(OH)_2$	1.2×10^{-17}	16.92
SnS	1×10^{-25}	25.0	$Zn_3(PO_4)_2$	9.1×10^{-33}	32.04
$Sn(OH)_4$	1×10^{-56}	56.0	ZnS	2×10^{-22}	21.7
SnS_2	2×10^{-27}	26.7			

参考文献

[1] 汪尔康. 21世纪的分析化学. 北京：科学出版社，2001.
[2] 高鸿. 分析化学前沿. 北京：科学出版社，1991.
[3] 傅献彩等. 实用化学便览. 南京：南京大学出版社，1989.
[4] 武汉大学. 分析化学. 第3版. 北京：高等教育出版社，1995.
[5] 武汉大学. 分析化学. 第4版. 北京：高等教育出版社，2000.
[6] 武汉大学. 分析化学. 上册. 第5版. 北京：高等教育出版社，2006.
[7] 薛华等. 分析化学. 第2版. 北京：清华大学出版社，2009.
[8] 陈兴国等. 分析化学. 北京：高等教育出版社，2012.
[9] 彭崇慧. 酸碱平衡的处理. 北京：北京大学出版社，1980.
[10] 何国伟. 误差分析法. 北京：国防工业出版社，1978.
[11] David S H, James D C. Analytical Chemistry and Quantitative Analysis（英文版）. 北京：机械工业出版社，2012.
[12] 孙毓庆等. 分析化学. 北京：科学出版社，2006.
[13] 武汉大学. 分析化学实验. 第4版. 北京：高等教育出版社，2001.
[14] 刘志广. 分析化学学习指导. 第4版. 北京：大连理工大学出版社，2002.
[15] 王元兰等. 无机及分析化学. 第2版. 北京：化学工业出版社，2017.
[16] 翁德会等. 分析化学. 第2版. 北京：北京大学工业出版社，2013.
[17] 李克安. 分析化学. 北京：北京大学工业出版社，2005.
[18] 王元兰等. 无机及分析实验. 北京：化学工业出版社，2015.
[19] 王应玮，梁树权. 分析化学中的分离方法. 北京：科学出版性，1988.
[20] 彭崇慧，冯建章，张锡瑜. 定量化学分析简明教程. 第2版. 北京：北京大学出版社，1997.
[21] 许晓文，杨万龙，沈含熙. 定量化学分析. 天津：南开大学出版社，1996.
[22] Skoog D A，West D M，Holler F J，Fundamentals of Analytical Chemistry. 7th ed. Fort Worth：Saunders college Publishing，1996.
[23] Day A R，Jr A L. Quantitative Analysis. Englewood Cliffs：Prentice-Hall，1986.
[24] 林邦 A. 分析化学中络合作用. 戴明译. 北京：高等教育出版社，1979.
[25] 常文保，李克安. 简明分析化学手册. 北京：北京大学出版社，1981.
[26] 华东化工学院分析化学教研组，等. 分析化学. 第3版. 北京：高等教育出版社，1989.
[27] 彭崇慧，张锡瑜. 络合滴定原理. 北京：北京大学出版社，1997.
[28] 韩德刚等. 物理化学. 第2版. 北京：高等教育出版社，2011.
[29] 傅献彩，沈文霞. 物理化学. 第5版. 北京：高等教育出版社，2011.
[30] 何金兰. 仪器分析原理. 北京：科学出版社，2002.
[31] 叶宪曾，张新祥. 仪器分析教程. 第2版. 北京：北京大学出版社，2007.

元素周期表